7·9급 전산직·군무원 시험대비

박문각 공무원

기출문제

손경희 컴퓨터일반

손경희 편저

주요 기출문제 단원별 완벽 총정리

명쾌한 해설과 깔끔한 오답 분석

이론의 빈틈을 없애는 체계적인 개념 이해

동영상 강의 www.pmg.co.kr

단원별 기출문제집

이 책의 머리말
PREFACE

전산직 공무원 시험에서 [컴퓨터일반]이라는 과목은 컴퓨터 분야의 기본적인 내용을 모두 포함하고 있는 중요한 과목입니다.

[컴퓨터일반] 과목의 최근 출제경향을 분석하면 출제되는 범위가 예전에 비해 넓어지고 있으며, 난이도 역시 높아지고 있습니다. 문제의 형태도 단순한 암기식의 지엽적인 문제뿐만 아니라 전체적인 개념을 이해해야 풀 수 있는 문제가 출제되고 있습니다.

따라서 본서에서는 이러한 점을 충분히 고려하여 실제 시험에서 가장 중요하게 다뤄야 하는 부분에 중점을 두어 기술하였으며, 핵심 기출문제를 반영하여 여러 시험에서 출제되었던 [컴퓨터일반] 문제를 전체적으로 정리할 수 있도록 구성하였습니다. 또한 기출문제를 분석/풀이하여 [컴퓨터일반]의 방대한 내용을 체계적으로 정리할 수 있도록 하였습니다.

이러한 구성의 특징을 잘 파악하고 학습한다면 분명히 여러분의 합격에 좋은 안내서가 되리라 믿습니다.

마지막으로 이 책이 나오기까지 고생하고 힘써주신 여러 고마운 분들에게 깊은 감사를 드립니다.

2024. 11
손경희

출제경향 살펴보기
ANALYSIS

■ 2024년

단원	국가직 9급(문제수)
컴퓨터 구조	정보량의 단위(1) 논리회로(1) 2의 보수(1) CISC(1) RAID(1) 클라우드 컴퓨팅(1)
데이터 통신 및 인터넷	네트워크 계층 프로토콜(1) 트리형 토폴로지(1) IPv4 B클래스(1)
운영체제	페이지 교체(1) CPU 스케줄링 알고리즘(1) 교착상태(1)
데이터베이스	병행 제어(1)
소프트웨어 공학	모듈 결합도(1)
자료구조	스택 연산(1) 해시 테이블(1)
프로그래밍 언어	파이썬 코드(2) C 코드(1)
정보보호	비대칭키 암호화 기법(1)

■ 2023년

단원	국가직 9급(문제수)	지방직 9급(문제수)
컴퓨터 구조	병렬처리(1) 플린(Flynn)의 분류(1) 컴퓨터 구성요소(1) CPU 제어장치(1) 인공지능(1)	문자데이터 표현(1) 시스템의 성능(1) 부울 대수(1) 4-way 집합 연관 사상(1) 고정 소수점 데이터 형식(1) 진수 변환(1) ICT 기술(1) 산술 우측 시프트(1)
데이터 통신 및 인터넷	DHCP(1) UDP(1) ICMP(1) 펄스부호변조(1)	IP(1) TCP/IP 프로토콜 계층(1) TCP(1)
운영체제	유닉스 시스템 관련(2) 페이지 테이블 기술(1)	LRU(1) 가상기억장치(1) SRT(1)
데이터베이스	좌측 외부조인(1) SQL 뷰(1)	데이터베이스 언어(1)
소프트웨어 공학	구조적 분석 도구(1) 리먼의 소프트웨어 진화 법칙(1)	UML(1)
자료구조	해시 함수(1)	트리의 차수(1) 이진 탐색 트리(1)
프로그래밍 언어	C 프로그램(3)	C 프로그램(1) Java 프로그램(1)

출제경향 살펴보기
ANALYSIS

■ 2022년

단원	국가직 9급(문제수)	지방직 9급(문제수)
컴퓨터 구조	기억장치(2) 어드레싱 모드(1) 클라우드(1) 기계학습 관련(1) 블록체인 관련(1)	빅데이터의 3대 특징(1) 진수 변환(1) JK 플립플롭(1) 인터럽트(1) 병렬 프로세서(1)
데이터 통신 및 인터넷	통신방식, 라우팅(2) TCP(1) RFID(1)	물리 계층 장치(1) RGB 방식/CMYK 방식(1) 패킷 교환(1) TCP Tahoe(1)
운영체제	프로세스(1) 세미포어(1) 디스크 스케줄링(1)	은행원 알고리즘(1) SJF 스케줄링 알고리즘(1) 연속 메모리 할당(1)
데이터베이스	스키마(1) 관계연산(1)	지연 갱신 회복 기법(1) SQL INSERT문(1)
소프트웨어 공학	ISO/IEC 품질 표준(1)	화이트박스 테스트(1) CMMI(1)
자료구조	정렬 알고리즘(1) 전위표기식(1)	알고리즘 조건(1) 삽입 정렬(1)
프로그래밍 언어	C 프로그래밍 언어(2)	C 프로그램(2)

■ 2011년 ~ 2021년

구분	출제 내용	11	12	13	14	15	16	17	17추	18	19	20	21
컴퓨터 구조	컴퓨터버스 / 논리회로 / 진수변환 / Flynn의 분류 / 논리식 간소화 / 주기억장치 / 캐시메모리 / 가상기억장치 / CISC/RISC / 부동소수점 연산 / 2진 연산 / 증강현실 / 인공신경망 / RAID / 레지스터	5	5	8	2	3	6	4	5	3	6	3	6
데이터 통신 및 인터넷	서브넷마스크 / 클라우드 / 프로토콜 / 매체접근제어 / 비동기식전송 / ARQ / OSI 7계층 / 유비쿼터스 / 멀티미디어 용어 / 다중 접속 방식 / 해밍코드	4	4	3	7	5	4	3	3	3	5	5	2
운영체제	프로세스 스케줄링 / 캐시적중률 / 페이지교체 / 디스크 스케줄링 / 운영체제 종류 / 세마포어 / 교착상태 / 처리시스템 / 다중스레드	2	4	1	3	2	2	3	4	2	3	4	3
데이터베이스	릴레이션 / 스키마 / SQL / 트랜잭션 / 지연갱신 / 클라이언트 · 서버 구조 / B 트리	2	3	1	2	2	2	2	1	3	1	2	1
소프트웨어 공학	소프트웨어 프로세스 모델 / 소프트웨어 공학 개념 / 소프트웨어공학 용어 / 모듈 독립성 / CMMI / UML / 애자일 방법론	1	1	2	1	1	2	2	1	3	1	1	2
자료구조	연결리스트 / 표기법 / 이진 트리순회 / 정렬 / 순서도 / 큐 / 시간복잡도 / 순서도 / 프림	2	2	1	2	3	2	1	3	2	–	2	3
프로그래밍 언어	C언어 / 오토마타 / 객체지향 / Java / BNF	2	–	3	3	4	2	3	3	3	3	2	3
정보보호	악성코드 / 스니핑 / 스푸핑 / 암호화 / 파밍	2	1	1	–	–	–	2	–	1	1	1	–

이 책의 차례
CONTENTS

손경희 컴퓨터일반
단원별 기출문제집

Part

01

컴퓨터 구조

컴퓨터 구조

01 데이터 크기에 대한 설명으로 옳은 것만을 모두 고르면? 2024년 지방직

> ㄱ. 1바이트(byte)는 8비트이다.
> ㄴ. 1니블(nibble)은 2비트이다.
> ㄷ. 워드(word) 크기는 컴퓨터 시스템에 따라 다를 수 있다.

① ㄱ, ㄴ ② ㄱ, ㄷ
③ ㄴ, ㄷ ④ ㄱ, ㄴ, ㄷ

해설
- 니블(nibble): 한 바이트의 반에 해당되는 4비트 단위를 니블이라고 한다.
- 바이트(byte): 하나의 영문자, 숫자, 기호의 단위로 8비트의 모임이다.
- 워드(word): 1워드는 특정 CPU에서 취급하는 명령어나 데이터의 길이에 해당하는 비트 수이다. 컴퓨터 종류에 따라 2바이트, 4바이트, 8바이트로 구성된다.

> half word = 2 Byte
> full word = 4 Byte
> double word = 8 Byte

02 시스템 소프트웨어에 포함되지 않는 것은? 2015년 국가직

① 스프레드시트(spreadsheet)
② 로더(loader)
③ 링커(linker)
④ 운영체제(operating system)

해설
- 시스템 소프트웨어: 운영체제, 데이터베이스 관리 프로그램, 컴파일러, 링커, 로더, 유틸리티 소프트웨어 등
- 스프레드시트: 일상 업무에 많이 발생되는 여러 가지 도표 형태의 양식으로 계산하는 사무업무를 자동으로 할 수 있는 표 계산 프로그램이다. 대표적으로 엑셀 프로그램이 있으며, 응용 소프트웨어에 해당된다.

03 의료용 심장 모니터링 시스템과 같이 정해진 짧은 시간 내에 응답해야 하는 시스템은? 2019년 국가직

① 다중프로그래밍 시스템　　　　② 시분할 시스템
③ 실시간 시스템　　　　　　　　④ 일괄 처리 시스템

해설
• 실시간 처리 시스템(Real-Time System) : 데이터가 발생하는 즉시 처리하는 시스템으로, 요구된 작업에 대하여 지정된 시간 내에 처리함으로써 신속한 응답이나 출력을 보장하는 시스템이다.
• 다중 프로그래밍 시스템(Multi-programming System) : 독립된 두 개 이상의 프로그램이 동시에 수행되도록 중앙처리장치를 각각의 프로그램들이 적절한 시간 동안 사용할 수 있도록 스케줄링하는 시스템이다.
• 시분할 처리 시스템(Time Sharing System ; TSS) : 각 사용자들에게 중앙처리장치에 대한 일정 시간(time slice)을 할당하여 주어진 시간 동안 직접 컴퓨터와 대화 형식으로 프로그램을 수행할 수 있도록 만들어진 시스템이다.
• 일괄 처리 시스템(Batch processing System) : 사용자들의 작업 요청을 일정한 분량이 될 때까지 모아서 한꺼번에 처리하는 시스템이다.

04 하나의 컴퓨터 시스템에서 여러 개의 어플리케이션(application)들이 함께 주기억장치에 적재되어 하나의 CPU 자원을 번갈아 사용하는 형태로 수행되게 하는 기법으로 옳은 것은? 2021년 계리직

① 다중프로그래밍(multi-programming)
② 다중프로세싱(multi-processing)
③ 병렬처리(parallel processing)
④ 분산처리(distributed processing)

해설
• 다중프로그래밍(multi-programming) : 독립된 두 개 이상의 프로그램이 동시에 수행되도록 중앙처리장치를 각각의 프로그램들이 적절한 시간 동안 사용할 수 있도록 스케줄링하는 기법이다. 하나의 컴퓨터 시스템에서 여러 개의 애플리케이션(application)들이 함께 주기억장치에 적재되어 하나의 CPU 자원을 번갈아 사용하는 형태로 수행되게 하는 기법이다.
• 다중프로세싱(multi-processing) : 2개 이상의 처리기(Processor)를 사용하여 여러 작업을 동시에 처리하는 방식으로 듀얼(Dual) 시스템과 듀플렉스(Duplex) 시스템 형태가 있다.
• 병렬처리(parallel processing) : 다수의 프로세서들을 이용하여 여러 개의 프로그램들 혹은 한 프로그램의 분할된 부분들을 분담하여 동시에 처리하는 기술을 말한다. 실제로 최근 대부분의 고성능 컴퓨터시스템의 설계에서는 성능의 향상을 위한 방법으로서 병렬처리 기술이 널리 사용되고 있다.
• 분산처리(distributed processing) : 여러 대의 컴퓨터에 작업을 나누어 처리하여 그 내용이나 결과가 통신망을 통해 상호교환되도록 연결되어 있는 형태이다.

정답　01. ②　02. ①　03. ③　04. ①

05 다음 중 레지스터(Register)에 대한 설명으로 옳은 것은? 2010년 서울시

① 산술 연산을 수행하는 장치이다.
② CPU와 주기억장치 간의 정보전달 통로이다.
③ 현재 실행 중인 프로그램의 전체 코드가 저장되는 장소이다.
④ CPU 내에 존재하는 제한된 개수의 고속 메모리이다.

해설
• 레지스터(Register) : 중앙처리장치 내부에서 사용되는 데이터를 임시로 기억하는 장치
• 산술 연산을 수행하는 장치는 연산장치(ALU)이다.
• CPU와 주기억장치 간의 정보전달 통로는 버스이다.
• 레지스터는 현재 실행 중인 프로그램의 일부 명령어가 저장되는 장소이다.

06 시스템 소프트웨어에 해당하지 않는 것은? 2021년 군무원

① Windows
② Microsoft Office
③ Compiler
④ Operating System

해설
☑ **소프트웨어(Software) 요소**
하드웨어 각 장치들의 동작을 지시하는 제어신호를 만들어서 보내주는 기능과 사용자가 컴퓨터를 사용하는 기술 모두를 말할 수 있다.
1. 시스템 소프트웨어(System Software)
   사용자가 컴퓨터에 지시하는 명령을 지시신호로 바꿔서 하드웨어와 사용자를 연결하여 사용자가 하드웨어를 원활히 사용할 수 있도록 하는 소프트웨어이다.
   • 운영체제(OS ; Operating System) : 하드웨어와 사용자 사이에서 컴퓨터의 작동을 위한 소프트웨어로 시스템의 감시, 데이터의 관리, 작업 관리를 담당(Windows, Unix, Dos 등)
   • 언어처리 프로그램 : 원시 프로그램을 실행이 가능한 기계어로 변환하는 프로그램(컴파일러, 인터프리터, 어셈블러 등)
   • 데이터베이스 관리 프로그램 : 응용 프로그램과 데이터베이스 사이에서 중재자 역할을 한다.
   • 범용 유틸리티 소프트웨어
   • 장치 드라이버
2. 응용 소프트웨어(Application Software)
   • 패키지 프로그램 : 상용화된 프로그램
   • 사용자 프로그램

07 정보량의 크기가 작은 것에서 큰 순서대로 바르게 나열한 것은? (단, PB, TB, ZB, EB는 각각 petabyte, terabyte, zettabyte, exabyte이다) 2018년 지방직

① 1PB, 1TB, 1ZB, 1EB
② 1PB, 1TB, 1EB, 1ZB
③ 1TB, 1PB, 1ZB, 1EB
④ 1TB, 1PB, 1EB, 1ZB

해설

☑ **컴퓨터의 기억용량 단위**

단위	용량(크기)
K(Kilo)	$1024 = 2^{10}$ byte
M(Mega)	$1024 \times K = 2^{20}$ byte
G(Giga)	$1024 \times M = 2^{30}$ byte
T(Tera)	$1024 \times G = 2^{40}$ byte
P(Peta)	$1024 \times T = 2^{50}$ byte
E(Exa)	$1024 \times P = 2^{60}$ byte
Z(Zeta)	$1024 \times E = 2^{70}$ byte
Y(Yotta)	$1024 \times Z = 2^{80}$ byte

08 컴퓨터에서 사용하는 정보량의 단위를 크기가 작은 것부터 큰 것 순서대로 바르게 나열한 것은?
2024년 국가직

① EB, GB, PB, TB
② EB, PB, GB, TB
③ GB, TB, EB, PB
④ GB, TB, PB, EB

해설

• 7번 문제 해설 참조

정답   05. ④   06. ②   07. ④   08. ④

09 클라우드 서버에 저장된 데이터 용량이 1024PB(Peta Byte)일 때 이 데이터와 동일한 크기의 저장 용량으로 옳지 않은 것은? (단, 1KB는 1024Byte) 2021년 계리직

① 1024^{-1}ZB(Zetta Byte)
② 1024^2TB(Tera Byte)
③ 1024^{-3}YB(Yotta Byte)
④ 1024^4MB(Mega Byte)

해설
- 1024PB(Peta Byte) = 1024^{-1}ZB(Zetta Byte) = 1024^2TB(Tera Byte) = 1024^4MB(Mega Byte)
- 1024PB(Peta Byte)를 YB(Yotta Byte)로 변환하면 1024^{-2}YB(Yotta Byte)가 된다.

10 전통적인 폰 노이만(Von Neumann) 구조에 대한 설명으로 옳지 않은 것은? 2013년 국가직

① 폰 노이만 구조의 최초 컴퓨터는 에니악(ENIAC)이다.
② 내장 프로그램 개념(stored program concept)을 기반으로 한다.
③ 산술논리연산장치는 명령어가 지시하는 연산을 실행한다.
④ 숫자의 형태로 컴퓨터 명령어를 주기억장치에 저장한다.

해설
에니악(ENIAC)은 프로그램 외장 방식을 사용했으며, 폰 노이만은 프로그램 내장 방식을 제안하였다.

11 다음 중 전통적인 폰노이만(Von Neumann) 구조에 대한 설명으로 옳은 것은?

① 폰노이만 구조의 컴퓨터는 일반적으로 병목(Bottleneck) 현상을 발생시키지 않는다.
② 폰노이만 구조는 명령어 메모리와 데이터 메모리가 구분되어 있지 않고 하나의 버스를 가지는 구조이다.
③ 폰노이만 구조는 명령어와 데이터를 동시에 접근할 수 있다.
④ 폰노이만 구조의 최초 컴퓨터는 에드삭(EDSAC)이며, 일반적으로 하버드 아키텍처(Harvard architecture)와 같은 구조를 갖는다.

해설
- 폰노이만 구조의 컴퓨터는 병목(Bottleneck) 현상을 발생시킨다. 이 현상은 기억장소 지연 현상이다. 이는 명령어를 순차적으로 수행하고, 명령어는 기억장소의 값을 변경하는 폰노이만 구조에서 기인한다.
- 폰노이만 구조는 명령어와 데이터를 동시에 접근할 수 없다.
- 하버드 아키텍처(Harvard architecture) : 일반적으로 폰노이만 구조와 대비되는 용어로 사용되며, 명령어 버스와 데이터 버스를 물리적으로 분할한 컴퓨터 구조이다.

12 컴퓨터 시스템 구성 요소 사이의 데이터 흐름과 제어 흐름에 대한 설명으로 옳은 것은? 2017년 국가직

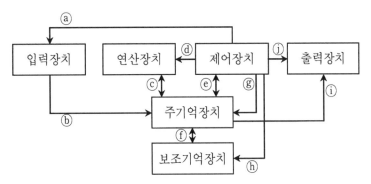

① ⓐ와 ⓕ는 모두 제어 흐름이다.
② ⓑ와 ⓖ는 모두 데이터 흐름이다.
③ ⓗ는 데이터 흐름, ⓓ는 제어 흐름이다.
④ ⓒ는 데이터 흐름, ⓖ는 제어 흐름이다.

┌─────┐
│ 해 설 │
└─────┘
• 제어 흐름 : ⓐ, ⓓ, ⓖ, ⓗ, ⓙ
• 데이터 흐름 : ⓑ, ⓒ, ⓔ, ⓕ, ⓘ

13 다음 중 컴퓨터의 처리속도에서 가장 빠른 단위로 옳은 것은?

① ms   ② μs
③ ns   ④ ps

┌─────┐
│ 해 설 │
└─────┘
✅ 컴퓨터의 처리속도 단위

단위	속도(시간)
ms(mili second)	10^{-3}s (1/1,000)
μs(micro second)	10^{-6}s (1/1,000,000)
ns(nano second)	10^{-9}s (1/1,000,000,000)
ps(pico second)	10^{-12}s (1/1,000,000,000,000)
fs(femto second)	10^{-15}s (1/1,000,000,000,000,000)
as(atto second)	10^{-18}s (1/1,000,000,000,000,000,000)
zs(zepto second)	10^{-21}s (1/1,000,000,000,000,000,000,000)

14 컴퓨터의 발전 과정에 대한 설명으로 옳지 않은 것은? 2017년 국가직

① 포트란, 코볼 같은 고급 언어는 집적회로(IC)가 적용된 제3세대 컴퓨터부터 사용되었다.
② 애플사는 1970년대에 개인용 컴퓨터를 출시하였다.
③ IBM PC라고 불리는 컴퓨터는 1980년대에 출시되었다.
④ 1990년대에는 월드와이드웹 기술이 적용되면서 인터넷에 연결되는 컴퓨터의 사용자가 폭발적으로 증가하였다.

해설
포트란, 코볼 같은 언어는 3세대가 아니라 트랜지스터가 적용되는 2세대에 관련된 언어이다.

15 컴퓨터 버스에 대한 설명으로 옳지 않은 것은? 2015년 국가직

① 주소 정보를 전달하는 주소 버스(address bus), 데이터 전송을 위한 데이터 버스(data bus), 그리고 명령어 전달을 위한 명령어 버스(instruction bus)로 구성된다.
② 3-상태(3-state) 버퍼를 이용하면 데이터를 송신하고 있지 않은 장치의 출력이 버스에 연결된 다른 장치와 간섭하지 않도록 분리시킬 수 있다.
③ 특정 장치를 이용하면 버스를 통해서 입출력장치와 주기억장치 간 데이터가 CPU를 거치지 않고 전송될 수 있다.
④ 다양한 장치를 연결하기 위한 별도의 버스가 추가적으로 존재할 수 있다.

해설
컴퓨터 버스는 제어 버스, 주소 버스, 데이터 버스가 있다.

16 하드웨어와 사용자를 연결하는 순서로 적절한 것은? 2021년 군무원

① 하드웨어 → 운영 체제 → 응용 프로그램 → 사용자
② 하드웨어 → 응용 프로그램 → 운영 체제 → 사용자
③ 운영 체제 → 하드웨어 → 응용 프로그램 → 사용자
④ 하드웨어 → 사용자 → 운영 체제 → 응용 프로그램

해설
하드웨어와 사용자를 연결하는 순서 : 하드웨어 → 운영 체제 → 응용 프로그램 → 사용자

17 컴퓨터의 주요 장치에 대한 설명으로 옳은 것은? 2012년 국가직

① 입력장치는 시스템 버스를 통하여 컴퓨터 내부에서 외부로 데이터를 전송하는 장치이다.
② 기억장치 중 하나인 캐시기억장치는 주기억장치와 동일한 용량을 가져야 한다.
③ 제어장치는 주기억장치에 적재된 프로그램의 명령어를 하나씩 꺼내어 해독하는 기능을 가지고 있다.
④ 연산장치는 산술/논리 연산을 수행하는 장치로 누산기(accumulator), 명령 레지스터(instruction register), 주소 해독기 등으로 구성된다.

해설
• 입력장치는 컴퓨터 외부에서 내부로 데이터를 전송하는 장치이며, 시스템 버스에 직접 접근할 수 없다.
• 기억장치 중 하나인 캐시기억장치는 주기억장치보다 적은 용량을 가진다.
• 명령 레지스터(instruction register), 주소 해독기 등은 제어장치이다.

18 다음 중 연산장치에 대한 설명으로 옳지 않은 것은? 2003년 국가직

① 가산기는 누산기와 데이터 레지스터에 기억된 값을 더하여 주기억장치에 저장한다.
② 누산기는 연산장치의 중심이 되는 레지스터로 연산 결과를 임시로 기억한다.
③ 상태 레지스터는 연산에 관계되는 상태와 외부의 인터럽트 신호를 나타내 준다.
④ 데이터 레지스터는 연산 대상이 2개 필요한 경우에 하나의 데이터를 임시 보관한다.

해설
가산기는 누산기와 데이터 레지스터에 기억된 값을 더하여 누산기에 넣는다.

19 컴퓨터를 작동시켰을 때 발생하는 부트(boot) 과정에 대한 설명으로 옳지 않은 것은? 2009년 국가직

① 부트스트랩 프로그램은 일반적으로 운영체제가 저장된 하드디스크에 저장되어 있다.
② 부트 과정의 목적은 운영체제를 하드디스크로부터 메모리로 적재하는 것이다.
③ 부트 과정은 여러 가지 중요한 시스템 구성 요소들의 진단 검사를 수행한다.
④ 부트 과정을 완료하면 중앙처리장치는 제어권을 운영체제로 넘겨준다.

해설
부트스트랩 프로그램은 일반적으로 운영체제가 저장된 하드디스크에 저장되어 있는 것이 아니라 ROM에 저장되어 있다.

정답 14. ① 15. ① 16. ① 17. ③ 18. ① 19. ①

20 프로세서의 수를 늘려도 속도를 개선하는 데 한계가 있다는 주장으로서, 병렬처리 프로세서의 성능 향상의 한계를 지적한 법칙은? 2020년 지방직

① 무어의 법칙(Moore's Law)
② 암달의 법칙(Amdahl's Law)
③ 구스타프슨의 법칙(Gustafson's Law)
④ 폰노이만 아키텍처(von Neumann Architecture)

해설

암달의 법칙(Amdahl's Law) : 병렬처리 프로그램에서 차례로 수행되어야 하는 비교적 적은 수의 명령문들이, 프로세서의 수를 추가하더라도 그 프로그램의 실행을 더 빠르게 할 수 없도록 속도향상을 제한하는 요소를 갖고 있다는 것이다.

21 아날로그 컴퓨터에 대한 설명으로 옳지 않은 것은? 2020년 지방직

① 입력형식은 부호, 코드화된 숫자, 문자, 기호이다.
② 출력형식은 곡선, 그래프 등이다.
③ 미적분 연산방식을 가지며, 정보처리속도가 빠르다.
④ 증폭회로 등으로 회로 구성을 한다.

해설

✓ **디지털 컴퓨터와 아날로그 컴퓨터의 비교**

항목	디지털 컴퓨터	아날로그 컴퓨터
입력 형태	숫자, 문자	전류, 전압, 온도
출력 형태	숫자, 문자	곡선, 그래프
연산 형식	산술 · 논리 연산	미 · 적분 연산
구성 회로	논리회로	증폭 회로
프로그래밍	필요	불필요
정밀도	필요한 한도까지	제한적임
기억 기능	있음	없음
적용 분야	범용	특수 목적용

22 컴퓨터에 2개 이상의 CPU를 탑재하여 동시에 처리하는 운영체제의 작업 처리 방법으로 적절한 것은? 2021년 군무원

① 일괄 처리
② 다중 처리
③ 실시간 처리
④ 다중프로그래밍

해설

다중 처리(Multi-processing) : 거의 비슷한 능력을 가지는 두 개 이상의 처리기가 하드웨어를 공동으로 사용하여 자신에게 맡겨진 일을 동시에 수행하도록 하는 시스템이다. 대량의 데이터를 신속히 처리해야 하는 업무, 또는 복잡하고 많은 시간이 필요한 업무처리에 적합한 구조를 지닌 시스템이다.

23 다음의 부울 대수식에서 정리가 바르게 표현된 것을 다 고르면 몇 개인가? 2011년 경기교육청

가) $A \cdot 1 = A$	나) $A \cdot A = A$
다) $A + 1 = A$	라) $A + A' = A$
마) $A + A = A$	바) $AB + A = A$

① 2개
② 3개
③ 4개
④ 5개

해설

다) $A + 1 = 1$
라) $A + A' = 1$

✓ 부울 대수 기본정리

• 정리 1: $A + 0 = A$,	$A \cdot 0 = 0$
• 정리 2: $A + A' = 1$,	$A \cdot A' = 0$
• 정리 3: $A + A = A$,	$A \cdot A = A$
• 정리 4: $A + 1 = 1$,	$A \cdot 1 = A$

정답 20. ② 21. ① 22. ② 23. ③

24 다음 두 이진수에 대한 NAND 비트(bitwise) 연산 결과는? 2013년 국가직

$$10111000_2 \text{ NAND } 00110011_2$$

① 00110000_2　　　　　　　　② 10111011_2

③ 11001111_2　　　　　　　　④ 01000100_2

해설

10111000 AND 00110000 = 00110000 (NOT) = 11001111

25 불 대수(Boolean Algebra)에 대한 최소화로 옳지 않은 것은? 2018년 계리직

① $A(A+B) = A$　　　　　　② $A+A'B = A+B$

③ $A(A'+B) = AB$　　　　　④ $AB+AB'+A'B = A$

해설

① $A(A+B) = AA+AB = A+AB = A(1+B) = A$
② $A+A'B = (A+A')(A+B) = A+B$
③ $A(A'+B) = AA'+AB = AB$
④ $AB+AB'+A'B = A(B+B')+A'B = A+A'B = (A+A')(A+B) = A+B$

26 부울 변수 X, Y, Z에 대한 등식으로 옳지 않은 것은? (단, ·은 AND, +는 OR, ′는 NOT 연산을 의미한다) 2023년 지방직

① $X + (Y \cdot Z) = (X + Y) \cdot (X + Z)$

② $X \cdot (X + Y) = X \cdot X + Y$

③ $(X + Y) + Z = X + (Y + Z)$

④ $(X + Y)' = X' \cdot Y'$

해설

$X \bullet (X + Y) = XX + XY = X + XY = X(1 + Y) = X$

27 다음 논리회로도에서 출력 F가 0이 되는 입력 조합을 바르게 연결한 것은? 2024년 국가직

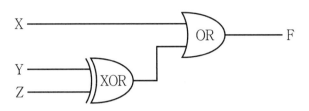

	X	Y	Z
①	0	0	1
②	0	1	0
③	0	1	1
④	1	0	0

해설

• OR게이트는 두 개의 입력이 모두 0일 때 출력은 0이 된다. 문제에서 출력 F가 0이 되는 입력 조합이라고 했으므로 X는 0이 입력되어야 한다. Y와 Z는 XOR게이트로 구성되어 있고 XOR게이트는 두 개의 입력이 같을 때 출력은 0이 되므로 Y와 Z는 0,0이거나 1,1이 되어야 한다.

• OR 연산의 진리표

A	B	A + B
0	0	0
0	1	1
1	0	1
1	1	1

• XOR 연산의 진리표

A	B	A ⊕ B
0	0	0
0	1	1
1	0	1
1	1	0

28 다음 논리 회로의 출력과 동일한 것은? 2019년 국가직

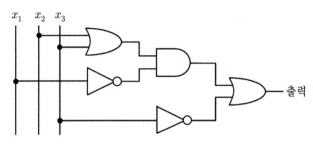

① $x_1 + x_3{}'$

② $x_1{}' + x_3$

③ $x_1{}' + x_3{}'$

④ $x_2{}' + x_3{}'$

해설

$(x_2 + x_3)x_1' + x_3'$

$= x_1'x_2 + x_1'x_3 + x_3'$

$= x_1'x_2 + (x_1' + x_3')(x_3 + x_3')$

$= x_1'x_2 + x_1' + x_3'$

$= x_1'(x_2 + 1) + x_3'$

$= x_1' + x_3'$

29 다음 진리표를 만족하는 부울 함수로 옳은 것은? 2 (단, ·은 AND, ⊕는 XOR, ⊙는 XNOR 연산을 의미한다) 2018년 국가직

입력			출력
A	B	C	Y
0	0	0	1
0	0	1	0
0	1	0	0
0	1	1	1
1	0	0	0
1	0	1	1
1	1	0	1
1	1	1	0

① $Y = A \cdot B \oplus C$

② $Y = A \oplus B \odot C$

③ $Y = A \oplus B \oplus C$

④ $Y = A \odot B \odot C$

해설

문제의 진리표의 출력은 입력 A와 B를 XOR 한 결과값에 입력 C를 XNOR 한 결과이다. 입력 첫 번째 줄인 0 0 0을 각 보기에 입력해 보면 보기 2번의 출력만 1이 되고 나머지 보기는 모두 출력이 0이 되는 것을 확인할 수 있다.

30 ⟨보기⟩의 논리 연산식을 간략화한 논리회로는? 2012년 계리직

┌ 보기 ┌
$$(A + B)(A + B')(A' + B)$$

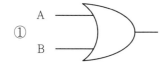
①

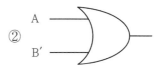
②

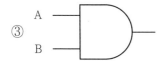
③

④

| 해설 |

(A + B)(A + B')(A' + B)
= (AA + AB' + AB + BB')(A' + B)
= (A + AB' + AB)(A' + B)
= A(1 + B' + B)(A' + B)
= A(A' + B)
= AA' + AB
= AB

31 다음 논리회로의 부울식으로 옳은 것은? 2015년 국가직

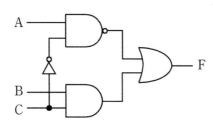

① F = AC'+BC
② F(A, B, C) = Σm(0, 1, 2, 3, 6, 7)
③ F = (AC')'
④ F = (A'+B'+C)(A+B'+C')

| 해설 |

F = (AC')' + BC
  = (A' + C) + BC   − 드 모르간 법칙 적용
  = A' + C · 1 + BC
  = A' + C(1 + B)   − 부울 대수 기본정리 적용
  = A' + C = (AC')'

정답 28. ③ 29. ② 30. ③ 31. ③

32 다음 논리회로도에서 출력 F의 결과는? 2010년 지방직

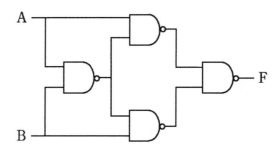

① A+B

② AB

③ A⊕B

④ A'B'

> **해설**
>
> F = ((A · (A · B)')' · (B · (B · A)')')'
>
>   = (A · (A · B)')'' + (B · (B · A)')''
>
>   = (A · (A · B)') + (B · (B · A)')
>
>   = (A · (A' + B')) + (B · (B' + A'))
>
>   = (AA' + AB') + (BB' + BA')
>
>   = AA' + AB' + BB' + BA'
>
>   = AB' + BA'
>
>   = A ⊕ B

33 다음에 알맞은 조합논리회로로 옳은 것은?

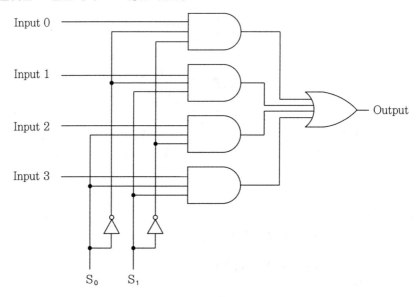

① 디코더

② 인코더

③ 디멀티플렉서

④ 멀티플렉서

해설

• 문제의 그림은 4×1 멀티플렉서 회로도이다.
• 멀티플렉서(Multiplexer) : 여러 개의 입력선 중 하나의 입력선만을 출력에 전달해주는 조합논리회로이다. 여러 회선의 입력이 한 곳으로 집중될 때 특정 회선을 선택하도록 하므로, 선택기라 하기도 한다. 어느 회선에서 전송해야 하는지 결정하기 위하여 선택신호가 함께 주어져야 한다. 여러 개의 회로가 단일 회선을 공동으로 이용하여 신호를 전송하는 데 사용한다.

34 음수를 표현하기 위해 2의 보수를 사용한다고 가정할 때, 다음 회로에서 입력 M의 값이 1일 때 수행하는 동작은? (단, A = $A_3A_2A_1A_0$의 4비트, B = $B_3B_2B_1B_0$의 4비트, A_3와 B_3는 부호 비트이며, FA는 전가산기를 나타낸다) 2010년 국가직

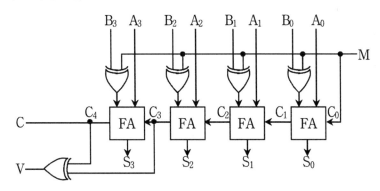

① $A - B$

② $A + B + 1$

③ $A + B$

④ $B - A$

해설

병렬 가감산기이며, 전가산기로 입력되는 A와 B를 비교하면 B가 M과 XOR 연산을 수행한 값이 입력이 되므로 M이 0일 경우 B가 전달되고, M이 1일 경우 C_0의 값은 M과 동일하므로 B의 반전된 값에 1을 더해서 2의 보수가 된다. 즉, M이 0이면 가산이 되고, M이 1이면 감산이 된다.

정답 32. ③ 33. ④ 34. ①

35 현재의 출력값이 현재의 입력값에 의해서만 결정되는 논리회로에 해당하지 않는 것은? 2024년 지방직

① 반가산기(half adder)
② 링 카운터(ring counter)
③ 멀티플렉서(multiplexer)
④ 디멀티플렉서(demultiplexer)

해설

1. 조합논리회로
   • 입력과 출력을 가진 논리게이트의 집합이며, 출력은 현재의 입력에 의해 결정된다.
   • 출력값이 입력값에 의해서만 결정되는 논리게이트로 구성된 회로이다.
   • 출력신호가 입력신호에 의해 결정되는 회로로서 기억소자는 포함하지 않으므로 기억 능력은 없다.
   • 조합논리회로가 적용되는 것에는 반가산기, 전가산기, 감산기, 멀티플렉서, 디멀티플렉서 등이 있다.
2. 순서논리회로
   • 플립플롭과 게이트로 구성되고, 출력은 외부입력과 회로의 현재 상태에 의해 결정되는 회로이다.
   • 출력신호의 일부가 입력으로 피드백되어 출력신호에 영향을 주며, 레지스터와 카운터가 대표적이다.

36 다음 중 논리회로에 대한 설명으로 가장 적절하지 않은 것은? 2024년 군무원

① 반가산기(half adder)는 두 개의 입력과 두 개의 출력으로 합(sum)과 자리올림(carry)을 얻는다.
② 멀티플렉서(multiplexer)는 여러 개의 입력 중 하나만 출력에 전달해준다.
③ T 플립플롭(flip-flop)은 입력 신호가 0이면 출력 상태가 반전된다.
④ D 플립플롭(flip-flop)은 입력 신호가 0이면 출력 상태가 0이다.

해설

• T 플립플롭 : JK 플립플롭을 이용하여 만들 수 있으며, T의 값이 0일 경우 J와 K 값이 둘 다 0이 되어 변하지 않고, T의 값이 1일 경우 J와 K 값이 둘 다 1이 되어 출력값이 반전되는 효과가 있다.
• T 플립플롭 진리표

입력	출력	
T	Q	$\overline{Q}$
0	Q	$\overline{Q}$
1	$\overline{Q}$	Q

37 다음 그림과 같은 동작을 하는 플립플롭은? 2008년 국가직

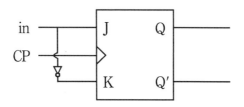

① T 플립플롭   ② RS 플립플롭
③ D 플립플롭   ④ JK 플립플롭

해설

D 플립플롭은 RS 플립플롭을 변형시킨 것으로 하나의 입력단자를 가지며, 입력된 것과 동일한 결과를 출력한다. RS 플립플롭의 S입력을 NOT게이트를 거쳐서 R쪽에서도 입력되도록 연결한 것이기 때문에, RS 플립플롭의 (R = 1, S = 0) 또는 (R = 0, S = 1)의 입력만 가능하다.

38 다음 회로에 대한 설명으로 옳지 않은 것은? 2008년 국가직

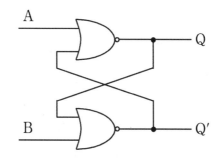

① B의 값이 1이고 A의 값이 0이면, Q의 값이 1이 된다.
② Q'의 값이 1이고 Q의 값이 0일 때, A = B = 0이면 Q와 Q'의 값에는 변화가 없다.
③ Q'의 값이 0이고 Q의 값이 1일 때, A = 1, B = 0이면 Q와 Q'의 값에는 변화가 없다.
④ Q'의 값이 0이고 Q의 값이 1일 때, A = B = 0이면 Q와 Q'의 값에는 변화가 없다.

해설

Q'의 값이 0이고 Q의 값이 1일 때, A = 1, B = 0이면 Q는 1에서 0이 되고 Q'의 값은 0에서 1이 된다.

정답   35. ②   36. ③   37. ③   38. ③

39 다음은 정논리를 사용하는 JK 플립플롭의 진리표이다. (가)~(라)에 들어갈 내용으로 옳은 것은? (단, Q'은 Q의 반댓값을 의미한다) 2022년 지방직

CP	J	K	다음상태 Q
↑	0	0	(가)
↑	0	1	(나)
↑	1	0	(다)
↑	1	1	(라)

	(가)	(나)	(다)	(라)
①	Q	1	0	Q'
②	Q'	1	0	Q
③	Q	0	1	Q'
④	Q'	0	1	Q

해설

✅ **JK 플립플롭**
- RS 플립플롭을 개량하여 S와 R이 동시에 입력되더라도 현재 상태의 반대인 출력으로 바뀌어 안정된 상태를 유지할 수 있도록 한 것이다.
- RS 플립플롭을 사용하여 JK 플립플롭을 만들 수 있다.
- JK 플립플롭 진리표

입력		출력	
J	K	Q	$\overline{Q}$
0	0	불변	불변
0	1	0	1
1	0	1	0
1	1	$\overline{Q}$	Q

PART
01

40 다음 부울 함수식 F를 간략화한 결과로 옳은 것은? 2013년 국가직

$$F = ABC + AB'C + A'B'C$$

① $F = AC + B'C$ ② $F = AC + BC'$

③ $F = A'B + B'C$ ④ $F = A'C + BC$

해설

A \ BC	00	01	11	10
0	1	1	0	0
1	1	1	1	0

B'C   AC

41 다음 부울 함수식 F를 간략화한 결과로 옳은 것은? 2011년 국가직

$$F = ABC + ABC' + AB'C + AB'C' + A'B'C + A'B'C'$$

① $F = A' + B$ ② $F = A + B'$

③ $F = A'B$ ④ $F = AB'$

해설

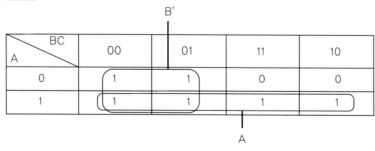

B'

A \ BC	00	01	11	10
0	1	1	0	0
1	1	1	1	1

A

정답   39. ③   40. ①   41. ②

42 다음의 카르노 맵(Karnaugh-map)을 간략화한 결과를 논리식으로 올바르게 표현한 것은?

2008년 국가직

AB＼CD	00	01	11	10
00	1	1	1	1
01	1	1	1	1
11	0	1	1	0
10	1	0	0	1

① A' + BD + B'D' ② A + BD + B'D'
③ D + AB + B'D' ④ D' + AB + B'D'

해설

AB＼CD	00	01	11	10
00	1	1	1	1
01	1	1	1	1
11	0	1	1	0
10	1	0	0	1

→ A'

BD

B'D'

43 아래에 제시된 K-map(카르노 맵)을 NAND 게이트들로만 구성한 것으로 옳은 것은? 2019년 계리직

ab＼cd	00	01	11	10
00	1	0	0	0
01	1	1	1	0
11	0	1	1	0
10	1	1	0	0

①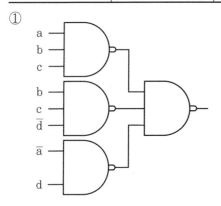

②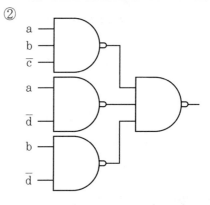

③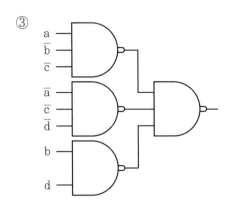

④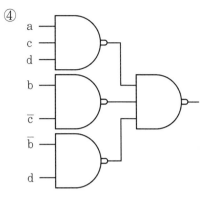

해설

ab＼cd	00	01	11	10
00	1	0	0	0
01	1	1	1	0
11	0	1	1	0
10	1	1	0	0

a'c'd'   ab'c'   bd

44 8진수 543(8)과 10진수 124(10)의 합을 8진수로 표현한 것은? 2024년 지방직

① 626(8)

② 637(8)

③ 726(8)

④ 737(8)

해설

두 개의 수를 2진수로 변환하면 아래와 같다.

$543_{(8)} = 101100011$

$124_{(10)} = 1111100$

변환된 2진수를 더하여 8진수로 변환한다.

$111011111 = 737_{(8)}$

45 8진수 (56.13)$_8$을 16진수로 변환한 값은? 2014년 국가직

① (2E.0B)$_{16}$
② (2E.2C)$_{16}$
③ (B2.0B)$_{16}$
④ (B2.2C)$_{16}$

해설

```
    5   6  .  1   3     ------ 8진수
  101110 . 001011       ------ 2진수
    2   E  .  2   C     ------ 16진수
```

46 16진수 210을 8진수로 변환한 것은? 2022년 지방직

① 1020
② 2100
③ 10210
④ 20100

해설

16진수 210 → 2진수 1000010000 → 8진수 1020

47 수식의 결과가 거짓(false)인 것은? 2017년 국가직

① $0.1_{(10)} < 0.1_{(2)}$
② $10_{(8)} = 1000_{(2)}$
③ $0.125_{(10)} = 0.011_{(2)}$
④ $20D_{(16)} > 524_{(10)}$

해설

① 참(true) : $0.1_{(10)} < 0.1_{(2)}(0.5_{(10)})$
② 참(true) : $10_{(8)}(1000_{(2)}) = 1000_{(2)}$
③ 거짓(false) : $0.125_{(10)} = 0.011_{(2)}(0.375_{(10)})$
④ 참(true) : $20D_{(16)}(525_{(10)}) > 524_{(10)}$

48 다음 중 가장 큰 수는? (단, 오른쪽 괄호 밖의 아래 첨자는 진법을 의미한다) 2008년 국가직

① $(10000000000)_2$

② $(302)_{16}$

③ $(2001)_8$

④ $(33333)_4$

> 해설
>
> 수치가 크기 때문에 10진수로 변환하여 비교하는 것보다는 2진수로 변환하여 비교한다. 16진수는 4자리, 8진수는 3자리, 4진수는 2자리로 각 자리를 2진수로 변환한다.
> ① 10000000000
> ② 001100000010
> ③ 010000000001
> ④ 1111111111

49 다음 중 2진수 10101001.11000011를 16진수로 표현한 것으로 옳은 것은? 2024년 군무원

① A9.B3

② A9.C3

③ A7.B3

④ A7.C3

> 해설
>
> 2진수를 16진수로 변환하기 위해서 소수점을 기준으로 4자리($16 = 2^4$)씩 묶어서 표현한다.
> 2진수 : (1010) (1001) . (1100) (0011)
> 16진수 :   A   9   .   C   3

50 다음 2진수 1010101110.11_2를 16진수로 정확히 표현한 것은? 2007년 국가직

① 2AE.3(16)

② AB2.C(16)

③ 2AE.C(16)

④ AB2.3(16)

> 해설
>
> 2진수 4자리는 16진수 1자리와 동등하기 때문에 소수점을 기준으로 좌우 방향의 4자리씩 묶어서 표현한다.

51 같은 값을 옳게 나열한 것은? 2021년 지방직

① $(264)_8$, $(181)_{10}$

② $(263)_8$, $(AC)_{16}$

③ $(10100100)_2$, $(265)_8$

④ $(10101101)_2$, $(AD)_{16}$

해설
① $(264)_8$, $(180)_{10}$
② $(263)_8$, $(B3)_{16}$
③ $(10100100)_2$, $(244)_8$

52 10진수 45.1875를 2진수로 변환한 것은? 2023년 지방직

① 101100.0011

② 101100.0101

③ 101101.0011

④ 101101.0101

해설
45.1875(10) → 101101.0011(2)

53 〈보기〉의 다양한 진법으로 표현한 숫자들을 큰 숫자부터 나열한 것은? 2012년 계리직

보기
ㄱ. $F9_{16}$ ㄴ. 256_{10}
ㄷ. 11111111_2 ㄹ. 370_8

① ㄱ, ㄴ, ㄷ, ㄹ

② ㄴ, ㄷ, ㄱ, ㄹ

③ ㄷ, ㄹ, ㄱ, ㄴ

④ ㄹ, ㄱ, ㄴ, ㄷ

해설
ㄱ : 11111001_2
ㄴ : 100000000_2
ㄷ : 11111111_2
ㄹ : 11111000_2

54 다음 수식에서 이진수 Y의 값은? (단, 수식의 모든 수는 8비트 이진수이고 1의 보수로 표현된다)

2018년 국가직

$$11110100(2) + Y = 11011111(2)$$

① 11101001(2)　　　　　　　　　② 11101010(2)

③ 11101011(2)　　　　　　　　　④ 11101100(2)

해설
문제의 수식이 11110100(2) + Y = 11011111(2)이 1의 보수로 표현된 것이기 때문에 −11 + Y = −32로 볼 수 있다.
Y값은 −21이며, 이를 나타내면 10010101(2)이 되며 1의 보수로 변환하면 11101010(2)이 된다.

55 다음은 부호가 없는 4비트 이진수의 뺄셈이다. ㉠에 들어갈 이진수의 2의 보수는? 2012년 국가직

$$1101_2 - (\text{㉠}) = 0111_2$$

① 0101_2　　　　　　　　　② 0110_2

③ 1010_2　　　　　　　　　④ 1011_2

해설
13 − (㉠) = 7의 식이며, ㉠의 값은 6에 해당되어 0110에 2의 보수(1010)를 취하면 된다.

56 10진수 뺄셈 (7−12)를 2의 보수를 이용하여 계산한 결과는? (단, 저장 공간은 8비트로 한다)

2024년 국가직

① 0000 0100　　　　　　　　　② 0000 0101

③ 1111 0101　　　　　　　　　④ 1111 1011

해설
• 10진수 뺄셈 (7 − 12)를 2의 보수를 이용하여 계산하기 위하여 12를 2의 보수로 변환하여 뺄셈을 덧셈으로 풀이할 수 있다. (7 + (12의 2의 보수값))
• 00001000(10진수 7을 2진수 표현) + 11110100(10진수 12를 2의 보수로 표현) = 11111011
• 결과값 11111011에 자리올림이 발생하지 않았으므로 결과값을 2의 보수로 변환하여 − 기호를 붙인다.
  −00000101(2진수) = −5(10진수)
• −5 값을 부호와 2의 보수로 표현하면 111110011이 된다. 실제 문제 풀이 시에는 7 − 12를 하여 결과값 −5를 부호와 2의 보수로 표현하여 정답을 간단하게 찾을 수 있다.

정답　51. ④　52. ③　53. ②　54. ②　55. ③　56. ④

57 8진수 5526을 16진수로 변환한 값으로 적절한 것은? 2021년 군무원

① B56　　　　　　　　　　　　② A56

③ B46　　　　　　　　　　　　④ A57

　해 설

5526(8) = 101101010110(2) = B56(16)

58 다음 2진수 산술 연산의 결과와 값이 다른 것은? (단, 두 2진수는 양수이며, 연산 결과 오버플로 (overflow)는 발생하지 않는다고 가정한다) 2011년 국가직

10101110 + 11100011

① 2진수 110010001　　　　　　② 8진수 421

③ 10진수 401　　　　　　　　　④ 16진수 191

　해 설

10101110 + 11100011 = 110010001이며, 보기 2번의 8진수 421은 100010001이다.

59 −35를 2의 보수(2's Complement)로 변환하면? 2021년 국가직

① 11011100　　　　　　　　　② 11011101

③ 11101100　　　　　　　　　④ 11101101

　해 설

• −35를 2진수로 변환 : 10100011
• 10100011를 1의 보수로 변환 : 11011100
• 11011100을 2의 보수로 변환 : 11011101

60 4비트를 이용한 정수 자료 표현에서 2의 보수를 이용하여 음수로 표현했을 때 옳지 않은 것은?

2009년 국가직

① 십진수 −4는 이진수 1100으로 표현된다.
② 십진수 8은 이진수 1000으로 표현된다.
③ 십진수 −1은 이진수 1111로 표현된다.
④ 십진수 5는 이진수 0101로 표현된다.

해설

보기 2번의 1000은 첫 번째 부호비트가 1이므로 양수 8로 볼 수 없다.

61 8진수 123.321을 16진수로 변환한 것은? 2020년 국가직

① 53.35
② 53.321
③ 53.681
④ 53.688

해설

123.321(8) → 1010011.011010001(2) → 53.688(16)

62 다음은 2의 보수를 이용하여 4비트 2진수의 뺄셈 연산을 하는 과정이다. 괄호 안에 알맞은 값은?

2007년 국가직

$$0111_2 - 0011_2 = 0111_2 + (\quad)_2 = \text{뺄셈결과 값}$$

① 1011
② 1100
③ 0011
④ 1101

해설

0011을 1의 보수로 하면 1100이 되며 여기에 1을 더하면 2의 보수가 된다(1101).
즉, 0111 + 1101 = 10100이 되며, 최상위 올림수 1은 버린다(0100).

63 $0 \sim (64^{10} - 1)$에 해당하는 정수를 이진코드로 표현하기 위해 필요한 최소 비트 수는? 2019년 국가직

① 16비트
② 60비트
③ 63비트
④ 64비트

해설

$0 \sim (64^{10} - 1)$에서 $64^{10} = (2^6)^{10} = 2^{60}$이므로 표현하기 위해 필요한 최소 비트 수는 60비트이다.

정답 57. ① 58. ② 59. ② 60. ② 61. ④ 62. ④ 63. ②

64 2의 보수를 이용한 4비트 2진수의 덧셈 연산 가운데 범람(overflow) 오류가 발생되는 것은?

2008년 국가직

① $0100 + 0010$

② $1011 + 0111$

③ $1100 + 1010$

④ $0110 + 1001$

해설

c3과 c4를 XOR하여 결과값이 1이면 오버플로로 간주한다.

65 〈보기〉의 연산을 2의 보수를 이용한 연산으로 변환한 것은? 2012년 계리직

┌ 보기 ┐

$$6_{10} - 13_{10}$$

① $00000110_2 + 11110011_2$

② $00000110_2 - 11110011_2$

③ $11111010_2 + 11110011_2$

④ $11111010_2 - 11110011_2$

해설

$6 - 13 = 6 + (-13) = 6 + (13$에 대한 2의 보수$)$

13에 대한 2의 보수 : 11110011

66 음수와 양수를 동시에 표현하는 2진수의 표현 방법에는 부호-크기(sign-magnitude) 방식, 1의 보수 방식, 2의 보수 방식이 있다. 다음은 10진수의 양수와 음수를 3비트의 2진수로 나타낸 표이다. ㉠~㉢에 들어갈 방식을 순서대로 나열한 것은? 2023 계리직

10진 정수	㉠	㉡	㉢
3	011	011	011
2	010	010	010
1	001	001	001
0	000	000	000
−0	100	111	−
−1	010	110	111
−2	110	101	110
−3	111	100	101
−4	−	−	100

	㉠	㉡	㉢
①	1의 보수	2의 보수	부호-크기
②	2의 보수	1의 보수	부호-크기
③	부호-크기	1의 보수	2의 보수
④	부호-크기	2의 보수	1의 보수

해설

⊘ 고정 소수점 데이터 형식(fixed point data format)

• 표현 방식

```
    0   1                                    15(또는 31)
  ┌────┬──────────────────────────────────────┐  가상
  │░░░░│                정 수 부                 │  소수점
  └────┴──────────────────────────────────────┘  •←
     └ 부호 비트(1비트): 0(양수), 1(음수)
```

• 부호 있는 8비트 2진수의 표현

	부호 절대치	부호 1의 보수	부호 2의 보수
+127	01111111	01111111	01111111
:	:	:	:
+1	00000001	00000001	00000001
+0	00000000	00000000	00000000
−0	10000000	11111111	×
−1	10000001	11111110	11111111
:	:	:	:
−127	11111111	10000000	10000001
−128	×	×	10000000

• 부호 절대치와 부호 1의 보수 표현에는 0이 2개(+0, −0) 존재한다.
• 부호 2의 보수 표현은 0이 1개(+0)만 존재하기 때문에 음수값은 부호 절대치나 부호 1의 보수 표현보다 표현범위가 1이 더 크다.
• 정수 표현 범위(n비트일 때)

부호 절대치	$-(2^{n-1}-1) \sim +(2^{n-1}-1)$
부호 1의 보수	$-(2^{n-1}-1) \sim +(2^{n-1}-1)$
부호 2의 보수	$-(2^{n-1}) \sim +(2^{n-1}-1)$

정답   64. ③   65. ①   66. ③

67 2의 보수로 표현된 부호 있는(signed) n비트 2진 정수에 대한 설명으로 옳지 않은 것은?

2023년 지방직

① 최저 음수의 값은 $-(2^{n-1} - 1)$이다.
② 0에 대한 표현이 한 가지이다.
③ 0이 아닌 2진 정수 A의 2의 보수는 $(2^n - A)$이다.
④ 0이 아닌 2진 정수 A의 2의 보수는 A의 1의 보수에 1을 더해서 구할 수 있다.

해설
• 66번 문제 해설 참조

68 일반적인 컴퓨터 시스템에서 정확한 값으로 표현하기 가장 어려운 것은? 2021년 지방직

① $\sqrt{2}$

② $1\frac{3}{4}$

③ 2.5

④ -0.25×2^{-5}

해설
$\sqrt{2}$는 무한소수이므로 일반적인 컴퓨터 시스템에서 정확한 값을 표현하기가 어렵다.

69 2의 보수로 표현된 부호 있는 8비트 2진 정수 10110101을 2비트만큼 산술 우측 시프트(arithmetic right shift)한 결과는? 2023년 지방직

① 00101101

② 11010100

③ 11010111

④ 11101101

해설
• 산술적 시프트(Arithmetic shift) : 레지스터에 저장된 데이터가 부호를 가진 정수인 경우에 부호 비트를 고려하여 수행되는 시프트이다. 시프트 과정에서 부호 비트는 그대로 두고, 수의 크기를 나타내는 비트들만 시프트 시킨다.
• 예를 들어 4비트로 아래와 같이 표현한다면,

a4	a3	a2	a1

산술적 좌측-시프트(arithmetic shift-left)

a4(불변), a3 ← a2, a2 ← a1, a1 ← 0

산술적 우측-시프트(arithmetic shift-right)

a4(불변), a4 → a3, a3 → a2, a2 → a1

70 −30.25 × 2^{-8}의 값을 갖는 IEEE 754 단정도(Single Precision) 부동소수점(Floating−point) 수를 16진수로 변환하면? 2021년 국가직

① 5DF30000

② 9ED40000

③ BDF20000

④ C8F40000

해설

☑ **32비트 부동소수점 표현 − Single Precision(단정도, float)**

• 지수는 8비트, 가수는 23비트이며, 바이어스는 127이다.

	지수부(8비트)	가수부(23비트)

↑ 부호비트(1비트) : 0(양수), 1(음수)

1. −30.25을 2진수로 변환 : −11110.01
2. −11110.01 × 2^{-8}
3. 정규화 수행 : −1.111001 × 2^{-4}
4. 부호비트는 1(음수)
5. 지수부 : $(-4 + 127)_{10} = (123)_{10} = (01111011)_2$
6. 가수부 : 11100100000000000000000 (가장 왼쪽 1은 생략하고, 나머지 가수부 비트는 0으로 채운다)
7. 10111101111100100000000000000000를 16진수로 변환 : BDF20000

71 부동소수점(floating−point) 방식으로 표현된 두 실수의 덧셈을 수행하고자 할 때, 수행순서를 올바르게 나열한 것은? 2012년 국가직

> ㄱ. 정규화를 수행한다.
> ㄴ. 두 수의 가수를 더한다.
> ㄷ. 큰 지수에 맞춰 두 수의 지수가 같도록 조정한다.

① ㄱ → ㄴ → ㄷ

② ㄱ → ㄷ → ㄴ

③ ㄷ → ㄱ → ㄴ

④ ㄷ → ㄴ → ㄱ

해설

부동소수점(floating−point) 방식으로 표현된 두 실수의 덧셈 수행 순서 : 지수에 맞춰 두 수의 지수가 같도록 조정 → 두 수의 가수를 더한다 → 정규화를 수행

정답 67. ① 68. ① 69. ④ 70. ③ 71. ④

72 10진수 −2.75를 아래와 같이 IEEE 754 표준에 따른 32비트 단정도 부동소수점(Single Precision Floating Point) 표현 방식에 따라 2진수로 표기했을 때 옳은 것은? 2018년 계리직

부호	지수부	가수부

(부호 : 1비트, 지수부 : 8비트, 가수부 : 23비트)

① 1000 0000 0000 0000 0000 0000 0000 1011
② 1000 0000 1011 0000 0000 0000 0000 0000
③ 1010 0000 0110 0000 0000 0000 0000 0000
④ 1100 0000 0011 0000 0000 0000 0000 0000

해설
- 부호비트 : 1(음수)
- 10진수 2.75를 2진수 변환 : 2진수 10.11
- 정규화 수행 : 10.11 = 1.011×2^1
- 지수부 : 1 + 127(바이어스) = 128, 이진수 1000 0000
- 가수부 : 01100000000000000000000

부호(1비트)	지수부(8비트)	가수부(23비트)
1	10000000	01100000000000000000000

73 다음 중 부동소수점 수의 표현 방식에 대한 설명으로 옳지 않은 것은? 2009년 군무원

① 정규화 과정으로 연산속도를 느리게 한다.
② 2진 실수의 데이터 표현과 연산에 사용된다.
③ 컴퓨터 회사마다 서로 다르게 사용되기 때문에 기계코드는 일정하지 않다.
④ 무한대 실수 표현이 불가능하다.

해설
부동소수점 수의 표현 방식은 지수부가 모두 0인 경우 언더플로우이고, 모두 1인 경우는 결과값이 오버플로우이거나 무한대의 값을 표현하는 데 사용될 수 있다.

74 다음 중 문자 한 개를 표현하기 위해 필요한 비트 수가 가장 많은 문자 코드 체계는? 2023년 지방직

① ASCII
② BCD
③ EBCDIC
④ 유니코드(Unicode)

해설

⊘ **문자데이터의 표현**

1. BCD 코드(2진화 10진 코드)
   - BCD 코드는 2개의 존(zone)비트와 4개의 숫자(digit)비트의 6비트로 구성되어 있다.
   - 6비트로 64(2^6)가지의 문자를 표현할 수 있으며, 영문 대문자와 소문자를 구별하지 못한다.
2. ASCII 코드(미국표준코드)
   - ASCII 코드는 3개의 존(zone)비트와 4개의 숫자(digit)비트의 7비트로 구성되어 있다.
   - 7비트로 128(2^7)가지의 문자를 표현할 수 있으며, 마이크로컴퓨터와 데이터 통신용 코드로 사용되고 있다.
3. EBCDIC 코드(확장 2진화 10진 코드)
   - EBCDIC 코드는 4개의 존(zone)비트와 4개의 숫자(digit)비트의 8비트로 구성되어 있다.
   - 8비트로 256(2^8)가지의 문자를 표현할 수 있다.
4. 유니코드(unicode)
   - ASCII 코드와는 달리 언어와 상관없이 모든 문자를 표현할 수 있는 국제 표준 문자코드이다.
   - 2바이트(16비트)로 표현한 것이며, 최대 65,000여 개의 문자를 표현 가능하다.

75 다음 중 문자 인코딩 방법에 대한 설명으로 가장 적절한 것은? 2024년 군무원

① 아스키(ASCII) 코드는 8비트로 구성되어 $2^8(=256)$개의 문자 표현이 가능하다.
② EBCDIC(Extended Binary-Coded Decimal Interchange Code)는 7비트로 구성되어 $2^7(=128)$개의 문자 표현이 가능하다.
③ BCD(Binary-Coded Decimal) 코드는 5비트로 구성되어 $2^5(=32)$개의 문자 표현이 가능하다.
④ 유니코드(Unicode)는 16비트로 구성되어 $2^{16}(=65,536)$개의 문자 표현이 가능하다.

해설
- 74번 문제 해설 참조

76 다음 해밍코드에 대한 설명에서 올바른 것을 모두 고른 것은?

가. 패리티비트의 위치를 알기 위한 공식은 2^{n-1}이다. (단, n은 0, 1, 2, 3, … , n이다)
나. 짝수 패리티를 갖는 7비트의 해밍코드 1011110는 5번째 비트에서 오류가 발생된다.
다. 시스템의 논리 구조에 따라 1로 된 비트들이 개수는 항상 짝수여야만 한다.
라. 해밍코드는 오류 검출 및 정정까지 가능하다.

① 가, 나   ② 나, 다   ③ 나, 라   ④ 가, 나, 라

해설
- 패리티비트의 위치를 알기 위한 공식은 2^{n-1}(단, n은 1, 2, 3, … , n이다)
- 시스템의 논리 구조에 따라 1로 된 비트의 개수는 홀수나 짝수가 될 수 있다.

정답 72. ④   73. ④   74. ④   75. ④   76. ③

77 해밍코드에 대한 패리티 비트 생성 규칙과 인코딩 예가 다음과 같다. 이에 대한 설명으로 옳은 것은?

2021년 국가직

〈패리티 비트 생성 규칙〉

원본 데이터	d4	d3	d2	d1			
인코딩된 데이터	d4	d3	d2	p4	d1	p2	p1

p1 = (d1 + d2 + d4) mod 2
p2 = (d1 + d3 + d4) mod 2
p4 = (d2 + d3 + d4) mod 2

〈인코딩 예〉

원본 데이터	0	0	1	1			
인코딩된 데이터	0	0	1	1	1	1	0

① 이 방법은 홀수 패리티를 사용하고 있다.
② 원본 데이터가 0100이면 0101110으로 인코딩된다.
③ 패리티 비트에 오류가 발생하면 복구는 불가능하다.
④ 수신측이 0010001을 수신하면 한 개의 비트 오류를 수정한 후 최종적으로 0010으로 복호한다.

해설

① 문제의 방법은 짝수 패리티를 사용하고 있다.
② 원본 데이터가 0100이면 0101010으로 인코딩된다.
③ 패리티 비트에 오류가 발생하여도 복구는 가능할 수 있다.

☑ 해밍코드(hamming code)
• 오류 검출과 교정이 가능하다.
• 2의 거듭제곱 번째 위치에 있는 비트들은 패리티 비트로 사용한다. (1, 2, 4, 8, 16 …번째 비트)
• 나머지 비트에는 부호화될 데이터가 들어간다. (3, 5, 6, 7, 9, 10, 11, 12 …번째 비트)

P1	P2		P3				P4				…		

• P1의 패리티 값 : 1, 3, 5, 7, 9, 11, … 번째 비트들의 짝수(또는 홀수) 패리티 검사 수행
• P2의 패리티 값 : 2, 3, 6, 7, 10, 11, … 번째 비트들의 짝수(또는 홀수) 패리티 검사 수행
• P3의 패리티 값 : 4, 5, 6, 7, 12, 13, 14, 15, … 번째 비트들의 짝수(또는 홀수) 패리티 검사 수행
• P4의 패리티 값 : 8, 9, 10, 11, 12, 13, 14, 15, 24, 25, … 번째 비트들의 짝수(또는 홀수) 패리티 검사 수행

78 〈보기〉는 자료의 표현과 관련된 설명이다. 옳은 것을 모두 고른 것은? 2010년 계리직

┌ 보기 ┐
ㄱ 2진수 0001101의 2의 보수(complement)는 1110011이다.
ㄴ 부호화 2의 보수 표현 방법은 영(0)이 하나만 존재한다.
ㄷ 패리티(parity) 비트로 오류를 수정할 수 있다.
ㄹ 해밍(hamming) 코드로 오류를 검출할 수 있다.

① ㄱ, ㄹ   ② ㄴ, ㄷ
③ ㄱ, ㄴ, ㄷ   ④ ㄱ, ㄴ, ㄹ

해설
ㄱ 2진수 0001101의 2의 보수(complement)는 1110011이다.
ㄴ 부호화 2의 보수 표현 방법은 영(0)이 하나만 존재한다. +0만 존재한다.
ㄷ 패리티(parity) 비트로 오류를 수정할 수는 없으며, 오류 검출이 가능하다.
ㄹ 해밍(hamming) 코드로 오류를 검출할 수 있다. 오류 검출과 수정이 가능하다.

79 데이터 전송 중에 발생하는 에러를 검출하는 방식으로 옳지 않은 것은? 2014년 국가직
① 패리티(parity) 검사 방식   ② 검사합(checksum) 방식
③ CRC 방식   ④ BCD 부호 방식

해설
BCD 코드는 자료의 외부적 표현 방식이다.

80 다음 중 중앙 처리 장치의 각 구성 요소에 대한 설명으로 옳지 않은 것은? 2007년 국가직
① 기억 장치에서 꺼내진 명령어는 누산기가 기억한다.
② 다음에 실행될 명령어의 번지는 명령 계수기가 기억한다.
③ 명령 해독기는 명령어를 해독하여 필요한 장치로 제어 신호를 보낸다.
④ 번지 레지스터는 읽고자 하는 프로그램이나 데이터가 기억되어 있는 주기억장치의 번지를 기억한다.

해설
기억장치에서 꺼내진 명령어는 누산기에 기억하는 것이 아니라, IR에 기억한다.

정답   77. ④   78. ④   79. ④   80. ①

81 CPU의 연산을 처리하기 위한 데이터의 기본 단위로서 CPU가 한 번에 처리할 수 있는 데이터 크기를 나타내는 것은? 2014년 지방직

① 워드(word) ② 바이트(byte)
③ 비트(bit) ④ 니블(nibble)

해설

• 워드(word) : 1워드는 특정 CPU에서 취급하는 명령어나 데이터의 길이에 해당하는 비트 수이다. 컴퓨터 종류에 따라 2바이트, 4바이트, 8바이트로 구성된다.
• 바이트(byte) : 하나의 영문자, 숫자, 기호의 단위로 8비트의 모임이다. 문자 표현의 최소 단위이다.
• 비트(bit) : 비트는 컴퓨터의 정보를 나타내는 가장 기본적인 단위이다. 비트는 Binary Digit의 약자이며, 1비트는 1 또는 0의 값을 표현한다.
• 니블(nibble) : 한 바이트의 반에 해당되는 4비트 단위를 니블이라고 한다.

82 CPU 내부 레지스터로 옳지 않은 것은? 2019년 국가직

① 누산기(accumulator)
② 캐시 메모리(cache memory)
③ 프로그램 카운터(program counter)
④ 메모리 버퍼 레지스터(memory buffer register)

해설

캐시 메모리(cache memory) : 중앙처리장치와 주기억장치의 속도 차이를 개선하기 위한 기억장치이며, 주기억장치보다 용량은 작지만, SRAM으로 구성되어 고속처리가 가능하다.

⊘ **CPU 구성 요소**

제어장치의 구성 요소	연산장치의 구성 요소
프로그램 카운터(PC ; Program Counter)	누산기(AC ; Accumulator)
메모리 주소 레지스터(MAR ; Memory Address Register)	가산기(Adder)
메모리 버퍼 레지스터(MBR ; Memory Buffer Register)	데이터 레지스터(Data Register)
명령(어) 레지스터(IR ; Instruction Register)	상태 레지스터(Status Register)
명령 해독기(ID ; Instruction Decoder)	보수기(complementary)

83 마이크로 연산(operation)에 대한 설명으로 옳지 않은 것은? 2010년 계리직

① 한 개의 클럭 펄스 동안 실행되는 기본 동작이다.

② 한 개의 마이크로 연산 수행시간을 마이크로 사이클 타임이라 부르며 CPU 속도를 나타내는 척도로 사용된다.

③ 하나의 명령어는 항상 하나의 마이크로 연산이 동작되어 실행된다.

④ 시프트(shift), 로드(load) 등이 있다.

해설

하나의 명령어는 항상 하나의 마이크로 연산이 아니라, 여러 개의 연산이 동작되어 실행된다.

⊘ 마이크로 오퍼레이션(Micro Operation)
- 명령어 하나를 수행하기 위한 여러 동작의 과정을 거치는데 이 과정의 동작 하나하나를 세분화한 것이다.
- 한 클럭 펄스(Clock Pulse) 동안 실행되는 기본 동작으로 마이크로 오퍼레이션 동작이 여러 개 모여 하나의 명령을 처리하게 된다.
- 명령을 수행하기 위해 CPU 내의 레지스터와 플래그가 의미 있는 상태로 바뀌게 하는 동작으로 레지스터에 저장된 데이터에 의해 이루어진다.

84 다음 중 클럭 주파수에 대한 설명으로 가장 옳지 않은 것은?

① 컴퓨터는 전류가 흐르는 상태(ON)와 흐르지 않는 상태(OFF)가 주기적으로 반복되어 작동하는데, 이 전류의 흐름을 주파수(Clock Frequency)라 하고 줄여서 클럭(Clock)이라고 한다.

② 클럭의 단위는 MHz를 사용하는데 1MHz는 1,000,000Hz를 의미하며, 1Hz는 1초 동안 1,000번의 주기가 반복되는 것을 의미한다.

③ CPU가 기본적으로 클럭 주기에 따라 명령을 수행한다고 할 때, 이 클럭값이 높을수록 CPU는 빠르게 일을 하고 있는 것으로 볼 수 있다.

④ 클럭 주파수를 높이기 위해 메인보드로 공급되는 클럭을 CPU 내부에서 두 배로 증가시켜 사용하는 클럭 더블링(Clock Doubling)이란 기술이 486 이후부터 사용되었다.

해설

- 1Hz는 1초 동안 1번의 주기가 반복
- 1KHz는 1초 동안 1,000번의 주기가 반복
- 1MHz는 1초 동안 1,000,000번의 주기가 반복

정답 81. ① 82. ② 83. ③ 84. ②

85 다음 기능을 수행하는 중앙처리장치(CPU)의 레지스터는? 2009년 국가직

> – 다음에 수행할 명령의 주소를 기억한다.
> – 상대 주소지정 방식(relative addressing mode)에서 유효 주소번지(effective address)를 구하기
>   위해서는 이 레지스터의 내용을 명령어의 오퍼랜드(operand)에 더해야 한다.

① PC(program counter)
② AC(accumulator)
③ MAR(memory address register)
④ MBR(memory buffer register)

해설
다음에 수행할 명령의 주소를 기억하고 있는 레지스터가 PC이며, 상대 주소지정 방식은 주소부분(Operand)과 PC가 필요하다.

86 중앙처리장치(CPU)에 대한 설명으로 옳지 않은 것은? 2008년 국가직

① CPU는 산술연산과 논리연산을 수행하는 ALU를 갖는다.
② CPU 내부의 임시기억장치로 사용되는 레지스터는 DRAM으로 구성된다.
③ MIPS(Million Instructions per Second)는 CPU의 처리속도를 나타내는 단위 중 하나이다.
④ CPU는 주기억장치로부터 기계 명령어(machine instruction)를 읽어 해독하고 실행한다.

해설
레지스터나 캐시 메모리는 SRAM으로, 주기억장치는 DRAM으로 구성된다.

87 CPU의 제어장치에 해당하지 않는 것은? 2023년 국가직

① 순서 제어 논리 장치
② 명령어 해독기
③ 시프트 레지스터
④ 서브루틴 레지스터

해설
시프트 레지스터는 제어장치가 아니라 연산장치의 구성 요소로 1비트의 이진 정보를 이동시킬 수 있는 레지스터이다.

88 CPU가 명령어를 실행할 때 필요한 피연산자를 얻기 위해 메모리에 접근하는 횟수가 가장 많은 주소지정 방식(addressing mode)은? (단, 명령어는 피연산자의 유효 주소를 얻기 위한 정보를 포함하고 있다고 가정한다) 2011년 국가직

① 직접 주소지정 방식(direct addressing mode)
② 간접 주소지정 방식(indirect addressing mode)
③ 인덱스 주소지정 방식(indexed addressing mode)
④ 상대 주소지정 방식(relative addressing mode)

해설

간접 주소지정 방식(indirect addressing mode)은 명령어를 주기억장치에서 IR로 가져올 때 유효한 주소를 얻기 위하여 한 번 더 접근해야 하기 때문에 접근 횟수가 가장 많은 방식이다.

89 (가)에 들어갈 어드레싱 모드로 옳은 것은? 2022년 국가직

> (가)는 명령어가 피연산자의 주소를 가지고 있는 레지스터를 지정한다. 즉, 선택된 레지스터
> 는 피연산자 그 자체가 아니라 피연산자의 주소이다. 일반적으로 이 모드를 사용할 때에 프로그래
> 머는 이전의 명령어에서 레지스터가 피연산자의 주소를 가졌는지를 확인해 보아야 한다.

① 레지스터 간접 모드(Register Indirect mode)
② 레지스터 모드(Register mode)
③ 간접 주소 모드(Indirect Addressing mode)
④ 인덱스 어드레싱 모드(Indexed Addressing mode)

해설

• 레지스터 간접 주소지정(register indirect addressing) : 주소 필드는 레지스터를 지정하고 그 레지스터 속에는 오퍼랜드가 들어 있다.
• 레지스터 주소지정(register addressing) : 주소 필드는 레지스터를 지정하고 그 레지스터 속에는 데이터가 들어 있다.
• 간접 주소지정(indirect addressing) : 명령어의 오퍼랜드 주소 필드의 내용이 유효주소가 저장된 기억장소의 주소인 경우이다. 오퍼랜드의 내용이 실제 Data의 주소를 가진 Pointer의 주소인 방식으로, 실제 Data에 접근하기 위해서는 주기억장치를 최소한 2번 이상 참조해야 된다.
• 인덱스 주소지정(index register addressing) : 인덱스 레지스터의 값과 오퍼랜드 주소 필드의 값을 더하여 유효주소를 결정하는 방식이다. 유효주소 = 주소 필드값 + 인덱스 레지스터값

90 다음 중 상대 주소지정 방법에 대한 설명으로 옳지 않은 것은? 2007년 군무원

① 메모리를 효율적으로 사용할 수 있다.

② 값을 바로 대입하므로 이해하기가 쉽다.

③ 직접 데이터에 접근할 수 없다.

④ 주소에 변위를 더해야만 한다.

해설
상대 주소지정 방법은 계산에 의한 방식이므로 직접 주소지정 방법과 비교한다면 상대적으로 이해하기 어렵다.

91 CPU에서 명령어를 처리하는 단계 중 가장 첫 번째에 위치하는 것은? 2021년 지방직

① 실행(execution)　　　　② 메모리 접근(memory access)

③ 명령어 인출(instruction fetch)　　④ 명령어 해독(instruction decode)

해설
• 주기억장치에 있는 명령어를 CPU의 명령레지스터로 가져와서 해독하는 단계를 Fetch Cycle(인출단계)라고 하며, 가장 먼저 수행된다.

• 메이저 스테이트 과정

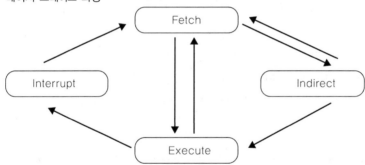

92 다음에서 ㉠과 ㉡에 들어갈 내용이 올바르게 짝지어진 것은? 2010년 계리직

> 명령어를 주기억장치에서 중앙처리장치의 명령레지스터로 가져와 해독하는 것을 (㉠)단계라 하고, 이 단계는 마이크로 연산(operation)(㉡)로 시작한다.

① ㉠ 인출　　　㉡ MAR ← PC

② ㉠ 인출　　　㉡ MAR ← MBR(AD)

③ ㉠ 실행　　　㉡ MAR ← PC

④ ㉠ 실행　　　㉡ MAR ← MBR(AD)

해설

- 명령어를 주기억장치에서 중앙처리장치의 명령레지스터로 가져와 해독하는 것을 인출단계라 하고, 이 단계는 마이크로 연산(operation)(MAR ← PC)으로 시작한다.
- Fetch Cycle(인출단계) : 주기억장치에 있는 명령어를 CPU의 명령레지스터로 가져와서 해독하는 단계이다.

MAR ← PC	PC에 있는 내용을 MAR에 전달
MBR ← M[MAR], PC ← PC + 1	기억장치에서 MAR이 지정하는 위치의 값을 MBR에 전달하고, 프로그램 카운터는 1 증가
IR ← MBR	MBR에 있는 명령어 코드를 명령레지스터에 전달

93 다음 아래의 〈보기〉에서 x가 직접주소일 경우에 ADD x 명령을 수행하기 위한 마이크로 오퍼레이션의 순서로 옳은 것은? 2006년 국가직

보기

가. MBR(op) → IR, 연산코드 해독
나. M(MAR) → MBR, PC + 1 → PC
다. PC → MAR
라. MBR(addr) → MAR
마. M(MAR) → MBR
바. AC + MBR → AC

① 다 – 나 – 가 – 라 – 마 – 바   ② 다 – 나 – 가 – 바 – 라 – 마
③ 나 – 다 – 가 – 바 – 라 – 마   ④ 나 – 다 – 가 – 라 – 바 – 마

해설

- (다 – 나 – 가)는 인출사이클이며, (라 – 마 – 바)는 실행사이클이다.
- Fetch Cycle(인출단계)

MAR ← PC	PC에 있는 내용을 MAR에 전달
MBR ← M[MAR], PC ← PC + 1	기억장치에서 MAR이 지정하는 위치의 값을 MBR에 전달하고, 프로그램 카운터는 1 증가
IR ← MBR	MBR에 있는 명령어 코드를 명령레지스터에 전달

- 데이터 처리(ADD addr 명령)

MAR ← IR[addr]	IR의 오퍼랜드를 MAR에 전달
MBR ← M[MAR]	기억장치에서 MAR이 지정하는 위치의 값을 MBR에 전달
AC ← AC + MBR	데이터와 AC의 내용을 더하고 결과를 AC로 전달

정답 90. ② 91. ③ 92. ① 93. ①

94 주기억장치의 내용이 다음과 같은 상태에서 다음번 명령어를 수행했을 때 각각의 주소 지정방식에 따른 유효주소와 AC의 값 중에서 옳지 않은 것은? (단, 하나의 명령은 주기억장치의 한 워드(Word)에 저장되며 레지스터 주소 및 레지스터 간접주소에 사용되는 레지스터는 R1이라 한다)

2008년 국회직 응용

레지스터	값
PC	100
R1	300
AC	

주소	주기억장치		
100	LDA	MODE	400
101	Next Instruction		
299	325		
300	600		
400	700		
500	800		
501	375		
700	302		

주소 지정 방식	유효주소	AC의 내용
직접 주소		가
간접 주소	나	
상대 주소		다
레지스터 주소		라
레지스터 간접 주소	300	

① 가 - 700 ② 나 - 700
③ 다 - 800 ④ 라 - 300

해설
- 상대주소 지정방식: 유효주소 = 오퍼랜드 + PC
- 인출 작업을 수행하면 명령어 인출 후 PC 내용은 1 증가하므로 101로 바뀐다.
- 오퍼랜드의 값 400과 PC의 값 101을 더하면 501이 된다.
- 상대주소일 때, 유효주소는 501, AC의 내용은 375가 된다.

95 다음 중 간접주소(indirect addressing)방식에 대한 설명으로 옳지 않은 것은? 2007년 경기도

① 직접 주소 방식보다 속도가 느리다.

② 실제 데이터가 있는 메모리 주소가 명령어의 길이에 제한받는다.

③ 실제 데이터를 가져오기 위해서는 메모리를 2번 이상 참조해야 된다.

④ 명령어의 주소(operand) 부분에는 메모리 주소가 들어 있다.

해설

명령어 주소필드의 길이가 짧고 제한되어 있어도 긴 주소에 접근 가능한 방식이다.

96 CPU 내의 레지스터에 대한 설명으로 옳지 않은 것은? 2020년 국가직

① Accumulator(AC) : 연산 과정의 데이터를 일시적으로 저장하는 레지스터

② Program Counter(PC) : 다음에 인출될 명령어의 주소를 보관하는 레지스터

③ Memory Address Register(MAR) : 가장 최근에 인출한 명령어를 보관하는 레지스터

④ Memory Buffer Register(MBR) : 기억장치에 저장될 데이터 혹은 기억장치로부터 읽힌 데이터가 일시적으로 저장되는 버퍼 레지스터

해설

메모리 주소 레지스터(MAR ; Memory Address Register) : 읽고자 하는 프로그램이나 데이터가 기억되어 있는 주기억장치의 어드레스를 임시로 기억한다.

97 중앙처리장치 내의 레지스터 중 PC(program counter), IR(instruction register), MAR(memory address register), AC(accumulator)와 다음 설명이 옳게 짝지어진 것은? 2017년 국가직

> ㄱ. 명령어 실행 시 필요한 데이터를 일시적으로 보관한다.
> ㄴ. CPU가 메모리에 접근하기 위해 참조하려는 명령어의 주소 혹은 데이터의 주소를 보관한다.
> ㄷ. 다음에 인출할 명령어의 주소를 보관한다.
> ㄹ. 가장 최근에 인출한 명령어를 보관한다.

	PC	IR	MAR	AC
①	ㄱ	ㄴ	ㄷ	ㄹ
②	ㄴ	ㄹ	ㄷ	ㄱ
③	ㄷ	ㄴ	ㄱ	ㄹ
④	ㄷ	ㄹ	ㄴ	ㄱ

해설
- 프로그램 카운터(PC ; Program Counter) : 다음에 수행할 명령의 주소를 기억하는 레지스터이다. 컴퓨터의 실행순서를 제어하는 역할을 수행한다.
- 명령(어) 레지스터(IR ; Instruction Register) : 실행할 명령문을 기억 레지스터로부터 받아 임시로 보관하는 레지스터로서, 명령부와 어드레스부로 구성된다.
- 메모리 주소 레지스터(MAR ; Memory Address Register) : 읽고자 하는 프로그램이나 데이터가 기억되어 있는 주기억장치의 어드레스를 임시로 기억한다.
- 누산기(AC ; Accumulator) : 산술연산 및 논리연산의 결과를 일시적으로 기억하는 레지스터이다.

98 4GHz의 클록 속도를 갖는 CPU에서 CPI(Cycle per Instruction)가 4.0이고 총 10^{10}개의 명령어로 구성된 프로그램을 수행하려고 할 때, 이 프로그램의 실행 완료를 위해 필요한 시간은?

2021년 국가직

① 1초 　　　　　　　　　② 10초
③ 100초 　　　　　　　　④ 1,000초

해설
- CPU의 속도 : 4GHz = $4 * 10^9$
- 수행하려는 프로그램 : $4 * 10^{10}$
- $4 * 10^{10}$ / $4 * 10^9$ = 10

99 다음 조건에서 A 프로그램을 실행하는 데 소요되는 CPU 시간은? 2013년 국가직

- 컴퓨터 CPU 클록(clock) 주파수: 1GHz
- A 프로그램의 실행 명령어 수: 15만개
- A 프로그램의 실행 명령어당 소요되는 평균 CPU 클록 사이클 수: 5

---

① 0.75ms   ② 75ms

③ 3μs   ④ 0.3μs

[해설]

프로그램 실행 시 소요되는 CPU 시간 = 실행 명령어 수 * 실행 명령어당 평균 CPU 클럭 사이클 수 / 클럭 주파수
= 150000 * 5 / 1000000000 = 0.00075초

100 다음은 어떤 시스템의 성능 개선에 대한 내용이다. 성능 개선 후 프로그램 P의 실행에 걸리는 소요 시간은? (단, 시스템에서 프로그램 P만 실행된다고 가정한다) 2023년 지방직

- 성능 개선 전에 프로그램 P의 특정 부분 A의 실행에 30초가 소요되었고, A를 포함한 전체 프로 그램 P의 실행에 50초가 소요되었다.
- 시스템의 성능을 개선하여 A의 실행 속도를 2배 향상시켰다.
- A의 실행 속도 향상 외에 성능 개선으로 인한 조건 변화는 없다.

---

① 25초   ② 30초

③ 35초   ④ 40초

[해설]

• 성능 개선 전: 프로그램 P의 특정 부분 A의 실행에 30초, A를 포함한 전체 프로그램 P의 실행에 50초 소요
• 성능 개선 후: 프로그램 P의 특정 부분 A의 실행에 15초, A를 포함한 전체 프로그램 P의 실행에 35초 소요

정답   97. ④   98. ②   99. ①   100. ③

101 RISC와 비교하여 CISC의 특징으로 옳지 않은 것은? 2024년 국가직

① 명령어의 종류가 많다.
② 명령어의 길이가 고정적이다.
③ 명령어 파이프라인이 비효율적이다.
④ 회로 구성이 복잡하다.

해설

마이크로프로세서는 간단한 명령어 집합을 사용하여 하드웨어를 단순화한 RISC(Reduced Instruction Set Computer)와 복잡한 명령어 집합을 갖는 CISC(Complex Instruction Set Computer)가 있다.

CISC	RISC
• 명령어가 복잡하다. • 레지스터의 수가 적다. • 명령어를 고속으로 수행할 수 있는 특수 목적 회로를 가지고 있으며, 많은 명령어들을 프로그래머에게 제공하므로 프로그래머의 작업이 쉽게 이루어진다. • 구조가 복잡하므로 생산 단가가 비싸고 전력소모가 크다. • 제어방식으로 마이크로프로그래밍 방식이 사용된다.	• 명령어가 간단하다. • 레지스터의 수가 많다. • 전력소모가 적고 CISC보다 처리속도가 빠르다. • 필수적인 명령어들만 제공하므로 CISC보다 간단하고 생산단가가 낮다. • 복잡한 연산을 수행하기 위해서는 명령어들을 반복수행해야 하므로 프로그래머의 작업이 복잡하다. • 제어방식으로 Hard-Wired 방식이 사용된다.

102 마이크로프로세서는 명령어의 구성방식에 따라 CISC와 RISC로 구분된다. 두 방식의 일반적인 비교 설명으로 옳은 것을 모두 고른 것은? 2012년 국가직

ㄱ. RISC 방식은 CISC 방식보다 처리속도의 향상을 도모할 수 있다.
ㄴ. CISC 방식의 프로세서는 RISC 방식의 프로세서보다 전력 소모가 적은 편이다.
ㄷ. RISC 방식의 프로세서는 CISC 방식의 프로세서보다 내부구조가 단순하다.
ㄹ. CISC 방식은 RISC 방식보다 단순하고 축약된 형태의 명령어를 갖고 있다.

① ㄱ, ㄷ
② ㄱ, ㄹ
③ ㄴ, ㄷ
④ ㄴ, ㄹ

해설

RISC 방식은 전력 소모가 적으며, 단순하고 축약된 형태의 명령어를 갖는다.

103 CISC와 비교하여 RISC의 특징으로 옳지 않은 것은? 2008년 국가직

① 명령어의 집합 구조가 단순하다.

② 많은 수의 주소지정 모드를 사용한다.

③ 많은 수의 범용 레지스터를 사용한다.

④ 효율적인 파이프라인 구조를 사용한다.

해설

RISC의 특징은 CISC와 비교하여 적은 종류의 명령어와 적은 수의 주소지정 모드를 사용한다는 것이다.

104 마이크로프로세서에 관한 설명으로 옳은 것만을 모두 고르면? 2019년 국가직

> ㄱ. 모든 명령어의 실행시간은 클럭 주기(clock period)보다 작다.
> ㄴ. 클럭 속도는 에너지 절약이나 성능상의 이유로 일시적으로 변경할 수 있다.
> ㄷ. 일반적으로 RISC는 CISC에 비해 명령어 수가 적고, 명령어 형식이 단순하다.

① ㄷ

② ㄱ, ㄴ

③ ㄱ, ㄷ

④ ㄴ, ㄷ

해설

클럭 신호는 보통 1주기(period, λ)를 1클럭이라 부르고 컴퓨터는 이 클럭 신호의 매 주기마다 연산을 수행한다. 클럭 주기(clock period)는 클럭 사이클의 지속시간이라 할 수 있다. 한 클럭 동안 실행되는 기본 동작으로 마이크로 오퍼레이션 동작이 여러 개 모여 하나의 명령을 처리하게 되기 때문에 명령어의 실행시간은 클럭 주기와 비교했을 때 같거나 크다고 할 수 있다.

정답 101. ② 102. ① 103. ② 104. ④

105 **컴퓨터 구조에 대한 설명으로 옳지 않은 것은?** 2017년 국가직

① 파이프라인 기법은 하나의 작업을 다수의 단계로 분할하여 시간적으로 중첩되게 실행함으로써 처리율을 높인다.

② CISC 구조는 RISC 구조에 비해 명령어의 종류가 적고 고정 명령어 형식을 취한다.

③ 병렬처리방식 중 하나인 SIMD는 하나의 명령어를 처리하기 위해 다수의 처리장치가 동시에 동작하는 다중처리기 방식이다.

④ 폰노이만이 제안한 프로그램 내장방식은 프로그램 코드와 데이터를 내부기억장치에 저장하는 방식이다.

해설

마이크로프로세서는 간단한 명령어 집합을 사용하여 하드웨어를 단순화한 RISC(Reduced Instruction Set Computer)와 복잡한 명령어 집합을 갖는 CISC(Complex Instruction Set Computer)가 있다.

CISC	RISC
• 명령어가 복잡하다. • 레지스터의 수가 적다. • 명령어를 고속으로 수행할 수 있는 특수 목적 회로를 가지고 있으며, 많은 명령어들을 프로그래머에게 제공하므로 프로그래머의 작업이 쉽게 이루어진다. • 구조가 복잡하므로 생산 단가가 비싸고 전력소모가 크다. • 제어방식으로 마이크로프로그래밍 방식이 사용된다.	• 명령어가 간단하다. • 레지스터의 수가 많다. • 전력소모가 적고 CISC보다 처리속도가 빠르다. • 필수적인 명령어들만 제공하므로 CISC보다 간단하고 생산단가가 낮다. • 복잡한 연산을 수행하기 위해서는 명령어들을 반복수행해야 하므로 프로그래머의 작업이 복잡하다. • 제어방식으로 Hard−Wired 방식이 사용된다.

106 **축소명령어 세트 컴퓨터(RISC) 형식의 중앙처리장치(CPU)가 명령어를 처리하는 개별 단계이다. 처리 순서를 바르게 나열한 것은?** 2009년 국가직

ㄱ. 명령어의 종류를 해독하는 단계
ㄴ. 명령어에서 사용되는 피연산자(operand)를 가져오는 단계
ㄷ. 명령어를 프로그램 메모리에서 중앙처리장치로 가져오는 단계
ㄹ. 명령어를 실행하는 단계
ㅁ. 명령어의 결과를 저장하는 단계

① ㄱ − ㄴ − ㄷ − ㄹ − ㅁ
② ㄷ − ㄱ − ㄴ − ㄹ − ㅁ
③ ㄱ − ㄷ − ㄴ − ㄹ − ㅁ
④ ㄷ − ㄴ − ㄹ − ㄱ − ㅁ

해설

명령어를 프로그램 메모리에서 중앙처리장치로 가져오는 단계(메모리 인출) − 명령어의 종류를 해독하는 단계(명령어 해독) − 명령어에서 사용되는 피연산자(operand)를 가져오는 단계(오퍼랜드 인출) − 명령어를 실행하는 단계(명령어 실행)

107 CPU(중앙처리장치)의 성능 향상을 위해 한 명령어 사이클 동안 여러 개의 명령어를 동시에 처리
할 수 있도록 설계한 CPU 구조는? 2020년 지방직

① 슈퍼스칼라(Superscalar)

② 분기 예측(Branch Prediction)

③ VLIW(Very Long Instruction Word)

④ SIMD(Single Instruction Multiple Data)

해설

슈퍼스칼라(superscalar) : CPU 내에 파이프라인을 여러 개 두어 명령어를 동시에 실행하는 기술이다. 파이프라인과 병렬 처리의 장점을 모은 것으로, 여러 개의 파이프라인에서 명령들이 병렬로 처리되도록 한 아키텍처이다. 여러 명령어들이 대기 상태를 거치지 않고 동시에 실행될 수 있으므로 처리속도가 빠르다.

108 병렬 처리를 수행하는 기법으로 옳지 않은 것은? 2023년 국가직

① 블루-레이 디스크   ② VLIW

③ 파이프라인   ④ 슈퍼스칼라

해설

• 병렬 처리를 수행하는 기법으로는 파이프라인, 슈퍼 파이프라인, VLIW, 슈퍼스칼라 등이 있으며, 블루-레이 디스크 (Blu-ray Disc)는 2000년 10월에 일본 소니에서 프로토타입을 발표한 뒤에 2003년 4월부터 시판되어 DVD의 뒤를 이은 고용량 광학식 저장 매체이다.

• VLIW(Very Long Instruction Word) : 동시 실행이 가능한 여러 명령을 하나의 긴 명령으로 재배열하여 동시에 처리한다.

• 파이프라인 : CPU의 프로그램 처리 속도를 높이기 위하여 CPU 내부 하드웨어를 여러 단계로 나누어 동시에 처리하는 기술이므로 처리 속도를 향상시킨다.

• 슈퍼스칼라(superscalar) : CPU 내에 파이프라인을 여러 개 두어 명령어를 동시에 실행하는 기술이다. 파이프라인과 병렬 처리의 장점을 모은 것으로, 여러 개의 파이프라인에서 명령들이 병렬로 처리되도록 한 아키텍처이다. 여러 명령어들이 대기 상태를 거치지 않고 동시에 실행될 수 있으므로 처리속도가 빠르다.

정답 105. ②   106. ②   107. ①   108. ①

109 〈보기〉는 스택을 이용한 0-주소 명령어 프로그램이다. 이 프로그램이 수행하는 계산으로 옳은 것은? 2012 계리직 9급

┌─ 보기 ───┐
PUSH C
PUSH A
PUSH B
ADD
MUL
POP Z
└──┘

① $Z = C + A * B$ ② $Z = (A + B) * C$

③ $Z = B + C * A$ ④ $Z = (C + B) * A$

┌ 해설 ┐
1. C, A, B가 차례로 삽입된 후에 연산자 ADD에 의해 (A + B)가 먼저 계산되고 MUL 연산이 되어 (A + B) * C가 수행된다.
2. 0-주소 명령어 형식

┌─────────────────┐
│   op-code   │
└─────────────────┘

• 명령어 형식에서 오퍼랜드부를 사용하지 않는 형식으로 처리 대상이 묵시적으로 지정되어 있는 형식이다.
• 명령어의 구조 가운데 가장 짧은 길이의 명령어로서 명령어 내에 주소 부분이 없는 명령어이며, 연산의 실행을 위해 언제나 stack에 접근한다.

110 인터럽트 처리를 위한 〈보기〉의 작업이 올바로 나열된 것은? 2012년 계리직

┌── 보기 ┌────────────────────────────────────
ㄱ. 인터럽트 서비스 루틴을 수행한다.
ㄴ. 보관한 프로그램 상태를 복구한다.
ㄷ. 현재 수행 중인 명령을 완료하고 상태를 저장한다.
ㄹ. 인터럽트 발생 원인을 찾는다.
└───

① ㄷ → ㄹ → ㄱ → ㄴ
② ㄷ → ㄹ → ㄴ → ㄱ
③ ㄹ → ㄷ → ㄱ → ㄴ
④ ㄹ → ㄷ → ㄴ → ㄱ

해설
⊘ **인터럽트의 순서**
1. 인터럽트 요청 : 인터럽트 발생장치로부터 인터럽트를 요청한다.
2. 현재 수행 중인 프로그램 저장 : 제어 프로그램에서는 현재 작업 중이던 프로세서의 상태를 저장시킨다.
3. 인터럽트 처리 : 인터럽트의 원인이 무엇인지를 찾아서 처리하는 인터럽트 처리 루틴을 실행시킨다.
4. 조치 : 인터럽트 처리 루틴에서는 해당 인터럽트에 대한 조치를 취한다.
5. 프로그램 복귀 : 인터럽트 처리 루틴이 종료되면 저장되었던 상태를 이용하여 원래 작업이 계속되도록 한다.

111 인터럽트(interrupt)에 대한 설명 중 옳지 않은 것은? 2007년 국가직

① 연산오류가 발생할 경우에 인터럽트가 발생한다.
② 메모리 보호 구역에 접근을 시도하는 경우에 인터럽트가 발생한다.
③ 인터럽트 요구를 처리하는 서비스 프로그램의 시작 주소는 명령어의 주소 영역에 지정된다.
④ 입출력이 완료되었을 때 인터럽트가 발생한다.

해설
인터럽트 요구를 처리하는 서비스 프로그램의 시작 주소는 PC(다음에 수행할 명령어의 번지를 기억하는 레지스터)에 기억시킨다.

정답   109. ②   110. ①   111. ③

112 〈보기〉에서 인터럽트의 우선순위를 바르게 나열한 것은? 2024년 계리직

┌ 보기 ┌
ㄱ. 외부 신호   ㄴ. 전원 이상
ㄷ. 기계 착오   ㄹ. 입출력
ㅁ. 명령의 잘못 사용   ㅂ. 슈퍼 바이저 호출(SVC)

① ㄱ → ㄴ → ㄷ → ㄹ → ㅂ → ㅁ
② ㄱ → ㄷ → ㄴ → ㅁ → ㄹ → ㅂ
③ ㄴ → ㄱ → ㄷ → ㄹ → ㅂ → ㅁ
④ ㄴ → ㄷ → ㄱ → ㄹ → ㅁ → ㅂ

해설

- 인터럽트는 하드웨어적 인터럽트와 소프트웨어적 인터럽트가 있으며, 하드웨어적 인터럽트가 소프트웨어적 인터럽트보다 우선순위가 높다.
- 인터럽트의 우선순위: ㄴ. 전원 이상 → ㄷ. 기계 착오 → ㄱ. 외부 신호 → ㄹ. 입출력 → ㅁ. 명령의 잘못 사용 → ㅂ. 슈퍼 바이저 호출(SVC)

⊘ **인터럽트의 종류**
1. 하드웨어적 인터럽트
   ㉠ 전원이상: 정전(power fail)
      - 가장 높은 우선순위를 가진다.
   ㉡ 기계 착오(검사) 인터럽트: 기계의 기능적인 오동작
      - 프로그램이 실행되는 중에 어떤 장치의 고장으로 인하여 제어 프로그램에 조치를 취해 주도록 요청하는 인터럽트이다.
   ㉢ 외부 인터럽트
      - 정해놓은 시간이 되었을 때 타이머에서 인터럽트를 발생시킨다.
      - 콘솔에서 인터럽트 키를 눌러서 강제로 인터럽트를 발생시킨다.
   ㉣ 입출력 인터럽트
      - 입력이나 출력명령을 만나면 현재 프로그램의 진행을 정지하고 입출력을 담당하는 채널 같은 기구에 입출력이 이루어지도록 명령하고 중앙처리장치는 다른 프로그램을 실행하도록 한다.
2. 소프트웨어적 인터럽트
   ㉠ 프로그램 검사 인터럽트
      - 프로그램 실행 중에 잘못된 데이터를 사용하거나 보호된 구역에 불법 접근하는 프로그램 자체에서 잘못되어 발생되는 인터럽트이다.
   ㉡ SVC(Supervisor Call Interrupt)
      - 프로그램 내에서 제어 프로그램에 인터럽트를 요청하는 명령으로 프로그래머에 의해 프로그램의 원하는 위치에서 인터럽트시키는 방법이다.

PART
01

113 인터럽트에 대한 설명으로 옳지 않은 것은? 2022년 지방직

① 내부 인터럽트가 발생하면 컴퓨터는 더 이상 프로그램을 실행할 수 없다.
② 프로세서는 인터럽트 요구가 있으면 현재 수행 중인 프로그램의 주소 값을 스택이나 메모리의 0번지와 같은 특정 장소에 저장한다.
③ 신속하고 효율적인 인터럽트 처리를 위하여 컴퓨터는 항상 인터럽트 요청을 승인하도록 구성된다.
④ 인터럽트 핸들러 또는 인터럽트 서비스 루틴은 인터럽트 소스가 요청한 작업에 대한 프로그램으로 기억장치에 적재되어야 한다.

해설
컴퓨터는 항상 인터럽트 요청을 승인하도록 구성되는 것은 아니고, 현재 수행 중인 작업보다 더 중요한 작업이 발생하면 그 작업을 먼저 처리하고 나서 수행 중이던 작업을 수행하는 것이다.

114 컴퓨터 시스템의 인터럽트(interrupt)에 대한 설명으로 옳지 않은 것은? 2016년 계리직

① 인터럽트는 입출력 연산, 하드웨어 실패, 프로그램 오류 등에 의해서 발생한다.
② 인터럽트 처리 우선순위 결정 방식에는 폴링(polling) 방식과 데이지 체인(daisy-chain) 방식이 있다.
③ 인터럽트가 추가된 명령어 사이클은 인출 사이클, 인터럽트 사이클, 실행 사이클 순서로 수행된다.
④ 인터럽트가 발생할 경우, 진행 중인 프로그램의 재개(resume)에 필요한 레지스터 문맥(register context)을 저장한다.

해설
인터럽트가 추가된 명령어 사이클은 인출 사이클, 실행 사이클, 인터럽트 사이클 순서로 수행된다.

정답   112. ④   113. ③   114. ③

115 컴퓨터 시스템에서 일반적인 메모리 계층 구조를 설계하는 방식에 대한 설명으로 옳지 않은 것은?

2011년 국가직

① 상대적으로 빠른 접근 속도의 메모리를 상위 계층에 배치한다.
② 상대적으로 큰 용량의 메모리를 상위 계층에 배치한다.
③ 상대적으로 단위 비트당 가격이 비싼 메모리를 상위 계층에 배치한다.
④ 하위 계층에는 하드디스크나 플래시(flash) 메모리 등 비휘발성 메모리를 주로 사용한다.

해설
상대적으로 큰 용량의 메모리를 하위 계층에 배치한다.

116 컴퓨터 용어에 대한 설명으로 옳지 않은 것은? 2012년 계리직

① MIPS는 1초당 백만개 명령어를 처리한다는 뜻으로 컴퓨터의 연산 속도를 나타내는 단위이다.
② SRAM은 전원이 꺼져도 저장된 자료를 계속 보존할 수 있는 기억장치이다.
③ KB, MB, GB, TB 등은 기억 용량을 나타내는 단위로서 이중 TB가 가장 큰 단위이다.
④ SSI, MSI, LSI, VLSI 등은 칩에 포함되는 게이트의 집적도에 따라 구분된 용어이다.

해설
SRAM은 전원 공급이 되지 않으면 저장 내용이 없어지는 휘발성이다.

⊘ **RAM(Random Access Memory)**
• 전원이 끊어지면 기억내용이 소멸되는 휘발성 메모리로서 읽기와 쓰기가 가능하다.
• 임의장소에 데이터 또는 프로그램을 기억시키고 기억된 내용을 프로세서로 가져와서 사용 가능하다.
1. SRAM(Static RAM, 정적램)
   • 메모리 셀이 한 개의 플립플롭으로 구성되므로 전원이 공급되고 있으면 기억내용이 지워지지 않는다.
   • 재충전(refresh)이 필요 없으며, 캐시 메모리에 이용된다.
   • DRAM과 비교하여 속도는 빠르지만, 가격이 고가이며 용량이 적다.
2. DRAM(Dynamic RAM, 동적램)
   • 메모리 셀이 한 개의 콘덴서로 구성되므로 충전된 전하의 누설에 의해 주기적인 재충전이 없으면 기억내용이 지워진다.
   • 재충전(refresh)이 필요하며, PC의 주기억장치에 이용된다.
   • SRAM과 비교하여 속도는 느리지만, 가격이 저가이며 용량이 크다.

117 바이오스(BIOS)에 관한 설명 중 옳지 않은 것은? 2007년 국가직

① 전원이 들어올 때 시스템을 초기화한다.
② 시스템의 이상 유무를 점검한다.
③ 운영체제를 적재하는 과정을 담당한다.
④ 바이오스의 동작 여부와 상관없이 컴퓨터는 제대로 동작한다.

해설

바이오스(BIOS)는 컴퓨터의 동작을 위한 기본 입출력 시스템으로 바이오스의 동작 여부에 따라 컴퓨터 시스템의 작동에 절대적인 영향을 준다고 할 수 있다.

118 중앙처리장치(CPU)와 주기억장치 사이에 캐쉬(cache) 메모리를 배치하는 이유로 옳은 것은?

2009년 국가직

① 주기억장치가 쉽게 프로세스를 복제하지 못하도록
② 중앙처리장치가 주기억장치에 접근하는 횟수를 줄이기 위해
③ 중앙처리장치와 주기억장치를 직접 연결할 수 없기 때문에
④ 캐쉬 제작비용이 주기억장치 제작비용보다 저렴하기 때문에

해설

중앙처리장치(CPU)와 주기억장치 사이에 캐시(cache) 메모리를 배치하는 이유는 중앙처리장치가 주기억장치에 접근하는 횟수를 줄여 둘 간에 처리속도 차이로 인한 병목현상을 해결하기 위함이다.

119 다음 중 기억장치에 대한 설명으로 옳지 않은 것은? 2007년 경기교육청

① 가상기억장치 : 주기억장치의 이용 가능한 기억공간보다 훨씬 큰 주소를 지정할 수 있도록 하는 기법이다.
② 캐시기억장치 : 중앙처리장치와 주기억장치 사이에서 속도차이를 보완하기 위해 사용한다.
③ EEPROM : 전기적인 방법으로 내용을 자유롭게 쓰고 지울 수 있는 ROM을 의미한다.
④ SRAM : 전원이 차단될 경우 저장되어 있는 자료가 소멸되는 특성이 있는 휘발성 기억소자이며, 시간이 지나면 축적된 전하가 감소되기 때문에 전원이 차단되지 않더라도 저장된 자료가 소멸되어 일정 시간마다 기억된 자료를 유지하기 위하여 refresh가 필요하다.

해설

• SRAM(Static RAM, 정적램) : 메모리 셀이 한 개의 플립플롭으로 구성되므로 전원이 공급되고 있으면 기억내용이 지워지지 않는다. 재충전(refresh)이 필요 없으며, 캐시 메모리에 이용된다. DRAM과 비교하여 속도는 빠르지만, 가격이 고가이며 용량이 적다.
• DRAM(Dynamic RAM, 동적램) : 메모리 셀이 한 개의 콘덴서로 구성되므로 충전된 전하의 누설에 의해 주기적인 재충전이 없으면 기억내용이 지워진다. 재충전(refresh)이 필요하며, PC의 주기억장치에 이용된다. SRAM과 비교하여 속도는 느리지만, 가격이 저가이며 용량이 크다.

120 다음 중 EPROM(Erasable Programmable ROM)에 대한 설명으로 가장 적절하지 않은 것은?

2024년 군무원

① 비휘발성 메모리이다.
② 데이터 갱신 횟수의 제한이 없다.
③ 데이터를 갱신하려면 저장되어 있는 데이터를 지워야 한다.
④ 플래시 메모리는 EPROM의 한 종류이다.

[해 설]
EPROM의 데이터 갱신 횟수는 제한이 있으며, 일반적으로 데이터 갱신(프로그램/지우기) 사이클이 수천 회에서 수만 회 정도로 제한된다.

121 대표적인 반도체 메모리인 DRAM과 SRAM에 대한 설명으로 옳지 않은 것은? 2022년 국가직

① DRAM은 휘발성이지만 SRAM은 비휘발성이어서 전원이 공급되지 않아도 기억을 유지할 수 있다.
② DRAM은 축전기(Capacitor)의 충전상태로 비트를 저장한다.
③ SRAM은 주로 캐시 메모리로 사용된다.
④ 일반적으로 SRAM의 접근속도가 DRAM보다 빠르다.

[해 설]
⊘ **RAM(Random Access Memory)**
• 전원이 끊어지면 기억내용이 소멸되는 휘발성 메모리로서 읽기와 쓰기가 가능하다.
• 임의장소에 데이터 또는 프로그램을 기억시키고 기억된 내용을 프로세서로 가져와서 사용 가능하다.
1. SRAM(Static RAM, 정적램)
  • 메모리 셀이 한 개의 플립플롭으로 구성되므로 전원이 공급되고 있으면 기억내용이 지워지지 않는다.
  • 재충전(refresh)이 필요 없으며, 캐시 메모리에 이용된다.
  • DRAM과 비교하여 속도는 빠르지만, 가격이 고가이며, 용량이 적다.
2. DRAM(Dynamic RAM, 동적램)
  • 메모리 셀이 한 개의 콘덴서로 구성되므로 충전된 전하의 누설에 의해 주기적인 재충전이 없으면 기억내용이 지워진다.
  • 재충전(refresh)이 필요하며, PC의 주기억장치에 이용된다.
  • SRAM과 비교하여 속도는 느리지만, 가격이 저가이며, 용량이 크다.

122 열거된 메모리들을 처리 속도가 빠른 순서대로 바르게 나열한 것은? 2014년 국가직

> ㄱ. 가상(virtual) 메모리
> ㄴ. L1 캐시(Level 1 cache) 메모리
> ㄷ. L2 캐시(Level 2 cache) 메모리
> ㄹ. 임의 접근 메모리(RAM)

① ㄱ – ㄴ – ㄷ – ㄹ ② ㄴ – ㄷ – ㄹ – ㄱ
③ ㄷ – ㄴ – ㄱ – ㄹ ④ ㄹ – ㄱ – ㄴ – ㄹ

해설
처리속도가 빠른 순서: L1 캐시 – L2 캐시 – RAM – 가상 메모리

123 SRAM(Static Random Access Memory)과 DRAM(Dynamic Static Random Access Memory)에 대한 설명으로 옳지 않은 것은? 2021년 군무원

① SRAM은 캐시(cache)메모리로 사용된다.
② DRAM은 메인(main)메모리로 사용된다.
③ SRAM은 DRAM에 비해 속도가 느리다.
④ 동일크기의 메모리인 경우, SRAM이 DRAM에 비해 가격이 비싸다.

해설
SRAM은 DRAM과 비교하여 속도가 빠르며, 캐시메모리에 이용된다.

124 캐시기억장치에 대한 설명으로 옳지 않은 것은? 2024년 지방직

① 주로 SRAM을 사용하여 구현된다.
② 주기억장치보다 용량은 작지만 접근 속도가 빠르다.
③ 성능 향상을 위해 지역성의 원리(principle of locality)를 이용한다.
④ 직접 사상(direct mapping) 방식을 사용하면, 특정 주기억장치블록을 여러 개의 캐시기억장치 블록으로 사상할 수 있다.

해설

직접 사상(Direct Mapping) 방식은 캐시기억장치와 주기억장치 사이에서 1:1로 대응되는 방식으로, 특정 주기억장치 블록을 여러 개의 캐시기억장치 블록으로 사상할 수 없다.

☑ **캐시기억장치(cache memory)**
• 중앙처리장치와 주기억장치의 속도 차이를 개선하기 위한 기억장치이다.
• 주기억장치보다 용량은 작지만, SRAM으로 구성되어 고속처리가 가능하다.
• 캐시의 동작은 중앙처리장치가 메모리에 접근할 때, 먼저 캐시를 참조하여 적중(hit)되면 읽고 실패(miss)하면 주기억장치에 접근하여 해당 블록을 읽는다.

125 캐시 메모리가 다음과 같을 때, 캐시 메모리의 집합(set) 수는? 2013년 국가직

- 캐시 메모리 크기: 64 Kbytes
- 캐시 블록의 크기: 32 bytes
- 캐시의 연관정도(associativity): 4-way 집합 연관 사상

① 256　　　　　② 512
③ 1024　　　　④ 2048

해설

• 전체 블록 수 = 캐시 메모리 용량 / 캐시 블록의 크기 = 65536 / 32 = 2048
• 캐시 메모리의 집합 수 = 전체 블록 수 / 캐시의 연관정도 = 2048 / 4 = 512

126 1K × 4bit RAM 칩을 사용하여 8K × 16bit 기억장치 모듈을 설계할 때 필요한 RAM 칩의 최소 개수는? 2019년 국가직

① 4개　　　　　② 8개
③ 16개　　　　④ 32개

$1K \times 4bit = 1 \times 2^{10} \times 2^2 = 2^{12}$

$8K \times 16bit = 2^3 \times 2^{10} \times 2^4 = 2^{17}$

위의 문제는 8K × 16bit 기억장치 모듈을 설계할 때 1K × 4bit RAM 칩이 몇 개 필요한지를 물어보는 문제이기 때문에 간단하게 128(8 × 16)을 4(1 × 4)로 나누어도 된다.

127 컴퓨터 메모리 용량이 8K × 32Bit라 하면, MAR(Memory Address Register)과 MBR(Memory Buffer Register)은 각각 몇 비트인가? 2022년 계리직

① MAR : 8 　　MBR : 32
② MAR : 32 　　MBR : 8
③ MAR : 13 　　MBR : 8
④ MAR : 13 　　MBR : 32

해설

1. 컴퓨터 메모리 용량은 '주소 개수(2^n) × 워드 크기(m)'이다. 문제에서 8K × 32Bit라 하였으므로 2^{13} × 32비트가 되므로 주소입력선이 13개이고 주소지정 레지스터(MAR)의 크기도 13비트이며 2^{13}개의 주소를 지정한다. 워드 크기가 32비트이므로 내용지정 레지스터(MBR) 크기도 32비트가 된다.
2. 메모리 용량은 주소(address) 수와 한 번에 읽을 수 있는 데이터의 크기(워드 크기)와 관련성이 있다.
3. 주소 수는 입력선의 수와 관련이 있으며, 워드 크기는 출력선의 수와 관련된다.
   - 주소입력선이 n개이면 주소지정 레지스터(MAR)의 크기도 n비트이고 2^n개의 주소를 지정한다.
   - 주소출력선이 m개이면 워드 크기도 m비트이고 내용지정 레지스터(MBR) 크기도 m비트이다.

메모리 용량 = 주소 개수(2^n) × 워드 크기(m)

128 CPU와 메인 메모리의 속도차이 때문에 발생하는 명령어 처리 성능 저하 현상을 방지하기 위하여, CPU와 메인 메모리 사이에 설치하는 메모리로 옳은 것은? 2021년 군무원

① 레지스터(register)
② ROM(Read Only Memory)
③ 캐시(cache)
④ I/O 버퍼(buffer)

해설

캐시기억장치(cache memory) : 중앙처리장치와 주기억장치의 속도 차이를 개선하기 위한 기억장치이다. 주기억장치보다 용량은 작지만, SRAM으로 구성되어 고속처리가 가능하다. 캐시의 동작은 중앙처리장치가 메모리에 접근할 때, 먼저 캐시를 참조하여 적중(hit)되면 읽고 실패(miss)하면 주기억장치에 접근하여 해당 블록을 읽는다.

129 다음 조건에서 메인 메모리와 캐시 메모리로 구성된 메모리 계층의 평균 메모리 접근 시간은? (단, 캐시 실패 손실은 캐시 실패 시 소요되는 총 메모리 접근 시간에서 캐시 적중 시간을 뺀 시간이다) 2013년 국가직

> − 캐시 적중 시간(cache hit time) : 10ns
> − 캐시 실패 손실(cache miss penalty) : 100ns
> − 캐시 적중률 : 90%

① 10ns   ② 15ns
③ 20ns   ④ 25ns

해설
평균 기억장소 접근 시간 = 캐시 적중률 * 캐시 적중 시간 + (1 − 캐시 적중률) * 주기억장치 접근 시간
= 0.9 * 10 + (1 − 0.9) * 110 = 20ns

130 캐시기억장치 접근시간이 20ns, 주기억장치 접근시간이 150ns, 캐시기억장치 적중률이 80%인 경우에 평균 기억장치 접근시간은? (단, 기억장치는 캐시와 주기억장치로만 구성된다) 2020년 지방직

① 32ns   ② 46ns
③ 124ns   ④ 170ns

해설
• 캐시기반 평균 기억장치 접근시간

> Taverage = Hhit−ratio × Tcache + (1 − Hhit−ratio) × Tmain

Taverage : 평균 기억장치 접근시간
Hhit−ratio : 적중률
Tcache : 캐시 기억장치 접근시간
Tmain : 주기억장치 접근시간
• Taverage = 0.8 * 20ns + (1−0.8) * 150ns = 46ns

131

주기억장치와 CPU 캐시 기억장치만으로 구성된 시스템에서 다음과 같이 기억장치 접근 시간이 주어질 때 이 시스템의 캐시 적중률(hit ratio)로 옳은 것은? 2021년 계리직

> – 주기억장치 접근 시간: Tm = 80ns
> – CPU 캐시 기억장치 접근 시간: Tc = 10ns
> – 기억장치 평균 접근 시간(expected memory access time): Ta = 17ns

① 80% ② 85%

③ 90% ④ 95%

해설

> 평균메모리 접근시간 = 적중률 × 캐시메모리 접근시간 + (1 − 적중률) × 주기억장치 접근시간

17 = 적중률 * 10 + (1 − 적중률) * 80
…… 적중률을 x라 하면
17 = 10x + (1 − x) * 80
17 = 10x + 80 − 80x
17 = 80 − 70x
17 − 80 = −70x
−63 = −70x
−63 / −70 = x
0.9 = x
0.9(90%) = x(적중률)

132

메모리 시스템에 관한 설명 중 옳은 것만 모두 묶은 것은? 2007년 국가직

> ㄱ. 캐쉬의 write-through방법을 사용하면 메모리 쓰기의 경우에 접근시간이 개선된다.
> ㄴ. 메모리 인터리빙은 단위시간에 여러 메모리에 동시 접근이 가능하도록 하여 메모리의 대역폭을 높이기 위한 구조이다.
> ㄷ. 가상메모리는 메모리의 주소공간을 확장할 뿐만 아니라 메모리의 접근시간도 절약하는 데 효과적이다.
> ㄹ. 메모리 시스템은 CPU ↔ 캐쉬 ↔ 주메모리 ↔ 보조메모리 순서로 계층구조를 이룰 수 있다.

① ㄴ, ㄹ ② ㄱ, ㄹ

③ ㄱ, ㄷ ④ ㄴ, ㄷ

해설
- 캐시의 write-back 방법을 사용하면 메모리 쓰기의 경우에 접근시간이 개선된다.
- 가상메모리는 메모리의 주소공간을 확장하지만, 메모리의 접근시간이 늘어난다.

정답 129. ③ 130. ② 131. ③ 132. ①

133 캐시(cache)에 대한 설명으로 옳지 않은 것은? 2021년 지방직

① CPU와 인접한 곳에 위치하거나 CPU 내부에 포함되기도 한다.

② CPU와 상대적으로 느린 메인(main) 메모리 사이의 속도 차이를 줄이기 위해 사용된다.

③ 다중프로세서 시스템에서는 write-through 정책을 사용하더라도 데이터 불일치 문제가 발생할 수 있다.

④ 캐시에 쓰기 동작을 수행할 때 메인 메모리에도 동시에 쓰기 동작이 이루어지는 방식을 write-back 정책이라고 한다.

해설

1. 즉시 쓰기(Write Through) 정책
   - 프로세서에서 메모리에 쓰기 요청을 할 때마다 캐시의 내용과 메모리의 내용을 같이 바꾼다.
   - 주기억장치와 캐시기억장치가 항상 동일한 내용을 기록한다.
   - 구조가 단순하지만 쓰기 요청 시 매번 메인 메모리에 접근하므로 캐시에 의한 접근 시간 개선이 의미가 없어진다.
2. 나중 쓰기(Write Back) 정책
   - CPU에서 메모리에 대한 쓰기 작업 요청 시 캐시에서만 쓰기 작업과 그 변경 사실을 확인할 수 있는 표시를 하여, 캐시로부터 해당 블록의 내용이 제거될 때 그 블록을 메인 메모리에 복사하는 방식이다.
   - 캐시에서 데이터 내용이 변경된 적이 있다면 교체되기 전에 먼저 주기억장치에 갱신한다.
   - 동일한 블록 내에 여러 번 쓰기를 실행하는 경우 캐시에만 여러 번 쓰고 메인 메모리에는 한 번만 쓰게 되므로 효율적이다.

134 다음은 캐시 기억장치를 사상(mapping) 방식 기준으로 분류한 것이다. 캐시 블록은 4개 이상이고 사상 방식을 제외한 모든 조건이 동일하다고 가정할 때, 평균적으로 캐시 적중률(hit ratio)이 높은 것에서 낮은 것 순으로 바르게 나열한 것은? 2015년 국가직

> ㄱ. 직접 사상(direct-mapped)
> ㄴ. 완전 연관(fully-associative)
> ㄷ. 2-way 집합 연관(set-associative)

① ㄱ - ㄴ - ㄷ   ② ㄴ - ㄷ - ㄱ

③ ㄷ - ㄱ - ㄴ   ④ ㄱ - ㄷ - ㄴ

해설

- 완전-연관 사상(fully-associative mapping) : 블록이 캐시내의 어느 곳에나 위치할 수 있는 방식이다. 이 매핑 방식은 캐시를 효율적으로 사용하게 하여 캐시의 적중률을 높일 수 있으나 CPU가 캐시의 데이터를 참조할 때마다 어느 위치에 해당 데이터의 블록이 있는지 알아내기 위하여 전체 태그 값을 모두 병렬적으로 비교해야 하므로 구성과 과정이 매우 복잡하다는 단점을 가지고 있다.
- 집합-연관 사상(set-associative mapping) : 직접 사상의 경우 구현이 간단하다는 장점이 있고, 완전-연관 사상은 어떤 주소든지 동시에 매핑시킬 수 있어 높은 적중률을 가질 수 있다는 장점을 가지고 있으나 그에 준하는 단점 또한 가지고 있어 이들의 장점을 취하고, 단점을 줄이기 위한 절충안으로 나온 것이다. n-way 집합-연관 캐시는 각각 n개의 블록으로 이루어진 다수의 집합들로 구성되어 있다. 빠른 검색을 위해 n개의 블록을 병렬로 수행한다.
- 직접 사상(direct mapping) : 블록이 단지 한곳에만 위치할 수 있는 방법이다. 이 방식은 구현이 매우 단순하다는 장점이 있지만 운영상 매우 비효율적인 면을 가지고 있다. 즉, 블록 단위로 나뉘어진 메모리는 정해진 블록 위치에 들어갈 수밖에 없으므로 비어 있는 라인이 있더라도 동일 라인의 메모리 주소에 대하여 하나의 데이터밖에 저장할 수 없다는 단점을 가지고 있다.

135 캐시 기억장치에 대한 설명으로 알맞지 않은 것은? 2008년 계리직

① 슬롯의 수가 128개인 4-way 연관 사상 방식인 경우 슬롯을 공유하는 주기억장치 블록들이 4개의 슬롯으로 적재될 수 있는 방식이다.
② 세트-연관 사상(Set-Associative mapping) 방식은 직접 사상 방식과 연관 사상 방식을 혼합한 방식이다.
③ 직접 사상(direct mapping) 방식은 주기억장치의 임의의 블록들이 어떠한 슬롯으로든 사상될 수 있는 방식이다.
④ 캐시 쓰기 정책(cache write policy)은 write through 방식과 write back 방식 등이 있다.

해설

직접 사상(direct mapping) : 블록이 단지 한곳에만 위치할 수 있는 방법이다. 이 방식은 구현이 매우 단순하다는 장점을 가지고 있지만 운영상 매우 비효율적인 면을 가지고 있다. 즉, 블록 단위로 나뉘어진 메모리는 정해진 블록 위치에 들어갈 수밖에 없으므로 비어 있는 라인이 있더라도 동일 라인의 메모리 주소에 대하여 하나의 데이터밖에 저장할 수 없다는 단점을 가지고 있다.

정답 133. ④ 134. ② 135. ③

136 다음에서 제시한 시스템에서 주기억장치 주소의 각 필드의 비트 수를 바르게 연결한 것은? (단, 주기억장치 주소는 바이트 단위로 할당되고, 1 KB는 1,024바이트이다) 2023년 지방직

- 캐시기억장치는 4-way 집합 연관 사상(set-associative mapping) 방식을 사용한다.
- 캐시기억장치는 크기가 8 KB이고 전체 라인 수가 256개이다.
- 주기억장치 주소는 길이가 32비트이고, 캐시기억장치 접근(access)과 관련하여 아래의 세 필드로 구분된다.

태그(tag)	세트(set)	오프셋(offset)

	태그	세트	오프셋
①	20	6	6
②	20	7	5
③	21	5	6
④	21	6	5

해설
- 주기억장치 주소는 길이가 32비트이고, 4-way 집합 연관 사상 방식을 사용하므로 하나의 세트는 4개의 라인으로 구성된다.
- 캐시기억장치 전체 라인 수가 256개이고, 4-way 집합 연관 사상 방식을 사용하므로 세트(set)는 $256 / 4 = 2^8 / 2^2 = 2^6$이므로 6bit이다.
- 오프셋(offset) 값은 해당 페이지 내에서 몇 번째 위치에 들어있는지를 나타내는 범위값이므로 $8K / 256 = 2^{13} / 2^8 = 2^5$으로 5bit이다.
- 태그(tag)는 캐시로 적재된 데이터가 주기억장치 어느 곳에서 온 데이터인지를 구분하기 위한 번호이며, 전체 32bit에서 6bit와 5bit를 빼면 21bit가 된다.

137 페이징(paging) 기법에서 페이지 크기에 대한 설명으로 옳지 않은 것은? 2012년 국가직

① 페이지 크기가 작아지면 페이지 테이블의 크기도 줄어든다.
② 주기억장치는 페이지와 같은 크기의 블록으로 나누어 사용된다.
③ 페이지 크기가 커지면 내부 단편화(internal fragmentation) 되는 공간이 커진다.
④ 페이지 크기가 커지면 참조되지 않는 불필요한 데이터들이 주기억장치에 적재될 확률이 높아진다.

해설
페이지 크기가 작아지면 페이지 테이블의 크기는 증가한다.

138 페이지 크기가 2,000byte인 페이징 시스템에서 페이지테이블이 다음과 같을 때 논리주소에 대한 물리주소가 옳게 짝지어진 것은? (단, 논리주소와 물리주소는 각각 0에서 시작되고, 1byte 단위로 주소가 부여된다) 2017년 국가직

페이지번호(논리)	프레임번호(물리)
0	7
1	3
2	5
3	0
4	8

	논리주소	물리주소
①	4,300	2,300
②	3,600	4,600
③	2,500	6,500
④	900	7,900

해설

페이지번호 0	0 – 1999
페이지번호 1	2000 – 3999
페이지번호 2	4000 – 5999
페이지번호 3	6000 – 7999
페이지번호 4	8000 – 9999

프레임번호 0	0 – 1999
프레임번호 1	2000 – 3999
프레임번호 2	4000 – 5999
프레임번호 3	6000 – 7999
프레임번호 4	8000 – 9999
프레임번호 5	10000 – 11999
프레임번호 6	12000 – 13999
프레임번호 7	14000 – 15999
프레임번호 8	16000 – 17999

- 논리주소(4300) : 페이지번호(2, 300) --- 물리주소(5, 300) 10300   300이 변위
- 논리주소(3600) : 페이지번호(1, 1600) --- 물리주소(3, 1600) 7600   1600이 변위
- 논리주소(2500) : 페이지번호(1, 500) --- 물리주소(3, 500) 6500   500이 변위
- 논리주소(900) : 페이지번호(0, 900) --- 물리주소(7, 900) 14900   900이 변위

정답   136. ④   137. ①   138. ③

139 페이징 기법을 사용하는 64비트 컴퓨터에서 페이지의 크기가 4,096바이트일 때, 논리주소를 구성하는 페이지 번호의 비트 수와 페이지 변위(offset)의 비트 수로 올바른 것은? 2024년 군무원

① 40, 24

② 12, 52

③ 42, 12

④ 52, 12

해설

페이지 크기가 4096바이트이므로 4096바이트 = 2^{12} 바이트이며, 페이지 변위를 표현하기 위해 필요한 비트 수는 12비트이다. 문제에서 64비트 컴퓨터라고 명시되어 있으므로 전체 논리주소의 비트 수는 64비트가 된다. 논리주소의 비트 수에서 페이지 변위에 사용된 12비트를 제외한 52비트가 페이지 번호의 비트 수가 된다.

140 페이지 테이블(page table)을 사용하는 가상기억장치 컴퓨터 시스템에서 TLB(Translation Lookaside Buffer)에 대한 설명으로 옳은 것은? 2024년 지방직

① 페이지 테이블의 캐시로서 동작한다.

② 한 시스템 내에 여러 개가 존재할 수 없다.

③ TLB 실패(miss)가 발생할 때마다 페이지 부재(page fault)가 발생한다.

④ 물리 주소(physical address)를 가상 주소(virtual address)로 빠르게 변환하기 위한 것이다.

해설

• TLB(Translation Lookaside Buffer)는 CPU 내부에 있는 작은 크기의 캐시 메모리로 가상 주소를 물리 주소로 변환하는 데 사용된다.
• TLB의 역할 : 가상 주소를 물리 주소로 빠르게 변환, 변환 과정에서 발생하는 충돌을 최소화, 메모리 접근 속도를 향상
• 한 시스템 내에 여러 개의 CPU가 존재하는 경우 각 CPU마다 TLB가 존재할 수 있다.
• TLB 실패가 발생하더라도 페이지 테이블을 참조하여 물리 주소를 변환할 수 있으므로 페이지 부재가 발생하지 않을 수 있다.
• 물리 주소를 가상 주소로 변환하는 것이 아니라 가상 주소를 물리 주소로 변환한다.

141 ㉠에 들어갈 용어로 옳은 것은? 2018년 계리직

> 주기억장치의 물리적 크기의 한계를 해결하기 위한 기법으로 주기억장치의 크기에 상관없이 프로그램이 메모리의 주소를 논리적인 관점에서 참조할 수 있도록 하는 것을 (㉠)라고 한다.

① 레지스터(Register)
② 정적 메모리(Static Memory)
③ 가상 메모리(Virtual Memory)
④ 플래시 메모리(Flash Memory)

해설
- 레지스터(Register) : 중앙처리장치 내의 명령 수행에 필요한 정보들을 일시적으로 기억하는 고속의 소량 메모리이다.
- 정적 메모리(Static Memory) : 메모리 셀이 한 개의 플립플롭으로 구성되므로 전원이 공급되고 있으면 기억내용이 지워지지 않는다. 재충전(refresh)이 필요 없으며, 캐시 메모리에 이용된다.
- 가상 메모리(Virtual Memory) : 한정된 주기억장치(실공간) 용량의 문제를 해결하기 위한 기술로 주소공간의 확대를 목적으로 한다. 보조기억장치의 공간(가상공간)을 가상기억장치 관리기법을 통해 주기억장치의 용량에 제한 없이 프로그램을 실행할 수 있는 환경을 제공한다.
- 플래시 메모리(Flash Memory) : 비휘발성 메모리로 읽기와 쓰기가 가능하며 주로 휴대용 기기에 사용되는 메모리이다.

142 다음 조건을 만족하는 가상기억장치에서 가상 페이지 번호(virtual page number)와 페이지 오프셋의 비트 수를 바르게 연결한 것은? 2023년 지방직

> – 페이징 기법을 사용하며, 페이지 크기는 2,048바이트이다.
> – 가상 주소는 길이가 32비트이고, 가상 페이지 번호와 페이지 오프셋으로 구분된다.

	가상 페이지 번호	페이지 오프셋
①	11	21
②	13	19
③	19	13
④	21	11

해설
페이지 테이블의 항목 수 = 가상주소 공간 크기 / 페이지 크기
$$= 2^{32} / 2048 = 2^{32} / 2^{11} = 2^{21}$$
즉, 페이지 번호에 할당되는 비트 수는 21이 된다.
가상주소 길이가 32비트이므로 가상 페이지 번호가 21비트이고, 페이지 오프셋이 11비트이다.

정답 139. ④ 140. ① 141. ③ 142. ④

143 가상 메모리(virtual memory)에 대한 설명으로 옳지 않은 것은? 2013년 국가직

① 가상 메모리는 프로그래머가 물리 메모리(physical memory) 크기 문제를 염려할 필요 없이 프로그램을 작성할 수 있게 한다.

② 가상 주소(virtual address)의 비트 수는 물리 주소(physical address)의 비트 수에 비해 같거나 커야 한다.

③ 메모리 관리 장치(memory management unit)는 가상 주소를 물리 주소로 변환하는 역할을 한다.

④ 가상 메모리는 페이지 공유를 통해 두 개 이상의 프로세스들이 메모리를 공유하는 것을 가능하게 한다.

> 해설
>
> 가상 주소(virtual address)의 비트 수는 물리 주소(physical address)의 비트 수에 대한 제약이 없으며, 시스템에 따라 달라질 수 있다.

144 가상기억장치(virtual memory)에 대한 설명으로 가장 옳은 것은? 2015년 서울시

① 가상기억장치를 사용하면 메모리 단편화가 발생하지 않는다.

② 가상기억장치는 실기억장치로의 주소변환 기법이 필요하다.

③ 가상기억장치의 참조는 실기억장치의 참조보다 빠르다.

④ 페이징 기법은 가변적 크기의 페이지 공간을 사용한다.

> 해설
>
> • 가상기억장치는 실기억장치로의 주소변환 기법이 필요하다.
> • 페이징 기법에서는 내부 단편화, 세그먼테이션 기법에서는 외부 단편화가 발생할 수 있다.
> • 가상기억장치의 참조는 실기억장치의 참조보다 느리다.
> • 페이징 기법은 고정된 크기의 페이지 공간을 사용한다.
> • 가상기억장치(virtual memory) : 한정된 주기억장치(실공간) 용량의 문제를 해결하기 위한 기술로 주소공간의 확대를 목적으로 한다. 보조기억장치의 공간(가상공간)을 가상기억장치 관리기법을 통해 주기억장치의 용량에 제한 없이 프로그램을 실행할 수 있는 환경을 제공한다.

145 가상 메모리에 대한 설명으로 옳지 않은 것은? 2009년 국가직

① 가상 메모리는 물리적 메모리 개념과 논리적 메모리 개념을 분리한 것이다.
② 가상 메모리를 이용하면 개별 프로그램의 수행 속도가 향상된다.
③ 가상 메모리를 이용하면 각 프로그램에서 메모리 크기에 대한 제약이 줄어든다.
④ 프로그램의 일부분만 메모리에 적재(load)되므로 다중 프로그래밍이 쉬워진다.

해설

가상 메모리는 기술이 복잡하고 메모리 공간의 접근시간이 늘어난다는 단점이 있지만, 주소 공간을 확장할 수 있다.

146 가상 메모리에 대한 〈보기〉의 설명 중 옳은 것을 모두 고른 것은? 2022년 계리직

보기

ㄱ. 인위적 연속성이란 프로세스의 가상주소 공간상의 연속적인 주소가 실제 기억장치에서도 연속성이 보장되어야 함을 의미한다.
ㄴ. 다중 프로그래밍 정도가 높은 경우, 프로세스가 프로그램 수행시간보다 페이지 교환시간에 더 많은 시간을 소요하고 있다면 스레싱(thrashing) 현상이 발생한 것이다.
ㄷ. 프로세스를 실행하는 동안 일부 페이지만 집중적으로 참조하는 경우를 지역성(locality)이라 하며, 배열 순회는 공간 지역성의 예이다.
ㄹ. 프로세스가 자주 참조하는 페이지의 집합을 작업 집합(working set)이라 하며, 작업 집합은 최초 한번 결정되면 그 이후부터는 변하지 않는다.

① ㄱ, ㄴ
② ㄱ, ㄹ
③ ㄴ, ㄷ
④ ㄴ, ㄷ, ㄹ

해설

ㄴ. 스래싱(Thrashing) : 페이지부재가 지나치게 발생하여 프로세스가 수행되는 시간보다 페이지 이동에 시간이 더 많아지는 현상이다. 다중 프로그래밍 정도를 높이면 어느 정도까지는 CPU 이용률이 증가되지만, 스래싱에 의해 CPU 이용률은 급격히 감소된다.
ㄷ. 지역성은 프로세스 수행 중 일부 페이지가 집중적으로 참조되는 경향을 의미하며, 공간 지역성의 대표적인 예가 배열의 순회이다.
ㄱ. 인위적 연속성이란 가상기억장치 시스템에서 프로세스가 갖는 가상주소 공간의 연속된 주소들이 실제 기억장소에서도 반드시 연속적일 필요는 없다는 성질이다.
ㄹ. 프로세스가 자주 참조하는 페이지의 집합을 작업 집합(working set)이라 하며, 작업 집합은 필요에 따라 변화될 수 있다.

정답 143. ② 144. ② 145. ② 146. ③

147 다음 설명에 해당하는 페이지 테이블 기술은? 2023년 국가직

> 물리 메모리의 프레임당 단 한 개의 페이지 테이블 항목을 할당함으로써 페이지 테이블이 차지하는 공간을 줄이는 기술

① 변환 참조 버퍼
② 계층적 페이지 테이블
③ 역 페이지 테이블
④ 해시 페이지 테이블

해설

역 페이지 테이블(Inverted Page Table) : 메모리 프레임마다 하나의 페이지 테이블 항목을 할당하여 프로세스 증가와 관계없이 크기가 고정된 페이지 테이블에 프로세스를 매핑하여 할당하는 메모리 관리 기법이다. 페이지 테이블의 크기가 증가되지 않아 효율적 메모리 관리를 통해 스래싱을 예방 가능하다.

148 〈보기〉와 같은 특성을 갖는 하드디스크의 최대 저장 용량은? 2016년 계리직

> 보기
> ─ 실린더(cylinder) 개수 : 32,768개
> ─ 면(surface) 개수 : 4개
> ─ 트랙(track)당 섹터(sector) 개수 : 256개
> ─ 섹터 크기(sector size) : 512bytes

① 4GB
② 16GB
③ 64GB
④ 1TB

해설

하드디스크의 최대 저장 용량 = 실린더 개수 * 면 개수 * 트랙당 섹터 개수 * 섹터 크기 17,179,869,184(16GB)
= 32,768 * 4 * 256 * 512

149 플래시 메모리(Flash Memory)에 대한 설명으로 옳지 않은 것은? 2024년 계리직

① 자기디스크(magnetic disk)보다 읽기 속도가 빠르다.

② 메모리 어드레싱이 아닌 섹터 어드레싱을 한다.

③ 메모리 셀을 NAND 플래시는 수평으로, NOR 플래시는 수직으로 배열한다.

④ 메모리 칩의 정보를 유지하는 데 전력이 필요 없는 비휘발성 메모리이다.

해설

메모리 셀을 NAND 플래시는 수직으로, NOR 플래시는 수평으로 배열한다.

✓ **플래시 메모리(Flash Memory)**
• 비휘발성 메모리로 읽기와 쓰기가 가능하며 주로 휴대용 기기에 사용되는 메모리이다.
• 일반적으로 섹터 단위로 읽기, 쓰기 및 지우기를 수행한다.
• NAND 플래시는 직렬 구조를 가지고 있어 메모리 셀이 수직으로 배열되어 있다. 이는 대용량의 데이터를 저장하는 데 유리하고, 저가이며 상대적으로 속도가 느리다.
• NOR 플래시는 병렬 구조를 가지고 있어 메모리 셀이 수평으로 배열되어 있으며, 고가이고 상대적으로 속도가 빠르다.

150 SSD(Solid-State Drive)에 대한 설명으로 옳지 않은 것은? 2022년 국가직

① 반도체 기억장치 칩들을 이용하여 구성된 저장장치이다.

② 하드디스크에 비해 저장용량 대비 가격이 비싸다.

③ 기계적 장치를 사용하여 하드디스크보다 데이터 입출력 속도가 빠르다.

④ 하드디스크를 대체하려고 개발한 저장장치로서 플래시 메모리로 구성된다.

해설

SSD(Solid-State Drive): HDD(Hard Disk Drive)와 비슷하게 동작하면서도 기계적 장치인 HDD와는 달리 반도체를 이용하여 정보를 저장한다. 임의접근을 하여 탐색시간 없이 고속으로 데이터를 입출력할 수 있으면서도 기계적 지연이나 실패율이 현저히 적다. 또 외부의 충격으로 데이터가 손상되지 않으며, 발열·소음 및 전력소모가 적고, 소형화·경량화 할 수 있다.

정답 147. ③ 148. ② 149. ③ 150. ③

151 컴퓨터 시스템의 주기억장치 및 보조기억장치에 대한 설명으로 옳지 않은 것은? 2021년 계리직

① RAM은 휘발성(volatile) 기억장치이며 HDD 및 SSD는 비휘발성(non-volatile) 기억장치이다.

② RAM의 경우, HDD나 SSD 등의 보조기억장치에 비해 상대적으로 접근 속도가 빠르다.

③ SSD에서는 일반적으로 특정 위치의 데이터를 읽는 데 소요되는 시간이 같은 위치에 데이터를 쓰는 데 소요되는 시간보다 더 오래 걸린다.

④ SSD의 경우, 일반적으로 HDD보다 가볍고 접근 속도가 빠르며 전력 소모가 적다.

해설

SSD에서는 일반적으로 특정 위치의 데이터를 읽는 데 소요되는 시간이 같은 위치에 데이터를 쓰는 데 소요되는 시간보다 더 적게 걸린다.

⊘ **SSD(Solid State Drive)**

1. 하드디스크를 대체하는 고속의 보조기억장치로 반도체를 이용하여 정보를 저장하는 장치이다.
2. 하드디스크 드라이브에 비하여 속도가 빠르고 기계적 지연이나 실패율, 발열 · 소음도 적으며, 소형화 · 경량화할 수 있는 장점이 있다.
3. 하드디스크 드라이브(HDD)와 비슷하게 동작하면서도 기계적 장치인 HDD와는 달리 반도체를 이용하여 정보를 저장한다.
4. 임의접근을 하여 탐색시간 없이 고속으로 데이터를 입출력할 수 있으면서도 기계적 지연이나 실패율이 현저히 적다.
5. 플래시 방식의 비휘발성 낸드플래시 메모리(nand flash memory)나 램(RAM) 방식의 휘발성 DRAM을 사용한다. 데이터 저장과 안전성이 높은 플래시 메모리 기반의 SSD를 주로 사용한다.
   • 플래시 방식 : RAM 방식에 비하면 느리지만 HDD보다는 속도가 빠르며, 비휘발성 메모리를 사용하여 갑자기 정전이 되더라도 데이터가 손상되지 않는다. 플래시 메모리 기반의 SSD를 장착한 PC는 HDD를 장착한 동급 사양의 PC에 비해 최소 2~3배 이상 빠른 운영체제 부팅 속도나 프로그램 실행 속도를 보인다.
   • DRAM 방식 : 빠른 접근이 장점이지만 제품 규격이나 가격, 휘발성이라는 문제점이 있다. 램은 전원이 꺼지면 저장 데이터가 모두 사라지기 때문에 PC의 전원을 끈 상태에서도 SSD에 지속적으로 전원을 공급해주는 전용 배터리를 필수적으로 갖춰야 한다. 만약 PC가 꺼진 상태에서 SSD에 연결된 배터리마저 방전된다면 모든 데이터가 지워진다. 이런 단점 때문에 램 기반의 SSD는 많이 사용되지 않는다.

---

152 파이프라인 해저드(Pipeline Hazard)에 대한 다음 설명에서 ㉠과 ㉡에 들어갈 내용을 바르게 연결한 것은? 2021년 국가직

> ─ 하드웨어 자원의 부족 때문에 명령어를 적절한 클록 사이클에 실행할 수 있도록 지원하지 못할 때 (㉠) 해저드가 발생한다.
> ─ 실행할 명령어를 적절한 클록 사이클에 가져오지 못할 때 (㉡) 해저드가 발생한다.

	㉠	㉡
①	구조적	제어
②	구조적	데이터
③	데이터	구조적
④	데이터	제어

해설

⊘ 파이프라인 해저드

파이프라인에서 명령어 실행이 불가하여 지연·중지가 발생하는 현상을 말하며, 파이프라인 해저드는 구조적 해저드, 데이터 해저드, 제어 해저드로 구분할 수 있다.

1. 구조적 해저드
   - 포트가 하나인 메모리에 동시에 접근하려고 하거나 ALU 등의 하드웨어를 동시에 사용하려고 할 때 발생할 수 있다.
   - 메모리를 명령어 영역과 데이터 영역을 분리하여 사용한다든지, ALU 등의 하드웨어를 여러 개 사용하는 것 등을 통해 해결할 수 있다.

2. 데이터 해저드
   - 이전 명령어에서 레지스터의 값을 바꾸기 전에 후속 명령어가 그 값을 읽거나 쓰려고 하는 경우와 같이 사용하는 데이터의 의존성이 있는 경우 발생한다.
   - 명령어 재배치나 전방전달(Data forwarding), No-operation insertion 등을 통해 해결할 수 있다.

3. 제어 해저드
   - 조건 분기로 인해 명령어의 실행 순서가 변경되어 명령어가 무효화되는 것을 말한다.
   - 분기 예측이나 Stall 삽입법 등을 통해 해결할 수 있다.

153 다음 설명 중 인터럽트(interrupt)와 서브루틴 호출(subroutine call)이 공통적으로 갖는 특징은?

2008년 국가직

> ㄱ. 순차적으로 다음 명령어가 아닌 다른 명령어 주소에서부터 명령어들을 실행한다.
> ㄴ. 호출되는 루틴(routine)을 사용자(user) 프로그램이 선택할 수 있다.
> ㄷ. 호출되는 루틴으로부터 돌아오기 위해 필요한 복귀주소(return address)를 저장한다.
> ㄹ. 프로그램의 명령어 실행에 의해서만 발생한다.

① ㄱ, ㄴ   ② ㄱ, ㄷ
③ ㄴ, ㄷ   ④ ㄴ, ㄹ

해설

서브루틴은 사용자 프로그램 명령어 실행에 의해서 실행되지만, 인터럽트는 운영체제에 의해서 정해진 루틴을 수행한다.

정답   151. ③   152. ①   153. ②

154 비동기 인터럽트(interrupt)에 해당하는 것은? 2021년 군무원

① 실행 중인 프로세스가 원인인 인터럽트
② 실행 중인 프로세스가 0으로 나누는 명령어를 실행할 경우 발생하는 인터럽트
③ 실행 중인 프로세스 명령어가 시스템 호출(system call)을 요구할 경우 발생하는 인터럽트
④ 다중프로그래밍 운영체제 환경에서 프로세스에 규정된 실행시간(time slice)을 모두 사용했을 경우 발생하는 인터럽트

해설
• synchronous Interrupt(동기식 인터럽트) : 일반적으로 exception이라는 것이 동기식 인터럽트에 해당한다. 이벤트가 언제든지 예측 불가하게 발생하는 것이 아니라 기준에 맞추어 또는 시간에 맞추어서 수행시키는 것을 의미한다. 예를 들어 CPU가 0으로 나누기, Page fault가 발생한 경우 등이 있다.
• Asynchronous Interrupt(비동기식 인터럽트) : 일반적으로 interrupt라고 부르는 것이 비동기식 인터럽트에 해당된다. 하드웨어 인터럽트(hardware interrupt)라고도 하며, 정해진 기준 없이 예측이 불가하게 이벤트가 발생하는 것을 말한다. 예를 들어 I/O interrupt, keyboard event, network packet arrived, timer ticks 등이 있다.

155 컴퓨터의 구성 요소에 대한 설명으로 옳은 것만을 모두 고르면? 2023년 국가직

ㄱ. 입출력장치는 기계적 동작을 수반하기 때문에 동작 속도가 주기억장치보다 빠르다.
ㄴ. 중앙처리장치는 명령어 실행단계에서 제어장치, 내부 레지스터, 연산기를 필요로 한다.
ㄷ. 중앙처리장치는 명령어 인출단계에서 인출된 명령어를 저장하기 위한 명령어 레지스터와 다음에 실행할 명령어가 있는 기억장치의 주소를 저장할 프로그램 카운터를 필요로 한다.
ㄹ. 입출력장치는 중앙처리장치와 직접 데이터를 교환할 수 있으며, 데이터 교환은 반드시 중앙처리장치의 입출력 동작 제어에 의해서만 가능하다.

① ㄱ, ㄴ   ② ㄱ, ㄹ
③ ㄴ, ㄷ   ④ ㄷ, ㄹ

해설
• 입출력장치는 기계적 동작을 수반하기 때문에 동작 속도가 주기억장치보다 느리다.
• 입출력장치는 중앙처리장치와 속도의 차이로 인하여 직접 데이터를 교환하지 않는다.

156 RAID 레벨 0에서 성능 향상을 위해 채택한 기법은? 2013년 국가직

① 미러링(mirroring) 기법
② 패리티(parity) 정보저장 기법
③ 스트라이핑(striping) 기법
④ 쉐도잉(shadowing) 기법

[해설]
RAID 레벨 0에서는 성능 향상을 위해 스트라이핑(striping) 기법을 사용한다.

157 RAID에 대한 설명으로 옳은 것은? 2015년 지방직

① RAID 레벨 1은 패리티를 이용한다.
② RAID 레벨 0은 디스크 미러링을 이용한다.
③ RAID 레벨 0과 RAID 레벨 1을 조합해서 사용할 수 없다.
④ RAID 레벨 5는 패리티를 모든 디스크에 분산시킨다.

[해설]
• RAID 레벨 0에서는 성능 향상을 위해 스트라이핑 기법을 사용한다.
• RAID 레벨 1에서는 디스크 미러링을 이용하여 복구능력을 제공한다.
• RAID 레벨 0+1은 RAID 0의 빠른 속도와 RAID 1의 안정적인 복구 기능을 합쳐 놓은 방식이다.

정답 154. ④ 155. ③ 156. ③ 157. ④

158 RAID(Redundant Array of Inexpensive Disks) 레벨에 대한 설명으로 옳지 않은 것은?

2024년 국가직

① RAID 레벨 0 : 패리티 없이 데이터를 분산 저장한다.
② RAID 레벨 1 : 패리티 비트를 사용하여 오류를 검출한다.
③ RAID 레벨 2 : 해밍 코드를 사용하여 오류 검출 및 정정이 가능하다.
④ RAID 레벨 5 : 데이터와 함께 패리티 정보를 블록 단위로 분산 저장한다.

해설
RAID 레벨 1 : 패리티 비트를 사용하지 않으며, 디스크 미러링(disk mirroring)방식이며 높은 신뢰도를 갖는 방식이다.

159 RAID(Redundant Array of Inexpensive Disks)에 대한 설명으로 알맞지 않은 것은? 2008년 계리직

① RAID-0는 디스크 스트라이핑(disk striping) 방식으로 중복 저장과 오류 검출 및 교정이 없는 방식이다.
② RAID-1은 디스크 미러링(disk mirroring) 방식이며 높은 신뢰도를 갖는 방식이다.
③ RAID-4는 데이터를 비트 단위로 여러 디스크에 분할하여 저장하며 별도의 패리티 디스크를 사용한다.
④ RAID-5는 패리티 블록들을 여러 디스크에 분산 저장하는 방식이며 단일 오류 검출 및 교정이 가능한 방식이다.

해설
RAID-4는 데이터를 블록 단위로 여러 디스크에 분할하여 저장한다.

⊘ RAID 레벨
• RAID 0 (Stripping) : 데이터의 빠른 입출력을 위해 데이터를 여러 드라이브에 분산 저장한다.
• RAID 1 : 한 드라이브에 기록되는 모든 데이터를 다른 드라이브에 복사 방법으로 복구능력을 제공한다.
• RAID 2 : ECC(Error Checking and Correction) 기능이 없는 드라이브를 위해 해밍(hamming) 오류 정정 코드를 사용한다.
• RAID 3 (Block Striping : 전용 패리티를 이용한 블록 분배) : 한 드라이브에 패리티 정보를 저장하고, 나머지 드라이브들 사이에 데이터를 분산한다.
• RAID 4 (Parity) : 한 드라이브에 패리티 정보를 저장하고 나머지 드라이브에 데이터를 블록단위로 분산한다.
• RAID 5 (Distributed parity) : 패리티 정보를 모든 드라이브에 나눠 기록한다.

160 RAID(Redundant Array of Independent Disks) 레벨에 대한 설명으로 옳지 않은 것은?

2020년 국가직

① RAID 1 구조는 데이터를 두 개 이상의 디스크에 패리티 없이 중복 저장한다.

② RAID 2 구조는 데이터를 각 디스크에 비트 단위로 분산 저장하고 여러 개의 해밍코드 검사디스크를 사용한다.

③ RAID 4 구조는 각 디스크에 데이터를 블록 단위로 분산 저장하고 하나의 패리티 검사디스크를 사용한다.

④ RAID 5 구조는 각 디스크에 데이터와 함께 이중 분산 패리티 정보를 블록 단위로 분산 저장한다.

해설
- RAID 5 (Distributed parity) : 패리티 정보를 모든 드라이브에 나눠 기록한다. 패리티를 담당하는 디스크가 병목 현상을 일으키지 않기 때문에, 멀티프로세스 시스템과 같이 작은 데이터의 기록이 수시로 발생할 경우 더 빠르다.
- RAID 6 : RAID 5와 비슷하지만, 다른 드라이브들 간에 분포되어 있는 2차 패리티 구성을 포함한다. 높은 장애 대비 능력을 제공한다.

161 RAID(Redundant Array of Inexpensive Disks)에 대한 설명으로 옳지 않은 것은? 2020년 지방직

① RAID-0은 디스크 스트라이핑(Disk Striping) 방식으로 중복 저장과 오류 검출 및 교정이 없는 방식이다.

② RAID-1은 디스크 미러링(Disk Mirroring) 방식으로 높은 신뢰도를 갖는다.

③ RAID-4는 데이터를 비트(bit) 단위로 여러 디스크에 분할하여 저장하는 방식이며, 별도의 패리티(parity) 디스크를 사용한다.

④ RAID-5는 별도의 패리티 디스크 대신 모든 디스크에 패리티 정보를 나누어 기록하는 방식이다.

해설
RAID 4 (Parity) : 한 드라이브에 패리티 정보를 저장하고 나머지 드라이브에 데이터를 블록단위로 분산한다. 패리티 정보는 어느 한 드라이브에 장애가 발생했을 때 데이터 복구가 가능하다. 데이터를 읽을 때는 RAID 0에 필적하는 우수한 성능을 보이나, 저장할 때는 매번 패리티 정보를 갱신하기 때문에 추가적인 시간이 필요하다.

162 RAID(Redundant Array of Inexpensive Disks)에 대한 설명으로 옳지 않은 것은? 2022년 계리직

① RAID 1은 디스크 미러링(disk mirroring) 방식으로, 디스크 오류 시 데이터 복구가 가능하지만 디스크 용량의 효율성이 떨어진다.

② RAID 3은 데이터를 비트 또는 바이트 단위로 여러 디스크에 분할 저장하는 방식으로, 디스크 접근 속도가 향상되지는 않지만 쓰기 동작 시 시간 지연이 발생하지 않는다.

③ RAID 4는 데이터를 블록 단위로 여러 디스크에 분할 저장하는 방식으로, 오류의 검출 및 정정을 위해 별도의 패리티 비트를 사용한다.

④ RAID 5는 패리티 블록들을 여러 디스크에 분산 저장하는 방식으로, 단일 오류 검출 및 정정이 가능하다.

해설

- RAID 3은 데이터를 비트 또는 바이트 단위로 여러 디스크에 분할 저장하는 방식으로 쓰기 동작 시 시간 지연이 발생할 수 있다.
- RAID(Redundant Array of Inexpensive Disks) : 1988년 버클리 대학의 데이비드 패터슨, 가스 깁슨, 랜디 카츠에 의해 〈A Case for Redundant Array of Inexpensive Disks〉라는 제목의 논문에서 정의된 개념이다. RAID는 데이터를 분할해서 복수의 자기 디스크 장치에 대해 병렬로 데이터를 읽는 장치 또는 읽는 방식이라고 정의할 수 있다. 작고 값싼 드라이브들을 연결해 비싼 대용량 드라이브 하나(Single Large Expensive Disk)를 대체하자는 것이었지만, 스토리지 기술의 지속적인 발달로 현재는 다음과 같이 정의할 수 있다.
- RAID 1 : 빠른 기록 속도와 함께 장애 복구 능력이 요구되는 경우 사용한다. 한 드라이브에 기록되는 모든 데이터를 다른 드라이브에 복사 방법으로 복구 능력을 제공한다. 읽을 때는 조금 빠르나, 저장할 때는 속도가 약간 느리다. 두 개의 디스크에 데이터가 동일하게 기록되므로 데이터의 복구 능력은 높지만, 전체용량의 절반이 데이터를 기록하기 위해 사용되기 때문에 저장용량당 비용이 비싼 편이다.
- RAID 4 (Parity) : 한 드라이브에 패리티 정보를 저장하고 나머지 드라이브에 데이터를 블록단위로 분산한다. 패리티 정보는 어느 한 드라이브에 장애가 발생했을 때 데이터 복구가 가능하다. 데이터를 읽을 때는 RAID 0에 필적하는 우수한 성능을 보이나, 저장할 때는 매번 패리티 정보를 갱신하기 때문에 추가적인 시간이 필요하다.
- RAID 5 (Distributed parity) : 패리티 정보를 모든 드라이브에 나눠 기록한다. 패리티를 담당하는 디스크가 병목 현상을 일으키지 않기 때문에, 멀티프로세스 시스템과 같이 작은 데이터의 기록이 수시로 발생할 경우 더 빠르다. 읽기 작업일 경우 각 드라이브에서 패리티 정보를 건너뛰어야 하기 때문에 RAID 4보다 느리다. 작고 랜덤한 입출력이 많은 경우 더 나은 성능을 제공한다. 현재 가장 많이 사용되는 RAID방식이다.

163 컴퓨터의 입출력과 관련이 없는 것은? 2013년 국가직

① 폴링(polling)
② 인터럽트(interrupt)
③ DMA(Direct Memory Access)
④ 세마포어(semaphore)

해설
세마포어(semaphore)는 다중 프로그래밍 기법에서 공유자원인 임계구역을 프로세스들이 동시에 접근하는 것을 막고자 하는 상호배제의 한 방법이다.

164 다음 중 인터럽트 입출력 제어방식은? 2015년 서울시

① 입출력을 하기 위해 CPU가 계속 Flag를 검사하고, 자료 전송도 CPU가 직접 처리하는 방식이다.
② 입출력을 하기 위해 CPU가 계속 Flag를 검사할 필요가 없고, 대신 입출력 인터페이스가 CPU에게 데이터 전송 준비가 되었음을 알리고 자료전송은 CPU가 직접 처리하는 방식이다.
③ 입출력장치가 직접 주기억장치를 접근하여 Data Block을 입출력하는 방식으로, 입출력 전송이 CPU 레지스터를 경유하지 않고 수행된다.
④ CPU의 관여 없이 채널 제어기가 직접 채널 명령어로 작성된 프로그램을 해독하고 실행하여 주기억장치와 입출력장치 사이에서 자료전송을 처리하는 방식이다.

해설
① Programmed I/O
③ DMA(Direct Memory Access)에 의한 I/O
④ Channel에 의한 I/O

165 근래에 가장 손쉽게 사용하는 I/O 포트인 USB에 대한 설명으로 옳지 않은 것은? 2007년 국가직

① 직렬 포트의 일종이다.
② 복수 개의 주변기기를 연결할 수 없다.
③ 주변기기와 컴퓨터 간의 플러그 앤 플레이 인터페이스이다.
④ 컴퓨터를 사용하는 도중에 주변기기를 연결해도 그 주변기기를 인식한다.

해설
I/O 포트인 USB 포트를 사용하여 여러 형태의 주변기기를 연결할 수 있으며, 최대 127개까지 연결이 가능하다.

정답 162. ② 163. ④ 164. ② 165. ②

166 다음에서 설명하는 입·출력 장치로 옳은 것은? 2018년 계리직

- 중앙처리장치로부터 입·출력을 지시받은 후에는 자신의 명령어를 실행시켜 입·출력을 수행하는 독립된 프로세서이다.
- 하나의 명령어에 의해 여러 개의 블록을 입·출력할 수 있다.

① 버스(Bus)
② 채널(Channel)
③ 스풀링(Spooling)
④ DMA(Direct Memory Access)

해설

- 버스(Bus) : 컴퓨터 장치 간의 데이터나 제어신호 등을 전송하는 전송로이다.
- 채널(Channel) : 중앙처리장치로부터 입출력을 지시받은 후에는 자신의 명령어를 실행시켜 입출력을 수행하는 독립된 프로세서이다. 셀렉터 채널은 고속 입출력장치에 접속하여 대량의 자료를 고속으로 전송하며, 멀티플렉서 채널은 여러 개의 입출력 장치를 제어한다.
- 스풀링(Spooling) : 입출력 장치의 느린 속도를 보완하기 위해 이용되는 방법이며, 여러 개의 작업에 대해서 CPU작업과 I/O작업으로 분할하여 동시에 수행한다.
- DMA(Direct Memory Access) : 기억장치와 입출력 모듈 간의 데이터 전송을 DMA 제어기가 처리하고 중앙처리장치는 개입하지 않도록 한다. CPU를 거치지 않고 주변장치와 메모리 사이에 직접 데이터를 전달하도록 제어하는 인터페이스 방식으로서, 고속 주변장치와 컴퓨터 간의 데이터 전송에 많이 사용한다.

167 입출력 명령어를 전담해서 처리하는 장치로 적절한 것은? 2021년 군무원

① CPU(Central Processing Unit)
② GPU(Graphics Processing Unit)
③ DMA(Direct Memory Access) 프로세서
④ 벡터프로세서(Vector Processor)

해설

DMA(Direct Memory Access) : 기억장치와 입출력 모듈 간의 데이터 전송을 DMA 제어기가 처리하고 중앙처리장치는 개입하지 않도록 한다. CPU를 거치지 않고 주변장치와 메모리 사이에 직접 데이터를 전달하도록 제어하는 인터페이스 방식으로서, 고속 주변장치와 컴퓨터 간의 데이터 전송에 많이 사용한다.

168 다중 프로세서 시스템에 대한 설명으로 옳지 않은 것은? 2008년 국가직

① 다수의 프로세서가 하나의 운영체제하에서 동작할 수 있는 시스템이다.
② 밀결합 시스템(tightly-coupled system)은 모든 프로세서들이 공유 기억장치(shared memory)를 이용하여 통신한다.
③ 다중 프로세서 시스템에서는 캐시 일관성(cache coherence) 문제를 고려할 필요가 없다.
④ 하나의 프로그램에서 다수의 프로세서들에 의해 병렬처리가 가능하도록 프로그래머의 프로그램 작성이나 컴파일 과정에서 데이터 의존성이 없는 프로그램의 부분들을 분류할 수 있다.

해설

다중 프로세서 시스템에서 캐시 일관성(cache coherence) 문제는 기억장치의 신뢰성과 관계되므로 캐시를 설계할 때 중요하다.

169 파이프라이닝(pipelining)에 대한 설명 중 옳지 않은 것은? 2009년 국가직

① 이상적인 경우에 파이프라이닝 단계 수 만큼의 성능 향상을 목표로 한다.
② 하나의 명령어 처리에 걸리는 시간을 줄일 수 있다.
③ 전체 워크로드(workload)에 대해 일정시간에 처리할 수 있는 처리량(throughput)을 향상시킬 수 있다.
④ 가장 느린 파이프라이닝 단계에 의해 전체 시스템 성능 향상이 제약을 받는다.

해설

파이프라이닝은 단위시간 내에 실행되는 명령어 수를 늘려서 명령어의 실행시간을 단축시키는 방법이다.

170 다음 설명 중 옳은 것을 모두 묶은 것은? 2008년 국가직

> ㄱ. 폰 노이만(von Neumann) 컴퓨터에서는 명령어 메모리와 데이터 메모리가 분리되어 존재하기 때문에, 명령어와 데이터를 동시에 접근할 수 있다.
> ㄴ. 다섯 단계(stage)의 파이프라이닝(pipelining)을 사용하는 CPU는 파이프라이닝을 사용하지 않는 CPU보다 5배 더 빠르다.
> ㄷ. 파이프라이닝을 사용하는 CPU의 각 파이프라인 단계는 서로 다른 하드웨어 자원을 사용한다.
> ㄹ. 파이프라이닝을 사용하는 CPU에서는 파이프라인 해저드(pipeline hazard)로 인해 일부 명령어의 실행이 잠시 지연되기도 한다.

① ㄱ, ㄷ   ② ㄴ, ㄷ
③ ㄴ, ㄹ   ④ ㄷ, ㄹ

[해설]
- 폰 노이만(von Neumann) 컴퓨터에서는 명령어 메모리와 데이터 메모리가 분리되어 있지 않고, 하나의 버스를 가지고 있다.
- 다섯 단계(stage)의 파이프라이닝(pipelining)을 사용하는 CPU는 파이프라이닝을 사용하지 않는 CPU보다 속도가 향상되지만, 반드시 5배 더 향상되지는 않는다.

171 다음 중 나머지 셋과 역할 기능이 다른 하나는? 2016년 서울시

① Array processor   ② DMA
③ GPU   ④ SIMD

[해설]
- Array processor, SIMD, GPU는 고성능 컴퓨터 시스템 구조를 위해 필요한 구성이지만, DMA는 입출력장치 제어기이다.
- Array processor : 배열처리기이며, 특정한 응용에 대해서만 고속 처리가 가능하도록 설계된 특수 프로세서이다.
- SIMD : 이 분류의 시스템은 배열 프로세서(array processor)라고도 부른다. 이러한 조직을 사용하는 병렬컴퓨터는 고속의 계산처리를 위하여 사용되던 과거의 슈퍼컴퓨터 유형이며, 최근에는 이 개념이 디지털 신호처리용 VLSI 칩 등에 주로 적용되고 있다.
- GPU(Graphic Processing Unit) : 그래픽 처리를 위한 고성능 처리장치이며, 컴퓨터의 영상정보를 처리하거나 화면 출력을 담당하는 연산처리장치이다. 중앙처리장치의 그래픽 처리 작업을 돕기 위해 만들어졌다.

172 명령어와 데이터 스트림을 처리하기 위한 하드웨어 구조에 따른 Flynn의 분류에 대한 설명으로 옳지 않은 것은? 2011년 국가직

① SISD는 제어장치와 프로세서를 각각 하나씩 갖는 구조이며 한 번에 한 개씩의 명령어와 데이터를 처리하는 단일 프로세서 시스템이다.

② SIMD는 여러 개의 프로세서들로 구성되고 프로세서들의 동작은 모두 하나의 제어장치에 의해 제어된다.

③ MISD는 여러 개의 제어장치와 프로세서를 갖는 구조로 각 프로세서들은 서로 다른 명령어들을 실행하지만 처리하는 데이터는 하나의 스트림이다.

④ MIMD는 명령어가 순서대로 실행되지만 실행과정은 여러 단계로 나누어 중첩시켜 실행 속도를 높이는 방법이다.

해설

MIMD는 명령어가 동시에 실행될 수 있는 병렬 시스템과 분산 시스템의 구조이며, 보기 4번의 설명은 파이프라인이다.

173 다음 〈보기〉는 병렬 처리구조에서 플린(Flynn)에 대한 설명이다. 옳은 것은? 2009년 경북교육청

> 보기
> 가. MISD : 진정한 의미의 직렬 프로세서이다.
> 나. MIMD : 다중 명령어, 단일 데이터 흐름, 일반 용도의 컴퓨터로 사용된다.
> 다. SIMD : 단일 명령어, 다중 데이터 흐름, 배열기반 처리기이다.
> 라. SISD : 한 번에 하나의 명령을 수행하며, 폰노이만 방식이다.

① 가, 나   ② 가, 다

③ 나, 다   ④ 다, 라

해설

• SIMD : 이 분류의 시스템은 배열 프로세서(array processor)라고도 부르며, 이러한 시스템은 여러 개의 프로세싱 유니트(PU ; Processing Unit)들로 구성되고, PU들의 동작은 모두 하나의 제어 유니트에 의해 통제된다.

• SISD : 한 번에 한 개씩의 명령어와 데이터를 순서대로 처리하는 단일 프로세서 시스템에 해당된다. 이러한 시스템에서는 명령어가 한 개씩 순서대로 실행되지만, 실행 과정은 파이프라이닝 되어 있다.

• MISD : 한 시스템 내에 N개의 프로세서들이 있고, 각 프로세서들은 서로 다른 명령어들을 실행하지만, 처리하는 데이터들은 하나의 스트림이다. 실제로 사용되지 않으며, 비현실적인 구조이다.

• MIMD : 진정한 의미의 병렬 프로세서이며, 일반 용도로 사용되는 것은 아니다. 이 조직에서는 N개의 프로세서들이 서로 다른 명령어들과 데이터들을 처리한다.

정답   170. ④   171. ②   172. ④   173. ④

174 플린(Flynn)의 분류법에 따른 병렬 프로세서 구조 중 MIMD(Multiple Instruction stream, Multiple Data stream) 방식에 속하지 않는 것은? 2023년 국가직

① 클러스터

② 대칭형 다중 프로세서

③ 불균일 기억장치 액세스

④ 배열 프로세서

해설
배열 프로세서는 SIMD 방식에 속한다.

175 병렬 프로세서에 대한 설명으로 옳지 않은 것은? 2022년 지방직

① 프로세스 수준 병렬성은 다수의 프로세서를 이용하여 독립적인 프로그램 여러 개를 동시에 수행한다.

② 클러스터는 근거리 네트워크를 통하여 연결된 컴퓨터들이 하나의 대형 멀티 프로세서로 동작하는 시스템이다.

③ 공유 메모리 프로세서(SMP)는 단일 실제 주소 공간을 갖는 병렬 프로세서를 의미한다.

④ 각 프로세서의 메모리 접근법 분류에 따르면 UMA는 약결합형 다중처리기 시스템, NUMA 및 NORMA는 강결합형 다중처리기 시스템에 해당한다.

해설
• 약결합형 다중처리기 시스템: NORMA
• 강결합형 다중처리기 시스템: UMA, NUMA

1. 균일 기억장치 액세스(UMA; Uniform Memory Access) 모델
   • 모든 프로세서들이 상호연결망에 의해 접속된 기억장치들을 공유한다.
   • 프로세서들은 기억장치의 어느 영역이든 액세스할 수 있으며, 그에 걸리는 시간은 모두 동일하다.
   • 이 모델에 기반을 둔 시스템은 하드웨어가 간단하고 프로그래밍이 용이하다는 장점이 있지만, 공유 자원들(상호연결망, 기억장치 등)에 대한 경합이 높아지기 때문에 시스템 규모에 한계가 있다.
2. 불균일 기억장치 액세스(NUMA; Non-Uniform Memory Access) 모델
   • 시스템 크기에 대한 UMA 모델의 한계를 극복하고 더 큰 규모의 시스템을 구성하기 위한 것으로서, 다수의 UMA 모듈들이 상호연결망에 의해 접속되며, 전역 공유-기억장치(GSM; Global Shared-Memory)도 가질 수 있다.
   • 시스템 내 모든 기억장치들이 하나의 주소 공간을 형성하는 분산 공유-기억장치(distributed shared-memory) 형태로 구성되기 때문에, 프로세서들은 자신이 속한 UMA 모듈 내의 지역 공유-기억장치(LSM; Local Shared-Memory)뿐 아니라 GSM 및 다른 UMA 모듈의 LSM들도 직접 액세스할 수 있다.
3. 무-원격 기억장치 액세스(NORMA; No-Remote Memory Access) 모델
   • 프로세서가 원격 기억장치(다른 노드의 기억장치)는 직접 액세스할 수 없는 시스템 구조이다.
   • 이 모델을 기반으로 하는 시스템에서는 프로세서와 기억장치로 구성되는 노드들이 메시지-전송 방식을 지원하는 상호연결망에 의해 서로 접속된다. 그러나 어느 한 노드의 프로세서가 다른 노드의 기억장치에 저장되어 있는 데이터를 필요로 하는 경우에, 그 기억장치를 직접 액세스하지 못한다. 대신에, 그 노드로 기억장치 액세스 요구 메시지(memory access request message)를 보내며, 메시지를 받은 노드는 해당 데이터를 인출하여 그것을 요구한 노드로 다시 보내준다.
   • 이러한 시스템에서는 각 노드가 별도의 기억장치를 가지고 있기 때문에 분산-기억장치 시스템(distributed-memory system)이라고도 부른다.

176 사용자가 인터넷 등을 통해 하드웨어, 소프트웨어 등의 컴퓨팅 자원을 원격으로 필요한 만큼 빌려서 사용하는 방식의 서비스 기술은? 2018년 지방직

① 클라우드 컴퓨팅　　　　　　　　② 유비쿼터스 센서 네트워크

③ 웨어러블 컴퓨터　　　　　　　　④ 소셜 네트워크

해설

• 클라우드 컴퓨팅 : 인터넷 기술을 활용하여 '가상화된 IT 자원을 서비스'로 제공하는 컴퓨팅으로, 사용자는 IT 자원(소프트웨어, 스토리지, 서버, 네트워크)을 필요한 만큼 빌려서 사용하고, 서비스 부하에 따라서 실시간 확장성을 지원받으며, 사용한 만큼 비용을 지불하는 컴퓨팅이다.

• 유비쿼터스 센서 네트워크(USN ; Ubiquitous Sensor Network) : 첨단 유비쿼터스 환경을 구현하기 위한 근간으로, 각종 센서에서 수집한 정보를 무선으로 수집할 수 있도록 구성한 네트워크이다.

• 웨어러블 컴퓨터(Wearable Computer) : 착용하는(입는) 컴퓨터로서 컴퓨터의 기본적인 입출력 장치를 사람의 체형에 맞게 만들었으며 소형화 · 경량화를 비롯해 음성 · 동작 인식 등 다양한 기술이 적용된다.

• 소셜 네트워크 : 사람과 사람 사이의 연결망을 말하며, 웹상에서 친구나 동료 등 지인과의 인맥 관계를 강화시키고 또한 새로운 인맥을 쌓으며 폭넓은 인적 네트워크를 형성할 수 있도록 해주는 서비스를 Social Network Service라고 한다.

177 임베디드(embedded) 시스템에 대한 설명으로 옳지 않은 것은? 2008년 국가직

① 제품에 내장되어 있는 컴퓨터 시스템으로 일반적으로 범용보다는 특정 용도에 사용되는 컴퓨터 시스템이라고 할 수 있다.

② 일반적으로 실시간 제약(real-time constraints)을 갖는 경우가 많다.

③ 휴대전화기, PDA, 게임기 등도 임베디드 시스템이라고 할 수 있다.

④ 일반적으로 임베디드 소프트웨어는 하드웨어와 밀접하게 연관되어 있지 않다.

해설

임베디드 소프트웨어는 일반적으로 하드웨어를 제어하는 프로그램이기 때문에 하드웨어와는 밀접한 관련이 있다.

정답　174. ④　175. ④　176. ①　177. ④

178 클라우드 컴퓨팅 서비스에서 애플리케이션을 구축, 테스트, 설치할 수 있도록 통합환경을 제공하는 것은? 2024년 국가직

① IaaS
② NAS
③ PaaS
④ SaaS

해설
- PaaS(Platform as a Service)는 SaaS의 개념을 개발 플랫폼에도 확장한 개념이며, 개발을 위한 플랫폼을 구축할 필요 없이 필요한 개발 요소들을 웹에서 쉽게 빌려 쓸 수 있게 하는 서비스이다.
- SaaS(Software as a Service)는 사용자가 소프트웨어를 설치하는 것이 아니라 서비스 제공자가 설치하고 관리하며, 소프트웨어를 서비스 형태로 제공하는 소프트웨어 서비스이다.
- IaaS(Infrastructure as a Service)는 서버, 스토리지, 데이터베이스 등과 같은 시스템이나 서비스를 구축하는 데 필요한 IT 자원을 제공하는 인프라 서비스이다.
- NAS(Network Attached Storage)는 네트워크 결합 스토리지라고 하며, 다수의 저장장치(HDD나 SSD)를 연결한 개인용 파일서버로서 네트워크(인터넷)로 접속하여 데이터에 접근하는 용도의 저장장치 시스템이다.

179 클라우드 컴퓨팅 서비스 모델과 이에 대한 설명이 바르게 짝지어진 것은? 2015년 국가직

ㄱ. 응용소프트웨어 개발에 필요한 개발 요소들과 실행 환경을 제공하는 서비스 모델로서, 사용자는 원하는 응용소프트웨어를 개발할 수 있으나 운영체제나 하드웨어에 대한 제어는 서비스 제공자에 의해 제한된다.
ㄴ. 응용소프트웨어 및 관련 데이터는 클라우드에 호스팅 되고 사용자는 웹 브라우저 등의 클라이언트를 통해 접속하여 응용소프트웨어를 사용할 수 있다.
ㄷ. 사용자 필요에 따라 가상화된 서버, 스토리지, 네트워크 등의 인프라 자원을 제공한다.

	IaaS	PaaS	SaaS
①	ㄷ	ㄴ	ㄱ
②	ㄴ	ㄱ	ㄷ
③	ㄷ	ㄱ	ㄴ
④	ㄱ	ㄷ	ㄴ

해설
- IaaS(Infrastructure as a Service)는 서버, 스토리지, 데이터베이스 등과 같은 시스템이나 서비스를 구축하는 데 필요한 IT 자원을 제공하는 인프라 서비스이다.
- PaaS(Platform as a Service)는 SaaS의 개념을 개발 플랫폼에도 확장한 개념이며, 개발을 위한 플랫폼을 구축할 필요 없이 필요한 개발 요소들을 웹에서 쉽게 빌려 쓸 수 있게 하는 서비스이다.
- SaaS(Software as a Service)는 사용자가 소프트웨어를 설치하는 것이 아니라 서비스 제공자가 설치하고 관리하며, 소프트웨어를 서비스 형태로 제공하는 소프트웨어 서비스이다.

180 클라우드 컴퓨팅에 대한 설명으로 옳지 않은 것은? 2022년 국가직

① 클라우드 컴퓨팅은 기업의 IT 요구를 매우 경제적이고, 신뢰성 있게 충족시킬 수 있는 수단이 된다.
② 클라우드 컴퓨팅 서비스 모델에는 IaaS, PaaS, SaaS가 있다.
③ 클라우드 컴퓨팅을 이용하는 방식에는 사설 클라우드, 공용 클라우드, 하이브리드 클라우드가 있다.
④ IaaS를 통해 사용자는 소프트웨어 설치 및 유지보수에 대한 비용을 절감할 수 있다.

해설
1. SaaS(Software as a Service)
 • 애플리케이션을 서비스 대상으로 하는 SaaS는 클라우드 컴퓨팅 서비스 사업자가 인터넷을 통해 소프트웨어를 제공하고, 사용자가 인터넷상에서 이에 원격 접속해 해당 소프트웨어를 활용하는 모델이다.
 • 클라우드 컴퓨팅 최상위 계층에 해당하는 것으로 다양한 애플리케이션을 다중 임대 방식을 통해 온디맨드 서비스 형태로 제공한다.
2. PaaS(Platform as a Service)
 • 사용자가 소프트웨어를 개발할 수 있는 토대를 제공해주는 서비스이다.
 • 클라우드 서비스 사업자는 PaaS를 통해 서비스 구성 컴포넌트 및 호환성 제공 서비스를 지원한다.
3. IaaS(Infrastructure as a Service)
 • 서버 인프라를 서비스로 제공하는 것으로 클라우드를 통하여 저장장치 또는 컴퓨팅 능력을 인터넷을 통한 서비스 형태로 제공하는 서비스이다.

181 응용프로그램 제작에 필요한 개발환경, SDK 등 플랫폼 자체를 서비스 형태로 제공하는 클라우드 컴퓨팅 서비스 모델은? 2020년 국가직

① DNS
② PaaS
③ SaaS
④ IaaS

해설
• PaaS(Platform as a Service) : 사용자가 소프트웨어를 개발할 수 있는 토대를 제공해주는 서비스이다. 클라우드 서비스 사업자는 PaaS를 통해 서비스 구성 컴포넌트 및 호환성 제공 서비스를 지원한다.
• SaaS(Software as a Service) : 애플리케이션을 서비스 대상으로 하는 SaaS는 클라우드 컴퓨팅 서비스 사업자가 인터넷을 통해 소프트웨어를 제공하고, 사용자가 인터넷상에서 이에 원격 접속해 해당 소프트웨어를 활용하는 모델이다. 클라우드 컴퓨팅 최상위 계층에 해당하는 것으로 다양한 애플리케이션을 다중 임대 방식을 통해 온디맨드 서비스 형태로 제공한다.
• IaaS(Infrastructure as a Service) : 서버 인프라를 서비스로 제공하는 것으로 클라우드를 통하여 저장장치 또는 컴퓨팅 능력을 인터넷을 통한 서비스 형태로 제공하는 서비스이다.

정답 178. ③ 179. ③ 180. ④ 181. ②

182 클라우드 컴퓨팅 환경에서 제공되는 서비스로 옳지 않은 것은? 2021년 군무원

① IaaS(Infrastructure as a Service)

② PaaS(Platform as a Service)

③ SaaS(Software as a Service)

④ OaaS(Operation as a Service)

해설

클라우드 컴퓨팅에서 제공하는 서비스는 제한적인 것은 아니지만 SaaS, PaaS, IaaS 세 가지를 가장 대표적인 서비스로 분류한다.

183 최신 컴퓨팅 기술 중 하나인 클라우드 컴퓨팅에 대한 설명으로 옳지 않은 것은? 2012년 국가직

① 인터넷상에 고성능/고용량 서버 컴퓨터들이 연결되어 있으며, 사용자는 필요할 때마다 접속하여 원하는 서비스를 제공받을 수 있다.

② 사용자는 자신이 이용하는 하드웨어만 유지보수하면 된다.

③ 클라우드에서는 하드웨어뿐만 아니라 소프트웨어도 서비스 가능하다.

④ 스마트폰을 활용하여 무선으로도 클라우드 서비스 이용이 가능하다.

해설

• 클라우드 컴퓨팅이란 정보가 인터넷상의 서버에 영구적으로 저장되고, 데스크톱, 노트북, 스마트폰 등의 클라이언트에는 일시적으로 보관되는 컴퓨팅 환경이다. 즉, 이용자의 모든 정보를 인터넷상의 서버에 저장하고, 이 정보를 각종 기기를 통하여 언제 어디서든 이용할 수 있다.
• 클라우드 컴퓨팅은 기업의 컴퓨터 시스템을 유지, 보수, 관리하기 위하여 들어가는 비용과 서버의 구매 및 설치 비용, 업데이트 비용, 소프트웨어 구매 비용 등과 같은 여러 비용과 시간, 인력을 줄일 수 있다.

184 이메일, ERP, CRM 등 다양한 응용 프로그램을 서비스 형태로 제공하는 클라우드 서비스는?

2019년 국가직

① IaaS(Infrastructure as a Service)

② NaaS(Network as a Service)

③ PaaS(Platform as a Service)

④ SaaS(Software as a Service)

해설

• SaaS(Software as a Service) : 클라우드 환경에서 운영되는 애플리케이션 서비스를 말한다. 대표적인 SaaS 서비스는 구글 앱스, 세일즈포스닷컴(CRM), MS오피스 365, 드롭박스와 같은 클라우드 스토리지 서비스 등이 있다.
• IaaS(Infrastructure as a Service) : 인터넷을 통해 서버와 스토리지 등 데이터센터 자원을 빌려 쓸 수 있는 서비스이다.
• NaaS(Network as a Service) : 전송 연결 서비스와 인터클라우드 네트워크 연결 서비스를 제공한다.
• PaaS(Platform as a Service) : 소프트웨어 서비스를 개발할 때 필요한 플랫폼을 제공하는 서비스이다.

185 클라우드 서비스 모델 중 설명이 옳지 않은 것은? 2024년 계리직

① SaaS(Software as a Service)는 클라우드에 구성된 소프트웨어를 이용하는 서비스로 사용자는 인프라와 플랫폼상에서 개발 작업을 수행하고 사용해야 한다.

② IaaS(Infrastructure as a Service)는 네트워크, 서버와 같은 자원을 이용해 사용자 스스로 미들웨어, 소프트웨어 등을 설치해서 이용하는 서비스이다.

③ CaaS(Container as a Service)는 사용자가 컨테이너 및 클러스터를 구동하기 위한 IT 리소스 기술로 애플리케이션 실행에 필요한 라이브러리, 바이너리, 구성 파일 등의 환경을 제공하는 서비스이다.

④ PaaS(Platform as a Service)는 클라우드의 미들웨어를 이용해 소프트웨어 개발 환경을 구성할 수 있는 방식으로 플랫폼의 라이선스, 자원관리, 보안 이슈, 버전 업그레이드 등의 서비스를 제공받을 수 있다.

해설

SaaS(Software as a Service)는 클라우드에 구성된 소프트웨어를 이용하는 서비스로 사용자는 인터넷상에서 이에 원격 접속해 해당 소프트웨어를 활용하는 모델이다.

☑ 클라우드 서비스 모델

• SaaS(Software as a Service) : 애플리케이션을 서비스 대상으로 하는 SaaS는 클라우드 컴퓨팅 서비스 사업자가 인터넷을 통해 소프트웨어를 제공하고, 사용자가 인터넷상에서 이에 원격 접속해 해당 소프트웨어를 활용하는 모델이다. 클라우드 컴퓨팅 최상위 계층에 해당하는 것으로 다양한 애플리케이션을 다중 임대 방식을 통해 온디맨드 서비스 형태로 제공한다.

• IaaS(Infrastructure as a Service) : 서버 인프라를 서비스로 제공하는 것으로 클라우드를 통하여 저장장치 또는 컴퓨팅 능력을 인터넷을 통한 서비스 형태로 제공하는 서비스이다.

• CaaS(Container as a Service) : 사용자가 컨테이너 및 클러스터를 구동하기 위한 IT 리소스 기술로 애플리케이션 실행에 필요한 라이브러리, 바이너리, 구성 파일 등의 환경을 제공하는 서비스이다.

• PaaS(Platform as a Service) : 사용자가 소프트웨어를 개발할 수 있는 토대를 제공해주는 서비스이다. 클라우드 서비스 사업자는 PaaS를 통해 서비스 구성 컴포넌트 및 호환성 제공 서비스를 지원한다.

186 컴퓨팅 사고(Computational Thinking)에서 주어진 문제의 중요한 특징만으로 문제를 간결하게 재정의함으로써 문제 해결을 쉽게 하는 과정은? 2021년 국가직

① 분해
② 알고리즘
③ 추상화
④ 패턴 인식

해설

⊘ **컴퓨팅 사고(Computational Thinking)**
- 컴퓨터로 처리할 수 있는 형태로 문제와 해결책을 표현하는 사고 과정
- 컴퓨터에게 뭘 해야 할지를 사람이 설명해주는 것이라고 볼 수 있다.
- 복잡한 문제를 컴퓨터가 효과적으로 처리할 수 있는 단위로 분해(decomposition), 문제 간 유사성을 찾는 패턴 인식 (pattern recognition), 문제의 핵심만 추려 복잡한 문제를 단순화하는 추상화(abstraction), 일련의 규칙과 절차에 따라 문제를 해결하는 알고리즘 기법 등을 사용하여 사람과 컴퓨터 모두가 문제를 처리할 수 있는 형태로 표현한다.

[저자/제공처] 한국정보통신기술협회

⊘ **추상화(Abstraction)**
- 복잡한 문제를 이해하기 위해서 필요 없는 세부 사항을 배제하는 것을 의미
- 복잡한 구조(문제)를 해결하기 위하여 설계 대상의 상세내용은 배제하고 유사점을 요약해서 표현하는 기법
- 구체적인 데이터의 내부구조를 외부에 알리지 않으면서 데이터를 사용하는 데 필요한 함수만을 알려주는 기법
- 추상화의 유형

기능(functional) 추상화	• 입력자료를 출력자료로 변환하는 과정의 추상화 • 모듈, 서브루틴, 함수에 의해 절차를 추상화 • 절차 지향언어는 함수와 함수 간 부프로그램을 정의 시에 유용 • 객체지향언어는 Method를 정의 시에 유용
자료(Data) 추상화	• 자료와 자료에 적용될 수 있는 기능을 함께 정의함으로써 자료 객체를 구성하는 방법 • 어떤 데이터 개체들에 대한 연산을 정의함으로써 데이터형이나 데이터 대상을 정의하며, 그 표현과 처리내용은 은폐하는 방법
제어(Control) 추상화	• 제어의 정확한 메커니즘을 정의하지 않고 원하는 효과를 정하는 데 이용

---

187 (가)~(다)에 해당하는 말을 바르게 연결한 것은? 2023년 국가직

> (가) 컴퓨터가 데이터를 통해 스스로 학습하여 예측이나 판단을 제공하는 기술
> (나) 인간의 지적 능력을 컴퓨터를 통해 구현하는 기술
> (다) 인공 신경망을 활용하는 개념으로, 여러 계층의 신경망을 구성해 학습을 효과적으로 수행하는 기술

	(가)	(나)	(다)
①	인공지능	머신러닝	딥러닝
②	인공지능	딥러닝	머신러닝
③	머신러닝	인공지능	딥러닝
④	머신러닝	딥러닝	인공지능

해설

- 머신러닝 : 인공적인 학습 시스템을 연구하는 과학과 기술, 즉 경험적인 데이터를 바탕으로 지식을 자동으로 습득하여 스스로 성능을 향상시키는 기술을 말한다.
- 인공지능 : 인간의 지능(인지, 추론, 학습 등)을 컴퓨터나 시스템 등으로 만든 것 또는 만들 수 있는 방법론이나 실현 가능성 등을 연구하는 기술 또는 과학을 말한다.
- 딥러닝 : 많은 수의 신경층을 쌓아 입력된 데이터가 여러 단계의 특징 추출 과정을 거쳐 자동으로 고수준의 추상적인 지식을 추출하는 방식이다.

188 ㉠과 ㉡에 들어갈 용어로 바르게 짝지은 것은? 2019년 계리직

(㉠)은/는 구글에서 개발해서 공개한 인공지능 응용프로그램 개발용 오픈소스 프레임워크이다. 이 프레임워크를 사용할 때 인공지능 소프트웨어가 이미지 및 음성을 인식하기 위해서는 신경망의 (㉡) 모델을 주로 사용한다.

	㉠	㉡
①	텐서플로우	논리곱 신경망
②	알파고	퍼셉트론
③	노드레드	인공 신경망
④	텐서플로우	합성곱 신경망

해설

- 텐서플로우는 구글 브레인 팀이 개발한 수치 계산과 대규모 머신러닝을 위한 오픈소스 라이브러리다. 원래 머신러닝과 딥 뉴럴 네트워크(deep neural network) 연구를 수행하는 구글 브레인 팀에서 개발했지만 일반적인 머신러닝 문제에도 폭넓게 적용하기에 텐서플로우는 수치연산을 기호로 표현한 그래프 구조를 만들고 처리한다는 기본 개념을 바탕으로 구현되었다.
- 합성곱 신경망(Convolutional Neural Network)은 딥러닝의 가장 대표적인 방법이며, 주로 이미지 인식에 많이 사용된다. 텐서플로우를 사용할 때 인공지능 소프트웨어가 이미지 및 음성을 인식하기 위해서는 신경망의 합성곱 신경망 모델을 주로 사용한다.

189 인공신경망에 대한 설명으로 옳은 것만을 모두 고른 것은? 2018년 국가직

> ㄱ. 단층 퍼셉트론은 배타적 합(Exclusive-OR) 연산자를 학습할 수 있다.
> ㄴ. 다층 신경망은 입력 층, 출력 층, 하나 이상의 은닉 층들로 구성된다.
> ㄷ. 뉴런 간 연결 가중치(Connection Weight)를 조정하여 학습한다.
> ㄹ. 생물학적 뉴런 망을 모델링한 방식이다.

① ㄱ, ㄴ, ㄷ   ② ㄱ, ㄴ, ㄹ
③ ㄱ, ㄷ, ㄹ   ④ ㄴ, ㄷ, ㄹ

해설
- 데이터의 입력층과 출력층만 있는 구조를 단층 퍼셉트론이라 하며, 단층 퍼셉트론으로 AND연산에 대해서는 학습이 가능하지만, XOR에 대해서는 학습이 불가능하다는 것이 증명되었다.
- 단층 퍼셉트론의 문제를 극복하기 위한 방안으로 입력층과 출력층 사이에 하나 이상의 중간층을 두어 비선형적으로 분리되는 데이터에 대해서도 학습이 가능하도록 다층 퍼셉트론이 고안되었다.
- 입력층과 출력층 사이에 존재하는 중간층을 은닉층이라 부른다. 입력층과 출력층 사이에 여러 개의 은닉층이 있는 인공신경망을 심층 신경망이라 부르며, 심층 신경망을 학습하기 위한 알고리즘들을 딥러닝이라 한다.

190 기계 학습에서 지도 학습과 비지도 학습에 대한 설명으로 옳은 것은? 2022년 국가직

① 지도 학습의 대표적인 기법에는 군집화가 있다.
② 비지도 학습의 기법에는 분류와 회귀분석 등이 있다.
③ 지도 학습은 학습 알고리즘이 수행한 행동에 대해 보상을 받는 학습 방식이다.
④ 비지도 학습은 정답이 없는 데이터를 보고 유용한 패턴을 추출하는 학습 방식이다.

해설
- 비지도 학습의 대표적인 기법에는 군집화(Clustering)가 있다.
- 지도 학습의 기법에는 분류(Classification)와 회귀(Regression)분석 등이 있다.
- 강화 학습은 학습 알고리즘이 수행한 행동에 대해 보상을 받는 학습 방식이다.

191 다음의 설명 중 옳지 않은 것은? 2019 국회직

① 지도 학습(supervised learning)은 입력과 출력 사이의 매핑을 학습하는 것이며, 입력과 출력 쌍이 데이터로 주어지는 경우에 적용한다.

② 지도 학습 종류에는 예측변수의 특성을 사용해 목표 수치를 예측하는 회귀(regression) 기법도 있다.

③ 강화 학습(reinforcement learning)은 주어진 입력에 대한 일련의 행동 결과에 대해 보상(reward)이 주어지게 되며, 시스템은 이러한 보상을 이용해 학습을 행한다.

④ 비지도 학습(unsupervised learning)은 입력만 있고 출력은 없는 경우에 적용하며, 입력 사이의 규칙성 등을 찾아내는 게 목표이다.

⑤ 어떤 종류의 값을 군집(clustering)하고 이를 분류(classification)하는 기법은 비지도 학습의 한 종류이다.

> 해설
> • 비지도 학습의 대표적인 기법에는 군집화(Clustering)가 있다.
> • 지도 학습의 기법에는 분류(Classification)와 회귀(Regression)분석 등이 있다.

192 기계학습(machine learning)에 대한 설명으로 옳지 않은 것은? 2022년 계리직

① 강화학습은 기계가 환경과 상호작용하면서 시행착오 과정에서의 보상을 통해 학습을 수행한다.

② 기계학습 모델의 성능 기준으로 사용되는 F1 점수(score)는 정밀도(precision)와 검출률(recall)을 동시에 고려한 조화평균 값이다.

③ 치매환자의 뇌 영상 분류를 위해서 기존에 잘 만들어진 영상 분류 모델에 새로운 종류의 뇌 영상 데이터를 확장하여 학습시키는 방법은 전이학습(transfer learning)의 예이다.

④ 비지도학습은 라벨(label) 정보를 포함하고 있는 훈련 데이터를 사용하며, 주가나 환율 변화, 유가 예측 등의 회귀(regression) 문제에 적용된다.

> 해설
> • 지도학습은 라벨(label) 정보를 포함하고 있는 훈련 데이터를 사용하며, 주가나 환율 변화, 유가 예측 등의 회귀(regression) 문제에 적용된다.
> • 지도학습(supervised learning) : 문제(입력)와 답(출력)의 쌍으로 구성된 데이터들이 주어질 때, 새로운 문제를 풀 수 있는 함수 또는 패턴을 찾는 것이다.
> • 비지도학습(unsupervised learning) : 답이 없는 문제들만 있는 데이터들로부터 패턴을 추출하는 것이다.
> • 강화학습(reinforcement learning) : 문제에 대한 직접적인 답을 주지는 않지만 경험을 통해 기대 보상(expected reward)이 최대가 되는 정책(policy)을 찾는 학습이다.
> • F1 점수(score) : 정밀도(precision)와 검출률(recall, 검증률)을 동시에 고려한 조화평균 값이다.
> • 전이학습(transfer learning) : 기존에 학습한 지식을 재사용할 수 있는 인공지능 알고리즘이다.

정답   189. ④   190. ④   191. ⑤   192. ④

193 다음에서 설명하는 용어로 가장 옳은 것은?

> 프랭크 로젠블라트(Frank Rosenblatt)가 고안한 것으로 인공신경망 및 딥러닝의 기반이 되는 알고리즘이다.

① 빠른 정렬(Quick Sort)　　　　　　　② 맵리듀스(MapReduce)
③ 퍼셉트론(Perceptron)　　　　　　　④ 디지털 포렌식(Digital Forensics)

해설

- 빠른 정렬(Quick Sort) : 기수(基數) 교환 방식의 하나로, 키가 긴 경우에도 늦어지지 않도록 하는 정렬 알고리즘이다.
- 맵리듀스(MapReduce) : 맵리듀스(MapReduce) 프레임워크는 대용량 데이터를 분산 처리하기 위한 목적으로 개발된 프로그래밍 모델이다.
- 퍼셉트론(Perceptron) : 인공신경망의 한 종류로서, 1957년에 코넬 항공 연구소(Cornell Aeronautical Lab)의 프랑크 로젠블라트(Frank Rosenblatt)에 의해 고안되었으며, 인공신경망 및 딥러닝의 기반이 되는 알고리즘이다.
- 디지털 포렌식(Digital Forensics) : 디지털적인 법과학의 한 분야로, 컴퓨터와 디지털 기록 매체에 남겨진 법적 증거에 관한 것 등을 다룬다.

194 OpenAI가 개발한 생성형 인공지능 기반의 대화형 서비스는? 2023 계리직

① LSTM　　　　　　　　　　　　② ResNET
③ ChatGPT　　　　　　　　　　　④ Deep Fake

해설

- ChatGPT(Chat Generative Pre-trained Transformer)는 OpenAI가 개발한 프로토타입 대화형 인공지능 챗봇이다. [봇(bot) : 로봇의 준말이며 정보를 찾기 위해 자동적으로 인터넷을 검색하는 프로그램]
- LSTM(Long short-term memory) : 순환 신경망(RNN) 기법의 하나이며, 기존 순환 신경망에서 발생하는 기울기 소멸 문제(Vanishing Gradient Problem)를 해결하였다.
- ResNET : 2015년 ILSVRC(ImageNet Large-Scale Visual Recognition Challenge)에서 1위를 차지한 바 있는 CNN 모델이다.
- Deepfake : 특정 인물의 얼굴 등을 인공지능(AI) 기술을 이용해 특정 영상에 합성한 편집물이다. 인공지능(AI) 기술을 이용해 제작된 가짜 동영상 또는 제작 프로세스 자체라고 할 수 있다. 딥페이크(deepfake)는 딥러닝(deep learning)과 페이크(fake)의 합성어이다.
- 순환 신경망은 자연어 처리와 같은 순차적 데이터를 처리하는 데 주로 사용되는 것으로 이전 시점의 정보를 은닉층에 저장하는 방식을 사용한다. 하지만 입력값과 출력값 사이의 시점이 멀어질수록 이전 데이터가 점점 사라지는 기울기 소멸 문제가 발생하게 되었고, LSTM은 이전 정보를 기억하는 정도를 적절히 조절해 이러한 문제를 해결한다.
- CNN(Convolutional Neural Networks) : 합성곱 신경망으로 기존의 방식은 데이터에서 지식을 추출해 학습이 이루어졌지만, CNN은 데이터의 특징을 추출하여 특징들의 패턴을 파악하는 구조이다.

PART
01

195 합성곱 신경망(CNN, Convolutional Neural Network) 처리 시 다음과 같은 입력과 필터가 주어졌을 때, 합성곱에 의해 생성된 특징 맵(Feature Map)의 ㉠에 들어갈 값은? 2021년 국가직

입력

필터

특징 맵

① 3
② 4
③ 5
④ 6

해설

⊘ **CNN(Convolution Neural Network, 합성곱 신경망)**
• 컴퓨터 영상처리에 적합한 합과 곱의 연산이 있는 신경망이다.
• 어떤 특성값들을 합한 뒤 곱하는 신경망이다.
• 합성곱 연산 : 입력 데이터를 필터라는 행렬과 연산하여 사용한다.

ex)

입력 데이터
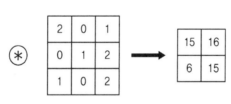
필터

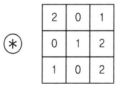
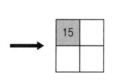

정답   193. ③   194. ③   195. ②

196 가상화폐와 관련이 가장 적은 것은? 2021년 지방직

① 채굴(mining) ② 소켓(socket)
③ 비트코인(bitcoin) ④ 거래(transaction)

해설
• 소켓(Socket)은 네트워크상에서 동작하는 프로그램 간 통신의 종착점(Endpoint)이다. 즉, 프로그램이 네트워크에서 데이터를 통신할 수 있도록 연결해주는 연결부라고 할 수 있다.
• 채굴(mining), 비트코인(bitcoin), 거래(transaction)는 가상화폐와 관련된 용어들이다.

197 다음에서 설명되지 않은 기술은? 2018년 교육청

- 현실을 기반으로 가상 정보를 실시간으로 결합하여 보여주는 기술
- 인터넷을 기반으로 사물들을 연결하여 정보를 상호 소통하는 기술
- 많은 양의 정형 또는 비정형 데이터들로부터 가치를 추출하고 결과를 분석하는 기술
- 서로 다른 물리적인 위치에 존재하는 컴퓨터의 자원들을 가상화 기술로 통합해 제공하는 기술

① 빅데이터 ② 블록체인
③ 사물인터넷 ④ 증강현실

해설
• 빅데이터 : 많은 양의 정형 또는 비정형 데이터들로부터 가치를 추출하고 결과를 분석하는 기술이다.
• 사물인터넷 : 서로 다른 물리적인 위치에 존재하는 컴퓨터의 자원들을 가상화 기술로 통합해 제공하는 기술이다.
• 증강현실 : 현실을 기반으로 가상 정보를 실시간으로 결합하여 보여주는 기술이다.
• 블록체인 : 공공 거래 장부라고도 부르며, 모든 비트코인 거래 내역이 기록된 공개 장부라 할 수 있다. 블록체인은 거래에 참여하는 모든 사용자에게 거래 내역을 보내주며 거래 시마다 이를 대조해 데이터 위조를 막는 방식을 사용한다.

198 다음에서 설명하는 빅데이터의 3대 특징으로 옳지 않은 것은? 2022년 지방직

빅데이터는 대용량의 데이터 집합으로부터 가치 있는 정보를 효율적으로 추출하고 결과를 분석하는 기술이다.

① 센싱 기술 등을 활용하여 사물과 주위 환경으로부터 정보 획득(sensor)
② 방대한 양의 데이터 처리(volume)
③ 정형 데이터와 비정형 데이터 등 다양한 유형의 데이터로 구성(variety)
④ 실시간으로 생산되며 빠른 속도로 수집 및 분석(velocity)

해설

✓ **빅데이터의 3대 특징**
- Volume(규모) : 방대한 양의 데이터 처리. 소셜 미디어나 위치 정보 데이터 등 큰 규모
- Velocity(속도) : 실시간으로 데이터가 생산되며 빠른 속도로 수집 및 분석
- Variety(다양성) : 정형 데이터와 비정형 데이터 등 다양한 유형의 데이터로 구성. 기존의 구조화된 정형 데이터는 물론 사진, 동영상 등의 비정형 데이터가 포함

199 블록체인에 대한 설명으로 옳은 것만을 모두 고르면? 2024년 지방직

> ㄱ. 비트코인은 블록체인 기술을 기반으로 만들어진 암호화폐이다.
> ㄴ. 블록체인 유형에는 퍼블릭 블록체인, 프라이빗 블록체인 등이 있다.
> ㄷ. 블록체인에서 사용되는 합의 알고리즘에는 작업 증명(PoW : Proof of Work), 지분 증명(PoS : Proof of Stake) 등이 있다.

① ㄱ, ㄴ   ② ㄱ, ㄷ
③ ㄴ, ㄷ   ④ ㄱ, ㄴ, ㄷ

해설

✓ **블록체인(Blockchain) 기술**
- 블록체인은 유효한 거래 정보의 묶음이라 할 수 있다. 블록체인은 쉽게 표현하면 블록으로 이루어진 연결 리스트라 할 수 있다.
- 블록체인의 특징인 추가전용(Append Only) DB는 내용을 추가만 할 수 있고 삭제기능은 없다. 이렇게 추가한 블록을 주기적으로 생성하고 이를 체인으로 연결한다.
- 블록생성의 조건이 PoW(Proof of Work, 작업 증명 알고리즘)은 연산 능력이라 할 수 있지만, PoS(Proof of Stake, 지분 증명 알고리즘)는 보유지분이다. 또한 블록생성속도도 PoW은 느리지만, PoS는 빠르고 자원소모도 적다.
- 퍼블릭 블록체인(Public blockchain) : 퍼블릭 블록체인은 공개형 블록체인이라고도 불리며 거래 내역뿐만 아니라 네트워크에서 이루어지는 여러 행동(Actions)이 다 공유되어 추적이 가능하다. 퍼블릭 블록체인 네트워크에 참여할 수 있는 조건(암호화폐 수량, 서버 사양 등)만 갖춘다면 누구나 블록을 생성할 수 있다. 대표적인 예로 비트코인, 이더리움 등이 있다.
- 프라이빗 블록체인(Private blockchain) : 프라이빗 블록체인은 폐쇄형 블록체인이라고도 불리며 허가된 참여자 외 거래 내역과 여러 행동(Actions)은 공유되지 않고 추적이 불가능하다. 프라이빗 블록체인 네트워크에 참여하기 위해 한 명의 주체로부터 허가된 참여자만 참여하여 블록을 생성할 수 있다.

200 블록체인(Block Chain)에 대한 설명으로 옳지 않은 것은? 2022년 국가직

① 블록에는 트랜잭션(Transaction)이 저장되어 있다.

② 스마트 컨트랙트(Smart Contract)는 실세계의 계약이 블록체인에서 이루어질 수 있도록 하는 기술이다.

③ 중앙 서버를 통해 전파된 블록은 네트워크에 참가한 개별 노드에서 유효성을 검증받은 후, 중앙 서버로 다시 전송된다.

④ 블록체인은 공개범위에 따라 Public 블록체인과 Private 블록체인으로 나눌 수 있다.

해설

블록체인은 유효한 거래 정보의 묶음이라 할 수 있다. 블록체인은 쉽게 표현하면 블록으로 이루어진 연결 리스트라 할 수 있다. 블록체인은 금융기관에서 모든 거래를 담보하고 관리하는 기존의 금융 시스템에서 벗어나 P2P(Peer to Peer) 거래를 지향하는 탈중앙화를 핵심 개념으로 하고 있다.

201 〈보기〉에서 블록체인과 관련한 설명으로 옳은 것의 총 개수는? 2024년 계리직

보기
ㄱ. 비트코인 반감기는 5년이다.
ㄴ. 블록체인의 첫 번째 블록은 제네시스 블록(genesis block)이다.
ㄷ. 작업증명(Proof of Work)은 계산 능력으로 해결해야 하는 문제를 의미한다.
ㄹ. 하드포크는 채굴 소프트웨어를 업그레이드하여 네트워크를 바꾸는 것으로 블록체인의 대표 기업이 결정한다.

① 1개 ② 2개
③ 3개 ④ 4개

해설

ㄴ. 블록체인의 첫 번째 블록은 제네시스 블록(genesis block)이다.
ㄷ. 작업증명(Proof of Work)은 계산 능력으로 해결해야 하는 문제를 의미한다.
ㄱ. 비트코인 반감기는 4년이다.
ㄹ. 하드포크는 채굴 소프트웨어를 업그레이드하여 네트워크를 바꾸는 것으로 하드포크를 진행하기 위해서는 네트워크 참여자들의 합의가 필요하며, 하드포크 결정은 다양한 이해관계자들의 협의와 합의 과정을 통해 이루어진다.

⊘ **하드포크(hard fork)**
블록체인 기술에서 중요한 개념으로, 네트워크 프로토콜의 중요한 변경을 의미한다. 하드포크는 채굴 소프트웨어를 업그레이드하여 블록체인 네트워크의 규칙을 바꾸는 것을 포함하며, 이 과정에서 네트워크가 두 개의 별도 체인으로 나뉘게 된다.

⊘ 블록체인(Blockchain) 기술
- 블록체인은 유효한 거래 정보의 묶음이라 할 수 있다. 블록체인은 쉽게 표현하면 블록으로 이루어진 연결 리스트라 할 수 있다.
- 하나의 블록은 트랜잭션의 집합(거래 정보)과 블록헤더(version, previousblockhash, merklehash, time, bits, nonce), 블록해시로 이루어져 있다.
- 블록헤더의 previousblockhash 값은 현재 생성하고 있는 블록 바로 이전에 만들어진 블록의 블록 해시값이다.
- 블록은 바로 앞의 블록 해시값을 포함하는 방식으로 앞의 블록과 이어지게 된다.
- 블록체인의 특징인 추가전용(Append Only) DB는 내용을 추가만 할 수 있고 삭제기능은 없다. 이렇게 추가한 블록을 주기적으로 생성하고 이를 체인으로 연결한다.
- 블록생성의 조건이 PoW(Proof of Work, 작업 증명 알고리즘)은 연산 능력이라 할 수 있지만, PoS(Proof of Stake, 지분 증명 알고리즘)는 보유지분이다. 또한 블록생성속도도 PoW은 느리지만, PoS는 빠르고 자원소모도 적다.
- PoW(Proof of Work, 작업 증명 알고리즘)은 가장 일반적으로 사용되는 블록체인 합의 알고리즘이다. 하지만 PoW는 시간이 지날수록 과도한 에너지 낭비 및 채굴 독점화의 문제점이 발생하였고, 이를 해결하기 위해 PoS(Proof of Stake, 지분 증명 알고리즘)가 도입되었다.
- PoW 기반의 블록체인에서 블록의 유효성을 검증하고 새 블록을 만드는 과정을 채굴이라 한다면 PoS 기반의 블록체인에서는 단조(Forging)라고 하며, 새로운 블록의 생성 및 무결성을 검증하는 검증자는 Validator라 한다.

202 다음 설명에 해당하는 기술은? 2021년 지방직

> 실제 환경에 가상 사물을 합성해 원래 존재하는 사물처럼 보이도록 하는 기술이다.

① MPEG(Moving Picture Experts Group)
② AI(Artificial Intelligence)
③ AR(Augmented Reality)
④ VOD(Video On Demand)

해설

⊘ AR(Augmented Reality)
- 스마트폰, 태블릿PC 또는 안경 형태 등의 기기를 통해 보이는 이미지에 부가 정보를 실시간으로 덧붙여 향상된 현실을 보여주는 기술이다.
- 현실에 존재하는 이미지에 가상 이미지를 겹쳐 하나의 영상으로 보여준다.
- 증강 현실(AR) 개념은 1997년 로널드 아즈마(Ronald T. Azuma)에 의해 구체화되었다.
- 로널드 아즈마(Ronald Azuma)는 AR 시스템을 현실(real world elements)의 이미지와 가상의 이미지가 결합되고, 실시간으로 상호작용(interaction)이 가능하며 3차원의 공간 안에 놓인 것으로 정의하였다.

정답 200. ③ 201. ② 202. ③

203 유비쿼터스 컴퓨팅 환경과 관련된 기술에 대한 설명으로 옳지 않은 것은? 2014년 국가직

① RFID 시스템은 태그(tag), 안테나(antenna), 리더기(reader), 서버(server) 등의 요소로 구성된다.

② 스마트 카드(smart card)는 마이크로프로세서, 카드 운영체제, 보안 모듈, 메모리 등을 갖춘 집적회로 칩(IC chip)이 내장된 플라스틱 카드이다.

③ 텔레매틱스(telematics)는 증강현실(augmented reality)이 확장된 개념으로 사용자가 실세계 위에 가상세계의 정보를 겹쳐 볼 수 있도록 구현한 기술이다.

④ 웨어러블 컴퓨팅(wearable computing)은 컴퓨터를 옷이나 안경처럼 착용할 수 있게 해주는 기술이다.

> 해설
>
> 원격통신(Telecommunication)과 정보과학(Informatics)이 결합된 용어로, 통신 및 방송망을 이용하여 자동차 내에서 위치 추적, 인터넷 접속, 원격 차량진단, 사고감지, 교통정보 및 홈네트워크와 사무자동화 등이 연계된 서비스 등을 제공한다.

204 그래픽과 사운드를 동시에 모니터나 TV로 전송할 수 있는 포트 연결 단자로 적절한 것은?

2021년 군무원

① D-SUB
② DVI
③ HDMI
④ USB

> 해설
>
> • D-SUB : 일반적으로 많이 사용되는 그래픽카드 단자로서 브라운관(CRT), LCD 모니터를 연결할 수 있다. 출시되고 있는 그래픽카드와 모니터 대부분이 DVI나 HDMI 방식의 디지털 단자를 주로 사용하여, D-Sub 단자 사용이 점차 줄어들고 있다.
> • DVI(Digital Visual Interface) : LCD 모니터를 위한 고화질의 디지털 인터페이스이다.
> • HDMI(High Definition Multimedia Interface) : HDMI는 고선명 멀티미디어 인터페이스(High Definition Multimedia Interface)의 준말로, 비압축 방식의 디지털 비디오/오디오 인터페이스 규격의 하나이다. HDMI를 이용하면 기존의 아날로그 케이블보다 고품질 음향 및 영상을 감상할 수 있다.

구분		D-Sub	DVI	HDMI	DisplayPort
단자	케이블				
	모니터				
방식		아날로그	디지털		
특징		영상		영상 + 음성	

205 유비쿼터스 컴퓨팅 기술에 대한 설명으로 옳지 않은 것은? 2021년 계리직

① 노매딕 컴퓨팅(nomadic computing)은 사용자가 모든 장소에서 사용자 인증 없이 다양한 정보기기로 동일한 데이터에 접근하는 기술이다.

② 엑조틱 컴퓨팅(exotic computing)은 스스로 생각하여 현실세계와 가상세계를 연계하는 컴퓨팅을 실현해 주는 기술이다.

③ 감지 컴퓨팅(sentient computing)은 센서가 사용자의 상황을 인식하여 사용자가 필요한 정보를 제공해 주는 기술이다.

④ 임베디드 컴퓨팅(embedded computing)은 사물에 마이크로칩을 장착하여 서비스 기능을 내장하는 컴퓨팅 기술이다.

해설

⊘ **유비쿼터스를 응용한 컴퓨팅 기술**

1. 웨어러블 컴퓨팅(Wearable computing)
   • 유비쿼터스 컴퓨팅 기술의 출발점으로서, 컴퓨터를 옷이나 안경처럼 착용할 수 있게 해줌으로써 컴퓨터를 인간의 몸의 일부로 여길 수 있도록 기여하는 기술이다.
2. 임베디드 컴퓨팅(Embedded computing)
   • 사물에 마이크로칩(microchip) 등을 심어 사물을 지능화하는 컴퓨팅 기술이다.
   • 예를 들면 다리, 빌딩 등과 같은 건축물에다 컴퓨터 칩을 장착하여 안정성 진단이나 조치가 가능하다.
3. 감지 컴퓨팅(Sentient computing)
   • 감지 컴퓨팅은 컴퓨터가 센서 등을 통해 사용자의 상황을 인식하여 사용자가 필요로 하는 정보를 제공해주는 컴퓨팅 기술이다.
4. 노매딕 컴퓨팅(Nomadic computing)
   • 노매딕 컴퓨팅 환경은 어떠한 장소에서건 이미 다양한 정보기기가 편재되어 있어 사용자가 정보기기를 굳이 휴대할 필요가 없는 환경을 말한다.
   • 사용자는 장소와 상관없이 일정한 사용자 인증을 거쳐 다양한 정보기기를 이용하여 동일한 데이터에 접근하여 사용할 수 있다.
5. 퍼베이시브 컴퓨팅(Pervasive computing)
   • 1998년 IBM을 중심으로 착안되었으며, 유비쿼터스 컴퓨팅과 비슷한 개념이다. 어디든지 어떤 사물이든지 도처에 컴퓨터가 편재되도록 하여 현재의 전기나 가전제품처럼 일상화된다는 비전을 담고 있다.
6. 1회용 컴퓨팅(Disposable computing)
   • 1회용 종이처럼 한 번 쓰고 버릴 수 있는 수준의 싼값으로 만들 수 있는 컴퓨터 기술인데, 1회용 컴퓨터의 실현은 어떤 물건에라도 컴퓨터 기술의 활용을 지향한다.
7. 엑조틱 컴퓨팅(Exotic computing)
   • 스스로 생각하여 현실세계와 가상세계를 연계해주는 컴퓨팅을 실현하는 기술이다.

정답   203. ③   204. ③   205. ①

206 ICT 기술에 대한 설명으로 옳지 않은 것은? 2023년 지방직

① 기계학습(machine learning)의 학습 방법에는 지도학습(supervised learning), 비지도학습 (unsupervised learning), 강화학습(reinforcement learning) 등이 있다.

② 가상현실(virtual reality)은 가상의 공간과 사물 등을 만들어, 일상적으로 경험하기 어려운 상황을 실제처럼 체험할 수 있도록 해준다.

③ RFID(Radio Frequency IDentification)에서 수동형 태그는 내장된 배터리를 사용하여 무선 신호를 발생시킨다.

④ 지그비(ZigBee)는 저비용, 저전력 무선 네트워크 기술로 센서 네트워크에서 사용할 수 있다.

해설

• RFID 태그는 전원공급 유무에 따라 전원을 필요로 하는 능동형(Active)과 내부나 외부로부터 직접적인 전원의 공급 없이 리더기의 전자기장에 의해 작동되는 수동형(Passive)으로 나눌 수 있다.

• 능동형 타입은 리더기의 필요전력을 줄이고 리더기와의 인식거리를 멀리할 수 있다는 장점이 있지만, 전원공급장치를 필요로 하기 때문에 작동시간의 제한을 받으며 수동형에 비해 고가인 단점이 있다.

• 수동형은 능동형에 비해 매우 가볍고 가격도 저렴하면서 반영구적으로 사용이 가능하지만, 인식거리가 짧고 리더기에서 훨씬 더 많은 전력을 소모한다는 단점이 있다.

207 전자상거래 관련 기술 중 고객의 요구에 맞춰 자재조달에서부터 생산, 판매, 유통에 이르기까지 공급사슬 전체의 기능통합과 최적화를 지향하는 정보시스템은? 2020년 지방직

① ERP(Enterprise Resource Planning)
② EDI(Electronic Data Interchange)
③ SCM(Supply Chain Management)
④ KMS(Knowledge Management System)

해설

• ERP(Enterprise Resource Planning) : 기업 내 생산, 물류, 재무, 회계, 영업과 구매, 재고 등 경영 활동 프로세스들을 통합적으로 연계해 관리해 주며, 기업에서 발생하는 정보들을 서로 공유하고 새로운 정보의 생성과 빠른 의사결정을 도와주는 전사적자원관리시스템 또는 전사적통합시스템을 말한다.

• EDI(Electronic Data Interchange) : 기업 간에 데이터를 효율적으로 교환하기 위해 지정한 데이터와 문서의 표준화 시스템이다.

• SCM(Supply Chain Management) : 기업에서 원재료의 생산·유통 등 모든 공급망 단계를 최적화해 수요자가 원하는 제품을 원하는 시간과 장소에 제공하는 공급망 관리를 말한다.

• KMS(Knowledge Management System) : 조직 내 전문화 또는 관리적 활동을 대상으로 정보나 데이터가 아닌 조직의 지식을 창출, 수집, 조직화하고 공유하기 위해 구축되는 일련의 시스템으로 정의된다.

208 미래 컴퓨터 기술에 대한 설명으로 옳지 않은 것은? 2009년 국가직

① 나노 컴퓨터(nano computer) : 원자나 분자 크기의 소자를 활용한 나노기술을 응용해서 만든 컴퓨터를 말한다.

② 바이오 컴퓨터(bio computer) : 단백질, DNA 등의 생체 고분자의 특수한 기능을 이용하는 바이오 소자를 활용하여 만든 컴퓨터를 말한다.

③ 광 컴퓨터(optical computer) : 컴퓨터의 연산회로에 광학소자는 사용하지만 전광집적회로(electro-optical IC)는 사용하지 않는 컴퓨터를 말한다.

④ 양자 컴퓨터(quantum computer) : 양자 역학에 기반한 컴퓨터로서 원자 이하의 차원에서 입자의 움직임에 기반을 두고 계산이 수행되는 컴퓨터를 말한다. 기존의 이진수 비트(bit) 기반의 컴퓨터와 달리 하나 이상의 상태로 존재할 수 있는 큐비트(qubit)를 이용한다.

해설
광 컴퓨터(optical computer)는 전광집적회로(electro-optical IC)를 사용하는 컴퓨터를 말한다.

209 약자의 표현으로 가장 옳지 않은 것은? 2021년 군무원

① UCC – User Created Content
② ERP – Enterprise Resource Planning
③ SNS – Social Networking System
④ AR – Augmented Reality

해설
SNS(Social Network Service) : 웹상에서 이용자들이 인적 네트워크를 형성할 수 있게 해주는 서비스이다. 특정한 관심이나 활동을 공유하는 사람들 사이의 관계망을 구축해 주는 온라인 서비스인 SNS(Social Network Services/Sites)는 페이스북과 트위터 등이 해당된다.

정답   206. ③   207. ③   208. ③   209. ③

210 IT 기술에 대한 설명으로 옳지 않은 것은? 2021년 지방직

① IoT는 각종 물체에 센서와 통신 기능을 내장해 인터넷에 연결하는 기술이다.

② ITS는 기존 교통체계의 구성 요소에 첨단 기술들을 적용시켜 보다 안전하고 편리한 통행과 전체 교통체계의 효율성을 높이는 시스템이다.

③ IPTV는 인터넷을 이용하여 방송 및 기타 콘텐츠를 TV로 제공하는 서비스 방식이다.

④ GIS는 라디오 주파수를 이용한 비접촉 인식 장치로 태그와 리더기로 구성된 자동 인식 데이터 수집용 무선 통신 시스템이다.

해 설

GIS(Geographic Information System, 지리 정보 시스템) : 각종 지리 정보들을 데이터베이스(database)화하고 컴퓨터를 통해 분석·가공하여 실생활에 다양하게 활용할 수 있도록 만든 시스템이다.

정답   210. ④

데이터통신과
인터넷

데이터통신과 인터넷

www.pmg.co.kr

01 다음 중 데이터 통신 시스템의 구성에서 데이터 전송계에 해당되지 않는 것은?

① Data Terminal Equipment
② Communication Control Unit
③ Host Computer
④ Data Communication Equipment

해설

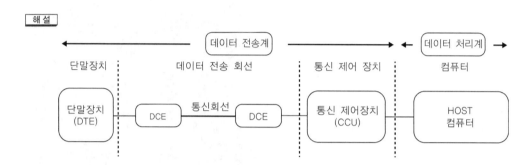

02 다음 중 통신제어장치(CCU ; Communication Control Unit)의 역할에 대한 설명으로 옳지 않은 것은?

① 오류 검출부호의 생성은 가능하나 수신 데이터의 오류 검출은 불가능하다.
② 수신 측에서는 수신 데이터를 다시 문자로 조립한다.
③ 전송 제어문자를 식별한다.
④ 송신 측에서는 송신 데이터를 비트로 분할하여 직렬전송한다.

해설

통신제어장치의 기능은 통신 접속 기능(교환 접속 제어, 통신 방식 제어, 다중 접속 제어)과 정보 전송 기능(동기 제어, 오류 제어, 흐름 제어, 응답 제어, 우선권 제어)이 있다.

03 다음 중 데이터 회선 종단 장치에 대한 설명으로 옳지 않은 것은?

① DCE(Data Communication Equipment)이다.
② 디지털 통신회선에서는 MODEM이 사용되고, 아날로그 통신회선에서는 DSU가 사용된다.
③ 단말장치를 전송 매체에 연결해주는 역할을 한다.
④ 단말기 또는 컴퓨터로부터의 신호를 통신회선의 신호로 변환해준다.

해설

디지털 통신회선에서는 DSU가 사용되고, 아날로그 통신회선에서는 MODEM이 사용된다.

☑ 데이터 전송 장치(DCE ; Data Communication Equipment)

신호 변환 장치	통신회선 형태	신호 변환
전화	아날로그	아날로그 ↔ 아날로그
MODEM	아날로그	디지털 ↔ 아날로그
CODEC	디지털	아날로그 ↔ 디지털
DSU	디지털	디지털 ↔ 디지털

04 다음 중 CODEC의 통신 매체와 기능에 대한 설명으로 옳은 것은? 2010년 서울시

① 아날로그 회선상에서 디지털 데이터와 아날로그 신호를 상호 변환한다.

② 아날로그 회선상에서 아날로그 데이터와 아날로그 신호를 상호 변환한다.

③ 디지털 회선상에서 아날로그 데이터와 아날로그 신호를 상호 변환한다.

④ 디지털 회선상에서 아날로그 데이터와 디지털 신호를 상호 변환한다.

해설

CODEC은 디지털 회선상에서 아날로그 데이터와 디지털 신호를 상호 변환한다.

05 이더넷(Ethernet)의 매체 접근 제어(MAC) 방식인 CSMA/CD에 대한 설명으로 옳지 않은 것은?

2015년 국가직

① CSMA/CD 방식은 CSMA 방식에 충돌 검출 기법을 추가한 것으로 IEEE 802.11B의 MAC 방식으로 사용된다.

② 충돌 검출을 위해 전송 프레임의 길이를 일정 크기 이상으로 유지해야 한다.

③ 전송 도중 충돌이 발생하면 임의의 시간 동안 대기하기 때문에 지연시간을 예측하기 어렵다.

④ 여러 스테이션으로부터의 전송 요구량이 증가하면 회선의 유효 전송률은 단일 스테이션에서 전송할 때 얻을 수 있는 유효 전송률보다 낮아지게 된다.

해설

• CSMA/CD(Carrier Sense Multiple Access With Collision Detection, 반송파 감지 다중 접근/충돌 탐지)은 버스형 통신망의 이더넷에서 주로 사용된다. 통신회선이 사용 중이면 일정시간 동안 대기하고 통신회선상에 데이터가 없을 때만 데이터를 송신하며, 송신 중에도 전송로의 상태를 계속 감시한다.
• IEEE 802.3은 CSMA/CD 액세스 제어 방식을 사용하며, 이더넷 표준이다.
• IEEE 802.11b은 IEEE가 정한 무선 LAN 규격인 IEEE 802.11의 차세대 규격이다.

정답 01. ③　02. ①　03. ②　04. ④　05. ①

06 다음 중 CSMA/CD에 대한 설명으로 옳지 않은 것은? 2009년 지방직

① 각 스테이션은 충돌을 감지하는 즉시 전송을 취소한다.
② 모든 스테이션에 보내고자 하는 메시지를 브로드캐스트한다.
③ 하나의 스테이션이 고장나면 네트워크 전체가 마비된다.
④ 모든 스테이션은 전송매체에 동등한 접근 권리를 갖는다.

> 해설
> • CSMA/CD는 일반적으로 버스형 토폴로지로 구성되므로 하나의 스테이션이 고장나도 네트워크 전체가 마비되지 않는다.
> • CSMA/CD(Carrier Sense Multe-Access/Collision Detection) : 프레임이 목적지에 도착할 시간 이전에 다른 프레임의 비트가 발견되면 충돌이 일어난 것으로 판단하며, 유선 Ethernet LAN에서 사용한다.

07 아날로그 신호를 디지털 신호로 변조하기 위한 펄스부호변조(PCM) 과정으로 옳지 않은 것은?

2020년 국가직

① 분절화(Segmentation) ② 표본화(Sampling)
③ 부호화(Encoding) ④ 양자화(Quantization)

> 해설
> • 표본화(sampling) : 연속적인 아날로그 정보에서 일정 시간마다 신호 값을 추출하는 과정을 표본화라고 한다.
> • 부호화(encoding) : 양자화 과정에서 결과 정수 값을 2진수의 값으로 변환하는 것을 부호화라고 한다.
> • 양자화(quantization) : 표본화된 신호 값을 미리 정한 불연속한 유한개의 값으로 표시해주는 과정이 양자화다. 즉, 연속적으로 무한한 아날로그 신호를 일정한 개수의 대표 값으로 표시한다. 원신호의 파형과 양자화된 파형 사이에는 약간의 차이가 존재하는데 이를 양자화 잡음(quantization noise) 또는 양자화 오차라고 한다.
> • 펄스부호 전송 방식

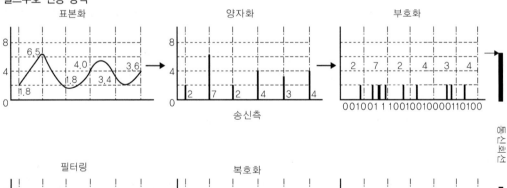

PART

02

08 시간적으로 연속적인 아날로그 신호에 대해 일정한 시간 간격으로 아날로그 신호 값을 추출하는 과정은? 2023년 국가직

① 표본화　　　　　　　　　　② 양자화
③ 부호화　　　　　　　　　　④ 자동화

해설
• 7번 문제 해설 참조

09 네트워크 교환 방식 중 데이터를 전송하기 전에 통신을 원하는 호스트가 연결 경로를 미리 설정하는 방식에 해당되는 것은? 2021년 군무원

① 회선 교환 네트워크　　　　② 패킷 교환 네트워크
③ 메시지 교환 네트워크　　　④ 데이터그램 교환 네트워크

해설
☑ **교환 기술(Switching)**
원하는 통신 상대방을 선택하여 데이터를 전송하는 기술을 교환 기술이라 한다. 즉, 다수의 통신망 가입자 사이에서 통신을 위해 경로를 설정하는 것이다.
1. 회선 교환 방식
  • 두 지점 간 지정된 경로를 통해서만 전송하는 교환 방식이며, 물리적으로 연결된 회선은 정보전송이 종료될 때까지 계속된다.
  • 음성데이터를 전송하는 PSTN에서 사용하는 방법이며, 일단 연결이 이루어진 회선은 다른 사람과 공유하지 못하고 당사자만 이용이 가능하여 회선의 효율이 낮아진다는 단점이 있다.
2. 축적 교환 방식

패킷 교환 방식	메시지를 패킷 단위로 분할한 후 논리적 연결에 의해 패킷을 목적지에 전송하는 교환하는 방식이며, 동일한 데이터 경로를 여러 명의 사용자들이 공유할 수 있다.
메시지 교환 방식	• 회선 교환 방식의 제약조건을 해결하기 위해 고안되었으며, 메시지 단위로 데이터를 교환하는 방식이다. • 송수신 측이 동시에 운영 상태에 있지 않아도 되며, 여러 지점에 동시에 전송하는 방송통신 기능이 가능하다. • 응답시간이 느리고, 전송지연시간이 길기 때문에 실시간을 요구하는 방식에는 적합하지 않다.

10 다음 중 회선 교환(Circuit Switching) 방식에 대한 설명으로 옳지 않은 것은?

① 음성이나 동영상과 같이 연속적이면서 실시간 전송이 요구되는 멀티미디어 전송 및 에러 제어에 적합하다.

② 두 지점 간 지정된 경로를 통해서만 전송하는 교환 방식이며, 회선의 효율이 낮아진다는 단점이 있다.

③ 송수신측 간에 호 설정이 이루어지면 항상 정보를 연속적으로 전송할 수 있는 전용 통신로가 존재하게 된다.

④ 송수신측 사이에 데이터를 전송하기 전에 물리적으로 연결이 이루어져야 한다.

[해 설]
회선 교환 방식은 음성데이터를 전송하는 PSTN에서 사용하는 방식이며, 멀티미디어 전송에는 적합하지 않다.

11 패킷 교환 네트워크에 대한 설명으로 옳지 않은 것은? 2022년 지방직

① 패킷 크기는 옥텟(Octet) 단위로 사용한다.

② 네트워크로 전송되는 모든 데이터는 송·수신지 정보를 포함하는 패킷들로 구성된다.

③ 패킷 교환 방식은 접속 방식에 따라 데이터그램 방식과 가상회선 방식이 있다.

④ 패킷 교환 네트워크에서는 동시에 2쌍 이상의 통신이 불가능하다.

[해 설]
• 회선 교환 방식: 두 지점 간 지정된 경로를 통해서만 전송하는 교환 방식이며, 물리적으로 연결된 회선은 정보전송이 종료될 때까지 계속된다. 음성데이터를 전송하는 PSTN에서 사용하는 방법이며, 일단 연결이 이루어진 회선은 다른 사람과 공유하지 못하고 당사자만 이용이 가능하여 회선의 효율이 낮아진다는 단점이 있다.
• 패킷 교환 방식: 메시지를 패킷 단위로 분할한 후 논리적 연결에 의해 패킷을 목적지에 전송하는 교환 방식이며, 동일한 데이터 경로를 여러 명의 사용자들이 공유할 수 있다. 패킷 교환 방식은 접속 방식에 따라 데이터그램 방식과 가상회선 방식이 있다.

12 네트워크 접속 형태 중 트리형 토폴로지(topology)에 대한 설명으로 옳지 않은 것은? 2024년 국가직

① 네트워크의 확장이 용이하다.

② 병목 현상이 나타나지 않는다.

③ 분산처리 방식을 구현할 수 있다.

④ 중앙의 서버 컴퓨터에 장애가 발생하면 전체 네트워크에 영향을 준다.

[해 설]
트리형 토폴로지는 하위 노드에서 병목 현상이 나타날 수 있다.

13 네트워크 토폴로지에 대한 설명으로 옳지 않은 것은? 2020년 국가직

① 버스(bus)형 토폴로지는 설치가 간단하고 비용이 저렴하다.

② 링(ring)형 토폴로지는 통신 회선에 컴퓨터를 추가하거나 삭제하는 등 네트워크 재구성이 용이하다.

③ 트리(tree)형 토폴로지는 허브(hub)에 문제가 발생해도 전체 네트워크에 영향을 주지 않는다.

④ 성(star)형 토폴로지는 중앙집중적인 구조이므로 고장 발견과 유지보수가 쉽다.

> 해설
> • 트리(tree)형 토폴로지 : 처리능력을 가지고 있는 여러 개의 처리센터가 존재하며, 신속한 처리를 위한 프로세서의 공유 정보의 공유 목적하에 구성된 구조이다. 변경 및 확장에 융통성이 있으며, 허브 장비를 필요로 한다.
> • 트리형 토폴로지는 허브(hub)에 문제가 발생하면 연결된 노드에 영향을 준다.

14 네트워크 토폴로지(topology)의 연결 형태에 대한 설명으로 옳지 않은 것은? 2012년 국가직

① 버스(bus) 토폴로지는 각 노드의 고장이 전체 네트워크에 영향을 거의 주지 않는다.

② 스타(star) 토폴로지는 중앙 노드에서 문제가 발생하면 전체 네트워크의 통신이 곤란해진다.

③ 링(ring) 토폴로지는 데이터가 한 방향으로 전송되기 때문에 충돌(collision) 위험이 없다.

④ 메쉬(mesh) 토폴로지는 다른 토폴로지에 비해 많은 통신 회선이 필요하지만, 메시지 전송의 신뢰성은 높지 않다.

> 해설
> 메시(mesh) 토폴로지는 통신 회선이 많고, 그만큼 비용이 많이 소요되지만 신뢰성이 매우 높다고 할 수 있다.

15 네트워크 구성 형태에 대한 설명으로 옳지 않은 것은? 2017년 국가직

① 메시(mesh)형은 각 노드가 다른 모든 노드와 점 대 점으로 연결되기 때문에 네트워크 규모가 커질수록 통신 회선 수가 급격하게 많아진다.

② 스타(star)형은 각 노드가 허브라는 하나의 중앙노드에 연결되기 때문에 중앙노드가 고장나면 그 네트워크 전체가 영향을 받는다.

③ 트리(tree)형은 고리처럼 순환형으로 구성된 형태로서 네트워크 재구성이 수월하다.

④ 버스(bus)형은 하나의 선형 통신 회선에 여러 개의 노드가 연결되어 있는 형태이다.

> 해설
> 고리처럼 순환형으로 구성된 형태는 링(ring)형을 말하며, 트리형은 계층구조를 이룬다.

정답 10. ① 11. ④ 12. ② 13. ③ 14. ④ 15. ③

16 분산처리시스템에 대한 설명으로 옳지 않은 것은? 2011년 국가직

① 분산되어 있는 자원을 공유할 수 있으며 분산 처리를 통해 컴퓨팅 성능을 향상시킬 수 있다.

② 성(star)형 연결 구조의 경우 중앙 노드에 부하가 집중되어 성능이 저하되거나 중앙 노드 고장 시 전체 시스템이 마비될 수 있다.

③ 계층 연결 구조의 경우 인접 형제 노드 간 통신은 부모 노드를 거치지 않고 이루어질 수 있다.

④ 다중 접근 버스 연결 구조의 경우 한 노드의 고장이 다른 노드의 작동이나 통신에 거의 영향을 주지 않는다.

해설
계층 연결 구조는 트리형이며, 인접 형제 노드 간 통신은 부모 노드를 거쳐야만 이루어질 수 있다.

17 다음 네트워크 토폴로지(topology) 중 링크의 고장으로 인해 통신 두절이 가장 심하게 발생하는 구조는? 2007년 국가직

① 링(ring)   ② 메쉬(mesh)
③ 스타(star)   ④ 트리(tree)

해설
스타형이나 트리형, 메시형은 링크의 고장으로 인해 통신 두절에 크게 영향받지 않지만, 링형은 링크에 고장이 발생하면 통신망 전체가 마비되는 경우도 있다.

18 다음 중 동기식 전송 방식의 설명으로 옳지 않은 것은?

① 비트 동기 방식에서는 동기문자를 사용하며, 문자 동기 방식에서는 플래그 비트를 사용한다.

② 동기문자(또는 일정 비트)는 송수신 측의 동기가 목적이다.

③ 문자 지향형과 비트 지향형 방식이 있다.

④ 송수신 측이 정해진 길이의 문자를 저장하기 위한 버퍼 기억장치가 필요하다.

해설
문자 동기 방식에서는 동기문자(전송제어문자, syn)를 이용하며, 비트 동기 방식에서는 플래그 비트(01111110)를 사용한다.

19 데이터 전송 방식 중에서 한 번에 한 문자 데이터를 전송하며 시작 비트(start-bit)와 정지 비트 (stop-bit)를 사용하는 전송 방식은? 2014년 국가직

① 비동기식 전송 방식(asynchronous transmission)
② 동기식 전송 방식(synchronous transmission)
③ 아날로그 전송 방식(analog transmission)
④ 병렬 전송 방식(parallel transmission)

해설
✓ **비동기식 전송(asynchronous transmission)**
• 비동기식 전송이란 동기식 전송을 하지 않는다는 의미가 아니라 블록 단위가 아닌 글자 단위로 동기 정보를 부여해서 보내는 방식이다.
• 시작-정지(start-stop) 전송이라고도 하며 한 번에 한 글자씩 주고받는다.

20 동기식 전송(Synchronous Transmission)에 대한 설명으로 옳지 않은 것은? 2019년 계리직

① 정해진 숫자만큼의 문자열을 묶어 일시에 전송한다.
② 작은 비트블록 앞뒤에 Start Bit와 Stop Bit를 삽입하여 비트블록을 동기화한다.
③ 2,400bps 이상 속도의 전송과 원거리 전송에 이용된다.
④ 블록과 블록 사이에 유휴시간(Idle Time)이 없어 전송효율이 높다.

해설
Start Bit와 Stop Bit를 삽입하는 방식은 비동기식 전송에 대한 설명이다. 비동기식 전송(asynchronous transmission)이란 동기식 전송을 하지 않는다는 의미가 아니라 블록 단위가 아닌 글자 단위로 동기 정보를 부여해서 보내는 방식이며, 시작-정지(start-stop) 전송이라고 한다. 한 번에 한 글자씩 주고받으며, Start Bit와 Stop Bit를 사용한다.

21 다음 중 전이중(full-duplex) 통신 방식의 특징으로 옳지 않은 것은?

① 전이중 통신 방식의 단점은 시설 비용이 많이 드는 것이다.
② 전이중 통신 방식은 전송 반전 지연시간이 많이 발생된다.
③ 전이중 통신 방식은 전송효율이 가장 높은 방식이다.
④ 전이중 통신 방식은 4선식이 필요하지만 2선식 회선에서도 주파수를 분할함으로써 전이중이 가능하다.

해설
반이중 방식의 단점은 전송 반전 지연시간이 많이 발생한다는 것이다.

정답 16. ③ 17. ① 18. ① 19. ① 20. ② 21. ②

22 자료 흐름의 방향과 동시성 여부에 따라 분류한 통신 방식 중 다음에서 설명하는 통신 방식으로 옳은 것은? (단, DTE(Data Terminal Equipment)는 컴퓨터, 휴대폰, 단말기 등과 같이 통신망에서 네트워크의 끝에 연결된 장치들을 총칭하는 용어이다) 2022년 국가직

> 통신하는 두 DTE가 시간적으로 교대로 데이터를 교환하는 방식의 통신으로, 한 DTE가 명령을 전송하면 다른 DTE가 이를 처리하여 그에 대한 응답을 전송하는 트랜잭션(Transaction) 처리 시스템에서 볼 수 있다.

① 단방향 통신
② 반이중 통신
③ 전이중 통신
④ 원거리 통신

해설
✓ **통신 회선의 이용 방식**

구분	단방향	반이중	전이중
방향	한쪽은 송신만, 다른 한쪽은 수신만 가능	양방향 통신 가능, 동시에 송수신은 불가능	동시에 양방향 송수신 가능
선로	1선식	2선식	4선식
사용 예	라디오, TV	전신, 텔렉스, 팩스	전화

23 다중 접속 기술에 대한 설명으로 옳지 않은 것은? 2021년 군무원

① 다중 접속 기술 중 사용 가능한 전체 대역폭을 잘게 쪼개 사용자에게 나누어주는 방식으로, 초기 아날로그 방식에서 사용하던 방식을 FDMA라고 한다.
② 다중 접속 기술 중 하나의 채널을 여러 사람이 나누어 쓰는 방식으로, 시간을 쪼개 나눠 쓰는 방식을 ADMA라고 한다.
③ 다중 접속 기술 중 CDMA는 한국이 세계 최초로 상용화하였다.
④ 다중 접속 기술 중 한 채널을 여러 사람이 나누어 쓰는 방식으로, 보내는 데이터를 코드의 형태로 바꾸어 사용하는 방식을 CDMA라고 한다.

해설
시분할 다중화(TDM ; Time Division Multiplexing) : 하나의 전송로 대역폭을 시간 슬롯(time slot)으로 나누어 채널에 할당함으로써 몇 개의 채널들이 한 전송로의 시간을 분할하여 사용한다.

24 다음 중 정보 전송의 다중화(multiplexing)에 대한 설명으로 가장 적절하지 않은 것은? 2024년 군무원

① 주파수 분할 다중화(FDM)는 정보를 같은 시간에 전송하기 위해 별도의 주파수 채널을 설정해야 하고, 채널 간의 상호 간섭을 막기 위해 보호 대역이 필요하다.

② 동기식 시분할 다중화(STDM)는 전송로 대역폭 하나를 시간 슬롯으로 나눈 채널에 할당하여 채널 여러 개가 전송로의 시간을 분할하여 사용한다.

③ 비동기식 시분할 다중화(ATDM)는 STDM과 유사한 방법이지만, 전송 요구가 없을 때는 시간 슬롯 낭비가 발생한다.

④ 코드분할 다중화(CDMA)는 대역확산 기법을 사용한다.

해 설

• 비동기식 시분할 다중화(Asynchronous TDM) : 통계적(statistical) 시분할 다중화 방식, 또는 지능형(intelligent) 다중화 방식이라고도 하며, 동기식처럼 무의미하게 시간 슬롯을 할당하지 않고 실제로 전송 요구가 있는 채널에만 시간 슬롯을 동적으로 할당시켜서 전송 효율을 높이는 방법이다.

• 동기식 시분할 다중화(Synchronous TDM) : 통상적으로 사용하는 시분할 다중화 방식을 말하며, 하나의 전송로 대역폭을 시간 슬롯(time slot)으로 나누어 채널에 할당함으로써 몇 개의 채널이 한 전송로의 시간을 분할하여 사용한다. 특히 비트 단위의 다중화에 사용된다. 이 방식은 시간 슬롯이 낭비되는 경우가 많은데 이는 어떤 채널이 실제로 전송할 데이터가 없는 경우에도 시간 슬롯으로 나누어 채널에 할당 시간폭이 배정되기 때문이다.

25 다중접속(multiple access) 방식에 대한 설명으로 옳지 않은 것은? 2013년 국가직

① 코드분할 다중접속(CDMA)은 디지털 방식의 데이터 송수신 기술이다.

② 시분할 다중접속(TDMA)은 대역확산 기법을 사용한다.

③ 주파수분할 다중접속(FDMA)은 할당된 유효 주파수 대역폭을 작은 주파수 영역인 채널로 분할한다.

④ 시분할 다중접속(TDMA)은 할당된 주파수를 시간상에서 여러 개의 조각인 슬롯으로 나누어 하나의 조각을 한 명의 사용자가 사용하는 방식이다.

해 설

대역확산 기법을 사용하는 것은 코드분할 다중접속(CDMA)이다.

26 다음 중 설명이 옳지 않은 것은? 2021년 군무원

① 모뎀은 변조와 복조를 할 수 있는 기기이다.

② LAN의 구성 형태로는 버스형, 링형, 스타형, 프레임 릴레이 방식이 있다.

③ 스타형 랜 구성 형식은 중앙 제어 노드를 중심으로 각 노드들이 점 대 점 형태로 연결되는데 각 노드들 간의 직접적인 연결은 없다.

④ 반이중 통신은 통신하는 두 데이터 단말장치가 시간적으로 교대로 데이터를 교환하는 방식의 통신이다.

해설

프레임 릴레이(frame relay) 방식 : LAN들을 연결하는 고속통신기술의 하나이다. 1980년대에 들어와 랜 및 광케이블의 사용이 일반화되면서 고속의 네트워크에 대한 사용자의 요구를 해결하기 위해 개발되었으며, 대기 시간을 줄이고 작업의 효율성을 높이며, 사용자 요구에 따른 대역폭 할당, 대역폭의 동적인 공유, 기간망으로 활용 등을 지원한다.

27 데이터 전송에서 Baud 속도가 9600이고, 8위상 2진폭을 사용한다면 bps 속도는 얼마인가?

2008년 지방직

① 9600

② 14400

③ 28800

④ 38400

해설

> bps = bit(한 번의 변조로 전송 가능한 비트 수) × Baud
> = 4 × 9600 = 38400

• 데이터 신호속도(bps) : 1초 동안 전송되는 bit 수로 'bit per second'의 약자이며, 가장 보편적이고 기본적인 통신속도 단위이다.

• 데이터 변조속도(Baud) : 변조 과정에서 초당 상태 변화, 신호 변화의 횟수이다.

• 전송 가능 비트 수
  1bit = Onebit (2위상)   2Bit = Dibit (4위상)
  3bit = Tribit (8위상)   4Bit = Quadbit (16위상)

28 다음 중 데이터 전송제어 절차를 순서대로 바르게 나타낸 것은?

> 가. 통신 회선 접속　　　　　　　　　나. 정보 전송
> 다. 데이터 링크 해제　　　　　　　　라. 데이터 링크 확립
> 마. 통신 회선 분리

① 가 → 라 → 나 → 다 → 마　　　　② 마 → 라 → 다 → 가 → 나
③ 나 → 가 → 다 → 라 → 마　　　　④ 라 → 나 → 가 → 다 → 마

해설
전송제어 절차 : 회선 접속 → 데이터 링크 확립 → 정보 전송 → 데이터 링크 해제 → 회선 절단

29 OSI 7계층 중 브리지(bridge)가 복수의 LAN을 결합하기 위해 동작하는 계층은? 2015년 국가직

① 물리 계층　　　　　　　　　　　② 데이터 링크 계층
③ 네트워크 계층　　　　　　　　　④ 전송 계층

해설
브리지(bridge)는 네트워크에 있어서 케이블을 통과하는 데이터를 중계하는 기기이며, 데이터 링크 계층의 중계기기이다.
서로 비슷한 MAC 프로토콜을 사용하는 LAN 사이를 연결한다.

30 다른 컴퓨터 시스템들과의 통신이 개방된 시스템 간의 연결을 다루는 OSI 모델에서 〈보기〉가 설명
하는 계층은? 2015년 서울시

> ┌ 보기 ┐
> 물리적 전송 오류를 감지하는 기능을 제공하여 송·수신 호스트가 오류를 인지할 수 있게 해주며,
> 컴퓨터 네트워크에서의 오류 제어(error control)는 송신자가 송신한 데이터를 재전송(retransmission)
> 하는 방법으로 처리한다.

① 데이터 링크 계층　　　　　　　　② 물리 계층
③ 전송 계층　　　　　　　　　　　④ 표현 계층

해설
데이터 링크층은 통신 경로상의 지점 간(link-to-link)의 오류 없는 데이터 전송에 관한 프로토콜이다. 전송되는 비트의
열을 일정 크기 단위의 프레임으로 잘라 전송하고, 전송 도중 잡음으로 인한 오류 여부를 검사하며, 수신측 버퍼의 용량
및 양측의 속도 차이로 인한 데이터 손실이 발생하지 않도록 하는 흐름제어 등을 한다.

정답　　26. ②　27. ④　28. ①　29. ②　30. ①

31 OSI 참조모델에서 송수신지의 IP 주소를 헤더에 포함하여 전송하는 논리주소 지정 기능과 송신지에서 수신지까지 데이터가 전송될 수 있도록 최단 전송 경로를 선택하는 라우팅 기능 등을 수행하는 계층으로 옳은 것은? 2008년 계리직

① 데이터 링크 계층　　　　　　② 네트워크 계층
③ 전송 계층　　　　　　　　　　④ 세션 계층

해설
- 데이터 링크 계층 : 통신 경로상의 지점 간(link-to-link)의 오류 없는 데이터 전송에 관한 프로토콜이다. 전송되는 비트의 열을 일정 크기 단위의 프레임으로 잘라 전송하고, 전송 도중 잡음으로 인한 오류 여부를 검사하며, 수신측 버퍼의 용량 및 양측의 속도 차이로 인한 데이터 손실이 발생하지 않도록 하는 흐름제어 등을 한다.
- 네트워크 계층 : 두 개의 통신 시스템 간에 신뢰할 수 있는 데이터를 전송할 수 있도록 경로선택과 중계기능을 수행하고, 이 계층에서 동작하는 경로배정(routing) 프로토콜은 데이터 전송을 위한 최적의 경로를 결정한다.
- 전송 계층 : 수신측에 전달되는 데이터에 오류가 없고 데이터의 순서가 수신측에 그대로 보존되도록 보장하는 연결 서비스의 역할을 하는 종단 간(end-to-end) 서비스 계층이다. 종단 간의 데이터 전송에서 무결성을 제공하는 계층으로 응용 계층에서 생성된 긴 메시지가 여러 개의 패킷으로 나누어지고, 각 패킷은 오류 없이 순서에 맞게 중복되거나 유실되는 일 없이 전송되도록 하는데 이러한 전송 계층에는 TCP, UDP 프로토콜 서비스가 있다.
- 세션 계층 : 두 응용프로그램(Applications) 간의 연결설정, 이용 및 연결해제 등 대화를 유지하기 위한 구조를 제공한다. 또한 분실 데이터의 복원을 위한 동기화 지점(sync point)을 두어 상위 계층의 오류로 인한 데이터 손실을 회복할 수 있도록 한다.

32 다음 OSI 7계층 중 물리 계층에 해당하는 장치를 모두 고른 것은? 2022년 지방직

ㄱ. 리피터(Repeater)　　　ㄴ. 더미허브(Dummy Hub)
ㄷ. 라우터(Router)　　　　ㄹ. 게이트웨이(Gateway)
ㅁ. 브릿지(Bridge)

① ㄱ, ㄴ　　　　　　　② ㄱ, ㄷ
③ ㄴ, ㄹ　　　　　　　④ ㄹ, ㅁ

해설
⊘ **Physical layer(물리 계층)**
- 물리계층은 네트워크 케이블과 신호에 관한 규칙을 다루고 있는 계층으로 상위계층에서 보내는 데이터를 케이블에 맞게 변환하여 전송하고, 수신된 정보에 대해서는 반대의 일을 수행한다.
- 장치(device)들 간의 물리적인 접속과 비트 정보를 다른 시스템으로 전송하는 데 필요한 규칙을 정의한다.
- 비트 단위의 정보를 장치들 사이의 전송 매체를 통하여 전자기적 신호나 광신호로 전달하는 역할을 한다.
- 물리 계층 프로토콜로는 X.21, RS-232C, RS-449/422-A/423-A 등이 있으며, 네트워크 장비로는 더미허브, 리피터가 있다.

33 네트워킹 장비에 대한 설명으로 가장 옳지 않은 것은? 2019년 서울시

① 라우터(router)는 데이터 전송을 위한 최선의 경로를 결정한다.

② 허브(hub)는 전달받은 신호를 그와 케이블로 연결된 모든 노드들에 전달한다.

③ 스위치(switch)는 보안(security) 및 트래픽(traffic) 관리 기능도 제공할 수 있다.

④ 브리지(bridge)는 한 네트워크 세그먼트에서 들어온 데이터를 그의 물리적 주소에 관계없이 무조건 다른 세그먼트로 전달한다.

해설

• 한 네트워크 세그먼트에서 들어온 데이터를 그의 물리적 주소에 관계없이 무조건 다른 세그먼트로 전달하는 것은 더미 허브를 의미한다.

• 브리지는 들어오는 데이터 패킷을 분석하여 브리지가 주어진 패킷을 다른 세그먼트의 네트워크로 전송할 수 있는지를 결정할 수 있다.

34 〈보기〉의 설명에 해당하는 네트워크 장비는? 2012년 계리직

보기

– OSI 계층 모델의 네트워크 계층에서 동작하는 장비이다.

– 송신측과 수신측 간의 가장 빠르고 신뢰성 있는 경로를 설정·관리하며, 데이터를 전달하는 역할을 한다.

– 주로 같은 프로토콜을 사용하는 네트워크 간의 최적경로 설정을 위해 패킷이 지나가야 할 정보를 테이블에 저장하여 지정된 경로를 통해 전송한다.

① 게이트웨이(gateway)   ② 브리지(bridge)

③ 리피터(repeater)   ④ 라우터(router)

해설

• 네트워크 계층 : 라우터

• 데이터링크 계층 : 스위치, 브리지

• 물리 계층 : 리피터, 허브

정답   31. ②   32. ①   33. ④   34. ④

35 네트워크 장치에 대한 설명으로 옳지 않은 것은? 2018년 계리직

① 허브(Hub)는 여러 대의 단말 장치가 하나의 근거리 통신망(LAN)에 접속할 수 있도록 지원하는 중계 장치이다.

② 리피터(Repeater)는 물리 계층(Physical Layer)에서 동작하며 전송 신호를 재생·중계해 주는 증폭 장치이다.

③ 브리지(Bridge)는 데이터 링크 계층(Data Link Layer)에서 동작하며 같은 MAC 프로토콜(Protocol)을 사용하는 근거리 통신망 사이를 연결하는 통신 장치이다.

④ 게이트웨이(Gateway)는 네트워크 계층(Network Layer)에서 동작하며 동일 전송 프로토콜을 사용하는 분리된 2개 이상의 네트워크를 연결해주는 통신 장치이다.

[해설]
• 라우터 : 리피터와 브릿지, 허브가 비교적 근거리에서 네트워크(LAN)를 통합하거나 분리하기 위해서 사용하는 반면, 라우터는 원거리에서 네트워크 간 통합을 위해서 사용되는 장비이다. 라우터를 이용해서 복잡한 인터넷상에서 원하는 목적지로 데이터를 보낼 수 있으며, 원하는 곳의 데이터를 가져올 수도 있다.
• 게이트웨이 : 두 개의 완전히 다른 네트워크 사이의 데이터 형식을 변환하는 장치이며, 프로토콜 구조가 다른 네트워크 환경들을 연결할 수 있는 기능을 제공한다.

36 컴퓨터 네트워크에서 게이트웨이(gateway)에 대한 설명으로 옳은 것은? 2019년 국회직

① 디지털 신호와 아날로그 신호 사이의 변환을 담당하는 장치이다.

② 디지털 신호를 멀리 전송할 수 있도록 신호를 증폭하는 역할을 한다.

③ 둘 이상의 LAN을 연결하여 하나의 네트워크로 연결해주는 장치이며, 데이터링크 계층에서만 동작한다.

④ 서로 다른 통신 프로토콜을 사용하는 네트워크 사이를 연결하여 데이터를 교환할 수 있도록 하는 역할을 한다.

[해설]
• 게이트웨이(gateway) : 서로 다른 통신 프로토콜을 사용하는 네트워크 사이를 연결하여 데이터를 교환할 수 있도록 하는 역할을 한다.
• 보기 1번은 Modem, 보기 2번은 Repeater, 보기 3번은 Bridge에 대한 설명이다.

37 인터넷에서 사용되는 경로배정(routing) 프로토콜 중에서 자율 시스템(autonomous system) 내부에서의 경로배정을 위해 사용되는 것만을 모두 고른 것은? 2016년 국가직

ㄱ. OSPF	ㄴ. BGP	ㄷ. RIP

① ㄱ, ㄴ

② ㄱ, ㄷ

③ ㄴ, ㄷ

④ ㄱ, ㄴ, ㄷ

해설

내부 라우팅(Interior Routing) : AS 내의 라우팅	• RIP(Routing Information Protocol) • OSPF(Open Shortest Path First) • IGRP(Interior Gateway Routing Protocol) • EIGRP(Enhanced Interior Gateway Routing Protocol) • IS-IS(Intermediate System-to-Intermediate System)
외부 라우팅(Exterior Routing) : AS 간 라우팅	• BGP(Border Gateway Protocol)

1. RIP v1/v2
   • 대표적인 내부 라우팅 프로토콜이며, 가장 단순한 라우팅 프로토콜이다.
   • Distance-vector 라우팅을 사용하며, hop count를 메트릭으로 사용한다.
   • Distance vector Routing : 두 노드 사이의 최소 비용 경로의 최소거리를 갖는 경로이며, 경로를 계산하기 위해 Bellman-Ford 알고리즘을 사용한다.
2. OSPF(Open Shortest Path First)
   • Link State Routing 기법을 사용하며, 전달 정보는 인접 네트워크 정보를 이용한다.
   • 모든 라우터로부터 전달받은 정보로 네트워크 구성도를 생성한다.
   • Link State Routing : 모든 노드가 전체 네트워크에 대한 구성도를 만들어서 경로를 구한다. 최적경로 계산을 위해서 Dijkstra's 알고리즘을 이용한다.
3. BGP(Border Gateway Protocol)
   • 대표적인 외부 라우팅 프로토콜이며, Path Vecter Routing을 사용한다.
   • Path Vecter Routing : 네트워크에 해당하는 next router와 path가 매트릭에 들어있으며, path에 거쳐가는 AS번호를 명시한다.

38 RIP(Routing Information Protocol)에 대한 설명으로 가장 거리가 먼 것은? 2017 감리사

① 거리벡터에 근거한 간단하고 견고한 알고리즘을 사용하므로 중소규모 네트워크보다 대규모 네트워크에서 더 효율적이다.

② 홉 계수가 무한히 증가하는 라우팅 순환(routing loop)을 막기 위하여 홉 계수 제한(hop count limit)을 한다.

③ 라우팅 정보를 수신한 인터페이스로 동일한 라우팅 정보를 전송하지 않는 스플릿 호라이즌 (split horizon) 방식을 사용한다.

④ RIP는 경로 설정 정보를 교환할 때 브로드캐스팅 방식을 사용한다.

해설
• RIP는 대표적인 내부 라우팅 프로토콜이며 가장 단순한 라우팅 프로토콜이지만, 대규모 네트워크에 사용하기 어렵다.
• 스플릿 호라이즌(split horizon) : 라우팅 정보를 수신한 동일 인터페이스로는 동일한 라우팅 정보를 전송하지 않는 것이다.(루핑방지정책)
• 루핑 : 프레임이 네트워크상에서 무한정으로 돌기 때문에 네트워크가 기다리기만 할 뿐 데이터 전송은 불가능해지는 상태이다.

정답 35. ④ 36. ④ 37. ② 38. ①

39 다음 아래에서 설명하고 있는 오류제어 방식으로 옳은 것은?

> - 데이터 프레임의 정확한 수신 여부를 매번 확인하면서 다른 프레임을 전송해 나가는 오류제어 방식이다.
> - 송신기에서 하나의 데이터 프레임을 전송한 다음 반드시 확인신호인 ACK를 기다려야 한다.
> - 구현이 간단하다는 장점이 있으나, 데이터 프레임을 전송한 후, 응답 메시지를 수신하는 데 걸리는 시간이 길어질수록 링크 사용 면에서 비효율적이다.

① Stop-and-Wait ARQ   ② Go-back-N ARQ
③ Selective-Repeat ARQ   ④ Adaptive ARQ

해설
- 정지-대기(Stop-and-Wait) ARQ : 하나의 블록을 전송한 후 수신측에서 오류 발생 유무 신호를 보내올 때까지 기다리는 방식으로, 긍정 응답(ACK)을 받으면 다음 블록을 전송하고, 부정 응답(NAK)을 받으면 해당 블록을 재전송한다.
- Go-Back-N ARQ : 수신측으로부터 NAK 수신 시 오류 발생 이후의 모든 프레임을 재전송하는 방식이다.
- 선택적 재전송(Selective-Repeat) ARQ : 수신측으로부터 NAK 수신 시 오류가 발생한 프레임만 재전송하는 방식이다.
- 적응적(Adaptive) ARQ : 채널 효율을 최대로 하기 위해 데이터 블록의 길이를 채널의 상태에 따라 동적으로 변경하는 방식이다.

40 Go-Back-N 프로토콜에서 6번째 프레임까지 전송한 후 4번째 프레임에서 오류가 있음을 알았을 때, 재전송 대상이 되는 프레임의 개수는? 2019년 국가직

① 1개   ② 2개
③ 3개   ④ 6개

해설
- Go-Back-N ARQ : 에러가 발생한 블록 이후의 모든 블록을 다시 재전송하는 방식이다. 에러가 발생한 부분부터 모두 재전송하므로 중복 전송의 단점이 있다.
- 위의 문제에서는 4, 5, 6번 프레임이 재전송되어 재전송되는 프레임은 3개이다.

41 데이터 통신 시스템에서 발생하는 에러를 제어하는 방식으로 송신측이 오류를 검출할 수 있을 정도의 부가적인 정보를 프레임에 첨가하여 전송하고 수신측이 오류 검출 시 재전송을 요구하는 방식은? 2014년 국가직

① ARQ(Automatic Repeat reQuest)   ② FEC(Forward Error Correction)
③ 순회 부호(cyclic code)   ④ 해밍 부호(Hamming code)

해설
자동 반복 요청(ARQ ; Automatic Repeat reQuest) : 통신 경로에서 에러 발생 시 수신측은 에러의 발생을 송신측에 통보하고 송신측은 에러가 발생한 프레임을 재전송한다.

42 **슬라이딩 윈도우 기법에 대한 설명으로 옳지 않은 것은?** 2008년 국가직

① 흐름제어와 에러제어를 위한 기법으로 윈도우 크기만큼의 데이터 프레임을 연속적으로 전송할 수 있는 방법이다.

② 윈도우 크기를 지정하여 응답 없이 전송할 수 있는 데이터 프레임의 최대 개수를 제한할 수 있다.

③ 송신측 윈도우는 데이터 프레임을 전송할 때마다 하나씩 줄어들고 응답을 받을 때마다 하나씩 늘어나게 된다.

④ 수신측 윈도우는 데이터 프레임을 수신할 때마다 하나씩 늘어나고 응답을 전송할 때마다 하나씩 줄어들게 된다.

해설

수신측 윈도우에 수신된 프레임 개수를 확인하고, 지정된 윈도우 크기만큼 모두 수신되었으면 송신측에 다음 수신 윈도우의 크기를 보내준다.

43 **네트워크에서 1비트의 패리티 비트(parity bit)를 사용하여 데이터의 전송 에러를 검출하려 한다. 1바이트 크기의 데이터 A, B, C, D, E 다섯 개를 전송하였다. 그중 두 개의 데이터에서 1비트 에러가 발생하였고 나머지는 정상적으로 전송되었다고 가정하자. 다음 표에서 에러가 발생한 두 개의 데이터는?** 2009년 국가직

데이터 이름	데이터 비트열	패리티 비트
A	01001101	1
B	01110110	1
C	10111000	0
D	11110001	0
E	10101010	0

① A, D   ② B, C

③ B, E   ④ C, E

해설

홀수 패리티와 짝수 패리티 어떤 것이 쓰였는지를 찾는 문제이다. 데이터 이름 A는 패리티 비트를 포함하여 1의 개수가 총 5개이므로 홀수, B - 짝수, C - 짝수, D - 홀수, E - 짝수개이다. 홀수가 2개이고 짝수가 3개 있으며, 문제에서 2개의 오류가 발생한 것이라고 했기 때문에 짝수 패리티를 사용했다고 볼 수 있다.

정답   39. ①   40. ③   41. ①   42. ④   43. ①

44 다음에서 설명하는 네트워크 데이터 오류 검출 방법은? 2020년 지방직

> 송신측: 첫 번째 비트가 1로 시작하는 임의의 n+1비트의 제수를 결정한다. 그리고 전송하고자
> 하는 데이터 끝에 n비트의 0을 추가한 후 제수로 모듈로-2 연산을 한다. 그러면 n비트의
> 나머지가 구해지는데 이 나머지가 중복 정보가 된다.
> 수신측: 계산된 중복 정보를 데이터와 함께 전송하면 수신측에서는 전송받은 정보를 동일한 n+1
> 제수로 모듈로-2 연산을 한다. 나머지가 0이면 오류가 없는 것으로 판단하고, 나머지가
> 0이 아니면 오류로 간주한다.

① 수직 중복 검사(Vertical Redundancy Check)
② 세로 중복 검사(Longitudinal Redundancy Check)
③ 순환 중복 검사(Cyclic Redundancy Check)
④ 체크섬(Checksum)

해설

⊘ **순환 중복 검사(Cyclic Redundancy Check)**
1. 전체 블록을 검사하며, 이진 나눗셈을 기반으로 한다.
2. 계산 방법
   • 메시지는 하나의 긴 2진수로 간주하여, 특정한 이진 소수에 의해 나누어진다.
   • 나머지는 송신되는 프레임에 첨부되며, 나머지를 BCC(Block Check Character)라고도 한다.
   • 프레임이 수신되면 수신기는 같은 제수(generator)를 사용하여 나눗셈의 나머지를 검사하며, 나머지가 0이 아니면
   에러가 발생했음을 의미한다.

45 OSI 모델에서 데이터 링크 계층의 프로토콜 데이터 단위(protocol data unit)는? 2024년 지방직

① 비트(bit)   ② 패킷(packet)
③ 프레임(frame)   ④ 세그먼트(segment)

해설

⊘ **OSI 7계층과 TCP/IP 프로토콜에서의 캡슐화**

OSI 7 Layer	Data		TCP/IP 4 Layer
Application	Message		Application
Presentation			
Session			
Transport	Segment	TCP Header	Transport
Network	Packet (Datagram)	IP Header	Internet
Data Link	Frame	Frame Header	Network Access
Physical	Bit (Signal)		

46 OSI 7계층에서 계층별로 사용하는 프로토콜의 데이터 단위는 다음 표와 같다. ㉠~㉢에 들어갈 내용을 바르게 연결한 것은? 2021년 국가직

계층	데이터 단위
트랜스포트(Transport) 계층	(㉠)
네트워크(Network) 계층	(㉡)
데이터링크(Datalink) 계층	(㉢)
물리(Physical) 계층	비트

	㉠	㉡	㉢
①	세그먼트	프레임	패킷
②	패킷	세그먼트	프레임
③	세그먼트	패킷	프레임
④	패킷	프레임	세그먼트

해설
• 45번 문제 해설 참조

47 OSI 7계층 중 종점 호스트 사이의 데이터 전송을 다루는 계층으로서 종점 간의 연결 관리, 오류 제어와 흐름 제어 등을 수행하는 계층은? 2014년 국가직

① 전송 계층(transport layer)　　　　② 링크 계층(link layer)
③ 네트워크 계층(network layer)　　　④ 세션 계층(session layer)

해설
전송 계층 : 전송층은 수신측에 전달되는 데이터에 오류가 없고 데이터의 순서가 수신측에 그대로 보존되도록 보장하는 연결 서비스의 역할을 하는 종단간(end-to-end) 서비스 계층이다.

48 데이터 링크 계층(Data link layer)에서 수행하는 기능이 아닌 것은? 2008년 국가직

① 프레임 기법　　　　　　　　　　② 오류제어(Error control)
③ 흐름제어(Flow control)　　　　④ 연결제어(Connection control)

해설
데이터 링크 계층은 오류제어, 순서제어, 프레임 동기, 물리 주소 지정, 흐름제어 등을 한다.

49 OSI(Open Systems Interconnect) 모델에 대한 설명으로 옳지 않은 것은? 2020년 국가직

① 네트워크 계층은 데이터 전송에 관한 서비스를 제공하는 계층으로 송신 측과 수신 측 사이의 실제적인 연결 설정 및 유지, 오류 복구와 흐름 제어 등을 수행한다.
② 데이터링크 계층은 네트워크 계층에서 받은 데이터를 프레임(frame)이라는 논리적인 단위로 구성하고 전송에 필요한 정보를 덧붙여 물리 계층으로 전달한다.
③ 세션 계층은 전송하는 두 종단 프로세스 간의 접속(session)을 설정하고, 유지하고 종료하는 역할을 한다.
④ 표현 계층은 전송하는 데이터의 표현 방식을 관리하고 암호화하거나 데이터를 압축하는 역할을 한다.

해설
• Network layer(네트워크 계층): 두 개의 통신 시스템 간에 신뢰할 수 있는 데이터를 전송할 수 있도록 경로선택과 중계기능을 수행하고, 이 계층에서 동작하는 경로배정(routing) 프로토콜은 데이터 전송을 위한 최적의 경로를 결정한다.
• Transport layer(전송 계층): 수신측에 전달되는 데이터에 오류가 없고 데이터의 순서가 수신측에 그대로 보존되도록 보장하는 연결 서비스의 역할을 하는 종단간(end-to-end) 서비스 계층이다. 종단 간의 데이터 전송에서 무결성을 제공하는 계층으로 응용 계층에서 생성된 긴 메시지가 여러 개의 패킷으로 나누어지고, 각 패킷은 오류 없이 순서에 맞게 중복되거나 유실되는 일 없이 전송되도록 하는데 이러한 전송 계층에는 TCP, UDP 프로토콜 서비스가 있다.

50 다음은 OSI 7계층 중 어떤 계층을 설명한 것인가? 2007년 국가직

> ― 순서제어: 정보의 순차적 전송을 위한 프레임 번호 부여
> ― 흐름제어: 연속적인 프레임 전송 시 수신 여부의 확인
> ― 프레임 동기: 정보 전송 시 컴퓨터에서 처리가 용이하도록 프레임 단위로 전송

① 세션 계층(Session Layer)　　　　② 데이터 링크 계층(Data Link Layer)
③ 네트워크 계층(Network Layer)　　④ 트랜스포트 계층(Transport Layer)

해설
데이터 링크 계층은 흐름제어, 오류제어, 순서제어, 프레임 동기 등의 전송제거 기능을 수행한다.

PART
02

51 두 프로토콜 개체 사이에서 흐름제어와 오류제어 및 메시지 전달 등의 기능을 수행하며, 연결성과 비연결성의 두 가지 운용모드를 제공하는 OSI 참조 모델 계층은? 2020년 지방직

① 데이터링크 계층(Datalink Layer)
② 네트워크 계층(Network Layer)
③ 전송 계층(Transport Layer)
④ 응용 계층(Application Layer)

해설

Transport layer(전송 계층) : 전송층은 수신측에 전달되는 데이터에 오류가 없고 데이터의 순서가 수신측에 그대로 보존되도록 보장하는 연결 서비스의 역할을 하는 종단 간(end-to-end) 서비스 계층이다. 종단 간의 데이터 전송에서 무결성을 제공하는 계층으로 응용 계층에서 생성된 긴 메시지가 여러 개의 패킷으로 나누어지고, 각 패킷은 오류 없이 순서에 맞게 중복되거나 유실되는 일 없이 전송되도록 하는데 이러한 전송 계층에는 TCP, UDP 프로토콜 서비스가 있다.

52 OSI 모형의 네트워크 계층 프로토콜에 속하지 않는 것은? 2024년 국가직

① ICMP　　　　　② IGMP
③ IP　　　　　　④ SLIP

해설

SLIP(Serial Line Internet Protocol)은 데이터링크 계층(2계층)에 속하는 프로토콜이다.

OSI 7 계층	TCP/IP 프로토콜	계층별 프로토콜			
애플리케이션 계층	애플리케이션 계층	Telnet, FTP, SMTP, DNS, SNMP			
프리젠테이션 계층					
세션 계층					
트랜스포트 계층	트랜스포트 계층	TCP, UDP			
네트워크 계층	인터넷 계층	IP, ICMP, ARP, RARP, IGMP			
데이터링크 계층	네트워크 인터페이스 계층	Ethernet	Token Ring	Frame Relay	ATM
물리적 계층					

정답　48. ④　49. ①　50. ②　51. ③　52. ④

53 OSI 7 계층과 관련된 표준의 연결로 옳지 않은 것은? 2008년 국가직

① 물리 계층 − RS−232C
② 데이터 링크 계층 − HDLC
③ 네트워크 계층 − X.25
④ 전송 계층 − ISDN

해설
- 네트워크 계층 : ISDN 베어러 서비스 계층
- 전 계층 : ISDN 텔리 서비스 계층

54 다음 중 HDLC(High−level Data Link Control) 프레임의 구성 순서가 올바르게 나열된 것은?
2010년 정보통신

① 플래그 − 플래그 − 주소부 − 제어부 − 정보부 − FCS
② 플래그 − 플래그 − 제어부 − 정보부 − FCS − 주소부
③ 플래그 − FCS − 주소부 − 제어부 − 정보부 − 플래그
④ 플래그 − 주소부 − 제어부 − 정보부 − FCS − 플래그

해설
⊘ HDLC 프레임 구성

플래그(F)	주소부(A)	제어부(C)	정보부(I)	프레임검사순서(FCS)	플래그(F)
01111110	8bit	8bit	임의 bit	16bit	01111110

- 플래그 : 프레임 개시 또는 종료를 표시
- 주소부 : 명령을 수신하는 모든 2차국(또는 복합국)의 주소, 응답을 송신하는 2차국(또는 복합국)의 주소를 지정하는 데 사용
- 제어부 : 1차국(또는 복합국)이 주소부에서 지정한 2차국(또는 복합국)에 동작을 명령하고, 그 명령에 대한 응답을 하는 데 사용
- 정보부 : 이용자 사이의 메시지와 제어정보가 들어 있는 부분(정보부의 길이와 구성에 제한이 없으며 송수신 간 합의에 따름)
- FCS : 주소부, 제어부, 정보부의 내용이 오류가 없이 상대측에게 정확히 전송되는가를 확인하기 위한 오류 검출용 다항식
- 플래그 : 프레임 개시 또는 종료를 표시

55 데이터 링크 계층의 프로토콜인 HDLC(High-level Data Link Control)에 대한 설명으로 가장 적절하지 않은 것은? 2024년 군무원

① 바이트 단위로 전송하는 동기 방식이다.

② 전이중(full duplex)방식을 사용한다.

③ 비트 스터핑(bit stuffing) 기능으로 투명성을 제공한다.

④ HDLC 프레임의 플래그는 프레임 시작과 끝을 나타내며 동기화에 사용한다.

> 해설
> • HDLC는 비트 지향 프로토콜로 비트 단위로 동작하며, 이 비트 단위의 데이터는 프레임이라는 블록 단위로 구성된다.
> • HDLC는 데이터 프레임 내에 존재하는 플래그 패턴을 구별하기 위해 비트 스터핑을 사용한다. 5개의 연속된 1이 나올 때마다 0을 추가하여 데이터를 전송하고, 수신측에서 이 0을 제거한다.

56 UDP 프로토콜에 대한 설명으로 옳지 않은 것은? 2023년 국가직

① 흐름 제어가 필요 없는 비신뢰적 통신에 사용한다.

② 순차적인 데이터 전송을 통해 전송을 보장한다.

③ 비연결지향으로 송신자와 수신자 사이에 연결 설정 없이 데이터 전송이 가능하다.

④ 전송되는 데이터 중 일부가 손실되는 경우 손실 데이터에 대한 재전송을 요구하지 않는다.

> 해설
> UDP는 순차적인 데이터 전송을 통해 전송을 보장하지 못한다. UDP를 사용하면 일부 데이터의 손실이 발생할 수 있지만 TCP에 비해 전송 오버헤드가 적다.

TCP	UDP
• 커넥션 기반 • 안정성과 순서를 보장한다. • 패킷을 자동으로 나누어준다. • 회선이 처리할 수 있을 만큼의 적당한 속도로 보내준다. • 파일을 쓰는 것처럼 사용하기 쉽다.	• 커넥션 기반이 아니다. (직접 구현) • 안정적이지 않고 순서도 보장되지 않는다. (데이터를 잃을 수도, 중복될 수도 있다.) • 데이터가 크다면, 보낼 때 직접 패킷 단위로 잘라야 한다. • 회선이 처리할 수 있을 만큼 나눠서 보내야 한다. • 패킷을 잃었을 경우, 필요하다면 이를 찾아내서 다시 보내야 한다.

정답 53. ④   54. ④   55. ①   56. ②

57 UDP(User Datagram Protocol)에 대한 설명으로 옳은 것만을 모두 고르면? 2019년 국가직

> ㄱ. 연결 설정이 없다.
> ㄴ. 오류검사에 체크섬을 사용한다.
> ㄷ. 출발지 포트 번호와 목적지 포트 번호를 포함한다.
> ㄹ. 혼잡제어 메커니즘을 이용하여 링크가 과도하게 혼잡해지는 것을 방지한다.

① ㄱ, ㄴ   ② ㄱ, ㄷ
③ ㄱ, ㄴ, ㄷ   ④ ㄴ, ㄷ, ㄹ

[해설]
혼잡제어(Congestion Control)는 TCP의 역할이다. 혼잡제어는 통신망의 특정 부분에 트래픽이 몰리는 것을 방지하는 것을 말한다. 즉, 송신된 패킷이 네트워크상의 라우터가 처리할 수 있는 양을 넘어서 혼잡하게 되면 데이터가 손실될 수 있기 때문에 송신측의 전송량을 제어하게 된다.

58 TCP(Transmission Control Protocol)에 대한 설명으로 옳은 것만을 모두 고르면? 2023년 지방직

> ㄱ. 네트워크 계층에서 사용되는 프로토콜이다.
> ㄴ. 흐름 제어와 혼잡 제어를 수행한다.
> ㄷ. 연결지향형 프로토콜이다.
> ㄹ. IP 주소를 이용하여 데이터그램을 목적지 호스트까지 전송하는 역할을 한다.

① ㄱ, ㄴ   ② ㄱ, ㄹ
③ ㄴ, ㄷ   ④ ㄷ, ㄹ

[해설]
혼잡제어(Congestion Control)는 TCP의 역할이다. 혼잡제어는 통신망의 특정 부분에 트래픽이 몰리는 것을 방지하는 것을 말한다. 즉, 송신된 패킷이 네트워크상의 라우터가 처리할 수 있는 양을 넘어서 혼잡하게 되면 데이터가 손실될 수 있기 때문에 송신측의 전송량을 제어하게 된다.

⊙ TCP(Transport Control Protocol)
• 연결지향형(connection oriented) 프로토콜이며, 이는 실제로 데이터를 전송하기 전에 먼저 TCP 세션을 맺는 과정이 필요함을 의미한다.(TCP3-way handshaking)
• 패킷의 일련번호(sequence number)와 확인신호(acknowledgement)를 이용하여 신뢰성 있는 전송을 보장하는데 일련번호는 패킷들이 섞이지 않도록 순서대로 재조합 방법을 제공하며, 확인신호는 송신측의 호스트로부터 데이터를 잘 받았다는 수신측의 확인 메시지를 의미한다.

59 **TCP/IP 프로토콜의 계층과 그 관련 요소의 연결이 옳지 않은 것은?** 2013년 국가직

① 데이터 링크 계층(data link layer) : IEEE 802, Ethernet, HDLC
② 네트워크 계층(network layer) : IP, ICMP, IGMP, ARP
③ 전송 계층(transport layer) : TCP, UDP, FTP, SMTP
④ 응용 계층(application layer) : POP3, DNS, HTTP, TELNET

해설
FTP, SMTP는 전송 계층의 프로토콜이 아니고, 응용 계층의 프로토콜이다.

60 **TCP/IP 프로토콜 스택에 대한 설명으로 옳은 것은?** 2020년 국가직

① 데이터링크(datalink) 계층, 전송(transport) 계층, 세션(session) 계층 및 응용(application) 계층으로 구성된다.
② ICMP는 데이터링크 계층에서 사용 가능한 프로토콜이다.
③ UDP는 전송 계층에서 사용되는 비연결형 프로토콜이다.
④ 응용 계층은 데이터가 목적지까지 찾아갈 경로를 설정하기 위해 라우팅(routing) 프로토콜을 운영한다.

해설
• TCP/IP 프로토콜은 OSI 7계층 모델을 조금 간소화하여 네트워크 인터페이스(Network interface), 인터넷(Internet), 전송(Transport), 응용(Application) 등 네 개의 계층구조로 되어 있다.
• ICMP는 인터넷(네트워크) 계층에서 사용 가능한 프로토콜이며, IP가 패킷을 전달하는 동안에 발생할 수 있는 오류 등의 문제점을 원본 호스트에 보고하는 일을 한다.
• Network layer(네트워크 계층)는 두 개의 통신 시스템 간에 신뢰할 수 있는 데이터를 전송할 수 있도록 경로선택과 중계기능을 수행하고, 이 계층에서 동작하는 경로배정(routing) 프로토콜은 데이터 전송을 위한 최적의 경로를 결정한다.

정답 57. ③ 58. ③ 59. ③ 60. ③

61 **TCP/IP 통신 방식에 대한 설명으로 가장 적절하지 않은 것은?** 2024년 군무원

① TCP는 연결 생성, 데이터 전송, 연결 종료의 세 단계 절차로 진행된다.
② 데이터그램(Datagram) 방식은 목적지까지 고정된 경로 없이 패킷단위로 전송하는 방식이다.
③ 가상 회선(Virtual Circuit)과 데이터그램 방식은 전송 계층(Transport layer)의 프로토콜이다.
④ IP는 TCP보다 상위에 위치하여 패킷의 전송에 대응하는 계층이다.

> 해설
> • IP(Internet Protocol)는 TCP보다 하위 계층에 위치한다. TCP는 전송 계층(Transport layer)에 속하고, IP는 네트워크 계층(Network layer)에 속하며, IP는 패킷의 라우팅과 전달을 담당하고, TCP는 신뢰성 있는 데이터 전송을 담당한다.
> • TCP(Transmission Control Protocol)는 연결지향 프로토콜로, 통신을 시작하기 전에 연결을 설정하고, 데이터를 전송한 후 연결을 종료한다. 연결 생성(3-way handshake), 데이터 전송, 연결 종료(4-way handshake)

62 **TCP/IP 프로토콜 계층 구조에서 다음 중 나머지 셋과 다른 계층에 속하는 프로토콜은?**

2023년 지방직

① HTTP   ② SMTP
③ DNS   ④ ICMP

> 해설
> HTTP, SMTP, DNS는 응용 계층에 속하는 프로토콜이고, ICMP는 네트워크 계층에 속하는 프로토콜이다.

63 **TCP(Transmission Control Protocol) 기반 응용 프로토콜에 해당하지 않는 것은?** 2022년 국가직

① Telnet   ② FTP
③ SMTP   ④ SNMP

> 해설
> Telnet, FTP, SMTP는 TCP를 사용하는 응용 프로토콜이고, SNMP(Simple Network Management Protocol)는 UDP를 사용하는 응용 프로토콜이다.

64 〈보기〉에서 설명하고 있는 HTTP 프로토콜 메소드로 옳은 것은? 2023 계리직

┌─ 보기 ┌
ㄱ. 서버로 정보를 보내는 데 사용한다.
ㄴ. 대량의 데이터를 전송할 때 사용한다.
ㄷ. 보내는 데이터가 URL을 통해 노출되지 않기 때문에 최소한의 보안성을 가진다.

① GET
② POST
③ HEAD
④ CONNECT

해설
• GET : 리소스 취득. URL 형식으로 웹서버측 리소스(데이터)를 요청
• POST : 내용 전송(파일 전송도 가능). 클라이언트에서 서버로 어떤 정보를 제출함. 대량의 데이터를 전송할 때 사용함. 보내는 데이터가 URL을 통해 노출되지 않기 때문에 최소한의 보안성을 가짐.
• HEAD : 메시지 헤더(문서 정보) 취득. GET과 비슷하나, 실제 문서를 요청하는 것이 아니라 문서 정보를 요청
• CONNECT : 프락시 서버와 같은 중간 서버 경유(거의 사용 안 함)

65 다음 프로토콜에 관한 설명 중 옳지 않은 것은? 2007년 국가직

① TCP는 데이터의 흐름과 데이터 전송의 신뢰성을 관리한다.
② IP는 데이터가 목적지에 성공적으로 도달하는 것을 보장한다.
③ TCP/IP는 인터넷에 연결된 다른 기종의 컴퓨터 간에 데이터를 서로 주고받을 수 있도록 한 통신 규약이다.
④ UDP를 사용하면 일부 데이터의 손실이 생길 수 있지만 TCP를 사용할 때보다 빠른 전송을 요구하는 서비스에 사용될 수 있다.

해설
IP는 데이터가 목적지에 성공적으로 도달하도록 하지만 비연결형으로 신뢰성이 낮다. 연결형으로 신뢰성이 높은 것은 TCP이다.

정답 61. ④ 62. ④ 63. ④ 64. ② 65. ②

66 다음 중 프로토콜에 대한 설명으로 옳지 않은 것은?

① POP3, IMAP, SMTP는 전자 우편 관련 프로토콜이다.

② UDP를 사용하면 일부 데이터의 손실이 발생할 수 있지만 TCP에 비해 전송 오버헤드가 적다.

③ SNMP는 일반 사용자를 위한 응용프로토콜로, 망을 관리하기 위한 프로토콜이다.

④ DHCP는 한정된 개수의 IP 주소를 여러 사용자가 공유할 수 있도록 동적으로 가용한 주소를 호스트에 할당해준다.

해설
- SNMP는 일반 사용자를 위한 응용프로토콜이 아니고, 관리자가 망을 관리하기 위한 프로토콜이다.
- SNMP(Simple Network Management Protocol) : 관리자가 네트워크의 활동을 감시하고 제어하는 목적으로 사용하는 서비스이다.

67 〈보기〉에서 TCP에 대한 설명으로 옳은 것을 모두 고른 것은? 2022년 계리직

보기
ㄱ. RTT(Round Trip Time) 측정이 필요하다.
ㄴ. 하나의 TCP 연결로 양방향 데이터 전달이 가능하다.
ㄷ. 라우터 혼잡을 피하기 위해 흐름 제어(flow control)를 수행한다.
ㄹ. TCP 헤더(옵션 제외)에 데이터의 길이 정보를 나타내는 길이 필드(length field)가 존재한다.
ㅁ. 순서(sequence) 번호와 확인(acknowledgement) 번호를 사용한다.

① ㄱ, ㄷ
② ㄱ, ㄴ, ㄹ
③ ㄱ, ㄴ, ㅁ
④ ㄴ, ㄷ, ㅁ

해설
ㄱ. RTT(Round Trip Time)은 패킷망(인터넷)에서 송신측과 수신측에서 패킷이 왕복하는 데 걸리는 시간을 말한다. 네트워크 성능을 측정할 때 사용할 수 있으며, 네트워크 연결의 속도와 안정성을 진단할 때도 사용 가능하다.
ㄴ. TCP는 연결지향형(connection oriented) 프로토콜이며, 이는 실제로 데이터를 전송하기 전에 먼저 TCP 세션을 맺는 과정이 필요함을 의미한다. TCP3-way handshaking을 통해 연결되며 양방향 데이터 전달이 가능하다.
ㅁ. 패킷의 순서번호(sequence number)와 확인신호(acknowledgement)를 이용하여 신뢰성 있는 전송을 보장하는데 일련번호는 패킷들이 섞이지 않도록 순서대로 재조합 방법을 제공하며, 확인신호는 송신측의 호스트로부터 데이터를 잘 받았다는 수신측의 확인 메시지를 의미한다.
ㄷ. 라우터 혼잡을 피하기 위해 혼잡 제어(congestion control)를 수행한다.
ㄹ. IP 헤더에 필드(length field)가 존재한다.

⊘ RTT(Round Trip Time)
패킷망(인터넷)에서 송신측과 수신측에서 패킷이 왕복하는 데 걸리는 시간이다. 송신측에서 패킷을 수신측에 보낼 때, 패킷이 수신측에 도달하고 나서 해당 패킷에 대한 응답이 송신측으로 다시 돌아오기까지의 시간을 말한다. 네트워크 성능을 측정할 때 사용할 수 있으며, 네트워크 연결의 속도와 안정성을 진단할 때도 사용 가능하다.

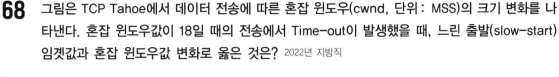
68 그림은 TCP Tahoe에서 데이터 전송에 따른 혼잡 윈도우(cwnd, 단위 : MSS)의 크기 변화를 나타낸다. 혼잡 윈도우값이 18일 때의 전송에서 Time-out이 발생했을 때, 느린 출발(slow-start) 임곗값과 혼잡 윈도우값 변화로 옳은 것은? 2022년 지방직

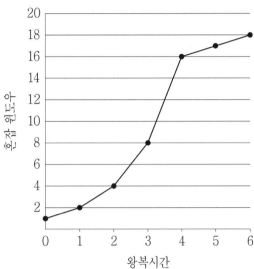

① 임곗값은 변하지 않고, 혼잡 윈도우값은 1로 감소한다.
② 임곗값이 9가 되고, 혼잡 윈도우값은 1로 감소한다.
③ 임곗값이 9가 되고, 혼잡 윈도우값은 현재 값의 반으로 감소한다.
④ 임곗값은 변하지 않고, 혼잡 윈도우값은 현재 값의 반으로 감소한다.

해설

1. 느린 출발(slow-start)
   • 송신측이 window size를 1부터 패킷 손실이 일어날 때까지 지수승(exponentially)으로 증가시키는 것이다.
2. 네트워크 혼잡 방지 알고리즘 : TCP Tahoe, Reno
   • TCP Tahoe와 Reno는 네트워크 혼잡 방지 알고리즘으로써 네트워크의 부하에 의한 패킷이 손실되는 것을 줄이는 것이 목적이다.
   • TCP Tahoe : 처음에는 Slow Start를 사용하다가 임계점(Threshold)에 도달하면 그때부터 AIMD 방식을 사용한다. timeout을 만나면 임계점을 window size의 절반으로 줄이고 window size를 1로 줄인다.
   • TCP Reno는 timeout을 만나면 window size를 1로 줄이고 임계점은 변하지 않는다.

정답   66. ③   67. ③   68. ②

69 IP(Internet Protocol)주소는 공인(public) IP주소와 사설(private) IP주소로 분류한다. 다음 중 사설 IP주소에 대한 설명으로 옳은 것은? 2021년 군무원

① 전 세계적으로 중복이 없는 유일한 IP주소이다.
② 특정한 하나의 NAT(Network Address Translation)방식의 공유기/라우터에 유일하게 할당되는 하나의 IP주소이다.
③ 세계적으로는 ICANN(Internet Corporation for Assigned Names and Numbers)이, 국내는 한국인터넷진흥원이 관리하는 IP주소이다.
④ 하나의 NAT장비로 구축한 LAN(Local Area Network)영역 내에서 임의적으로 할당하는 유일한 IP주소이다.

해설

⊘ 사설(private) IP 주소
인터넷에서 공인된 IP 주소를 사용하지 않고, 사적인 용도로 임의 사용하는 IP 주소이다. 공인 IP 주소는 내부와 외부에서 모두 통신이 되지만, 사설 IP 주소는 내부에서만 통신이 되고 외부와 통신하거나 외부에서 접근할 수 없는 주소이다.
• Class A 규모 : 10.0.0.0 ~ 10.255.255.255
• Class B 규모 : 172.16.0.0 ~ 172.31.255.255
• Class C 규모 : 192.168.0.0 ~ 192.168.255.255

---

70 다음 중 사설 IP에 포함되지 않는 것은? 2010 서울시교육청

① 10.0.254.253   ② 172.16.0.1
③ 172.35.255.254   ④ 192.168.255.254

해설

• 69번 문제 해설 참조

---

71 인터넷에서 호스트네임(hostname)에 사상(mapping)되는 IP 주소를 찾기 위해 사용하는 것은?

2018년 교육청

① DNS(Domain Name System)
② OSPF(Open Shortest Path First)
③ ICMP(Internet Control Message Protocol)
④ SNMP(Simple Network Management Protocol)

해설
- DNS(Damain Name Service) : 영문자의 도메인 주소를 숫자로 된 IP 주소로 변환시켜 주는 작업을 의미한다.
- OSPF(Open Shortest Path First) : 모든 라우터로부터 전달받은 정보로 네트워크 구성도를 생성한다. Link State Routing 기법을 사용하며, 전달 정보는 인접 네트워크 정보를 이용한다.
- ICMP(Internet Control Message Protocol) : ICMP는 IP가 패킷을 전달하는 동안에 발생할 수 있는 오류 등의 문제점을 원본 호스트에 보고하는 일을 한다. 라우터가 혼잡한 상황에서 보다 나은 경로를 발견했을 때 방향재설정(redirect) 메시지로서 다른 길을 찾도록 하며, 회선이 다운되어 라우팅할 수 없을 때 목적지 미도착(Destination Unreachable)이라는 메시지 전달도 ICMP를 이용한다.
- SNMP(Simple Network Management Protocol) : 관리자가 네트워크의 활동을 감시하고 제어하는 목적으로 사용하는 서비스이다.

72 인터넷 계층에서 동작하는 프로토콜로서 오류보고, 상황보고, 경로제어정보 전달 기능이 있는 프로토콜은? 2023년 국가직

① ICMP
② RARP
③ ARP
④ IGMP

해설
- ICMP(Internet Control Message Protocol) : ICMP는 IP가 패킷을 전달하는 동안에 발생할 수 있는 오류 등의 문제점을 원본 호스트에 보고하는 일을 한다. 라우터가 혼잡한 상황에서 보다 나은 경로를 발견했을 때 방향재설정(redirect) 메시지로서 다른 길을 찾도록 하며, 회선이 다운되어 라우팅할 수 없을 때 목적지 미도착(Destination Unreachable)이라는 메시지 전달도 ICMP를 이용한다.
- RARP(Reverse ARP) : 데이터 링크 계층의 프로토콜로 MAC 주소에 대해 해당 IP 주소를 반환해준다.
- ARP(Address Resolution Protocol : 네트워크상에서 IP 주소를 MAC 주소로 대응시키기 위해 사용되는 프로토콜이다.
- IGMP(Internet Group Message Protocol) : 네트워크의 멀티캐스트 트래픽을 자동으로 조절, 제한하고 수신자 그룹에 메시지를 동시에 전송한다. 멀티캐스팅 기능을 수행하는 프로토콜이다.

73 TCP/IP 프로토콜에 대한 설명으로 옳지 않은 것은? 2012년 국가직

① ARP(Address Resolution Protocol)는 IP주소를 물리주소로 변환해준다.
② IP는 오류제어와 흐름제어를 통하여 패킷의 전달을 보장한다.
③ TCP는 패킷 손실을 이용하여 혼잡(congestion) 정도를 측정하여 제어하는 기능도 있다.
④ HTTP, FTP, SMTP와 같은 프로토콜은 전송 계층 위에서 동작한다.

해설
IP는 제어 기능이 부족하며, 비연결형이다. TCP가 연결형으로 여러 가지 제어를 한다.

정답 69. ④ 70. ③ 71. ① 72. ① 73. ②

74 **다음 용어에 대한 설명으로 옳지 않은 것은?** 2009년 국가직

① 텔넷(TELNET)은 사용자가 원격지 호스트에 연결하여 이를 자신의 로컬 호스트처럼 사용하는 프로토콜이다.

② SNMP는 일반 사용자를 위한 응용프로토콜이 아니고, 망을 관리하기 위한 프로토콜이다.

③ 텔넷(TELNET), FTP, SMTP 등은 TCP/IP의 응용계층에 속하는 대표적인 프로토콜이다.

④ TCP/IP 프로토콜 중에서 UDP는 비연결형 데이터 전송방식을 사용하여 신뢰도가 높은 데이터 전송에 사용된다.

해설

UDP는 비연결형 데이터 전송방식을 사용하며, 신뢰성을 보장하지 않는다.

75 **이메일 송신 또는 수신을 위한 프로토콜에 해당하지 않는 것은?** 2024년 지방직

① POP3   ② SMTP

③ FTP   ④ IMAP

해설

• FTP는 전자우편에 사용되는 프로토콜이 아니라, 파일전송 프로토콜이다.

• POP3, IMAP, SMTP는 전자 우편 관련 프로토콜이다.
   ㉠ SMTP : 송신, 메일서버 간
   ㉡ POP3, IMAP : 수신

76 **전자우편에 사용되는 프로토콜이 아닌 것은?** 2008년 국가직

① IMAP   ② SMTP

③ POP3   ④ VPN

해설

VPN은 전자우편에 사용되는 프로토콜이 아니라, 가상사설망이다.

77 이메일 서비스에서 사용되는 프로토콜로 적절하지 않은 것은? 2022년 계리직

① DNS
② HTTP
③ RTP
④ TCP

해 설

• RTP는 Real-Time Transport Protocol로 이메일 서비스에 관련된 프로토콜이 아니라 인터넷상에서 다수의 종단 간에 비디오나 오디오 패킷의 실시간 전송을 지원하기 위해 표준화된 실시간 통신용 프로토콜이다.
• DNS 서비스 4가지
  ㉠ Translation : 호스트 네임(도메인)을 IP 주소로 변환한다.
  ㉡ Host Aliasing
  ㉢ Mail Server Aliasing : 이메일을 보낼 때 ~@ㅁㅁㅁ.com이라고만 입력하면 자동으로 메일서버로 매핑이 된다.
  ㉣ Load Distribution : 트래픽 분산
• HTTP(HyperText Transfer Protocol) : 분산 하이퍼미디어 환경에서 빠르고 간편하게 데이터를 전송하는 프로토콜이다.
• RTP(Real-Time Transport Protocol) : 인터넷상에서 다수의 종단 간에 비디오나 오디오 패킷의 실시간 전송을 지원하기 위해 표준화된 실시간 통신용 프로토콜이다. 주요 용도로는 VoIP, VoD, 인터넷 방송, 인터넷 영상회의 등이 있다.

78 다음 그림은 전자우편의 전달 과정을 나타낸 것이다. ㉠~㉢에 사용되는 전자우편 프로토콜을 올바르게 짝지은 것은? 2018년 교육청

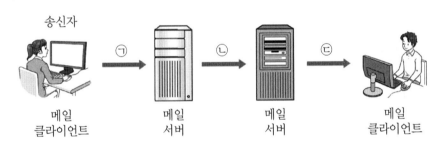

	㉠	㉡	㉢
①	SMTP	SMTP	IMAP
②	SMTP	IMAP	POP3
③	POP3	SMTP	IMAP
④	POP3	IMAP	POP3

해 설

• SMTP : 송신, 메일서버 간
• POP3, IMAP : 수신

정 답 74. ④   75. ③   76. ④   77. ③   78. ①

79 〈보기〉에서 전자우편에 대한 설명으로 옳은 것을 모두 고른 것은? 2024년 계리직

┌ 보기 ┌
> ㄱ. 전자우편을 보낼 때 사용되는 일반적인 프로토콜은 POP3이다.
> ㄴ. SMTP 프로토콜은 TCP/IP 계층의 네트워크 계층에 포함된 서비스이다.
> ㄷ. 전자우편을 보낼 때 사용되는 일반적인 프로토콜은 SMTP(Simple Mail Transfer Protocol)이다.
> ㄹ. 전자우편은 Web 기반 전자우편과 POP3(Post Office Protocol, Version 3)를 사용하는 전자우편으로 나눌 수 있다.

① ㄱ, ㄴ   ② ㄱ, ㄹ
③ ㄴ, ㄷ   ④ ㄷ, ㄹ

해설
ㄷ. 전자우편을 보낼 때 사용되는 일반적인 프로토콜은 SMTP(Simple Mail Transfer Protocol)이다.
ㄹ. 전자우편은 Web 기반 전자우편과 POP3(Post Office Protocol, Version 3)를 사용하는 전자우편으로 나눌 수 있다.
ㄱ. 전자우편을 받을 때 사용되는 일반적인 프로토콜은 POP3이다.
ㄴ. SMTP 프로토콜은 TCP/IP 계층의 응용 계층에 포함된 서비스이다.

80 컴퓨터 네트워크상에서 음성 데이터를 IP 데이터 패킷으로 변환하여 전화 통화와 같이 음성 통화를 가능케 해주는 기술로 알맞은 것은? 2008 계리직

① VPN   ② IPSec
③ IPv6   ④ VoIP

해설
VoIP(Voice over Internet Protocol) : 인터넷전화 또는 음성패킷망이라고 한다. 초고속인터넷과 같이 IP망을 기반으로 패킷 데이터를 통해 음성통화를 구현하는 통신기술이다.

81 프로토콜에 대한 설명으로 옳지 않은 것은? 2015년 국가직

① ARP는 데이터 링크 계층의 프로토콜로 MAC 주소에 대해 해당 IP 주소를 반환해준다.

② UDP를 사용하면 일부 데이터의 손실이 발생할 수 있지만 TCP에 비해 전송 오버헤드가 적다.

③ MIME는 텍스트, 이미지, 오디오, 비디오 등의 멀티미디어 전자우편을 위한 규약이다.

④ DHCP는 한정된 개수의 IP 주소를 여러 사용자가 공유할 수 있도록 동적으로 가용한 주소를 호스트에 할당해준다.

해설

• ARP(Address Resolution Protocol)는 네트워크상에서 IP 주소를 MAC 주소로 대응시키기 위해 사용되는 프로토콜이다.
• 보기 1번은 RARP(Reverse ARP)에 대한 설명이다.

82 프로토콜과 이에 대응하는 TCP/IP 프로토콜 계층 사이의 연결이 옳지 않은 것은? 2020년 지방직

① HTTP - 응용 계층

② SMTP - 데이터링크 계층

③ IP - 네트워크 계층

④ UDP - 전송 계층

해설

Application layer(응용 계층) : 사용자들이 응용 프로그램을 사용할 수 있도록 다양한 서비스를 제공한다. 인터넷 브라우저를 이용하기 위한 HTTP 서비스, 파일 전송 프로그램을 위한 FTP 서비스, 메일 전송을 위한 SMTP, 네트워크 관리를 위한 SNMP 등의 서비스를 제공한다.

정답 79. ④ 80. ④ 81. ① 82. ②

83 인터넷 통신에서 IP 주소를 동적으로 할당하는 데 사용되는 것은? 2023년 국가직

① TCP
② DNS
③ SOAP
④ DHCP

해설
• DHCP(Dynamic Host Configuration Protocol) : 한정된 개수의 IP 주소를 여러 사용자가 공유할 수 있도록 동적으로 가용한 주소를 호스트에 할당해준다. 자동이나 수동으로 가용한 IP 주소를 호스트(host)에 할당한다.
• TCP(Transport Control Protocol) : 연결지향형(connection oriented) 프로토콜이며, 이는 실제로 데이터를 전송하기 전에 먼저 TCP 세션을 맺는 과정이 필요함을 의미한다.(TCP3-way handshaking)
• DNS(Damain Name Service) : 영문자의 도메인 주소를 숫자로 된 IP 주소로 변환시켜 주는 작업을 의미한다. 이러한 작업을 전문으로 하는 컴퓨터를 도메인 네임 서버(DNS)라고 한다.
• SOAP(Simple Object Access Protocol) : 웹서비스를 실제로 이용하기 위한 객체 간의 통신규약으로 인터넷을 통하여 웹서비스가 통신할 수 있게 하는 역할을 담당하는 기술이다.

84 DHCP(Dynamic Host Configuration Protocol)에 대한 설명으로 옳은 것은? 2013년 국가직

① 자동이나 수동으로 가용한 IP 주소를 호스트(host)에 할당한다.
② 서로 다른 통신규약을 사용하는 네트워크들을 상호 연결하기 위해 통신규약을 전환한다.
③ 데이터 전송 시 케이블에서의 신호 감쇠를 보상하기 위해 신호를 증폭하고 재생하여 전송한다.
④ IP 주소를 기준으로 네트워크 패킷의 경로를 설정하며 다중 경로일 경우에는 최적의 경로를 설정한다.

해설
• 서로 다른 통신규약을 사용하는 네트워크들을 상호 연결하기 위해 통신규약을 전환하는 것은 게이트웨이이다.
• 데이터 전송 시 케이블에서의 신호 감쇠를 보상하기 위해 신호를 증폭하고 재생하여 전송하는 것은 증폭기이다.
• IP 주소를 기준으로 네트워크 패킷의 경로를 설정하며 다중 경로일 경우에는 최적의 경로를 설정하는 것은 라우터이다.

85 IP(Internet Protocol)에 대한 설명으로 옳지 않은 것은? 2023년 지방직

① 전송 계층에서 사용되는 프로토콜이다.
② 비연결형 프로토콜이다.
③ IPv4에서 IP 주소의 길이가 32비트이다.
④ IP 데이터그램이 목적지에 성공적으로 도달하는 것을 보장하지 않는다.

해설
IP(Internet Protocol)은 네트워크 계층에서 사용되는 프로토콜이다.

86 네트워크 기술에 대한 설명으로 옳지 않은 것은? 2018년 국가직

① IPv6는 인터넷 주소 크기가 128비트이고 호스트 자동 설정기능을 제공한다.

② 광대역통합망은 응용 서비스별로 약속된 서비스 레벨 보증(Service Level Agreement) 품질 수준을 보장해줄 수 있다.

③ 모바일 와이맥스(WiMAX)는 휴대형 단말기를 이용해 고속 인터넷 접속 서비스를 제공하는 무선망 기술이다.

④ SMTP(Simple Mail Transfer Protocol)는 사용자 인터페이스 구성방법을 지정하는 전송 계층 프로토콜이다.

해설
SMTP는 메일 전송에 사용되며 Application layer(응용 계층) 프로토콜이다.

87 IPv4와 IPv6에 대한 설명으로 옳지 않은 것은? 2018년 지방직

① IPv4는 비연결형 프로토콜이다.

② IPv6 주소의 비트 수는 IPv4 주소 비트 수의 2배이다.

③ IPv6는 애니캐스트(anycast) 주소를 지원한다.

④ IPv6는 IPv4 네트워크와의 호환성을 위한 방법을 제공한다.

해설
IPv6 주소의 비트 수는 128비트이고, IPv4 주소의 비트 수는 32비트이므로 IPv6 주소의 비트 수는 IPv4 주소 비트 수의 4배이다.

정답 83. ④ 84. ① 85. ① 86. ④ 87. ②

88 인터넷에서 사용하는 IPv6에 대한 설명으로 옳지 않은 것은? 2021년 계리직

① 패킷 헤더의 체크섬(checksum)을 통해 데이터 무결성 검증 기능을 지원한다.

② QoS(Quality of Service) 보장을 위해 흐름 레이블링(flow labeling) 기능을 지원한다.

③ IPv6의 주소 체계는 16비트씩 8개 부분, 총 128비트로 구성되어 있다.

④ IPv6 주소 표현에서 연속된 0에 대한 생략을 위한 :: 표기는 1번만 가능하다.

[해설]

IPv6의 헤더에는 체크섬 필드가 제거되었다.

⊘ **IPv6**

1. IPv4의 문제점

   IP 설계 시 예측하지 못한 많은 문제점 발생

   ㉠ IP 주소 부족 문제
   - 클래스별 주소 분류 방식으로 인한 문제 가속화
   - 국가별로 보유한 IP 주소 개수의 불균형
   - 주소 부족 문제 해결을 위해 한정된 IP 주소를 다수의 호스트가 사용하는 NAT(Network Address Translation) 또는 DHCP(Dynamic Host Configuration Protocol) 방법 사용
   - IPv4의 근본적인 한계와 성능 저하 문제를 극복하지는 못함

   ㉡ 유무선 인터넷을 이용한 다양한 단말기 및 서비스 등장
   - 효율적이고 안정적인 서비스 지원을 위해 네트워크 계층에서의 추가적인 기능이 요구

   ㉢ 취약한 인터넷 보안

2. IPv6의 등장 : RFC 2460

   ㉠ 차세대 IP(IPng ; Internet Protocol Next Generation)에 대한 연구가 IETF(Internet Engineering Task Force)에서 진행

   ㉡ IPv6(IP version 6, RFC 2460)이 탄생
   - IPv6은 128비트 주소 길이를 사용
   - 보안 문제, 라우팅 효율성 문제 제공
   - QoS(Quality of Service) 보장, 무선 인터넷 지원과 같은 다양한 기능 제공

3. IPv6 특징

   ㉠ 확장된 주소 공간
   - IP 주소 공간의 크기를 32비트에서 128비트로 증가
   - 128비트의 공간은 대략 3.4×10^{32}만큼의 주소 사용 가능
   - 주소 부족 문제를 근본적으로 해결

   ㉡ 헤더 포맷의 단순화
   - IPv4에서 자주 사용하지 않는 헤더 필드를 제거
   - 추가적으로 필요한 기능은 확장 헤더를 사용하여 수행

   ㉢ 향상된 서비스의 지원

   ㉣ 보안과 개인 보호에 대한 기능

4. IPv6 주소 표기법

   ㉠ 기본 표기법
   - IPv6 주소는 128비트로 구성되는데, 긴 주소를 읽기 쉽게 하기 위해서 16비트씩 콜론으로 나누고, 각 필드를 16진수로 표현하는 방법을 사용

   ㉡ 주소 생략법
   - 0 값이 자주 있는 IPv6 주소를 쉽게 표현하기 위해서 몇 가지 생략 방법이 제안되었다. 0으로만 구성된 필드가 연속될 경우 필드 안의 0을 모두 삭제하고 2개의 콜론만으로 표현하며, 생략은 한 번만 가능하다.

5. IPv6의 헤더
   - Traffic Class : QoS를 위한 class 설정

- Flow Label : Flow를 위한 index 지정
- Payload Length : 기본 헤더를 제외한 나머지
- Next Header : 맨 처음 확장 헤더를 지정
- Hop Limit : TTL과 같은 기능

←	32비트	→	
Ver.	Traffic Class	Flow Label	
Payload Length		Next Header	Hop Limit
128 bit Source Address			
128 bit Destination Address			

89 다음 중 IPv6에 대한 설명으로 옳은 것은?

① IPv4와 IPv6는 변환을 위해 확장헤더에서 일부 호환성을 가진다.
② IPv6에서 IPSec에 대한 지원은 확장헤더를 통해 수행된다.
③ IPv6가 정의되면서 ICMPv6는 RARP, IGMP의 기능을 흡수하였고, ARP는 삭제되었다.
④ IPv6로의 이전기법으로 터널링 방식은 IPv4 호스트 간에 통신이 IPv6 네트워크 영역을 통과해서 이루어지는 경우에 사용된다.

해설
IPv6가 정의되면서 ICMPv6는 ARP, IGMP의 기능을 흡수하였고, RARP는 삭제되었다.

90 클래스기반 주소지정에서 IPv4 주소 131.23.120.5가 속하는 클래스는? 2021년 지방직

① Class A   ② Class B
③ Class C   ④ Class D

해설
⊘ 클래스별 주소 범위와 연결 가능한 호스트 수

구분	주소 범위	연결 가능한 호스트 개수
A 클래스	0.0.0.0 ~ 127.255.255.255	16,777,214개
B 클래스	128.0.0.0 ~ 191.255.255.255	65,534개
C 클래스	192.0.0.0 ~ 223.255.255.255	254개

정답   88. ①   89. ②   90. ②

91 IPv4 주소를 클래스별로 분류했을 때, B 클래스에 해당하는 것은? 2024년 국가직

① 12.23.34.45
② 111.111.11.11
③ 128.128.128.128
④ 222.111.222.111

해설
• 90번 문제 해설 참조

92 IPv4 주소 체계의 A 클래스 주소에서 호스트 ID의 비트 수는? 2024년 지방직

① 8
② 16
③ 24
④ 32

해설
☑ Netid와 hostid

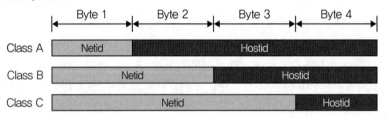

93 인터넷 표준규격을 개발하고 검토하는 역할을 하는 국제 인터넷 작업그룹으로 적절한 것은?

2021년 군무원

① IETF(Internet Engineering Task Force)
② IAB(Internet Architecture Board)
③ ISOC(Internet SOCiety)
④ IRTF(Internet Research Task Force)

해설
IETF(Internet Engineering Task Force) : 인터넷의 원활한 사용을 위한 인터넷 표준규격을 개발하고 있는 미국 IAB(Internet Architecture Board)의 조사위원회이다.

94 인터넷 주소 체계인 IPv4와 IPv6의 주소 길이와 주소표시 방법을 각각 바르게 나열한 것은?

2016년 계리직

	IPv4	IPv6
①	(32비트, 8비트씩 4부분)	(128비트, 16비트씩 8부분)
②	(32비트, 8비트씩 4부분)	(128비트, 8비트씩 16부분)
③	(64비트, 16비트씩 4부분)	(256비트, 32비트씩 8부분)
④	(64비트, 16비트씩 4부분)	(256비트, 16비트씩 16부분)

해설
- IPv4 : 32비트, 8비트씩 4부분
  ex) 169.254.17.5
- IPv6 : 128비트, 16비트씩 8부분
  ex) 1080 : 0000 : 0000 : 0000 : 0008 : 0800 : 200C : 417A

95 IPv6(Internet Protocol version 6)에 대한 설명으로 옳지 않은 것은? 2007년 국가직

① 128비트의 IP 주소 크기
② 40바이트의 크기를 갖는 기본 헤더(header)
③ IP 데이터그램의 비트 오류를 검출하기 위해 헤더 체크섬(checksum)필드가 헤더에 존재한다.
④ 중간 라우터에서는 IP 데이터그램을 조각화(fragmentation)할 수 없다.

해설
데이터 링크 계층에서 비트 오류를 줄이기 위한 체크섬이 행해지기 때문에 IPv6의 헤더에서 데이터그램의 비트 오류를 검출하기 위한 헤더 체크섬 필드는 생략되었다.

정답   91. ③   92. ③   93. ①   94. ①   95. ③

96 IPv4가 제공하는 기능만을 모두 고른 것은? 2018년 국가직

> ㄱ. 혼잡제어   ㄴ. 인터넷 주소지정과 라우팅
> ㄷ. 신뢰성 있는 전달 서비스   ㄹ. 패킷 단편화와 재조립

① ㄱ, ㄴ   ② ㄴ, ㄷ
③ ㄴ, ㄹ   ④ ㄷ, ㄹ

해설

- 단편화가 일어나는 계층은 2계층(데이터 링크 계층)과 3계층(네트워크 계층)이 있다. 특히 3계층에서 단편화가 많이 이루어지는데, 각 라우터마다 적합한 데이터 링크 계층 프레임으로 변환이 필요하게 된다.
- IPv4에서는 발신지뿐만 아니라 중간 라우터에서도 IP 단편화가 가능하지만, IPv6에서는 IP 단편화가 발신지에서만 가능하다.

97 회사에서 211.168.83.0(클래스 C)의 네트워크를 사용하고 있다. 내부적으로 5개의 서브넷을 사용하기 위해 서브넷 마스크를 255.255.255.224로 설정하였다. 이때 211.168.83.34가 속한 서브넷의 브로드캐스트 주소는 어느 것인가? 2010년 계리직

① 211.168.83.15   ② 211.168.83.47
③ 211.168.83.63   ④ 211.168.83.255

해설

서브넷 마스크(255.255.255.224)와 211.168.83.34를 AND 연산을 수행한 후, 호스트 ID의 비트 수 5개를 1로 하면 그 서브넷 브로드캐스트 주소를 구할 수 있다.

98 서브넷 마스크(subnet mask)를 255.255.255.224로 하여 한 개의 C클래스 주소 영역을 동일한 크기의 8개 하위 네트워크로 나누었다. 분할된 네트워크에서 브로드캐스트를 위한 IP 주소의 오른쪽 8비트에 해당하는 값으로 옳은 것은? 2015년 국가직

① 0   ② 64
③ 159   ④ 207

해설

- 서브넷 마스크(Subnet Mask)는 커다란 네트워크를 서브넷으로 나눠주는 네트워크의 중요한 방법 중 하나이다. 브로드캐스트의 단점을 보완하기 위한 방법으로 할당된 IP 주소를 네트워크 환경에 알맞게 나누어주기 위해 만들어지는 이진수의 조합이다.
- 8개 하위 네트워크로 나누기 위해 3비트가 필요하며, 오른쪽 8비트에서 하위 5비트가 모두 1인 경우는 8가지이다 (00011111, 00111111, 01011111, 01111111, 10011111, 10111111, 11011111, 11111111). 즉 (31, 63, 95, 127, 159, 191, 223, 255)이다.

99 IPv4 CIDR 표기법에서 네트워크 접두사(prefix)의 길이가 25일 때, 이에 해당하는 서브넷 마스크 (subnet mask)는? 2021년 지방직

① 255.255.255.0
② 255.255.255.128
③ 255.255.255.192
④ 255.255.255.224

해설

CIDR 표기법에서 네트워크 접두사(prefix)의 길이가 25이므로, 서브넷 마스크(subnet mask) 표현 시 왼쪽부터 25비트는 1이 되고, 나머지 7비트가 0이 된다. 이를 서브넷 마스크로 표현하면 255.255.255.128이 된다.

100 다음 라우팅 테이블에 대한 설명으로 옳지 않은 것은? 2022년 국가직

목적지 네트워크	서브넷마스크	인터페이스
128.50.30.0	255.255.254.0	R1
128.50.28.0	255.255.255.0	R2
Default		R3

① 목적지 IP 주소가 128.50.30.92인 패킷과 128.50.31.92인 패킷은 서로 다른 인터페이스로 전달된다.
② 128.50.28.0 네트워크에 대한 브로드캐스트 주소는 128.50.28.255다.
③ 서브넷마스크 255.255.254.0은 CIDR 표기에 의해 /23으로 표현된다.
④ 이 라우터는 목적지 IP 주소가 128.50.28.9인 패킷을 R2로 전달한다.

해설

• 목적지 네트워크가 128.50.30.0이고, 서브넷마스크가 255.255.254.0이므로 128.50.30.0부터 128.50.31.255까지의 범위를 목적지로 하는 패킷은 모두 R1으로 전달된다.
• 목적지 IP 주소가 128.50.30.92인 패킷과 128.50.31.92인 패킷은 같은 인터페이스로 전달된다.

101 A 회사에서 인터넷 클래스 B 주소가 할당되었다. 만약 A 회사 조직이 64개의 서브넷을 가지고 있다면 각 서브넷에서 사용할 수 있는 주소의 개수는? (단, 특수주소를 포함한다) 2010 지방직

① 256
② 512
③ 1024
④ 2048

해설

• B 클래스 : 네트워크 ID는 16비트, 호스트 ID는 16비트
• 서브넷 64개의 표현을 위해 6비트가 필요하고, 호스트 ID를 구분하기 위해 사용되는 비트는 10비트이다.

정답   96. ③   97. ③   98. ③   99. ②   100. ①   101. ③

102 IP주소가 117.17.23.253/27인 호스트에 대한 설명으로 옳은 것은? 2023 계리직

① 이 주소의 네트워크 주소는 117.17.23.0이다.

② 이 주소의 서브넷 마스크는 255.255.255.224이다.

③ 이 주소는 클래스 기반의 주소지정으로 C클래스 주소이다.

④ 이 주소가 포함된 네트워크에서 사용될 수 있는 IP주소는 254개이다.

해설
- 프리픽스 표기법에서 /27이므로 네트워크 주소로 27비트를 사용한다.
  서브넷 마스크는 11111111.11111111.11111111.11100000이므로 255.255.255.224가 된다.
- IP주소가 117.17.23.253/27인 호스트의 네트워크 주소는 117.17.23.224이고, 브로드캐스트 주소는 117.17.23.255이다.
- 이 주소가 포함된 네트워크에서 사용될 수 있는 IP주소는 특수주소(네트워크 주소, 브로드캐스트 주소) 2개를 제외한 30개이다.

103 인터넷 관련 용어에 대한 설명으로 옳지 않은 것은? 2014년 국가직

① POP3, IMAP, SMTP는 전자우편 관련 프로토콜이다.

② RSS는 웹사이트 간의 콘텐츠를 교환하기 위한 XML 기반의 기술이다.

③ CGI(Common Gateway Interface)는 웹서버 상에서 다른 프로그램을 실행시키기 위한 기술이다.

④ 웹 캐시(web cache)는 웹 서버가 사용자의 컴퓨터에 저장하는 방문 기록과 같은 작은 임시 파일로 이를 이용하여 웹 서버는 사용자를 식별, 인증하고 사용자별 맞춤 정보를 제공할 수도 있지만 개인 정보 침해의 소지가 있다.

해설
- 웹 캐시는 프록시 서버(Proxy Server)라고도 한다. 기점 웹 서버(Origin Web Server)를 대신하는 역할을 하는 네트워크 요소이다.
- 클라이언트가 웹 서버에 접속해서 어떤 정보를 얻고자 한다고 실제 웹 서버에 접속하는 것이 아니라 클라이언트로부터 가까이에 존재하는 프록시 웹 서버에 요청을 하여 원하는 정보를 얻게 된다.
- 웹 캐시는 클라이언트의 요청에 대한 응답 시간을 줄여줄 수 있고, 기점 서버(Origin Server)에 대한 과도한 트래픽을 막아줌과 동시에 트래픽 분산 효과를 통해 병목현상 또한 줄여줄 수 있는 장점이 있다.

104 인터넷에서는 도메인 주소를 IP 주소로 변환시켜주는 컴퓨터가 있어야 하는데 이러한 컴퓨터의 이름으로 알맞은 것은? 2008년 계리직

① Proxy 서버
② DHCP 서버
③ WEB 서버
④ DNS 서버

[해설]

• Proxy 서버 : 반복적으로 제공되는 정보를 서버와는 별도로 저장해서 요청이 있을 경우 서버 대신 빠른 속도로 클라이언트에게 이를 제공할 수 있다. 프록시 서버는 기업 내부의 네트워크와 인터넷의 경계지점에 위치해 있기 때문에 방화벽의 용도로 사용 가능하다.
• DHCP 서버 : IP 주소들의 풀(pool)과 클라이언트 설정 파라미터를 관리한다. 새로운 호스트(DHCP 클라이언트)로부터 요청을 받으면 서버는 특정주소와 그 주소의 대여(lease) 기간을 응답한다. 클라이언트는 일반적으로 부팅 후 즉시 이러한 정보에 대한 질의를 수행하며 정보의 유효기간이 해제되면 주기적으로 재질의한다.
• WEB 서버 : 사용자에게 웹(Web)을 제공하기 위한 서버로, 웹에서 사용자가 서비스를 요청하는 경우 네트워크를 통해 HTML로 구성된 웹페이지를 제공한다.
• DNS 서버 : DNS 서버 자체에 할당된 주소로 보통은 IP 주소로 나타낸다. 호스트의 도메인 이름을 호스트의 네트워크로 변환 수행할 수 있다.

105 인터넷 접속 장비가 급격히 늘어남에 따라 신규로 할당할 수 있는 IP 주소의 고갈이 예상된다. 다음 중 IP 주소 고갈 문제에 대한 해결 방안과 연관이 있는 것을 모두 고른 것은? 2011년 국가직

ㄱ. NAT(network address translation)
ㄴ. IPv6
ㄷ. DHCP(dynamic host configuration protocol)
ㄹ. ARP(address resolution protocol)

① ㄱ, ㄹ
② ㄴ, ㄷ
③ ㄱ, ㄴ, ㄷ
④ ㄴ, ㄷ, ㄹ

[해설]

ARP(address resolution protocol)는 논리적 주소인 IP를 MAC 주소로 변환하는 프로토콜이며 부족한 IP 주소의 해결방안은 아니다.

정답 　102. ②　103. ④　104. ④　105. ③

106 다음 설명에 해당하는 기술은? 2021년 지방직

> − 클라이언트의 요구에 대한 응답 시간을 줄일 수 있다.
> − 외부 인터넷과 연결된 트래픽을 줄일 수 있다.
> − 최근 호출된 객체의 사본을 저장한다.

① DNS   ② NAT
③ Router   ④ Proxy server

해설

Proxy server : 클라이언트가 자신을 통해서 다른 네트워크 서비스에 간접적으로 접속할 수 있게 해주는 컴퓨터 시스템이나 응용 프로그램을 가리킨다. 서버와 클라이언트 사이에 중계기로서 대리로 통신을 수행하는 것을 가리켜 '프록시', 그 중계 기능을 하는 것을 프록시 서버라고 부른다. 프록시 서버 중 일부는 프록시 서버에 요청된 내용들을 캐시를 이용하여 저장해 둔다. 이렇게 캐시를 해 두고 난 후에, 캐시 안에 있는 정보를 요구하는 요청에 대해서는 원격 서버에 접속하여 데이터를 가져올 필요가 없게 됨으로써 전송 시간을 절약할 수 있게 됨과 동시에 불필요하게 외부와의 연결을 하지 않아도 된다는 장점을 갖게 된다.

107 IPv4에서 데이터 크기가 6,000 바이트인 데이터그램이 3개로 단편화(fragmentation)될 때, 단편화 오프셋(offset) 값으로 가능한 것만을 모두 고르면? 2019년 국가직

ㄱ. 0	ㄴ. 500	ㄷ. 800	ㄹ. 2,000

① ㄱ, ㄴ   ② ㄷ, ㄹ
③ ㄱ, ㄴ, ㄷ   ④ ㄴ, ㄷ, ㄹ

해설

• 모든 링크 계층 프로토콜이 같은 크기의 네트워크 계층 패킷을 전달할 수 없다. 링크 계층 프레임이 전달할 수 있는 최대 데이터 양을 MTU(maximum transmission unit)라 부른다.
• IP 헤더에서 단편화 − 재결합에 필요한 옵션들은 3가지로 구성된다. 식별자, 플래그, 단편화 오프셋이 해당 필드이다.
• 예를 들어 문제에서 6,000byte datagram, 3개의 단편화(MTU는 최대 2,000byte)라면, 단순히 2,000byte씩 쪼개기만 하는 것이 아니라 패킷도 IP데이터그램 포맷에 맞춰야 한다. 헤더 크기인 20byte도 고려하여 6,000byte의 입력패킷은 20byte의 헤더와 5980byte의 페이로드로 이루어진다. 오프셋은 첫번째 단편의 페이로드 나누기 8(바이트)로 해서 나온 값이다.

> 입력패킷: 20 + 5980(byte) (5980 : 2000 + 2000 + 1980)
> 첫 번째 단편: 20 + 2000   offset : 0
> 두 번째 단편: 20 + 2000   offset : 250
> 세 번째 단편: 20 + 1980   offset : 500

• 위의 문제에서는 MTU값을 정확히 제시하지 않았기 때문에 단편의 크기는 2000~2999이 된다. 6,000byte datagram이므로 0~5999까지 오프셋이 가능하며, 페이로드 나누기 8(바이트)을 계산하면 0~749.875까지의 범위에서 오프셋이 가능하다고 할 수 있다.

108 IEEE 802.11 무선 랜에 대한 설명으로 옳은 것은? 2018년 국가직

① IEEE 802.11a는 5GHz 대역에서 5.5Mbps의 전송률을 제공한다.
② IEEE 802.11b는 직교 주파수 분할 다중화(OFDM) 방식을 사용하여 최대 22Mbps의 전송률을 제공한다.
③ IEEE 802.11g는 5GHz 대역에서 직접 순서 확산 대역(DSSS) 방식을 사용한다.
④ IEEE 802.11n은 다중입력 다중출력(MIMO) 안테나 기술을 사용한다.

해설
• 802.11a는 5GHz 대역의 전파에서 최고 54Mbps까지의 전송 속도를 지원한다.
• 802.11b는 2.4GHz 대역 전파에서 최고 11Mbps의 전송 속도를 지원한다.
• 802.11g는 2.4GHz 대역 전파에서 최고 54Mbps까지 데이터 전송 속도를 지원한다.

109 다음 무선 전송 규격 중 2.4GHz와 5GHz 주파수 대역을 모두 지원하는 것은? 2024년 군무원

① 802.11a
② 802.11g
③ 802.11n
④ 802.11ac

해설
• 802.11n은 2.4GHz와 5GHz 주파수 대역을 모두 지원할 수 있다.
• 802.11a는 5GHz 대역의 전파에서 최고 54Mbps까지의 전송 속도를 지원한다.
• 802.11g는 2.4GHz 대역 전파에서 최고 54Mbps까지 데이터 전송 속도를 지원한다.
• 802.11b는 2.4GHz 대역 전파에서 최고 11Mbps의 전송 속도를 지원한다.
• 802.11ac는 주로 5GHz 주파수 대역에서 작동한다.

110 무선 통신 기술에 대한 설명으로 옳은 것은? 2012년 국가직

① Wi-Fi의 통신 범위는 셀룰러 통신망에 비해 넓다.
② Wi-Fi는 IEEE 802.3 표준에 기반을 둔 무선 통신 기술이다.
③ WiBro는 국내에서 개발한 무선 인터넷 서비스로서 2.5G에 해당하는 기술이다.
④ 무선 단말기의 이동성의 한계를 극복하기 위해 IMT-2000 표준 기술이 사용되고 있다.

해설
Wi-Fi는 IEEE 802.11b 표준에 기반을 둔 무선 통신 기술이며, 통신 범위는 셀룰러 통신망에 비해 좁다.

정답 106. ④   107. ①   108. ④   109. ③   110. ④

111 무선 네트워크 방식에 대한 설명으로 옳은 것은? 2016년 계리직

① 블루투스(Bluetooth)는 동일한 유형의 기기 간에만 통신이 가능하다.

② NFC방식이 블루투스 방식보다 최대 전송 속도가 빠르다.

③ NFC방식은 액세스 포인트(access point) 없이 두 장치 간의 통신이 가능하다.

④ 최대 통신 가능거리를 가까운 것에서 먼 순서로 나열하면 Bluetooth < Wi-Fi < NFC < LTE 순이다.

해설
• 블루투스(Bluetooth)는 서로 다른 유형의 기기 간에도 통신이 가능하다.
• NFC방식이 블루투스 방식보다 최대 전송 속도가 느리다.
• NFC방식은 근거리에서 데이터를 교환할 수 있는 비접촉식 무선통신 기술로서 액세스 포인트(access point) 없이 두 장치 간의 통신이 가능하다.
• 최대 통신 가능거리를 가까운 것에서 먼 순서로 나열하면 NFC < Bluetooth < Wi-Fi < LTE 순이다.

112 IEEE 802.11 방식의 무선 LAN에 사용되는 물리매체 제어방식은? 2008년 국가직

① CDMA   ② CSMA/CD
③ CSMA/CA   ④ ALOHA

해설
• CSMA(Carrier Sense Multe-Access) : 반송파 감지 다중 접근
• CSMA/CD(Carrier Sense Multe-Access/Collision Detection) : 프레임이 목적지에 도착할 시간 이전에 다른 프레임의 비트가 발견되면 충돌이 일어난 것으로 판단하며, 유선 Ethernet LAN에서 사용한다.
• CSMA/CA(Carrier Sense Multe-Access/Collision Avoidance) : 무선 네트워크에서는 충돌을 감지하기 힘들기 때문에 CSMA/CD 방식을 사용할 수 없으며, 따라서 충돌을 회피하는 방식을 사용한다.

113 LTE(Long-Term Evolution) 표준에 대한 설명으로 옳은 것만을 모두 고르면? 2019년 국가직

ㄱ. 다중입력 다중출력(MIMO) 안테나 기술을 사용한다.
ㄴ. 4G 무선기술로서 IEEE 802.16 표준으로도 불린다.
ㄷ. 음성 및 데이터 네트워크를 통합한 All-IP 네트워크 구조이다.
ㄹ. 다운스트림에 주파수 분할 멀티플렉싱과 시간 분할 멀티플렉싱을 결합한 방식을 사용한다.

① ㄱ, ㄷ   ② ㄴ, ㄹ
③ ㄱ, ㄴ, ㄷ   ④ ㄱ, ㄷ, ㄹ

해설
IEEE 802.16은 일련의 무선 브로드밴드 표준이다. 802.16 표준을 이용하는 가장 잘 알려진 것 가운데 하나가 모바일 WirelessMAN이며 와이맥스 포럼에서는 와이맥스라는 이름으로 상용화되었다.

114 이동 애드혹 네트워크(MANET)에 대한 설명으로 옳지 않은 것은? 2017년 국가직

① 전송 거리와 전송 대역폭에 제약을 받는다.

② 노드는 호스트 기능과 라우팅 기능을 동시에 가진다.

③ 보안 및 라우팅 지원이 여러 노드 간의 협력에 의해 분산 운영된다.

④ 동적인 네트워크 토폴로지를 효율적으로 구성하기 위해 액세스 포인트(AP)와 같은 중재자를 필요로 한다.

해설

이동 애드혹 네트워크(MANET) : 유선 기반 망 없이 이동 단말기로만 구성된 무선 지역의 통신망이다. 유선 기반이 구축되지 않은 산악 지역이나 전쟁터 등지에서 통신망을 구성해서 인터넷 서비스를 제공하는 기술이다. 무선 신호의 송수신은 현재의 자료 연결 기술을 활용하고, 라우터 기능은 이동 애드혹 네트워크의 이동 단말기가 호스트와 라우터 역할을 동시에 하도록 하는데, 여기에 라우터 프로토콜의 개발과 무선 신호의 보안 문제 해결 기술 등이 필요하다.

115 다음의 설명과 무선 PAN 기술이 옳게 짝지어진 것은? 2017년 국가직

(가) 다양한 기기 간에 무선으로 데이터 통신을 할 수 있도록 만든 기술로 에릭슨이 IBM, 노키아, 도시바와 함께 개발하였으며, IEEE 802.15.1 규격으로 발표되었다.

(나) 약 10cm 정도로 가까운 거리에서 장치 간에 양방향 무선 통신을 가능하게 해주는 기술로 모바일 결제 서비스에 많이 활용된다.

(다) IEEE 802.15.4 기반 PAN기술로 낮은 전력을 소모하면서 저가의 센서 네트워크 구현에 최적의 방안을 제공하는 기술이다.

	(가)	(나)	(다)
①	Bluetooth	ZigBee	RFID
②	NFC	RFID	ZigBee
③	ZigBee	RFID	Bluetooth
④	Bluetooth	NFC	ZigBee

해설

• Bluetooth : 휴대폰, 노트북, 이어폰·헤드폰 등의 휴대기기를 서로 연결해 정보를 교환하는 근거리 무선 기술 표준을 뜻한다. 블루투스 통신기술은 1994년 휴대폰 공급업체인 에릭슨(Ericsson)이 시작한 무선 기술 연구를 바탕으로, 1998년 에릭슨, 노키아, IBM, 도시바, 인텔 등으로 구성된 '블루투스 SIG(Special Interest Group)'를 통해 본격적으로 개발되었으며, IEEE 802.15.1 규격으로 발표되었다.

• NFC(Near Field Communication) : 13.56MHz 대역의 주파수를 사용하여 약 10cm 이내의 근거리에서 데이터를 교환할 수 있는 비접촉식 무선통신 기술로서 스마트폰 등에 내장되어 교통카드, 신용카드, 멤버십카드, 쿠폰, 신분증 등 다양한 분야에서 활용될 수 있는 성장 잠재력이 큰 기술이다. NFC를 활용하면 스마트폰으로 도어락을 간편하게 여닫을 수 있으며, 버스나 지하철 등 대중교통을 손쉽게 이용할 수 있고, 쿠폰을 저장해 쇼핑에 활용하는 것도 가능하다.

• ZigBee : 근거리 통신을 지원하는 IEEE 802.15.4 표준 중 하나를 말한다. 가정·사무실 등의 무선 네트워킹 분야에서 10~20m 내외의 근거리 통신과 유비쿼터스 컴퓨팅을 위한 기술이다. 즉, 지그비는 휴대전화나 무선LAN의 개념으로, 기존의 기술과 다른 특징은 전력소모를 최소화하는 대신 소량의 정보를 소통시키는 개념이다.

정답 111. ③ 112. ③ 113. ④ 114. ④ 115. ④

116 무선주파수를 이용하며 반도체 칩이 내장된 태그와 리더기로 구성된 인식시스템은? 2022년 국가직

① RFID   ② WAN
③ Bluetooth   ④ ZigBee

> **해설**
>
> RFID(Radio Frequency Identification) : 마이크로칩과 무선을 통해 식품·동물·사물 등 다양한 개체의 정보를 관리할 수 있는 인식 기술을 지칭한다. '전자태그' 혹은 '스마트 태그', '전자 라벨', '무선식별' 등으로 불리며, 기업에서 제품에 활용할 경우 생산에서 판매에 이르는 전 과정의 정보를 초소형 칩에 내장시켜 이를 무선주파수로 추적할 수 있다.

117 뉴스, 채용정보, 블로그 같은 웹사이트들에서 자주 갱신되는 콘텐츠 정보를 웹사이트들 간에 교환하기 위해 만들어진 XML(extensible markup language) 기반 형식으로 옳은 것은? 2011년 국가직

① XSS(cross site scripting)
② PICS(platform for internet content selection)
③ RSS(really simple syndication)
④ XHTML(extensible HTML)

> **해설**
>
> • XSS(cross site scripting)는 사용자 웹사이트에 악성 스크립트를 삽입하여 사용자의 정보를 불법적으로 취득하는 스크립트이다.
> • RSS(really simple syndication) : 뉴스나 블로그에서 주로 사용하는 콘텐츠 표현 방식이며, 갱신이 많은 웹사이트에서 변경된 정보를 사이트에 접속하지 않고도 쉽게 확인하고 이용할 수 있는 데이터 형식이다.

118 웹환경에서 사용되는 쿠키(cookie)에 대한 설명으로 옳지 않은 것은? 2011년 국가직

① 쿠키는 사용자가 웹사이트에 접속할 때 생성되는 파일이다.
② 웹사이트는 쿠키를 이용하여 웹사이트 사용자에 대한 정보를 저장할 수 있다.
③ 쿠키에 저장되는 내용은 쿠키의 사용목적에 따라 결정된다.
④ 쿠키는 웹사이트에서 생성되고 웹사이트에 저장되는 파일이다.

> **해설**
>
> 웹 서버에는 사용자의 정보가 저장되지 않으며, 쿠키는 하드디스크에 저장된다.

119 클라이언트/서버 구조에 대한 설명으로 옳지 않은 것은? 2011년 국가직

① 클라이언트와 서버는 동시에 같은 물리적 컴퓨터에 위치할 수 없다.
② 클라이언트와 서버의 플랫폼과 운영체제는 서로 다를 수 있다.
③ 클라이언트는 사용자에게 친숙한 인터페이스를 제공하고, 서버는 클라이언트를 위한 공유 서비스의 집합을 제공한다.
④ 분산 환경에서 정보 시스템 구축의 핵심 기술로 사용되고 있다.

해설
클라이언트와 서버는 동시에 같은 물리적 컴퓨터에 영역 구분을 하여 위치할 수 있다.

120 주파수가 300GHz~400THz로 높기 때문에 벽을 통과할 수 없어 폐쇄된 공간에서 사용하는 주파수 명칭으로 알맞은 것은? 2021년 군무원

① 마이크로파 　　　　　② 라디오파
③ 적외선파 　　　　　　④ 음성파

해설
• 마이크로파(Microwave) : 1GHz~300GHz 범위의 전자기파이며, 셀룰러 데이터, 위성 통신, 무선 LAN과 같은 Unicast 통신에 이용된다.
• 라디오파(Radio Wave) : 3KHz~1GHz 범위의 전자기파가 해당되며, 라디오나 텔레비전과 같은 Multicast 통신에 이용된다.
• 적외선파(Infrared) : 300GHz~400THz 범위의 전자기파이며, 단거리 통신에 이용된다.

121 비트맵이미지와 벡터이미지에 대한 설명으로 옳지 않은 것은? 2009년 지방직

① 비트맵이미지를 표현하는 파일 형식으로는 BMP, JPEG, GIF 등이 있다.
② 비트맵이미지는 이미지의 크기를 확대할 경우 이미지가 깨져 보인다.
③ 비트맵이미지는 벡터이미지보다 실물을 표현하는 데 적합하다.
④ 비트맵이미지는 벡터이미지보다 캐릭터, 간단한 삽화 등의 표현에 적합하다.

해설
벡터이미지는 비트맵이미지보다 캐릭터, 간단한 삽화 등의 표현에 적합하다.

정답　116. ①　117. ③　118. ④　119. ①　120. ③　121. ④

122 컴퓨터 그래픽에서 벡터(vector)방식의 이미지에 대한 설명으로 옳지 않은 것은? 2012년 국가직

① 직선과 도형을 이용하여 이미지를 구성한다.

② 색상의 미묘한 차이를 표현하기 용이하여 풍경이나 인물 사진에 적합하다.

③ 이미지 용량은 오브젝트의 수와 수학적인 함수의 복잡도에 따라 정해진다.

④ 이미지를 확대/축소하더라도 깨짐이나 변형이 거의 없다.

해설

색상의 미묘한 차이를 표현하기 위해서는 해상도가 중요하기 때문에 오히려 풍경이나 인물 사진에는 비트맵 방식이 적합하다.

123 이미지 표현을 위한 RGB 방식과 CMYK 방식에 대한 설명으로 옳은 것은? 2022년 지방직

① CMYK 방식은 가산 혼합 모델로 빛이 하나도 없을 때 검은색을 표현한다.

② CMYK 방식에서 C는 Cyan을 의미한다.

③ RGB 방식은 주로 컬러 프린터, 인쇄, 페인팅 등에 적용된다.

④ RGB 방식에서 B는 Black을 의미한다.

해설

1. RGB 모드
   • RGB 모드는 빛으로 나타내는 색상을 의미한다.
   • R(Red), G(Green), B(Blue)의 빛을 혼합하여 영상장치(TV, 스마트폰, PC 모니터 등)의 색상을 표현한다.
   • CMYK 모드와 차이점은 검정(Black)색상이 없다는 것이고, 영상장치의 전원이 꺼진 상태(색상)가 RGB에서는 검정색이 된다.
2. CMYK 모드
   • CMYK 모드는 일반 잉크의 색상을 나타낸다.
   • C(Cyan), M(Magenta), Y(Yellow), K(Black 또는 Key)의 잉크를 혼합하여 각종 재질에 인쇄를 한다.
   • CMYK 모드는 RGB 모드와는 반대로 하얀색 잉크가 없다.

124 화소(pixel)당 24비트 컬러를 사용하고 해상도가 352 × 240 화소인 TV 영상 프레임(frame)을 초당 30개 전송할 때 필요한 통신 대역폭으로 가장 가까운 것은? 2010년 계리직

① 약 10Mbps

② 약 20Mbps

③ 약 30Mbps

④ 약 60Mbps

해설

해상도 × 화소당 컬러 × 초당 프레임
= 352 × 240 × 24 × 30
= 60480000 (약 60Mbps)

125 멀티미디어 기술에 대한 설명으로 옳지 않은 것은? 2014년 국가직

① 멀티미디어는 소리, 음악, 그래픽, 정지화상, 동영상과 같은 여러 형태의 정보를 컴퓨터를 이용하여 생성, 처리, 통합, 제어 및 표현하는 개념이다.

② RLE(Run-Length Encoding)는 손실 압축 기법으로 압축되는 데이터에 동일한 값이 연속하여 나타나는 긴 열이 있을 경우 자주 사용한다.

③ RTP(Real-time Transport Protocol)는 인터넷상에서 실시간 트래픽을 처리하기 위해 설계된 프로토콜로 UDP와 애플리케이션 프로그램 사이에 위치한다.

④ JPEG은 컬러 사진의 압축에 유효한 표준이다.

해설

RLE는 매우 간단한 비손실 압축 방법으로, 데이터에서 같은 값이 연속해서 나타나는 것을 그 개수와 반복되는 값만으로 표현하는 방법이다.

126 오디오 CD에 있는 100초 분량의 노래를 MP3 음질의 압축되지 않은 WAV 데이터로 변환하여 저장하고자 한다. 변환 시 WAV 파일의 크기는 대략 얼마인가? (단, MP3 음질의 샘플링률이 44.1KHz, 샘플당 비트수는 16비트이고 스테레오이다. 1K = 1000으로 계산한다) 2008년 계리직

① 141.1 KB

② 8.8 MB

③ 17.6 MB

④ 70.5 MB

해설

⊘ **WAV 파일의 크기**

44.1(KHz) × 2(바이트) × 2(스테레오) × 100(초)

= 44100(Hz) × 2(바이트) × 2(스테레오) × 100(초)

= 17640000 (대략 17.6MB)

정답 122. ② 123. ② 124. ④ 125. ② 126. ③

127 이미지 파일 형식에 해당하지 않는 것은? 2024년 지방직

① WAV
② BMP
③ TIFF
④ JPEG

해설

• 이미지 파일의 형식

*.pcx	DOS형 포맷	*.wmf	메타파일 형식
*.bmp	파일의 용량이 큼	*.AI	어도브사 일러스터용
*.gif	압축률이 높음	*.cdr	코렐 드로우용
*.jpeg	사진 파일의 압축형	*.png	Portable Network Graphic 파일 형식
*.eps	포스터스크립터 활용	*.tif	Tagged Interchange 파일 형식

• 오디오 파일의 형식

*.wav	IBM과 마이크로소프트사에서 개발, 용량 큼, 디지털 샘플링 방식
*.mid	wav에 비해 적은 용량, 웹페이지의 배경 음악으로 사용되는 파일 형식
*.ra(ram)	리얼 네트워크사의 스트리밍 기술로 구현, 실시간 다운과 동시에 실행 가능
*.mp3	MPEG 기술 이용, 뛰어난 압축률, 데이터의 용량이 적음

128 멀티미디어 데이터 압축에 관한 설명으로 옳지 않은 것은? 2009년 지방직

① MPEG-1은 CD-ROM과 같은 기록 매체에 VHS 테이프 수준의 동영상과 음향을 최대 1.5Mbps 로 전송 가능하도록 압축하는 규약이다.
② MPEG-2는 디지털 TV, DVD 등의 고화질 및 고음질을 위한 동영상 압축 규약이다.
③ MPEG-3은 CD 수준의 음질을 제공하는 것을 목적으로 하는 오디오 압축 규약이다.
④ MPEG-4는 초당 64Kbps, 19.2Kbps의 저속 전송이 가능하도록 압축하는 규약이다.

해설

MPEG-3은 고화질 TV 품질에 해당하는 고선명도의 화질을 얻기 위해 개발한 영상 압축 기술이다.

⊘ MPEG(Moving Picture Experts Group)
1. 동영상과 사람의 음성이나 여러 가지 소리의 음향까지 압축한다.
2. 압축 속도가 느리지만 실시간 압축 재생이 가능하다.
3. 프레임 간의 연관성을 이용하여 압축률을 높이는 방식으로 인접한 프레임 간의 중복된 정보를 제거한다.
4. MPEG 표준은 MPEG-1, MPEG-2, MPEG-4가 있으며 각각에 대해 MPEG-Video, MPEG-Audio, MPEG-System으로 구성되어 있다.
   • MPEG-1 : 비디오와 오디오 압축에 대한 표준이다. 화면의 품질은 VHS 테이프 수준이다.
   • MPEG-2 : 압축 효율이 향상되고 용도가 넓어졌으며 방송망이나 고속망 환경에 적합하다. 화면의 품질은 HDTV 수준이다.
   • MPEG-4 : 객체 지향 멀티미디어 통신을 위한 표준이다. 오디오와 비디오 데이터를 대화형 서비스 및 무선 서비스와 결합하여 제공할 수 있다.

정답   127. ①   128. ③

Part

03

운영체제

01 다음 중 운영체제의 기능에 대한 설명으로 옳지 않은 것은? 2009년 경북교육청

① 응용 소프트웨어가 요청한 입력과 출력 명령을 수행한다.
② 수행 중인 여러 프로그램에게 중앙처리장치와 주기억장치 공간을 할당한다.
③ ROM에 상주하면서 주기억장치의 용량을 확인한다.
④ 사용자가 요청한 응용 소프트웨어를 주기억장치에 적재한다.

해설

운영체제는 보조기억장치(하드디스크)에 저장되어 있으며, 주기억장치에 적재되어 중앙처리장치에서 실행된다.

02 운영체제의 목적으로 옳지 않은 것은? 2024년 지방직

① 신뢰도(reliability) 향상
② 처리량(throughput) 향상
③ 응답 시간(response time) 증가
④ 사용 가능도(availability) 향상

해설

운영체제를 사용하는 목적은 사용자에게 편리성을 제공하며, 처리량 증대, 응답시간 감소, 신뢰도 향상, 사용 가능도 향상 등이다.

03 운영체제 유형에 대한 〈보기〉의 설명 중 옳은 것의 총 개수는? 2022년 계리직

┌ 보기 ┐
ㄱ. 다중 프로그래밍 시스템은 CPU가 유휴상태가 될 때, CPU 작업을 필요로 하는 여러 작업 중 한 작업이 CPU를 사용할 수 있도록 한다.
ㄴ. 다중 처리 시스템에서는 CPU 사이의 연결, 상호작업, 역할 분담 등이 고려되어야 한다.
ㄷ. 시분할 시스템은 CPU가 비선점 스케줄링 방식으로 여러 개의 작업을 교대로 수행한다.
ㄹ. 실시간 처리 시스템은 작업 실행에 대한 시간제약 조건이 있으므로 선점 스케줄링 방식을 이용한다.
ㅁ. 다중 프로그래밍 시스템의 목적은 CPU 활용의 극대화에 있으며, 시분할 시스템은 응답시간의 최소화에 목적이 있다.

① 1개
② 2개
③ 3개
④ 4개

해설

ㄱ. 다중 프로그래밍 시스템(Multi-programming System) : 독립된 두 개 이상의 프로그램이 동시에 수행되도록 중앙처리장치를 각각의 프로그램들이 적절한 시간 동안 사용할 수 있도록 스케줄링하는 시스템이다. 중앙처리장치가 대기 상태에 있지 않고 항상 작업을 수행할 수 있도록 만들어 중앙처리장치의 사용 효율을 향상시킨다.

ㄴ. 다중 처리 시스템(Multi-processing System) : 거의 비슷한 능력을 가지는 두 개 이상의 처리기가 하드웨어를 공동으로 사용하여 자신에게 맡겨진 일을 동시에 수행하도록 하는 시스템이다. 대량의 데이터를 신속히 처리해야 하는 업무, 또는 복잡하고 많은 시간이 필요한 업무처리에 적합한 구조를 지닌 시스템이다.

ㄹ. 실시간 처리 시스템(Real-Time System) : 데이터가 발생하는 즉시 처리하는 시스템이다. 실시간 시스템은 입력되는 작업이 제한 시간을 갖는 경우가 있는 시스템을 의미한다. 요구된 작업에 대하여 지정된 시간 내에 처리함으로써 신속한 응답이나 출력을 보장하는 시스템이다.

ㅁ. 다중 프로그래밍 시스템의 목적은 CPU 활용의 극대화에 있으며, 시분할 시스템은 응답시간의 최소화에 목적이 있다.

ㄷ. 시분할 시스템은 CPU가 선점 스케줄링 방식으로 여러 개의 작업을 교대로 수행한다.

04 운영체제에서 일괄 처리 시스템(batch processing system)에 대한 설명으로 옳은 것은?

2024년 지방직

① 사용자로부터 작업이 요구되는 즉시 처리한다.
② 일정량 또는 일정 기간의 작업을 모아 한꺼번에 처리한다.
③ 네트워크로 연결된 여러 대의 컴퓨터에서 작업을 분산하여 처리한다.
④ CPU 운영시간을 골고루 할당하여 여러 사용자가 순환하며 작업을 수행한다.

해설

⊘ **일괄 처리 시스템(Batch Processing System)**
• 사용자들의 작업 요청을 일정한 분량이 될 때까지 모아서 한꺼번에 처리하는 시스템이다.
• 작업을 모아서 처리하여 초기 시스템의 작업 준비 시간(setup time)을 줄일 수 있다.
• 경비가 적게 든다는 장점이 있지만, 생산성이 떨어진다는 단점이 있다.

정답   01. ③   02. ③   03. ④   04. ②

05 운영체제 유형에 대한 설명으로 옳지 않은 것은? 2024년 계리직

① 다중 프로그래밍은 여러 개의 프로그램을 주기억장치에 동시에 저장하고 하나의 CPU로 실행하는 방식이다.

② 분산 처리 시스템은 여러 사용자가 하나의 컴퓨터를 동시에 이용할 수 있도록 하기 위해 CPU 운영 시간을 잘게 쪼개어서 처리 시간을 여러 사용자에게 공평하게 제공하는 방식이다.

③ 실시간 시스템은 정해진 시간 내에 응답하는 시스템 방식으로 예약 시스템, 은행 업무 처리 서비스 등에 활용하는 방식이다.

④ 대화 처리 시스템은 여러 사용자가 컴퓨터와 직접 대화하면서 처리하는 방식으로 사용자 위주의 처리 방식이다.

[해설]

여러 사용자가 하나의 컴퓨터를 동시에 이용할 수 있도록 하기 위해 CPU 운영 시간을 잘게 쪼개어서 처리 시간을 제공하는 방식은 시분할 방식이다.

✓ **운영체제의 유형**

1. 다중 프로그래밍 시스템(Multi-programming System)
   - 독립된 두 개 이상의 프로그램이 동시에 수행되도록 중앙처리장치를 각각의 프로그램들이 적절한 시간 동안 사용할 수 있게 스케줄링하는 시스템이다.
   - 중앙처리장치가 대기상태에 있지 않고 항상 작업을 수행할 수 있도록 만들어 중앙처리장치의 사용 효율을 향상시킨다.
2. 분산 처리 시스템(Distributed Processing System)
   - 복수 개의 처리기가 하나의 작업을 서로 분담하여 처리하는 방식의 시스템이다.
   - 분산 처리 시스템의 목적 : 자원 공유, 연산속도 증가, 신뢰성 향상, 통신
3. 시분할 처리 시스템(Time Sharing System ; TSS)
   - 중앙처리장치의 스케줄링 및 다중 프로그램 방법을 이용하여 컴퓨터 사용자가 자신의 단말기 앞에서 컴퓨터와 대화식으로 사용하도록 각 사용자에게 컴퓨터 이용시간을 분할하는 방법이다.
   - 각 사용자들에게 중앙처리장치에 대한 일정 시간(time slice)을 할당하여 주어진 시간 동안 직접 컴퓨터와 대화 형식으로 프로그램을 수행할 수 있도록 만들어진 시스템으로, 라운드 로빈 방식이라고도 불린다.
   - 동시에 다수의 작업들이 기억장치에 상주하므로 기억장치를 관리해야 하고 중앙처리장치의 스케줄링 기능도 제공해야 하므로 복잡한 구조를 가진다.
4. 실시간 처리 시스템(Real-Time System)
   - 데이터가 발생하는 즉시 처리하는 시스템이다.
   - 실시간 시스템은 입력되는 작업이 제한 시간을 갖는 경우가 있는 시스템을 의미한다.
   - 요구된 작업에 대하여 지정된 시간 내에 처리함으로써 신속한 응답이나 출력을 보장하는 시스템이다.

06 운영체제에 대한 설명으로 옳은 것만을 모두 고르면? 2014년 국가직

> ㄱ. 운영체제는 중앙처리장치, 주기억장치, 보조기억장치, 주변장치 등의 컴퓨터 자원을 할당 및 관리하는 시스템 소프트웨어이다.
> ㄴ. 스풀링(spooling)은 CPU와 입출력장치의 속도 차이를 줄이기 위해 주기억장치의 일부분을 버퍼처럼 사용하는 것이다.
> ㄷ. 비선점(non-preemptive) 방식의 CPU 스케줄링 기법은 CPU를 사용하고 있는 현재의 프로세스가 종료된 후 다른 프로세스에 CPU를 할당하는데 대표적으로 RR(Round Robin) 스케줄링 기법이 있다.
> ㄹ. 가상메모리(virtual memory)는 디스크와 같은 보조기억장치에 가상의 공간을 만들어 주기억장치처럼 활용하도록 하여 실제 주기억장치의 물리적 공간보다 큰 주소 공간을 제공한다.

① ㄱ, ㄴ   ② ㄱ, ㄷ
③ ㄱ, ㄹ   ④ ㄷ, ㄹ

해설
• 스풀링 : 여러 개의 작업에 대해서 CPU작업과 I/O작업으로 분할하여 동시에 수행하며, 보조기억장치를 사용한다.
• RR(Round Robin) : FCFS를 선점형 스케줄링으로 변형한 기법이다.

07 운영체제 종류에 대한 설명으로 옳지 않은 것은? 2012년 국가직

① 분산 처리 시스템(distributed processing system)은 하나의 시스템에서 두 개 이상의 프로세스를 동시에 수행시켜 작업의 처리능력을 향상시키고자 하는 시스템이다.
② 시분할 시스템(time-sharing system)은 하나의 시스템을 여러 사용자들에게 일정 시간씩 나누어 줌으로써 각 사용자의 작업을 처리하는 시스템이다.
③ 실시간 처리 시스템(real-time processing system)은 요구된 작업에 대하여 지정된 시간 내에 처리함으로써 신속한 응답이나 출력을 보장하는 시스템이다.
④ 다중 프로그래밍 시스템(multi-programming system)은 두 개 이상의 여러 프로그램을 주기억장치에 적재시켜 마치 동시에 실행되는 것처럼 처리한다.

해설
다중 처리 시스템은 하나의 시스템에서 두 개 이상의 프로세스를 동시에 수행시켜 작업의 처리능력을 향상시키고자 하는 시스템이다.

정답 05. ②   06. ③   07. ①

08 운영체제는 일괄처리(batch), 대화식(interactive), 실시간(real-time) 시스템 그리고 일괄처리와 대화식이 결합된 하이브리드(hybrid) 시스템 등으로 분류될 수 있다. 이와 같은 분류 근거로 가장 알맞은 것은? 2010년 계리직

① 고급 프로그래밍 언어의 사용 여부
② 응답 시간과 데이터 입력 방식
③ 버퍼링(buffering) 기능 수행 여부
④ 데이터 보호의 필요성 여부

해설

운영체제를 일괄처리(batch), 대화식(interactive), 실시간(real-time) 시스템 그리고 일괄처리와 대화식이 결합된 하이브리드(hybrid) 시스템 등으로 분류할 수 있으며, 분류 근거로 문제 보기에서 가장 합당한 것은 응답 시간과 데이터 입력 방식이다.

09 유닉스 운영체제에 대한 설명으로 옳지 않은 것은? 2018년 국가직

① 계층적 파일시스템과 다중 사용자를 지원하는 운영체제이다.
② BSD 유닉스의 모든 코드는 어셈블리 언어로 작성되었다.
③ CPU 이용률을 높일 수 있는 다중 프로그래밍 기법을 사용한다.
④ 사용자 프로그램은 시스템 호출을 통해 커널 기능을 사용할 수 있다.

해설

유닉스의 대부분은 C언어로 작성되어 있지만 커널의 일부분은 효율성 때문에 어셈블리어로 작성되어 있다. BSD를 포함한 거의 모든 유닉스는 90%의 C언어와 10%의 어셈블리어로 작성되어 있다. 사용자는 직접 커널에 접근할 수는 없고, 시스템 호출(system call) 인터페이스를 통하여 커널을 사용한다.

10 **운영체제 시스템 호출에 대한 설명으로 옳지 않은 것은?** 2023년 국가직

① fork( )는 실행 중인 프로세스를 복사하는 함수이다.

② fork( ) 호출 시 부모 프로세스와 자식 프로세스가 차지하는 메모리 위치는 동일하다.

③ exec( )는 이미 만들어진 프로세스의 구조를 재활용하는 함수이다.

④ exec( ) 호출에 사용되는 함수 중 wait( )는 프로세스 종료 대기를 처리한다.

해설
- fork( ) 호출 시 부모 프로세스와 자식 프로세스가 차지하는 메모리 위치는 동일하지 않다.
- fork( )는 현재 실행 중인 프로세스의 복제본인 자식 프로세스를 생성한다. 자식 프로세스는 부모 프로세스의 복제본이며, 부모 프로세스와 같은 코드, 데이터 및 실행 상태를 가지고 있다. 자식 프로세스는 fork( ) 함수를 호출한 시점에서부터 실행을 시작한다. 부모 프로세스와 자식 프로세스는 각각의 고유한 프로세스 ID(PID)를 가지고 있다.
- exec( ) 함수는 새로운 프로세스를 실행하기 위해 사용된다. exec( ) 함수는 현재 프로세스의 이미지를 새로운 프로세스 이미지로 대체하며, 이를 통해 새로운 프로그램을 실행할 수 있다. exec( ) 함수는 새로운 프로세스 이미지의 파일 이름과 인수를 인자로 받는다.

11 **리눅스 운영체제에 대한 설명으로 알맞지 않은 것은?** 2008년 계리직

① 리눅스는 마이크로커널(microkernel) 방식으로 구현되었으며 커널 코드의 임의의 기능들을 동적으로 적재(load)하여 사용할 수 있다.

② 리눅스 커널 2.6 버전의 스케줄러는 임의의 프로세스를 선점할 수 있으며 우선순위 기반 알고리즘이다.

③ 리눅스 운영체제는 윈도우 파일 시스템인 NTFS와 저널링 파일 시스템인 JFFS를 지원한다.

④ 리눅스는 다중 사용자와 다중 프로세서를 지원하는 다중 작업형 운영체제이다.

해설
- 리눅스는 모놀리식 커널을 사용한다.
- 마이크로 커널(Micro Kernel) : 최소한의 커널이라는 개념이며, 메모리 관리, 프로세스 관리 등만을 구현해놓은 커널이다. 운영체제 개발 시 모듈화에 중점을 두고 개발되었다.
- 모놀리틱 커널(Monolithic Kernel) : 거대한 커널이 모든 기능을 수행하도록 만들어졌으며, 커널의 기본적인 기능 외에 다른 부가적인 기능들을 모두 포함하고 있는 커널이다.

정답　 08. ②　 09. ②　 10. ②　 11. ①

12 유닉스 시스템 신호에 대한 설명으로 옳은 것은? 2023년 국가직

① SIGKILL: abort()에서 발생되는 종료 시그널
② SIGTERM: 잘못된 하드웨어 명령어를 수행하는 시그널
③ SIGILL: 터미널에서 CTRL + Z 할 때 발생하는 중지 시그널
④ SIGCHLD: 프로세스의 종료 혹은 중지를 부모에게 알리는 시그널

해설

SIGKILL	프로세스 강제(즉시) 종료 시그널
SIGTERM	프로세스 종료 권고 시그널
SIGILL	잘못된 하드웨어 명령어를 수행하는 시그널
SIGABRT	abort( )에서 발생되는 종료 시그널
SIGTSTP	터미널에서 CTRL + Z 할 때 발생하는 중지 시그널

13 다음 중 파일의 허가권을 설정하는 리눅스 명령어에 대한 설명으로 가장 적절한 것은? 2024년 군무원

chmod 640 sample

① chmod 명령어는 루트 사용자만이 사용할 수 있다.
② sample 파일의 소유자는 sample 파일에 대해 읽기, 쓰기, 실행하기가 가능하다.
③ sample 파일의 그룹에 속한 사용자는 sample 파일에 대해 읽기만 가능하다.
④ sample 파일의 모든 사용자는 읽기가 가능하다.

해설
• chmod 명령어는 파일의 소유자 또는 루트 사용자가 사용할 수 있다.
• chmod 640 sample에서 소유자(owner)의 권한은 6이므로 읽기(4)와 쓰기(2) 권한을 의미하며, 실행(1) 권한은 포함되지 않는다.
• chmod 640 sample에서 기타 사용자(others)의 권한은 0이므로 기타 사용자는 아무런 권한이 없다.

14 다음 중 스풀링(SPOOLing ; Simulation Peripheral Operation On Line)과 버퍼링(Buffering)에 대한 설명으로 옳지 않은 것은?

① 버퍼링은 한 개의 작업에 대해 CPU작업과 I/O작업으로 분할하여 동시에 수행한다.
② 스풀링은 보조기억장치를 사용한다.
③ 스풀링이 적용되는 대표적인 장치는 프린터이며, 디스크의 일부를 큰 버퍼처럼 사용하는 방식이다.
④ 버퍼링은 운영체제에 내장되어 있는 프로그램에 의해 구현되며, 일반적으로 큐 방식으로 동작한다.

해설
• 버퍼링은 하드웨어 방식으로 구현되며, 운영체제에 내장되어 있는 프로그램에 의해 구현되는 것은 스풀링이다.
• 버퍼링(Buffering) : 한 개의 작업에 대해 CPU작업과 I/O작업으로 분할하여 동시에 수행한다. 주기억장치를 사용한다. CPU의 효율을 높이는 방식으로 버퍼를 2개 또는 그 이상 사용하는 방식을 이용하여 버퍼링 효과를 높일 수 있다.
• 스풀링(SPOOLing ; Simulation Peripheral Operation On Line) : 여러 개의 작업에 대해서 CPU작업과 I/O작업으로 분할하여 동시에 수행한다. 보조기억장치를 사용한다.

15 프로세스의 상태를 생성, 준비, 실행, 대기, 종료의 5가지로 나누어 설명할 때 각 상태에 대한 설명으로 옳지 않은 것은? 2011년 국회직

① 생성 : 프로세스의 작업 공간이 메인 메모리에 생성되고 운영체제 내부에 프로세스의 실행정보를 관리하기 위한 프로세스 제어 블록(PCB)이 만들어진다.
② 준비 : 프로세스가 CPU 할당을 기다리는 상태로, 단일 프로세서 시스템에서 여러 개의 프로세스들이 동시에 이 상태에 있을 수 있다.
③ 실행 : 프로세스가 CPU를 할당받아 작업을 수행하고 있는 상태로, 단일 프로세서 시스템에서는 오직 하나의 프로세스만 이 상태에 있을 수 있다.
④ 종료 : 프로세스가 작업 수행을 끝낸 상태로, 프로세스에 할당된 모든 자원을 부모 프로세스에게 돌려준다.

해설
종료 : 프로세스가 작업 수행을 끝낸 상태로, 프로세스에 할당된 모든 자원을 해제한다.

16 다음은 프로세스 상태 전이도이다. 각 상태 전이에 대한 예로 적절하지 않은 것은? 2021년 국가직

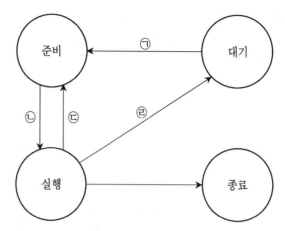

① ㉠ – 프로세스에 자신이 기다리고 있던 이벤트가 발생하였다.
② ㉡ – 실행할 프로세스를 선택할 때가 되면, 운영체제는 프로세스들 중 하나를 선택한다.
③ ㉢ – 실행 중인 프로세스가 자신에게 할당된 처리기의 시간을 모두 사용하였다.
④ ㉣ – 실행 중인 프로세스가 작업을 완료하거나 실행이 중단되었다.

해설
⊘ 프로세스 상태 전이도

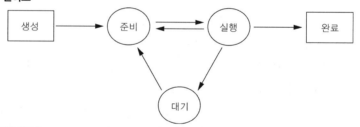

생성(New) 상태	작업이 제출되어 스풀 공간에 수록
준비(Ready) 상태	중앙처리장치가 사용 가능한(할당할 수 있는) 상태
실행(Running) 상태	프로세스가 중앙처리장치를 차지(프로세스를 실행)하고 있는 상태
대기(Block) 상태	I/O와 같은 사건으로 인해 중앙처리장치를 양도하고 I/O 완료 시까지 대기 큐에서 대기하고 있는 상태
완료(Exit) 상태	중앙처리장치를 할당받아 주어진 시간 내에 수행을 종료한 상태

17 운영체제상의 프로세스(process)에 관한 설명으로 옳지 않은 것은? 2022년 계리직

① 프로세스의 영역 중 스택 영역은 동적 메모리 할당에 활용된다.
② 디스패치(dispatch)는 CPU 스케줄러가 준비 상태의 프로세스 중 하나를 골라 실행 상태로 바꾸는 작업을 말한다.
③ 프로세스 제어 블록(process control block)은 프로세스 식별자, 메모리 관련 정보, 프로세스가 사용했던 중간값을 포함한다.
④ 문맥교환(context switching)은 CPU를 점유하고 있는 프로세스를 CPU에서 내보내고 새로운 프로세스를 받아들이는 작업이다.

해설
프로세스의 영역 중 힙 영역은 동적 메모리 할당에 활용된다.

◎ **프로세스의 상태 전환**

Dispatch (준비상태 → 실행상태)	준비 상태의 프로세스들 중에서 우선순위가 가장 높은 프로세스를 선정하여 중앙처리장치를 할당함으로써 실행 상태로 전환
Timer runout (실행상태 → 준비상태)	중앙처리장치의 지정된 할당 시간을 모두 사용한 프로세스를 다른 프로세스를 위해 다시 준비 상태로 전환
Block (실행상태 → 대기상태)	실행 중인 프로세스가 입출력 명령을 만나면 입출력 전용 프로세서에게 중앙처리장치를 스스로 양도하고 자신은 대기 상태로 전환
Wake up (대기상태 → 준비상태)	입출력 완료를 기다리다가 입출력 완료 신호가 들어오면 대기 중인 프로세스는 준비 상태로 전환

18 프로세스 상태(process state)에 대한 설명으로 옳은 것은? 2010년 지방직

① 종료상태(terminated state)는 프로세스가 기억장치를 비롯한 모든 필요한 자원을 할당받은 상태에서 프로세서의 할당을 기다리고 있는 상태이다.
② 대기상태(waiting/blocked state)는 프로세스가 원하는 자원을 할당받지 못해서 기다리고 있는 상태이다.
③ 실행상태(running state)는 사용자가 요청한 작업이 커널에 등록되어 커널 공간에 PCB 등이 만들어진 상태이다.
④ 준비상태(ready state)는 프로세스의 수행이 끝난 상태이다.

해설
• 대기(Block)상태 : I/O와 같은 사건으로 인해 중앙처리장치를 양도하고 I/O 완료 시까지 대기 큐에서 대기하고 있는 상태
• 보기 1번은 준비상태, 보기 3번은 생성상태, 보기 4번은 종료상태에 대한 설명이다.

정답 16. ④ 17. ① 18. ②

19 사용자가 운영체제에 자신의 작업을 실행해줄 것을 요청할 때, 운영체제는 요청받은 작업에 해당하는 프로세스를 생성하여 종료할 때까지 프로세스에 관련된 모든 정보를 구조체로 만들어 유지관리 한다. 이 구조체로 옳은 것은? 2021년 군무원

① FCB(File Control Block)
② PCB(Process Control Block)
③ UCB(User Control Block)
④ ACB(Access Control Block)

해설

프로세스 제어 블록(PCB ; Process Control Block) : 프로세스는 운영체제 내에서 프로세스 제어 블록이라 표현하며, 작업 제어 블록이라고도 한다. 프로세스를 관리하기 위해 유지되는 데이터 블록 또는 레코드의 데이터 구조이다. 프로세스 식별자, 프로세스 상태, 프로그램 카운터 등의 정보로 구성된다. 프로세스 생성 시 만들어지고 메인메모리에 유지, 운영체제에서 한 프로세스의 존재를 정의한다. 프로세스 제어 블록의 정보는 운영체제의 모든 모듈이 읽고 수정 가능하다.

20 운영체제에서 프로세스의 정보를 관리하는 프로세스 제어블록(Process Control Block)의 포함 요소로 옳지 않은 것은? 2022년 국가직

① 프로세스 식별자
② 인터럽트 정보
③ 프로세스의 우선순위
④ 프로세스의 상태

해설

✓ **프로세스 제어 블록(PCB ; Process Control Block)**
1. 프로세스는 운영체제 내에서 프로세스 제어 블록이라 표현하며, 작업 제어 블록이라고도 한다.
  ㉠ 프로세스를 관리하기 위해 유지되는 데이터 블록 또는 레코드의 데이터 구조이다.
  ㉡ 프로세스 식별자, 프로세스 상태, 프로그램 카운터 등의 정보로 구성된다.
  ㉢ 프로세스 생성 시 만들어지고 메인메모리에 유지, 운영체제에서 한 프로세스의 존재를 정의한다.
  ㉣ 프로세스 제어 블록의 정보는 운영체제의 모든 모듈이 읽고 수정 가능하다
2. 프로세스 제어 블록의 정보
  ㉠ 프로세스 식별자 : 각 프로세스에 대한 고유 식별자 지정
  ㉡ 프로세스 현재 상태 : 생성, 준비, 실행, 대기, 중단 등의 상태 표시
  ㉢ 프로그램 카운터 : 프로그램 실행을 위한 다음 명령의 주소 표시
  ㉣ 레지스터 저장 영역 : 누산기, 인덱스 레지스터, 범용 레지스터, 조건 코드 등에 관한 정보로 컴퓨터 구조에 따라 수나 형태가 달라진다.
  ㉤ 프로세서 스케줄링 정보 : 프로세스의 우선순위, 스케줄링 큐에 대한 포인터, 그 외 다른 스케줄 매개변수를 가진다.
  ㉥ 계정 정보 : 프로세서 사용시간, 실제 사용시간, 사용 상한 시간, 계정 번호, 작업 또는 프로세스 번호 등
  ㉦ 입출력 상태 정보 : 특별한 입출력 요구 프로세스에 할당된 입출력장치, 개방된(Opened) 파일의 목록 등
  ㉧ 메모리 관리 정보 : 메모리 영역을 정의하는 하한 및 상한 레지스터(경계 레지스터) 또는 페이지 테이블 정보

21 프로세스(process)에 대한 설명으로 옳지 않은 것은? 2021년 지방직

① 실행 중인 프로그램이다.

② 프로그램 코드 외에도 현재의 활동 상태를 갖는다.

③ 준비(ready) 상태는 입출력 완료 또는 신호의 수신 같은 사건(event)이 일어나기를 기다리는 상태이다.

④ 호출한 함수의 반환 주소, 매개변수 등을 저장하기 위해 스택을 사용한다.

해설

준비(Ready) 상태는 중앙처리장치가 사용 가능한(할당할 수 있는) 상태이다. 대기 상태에서 입출력이 완료되어 중앙처리장치를 할당받을 수 있는 상태이지만, 신호의 수신 같은 사건이 일어나기를 기다리는 상태는 아니다.

22 현재 실행 중이던 프로세스가 지정된 시간 이전에 입출력 요구에 의하여 스스로 CPU를 반납하고 대기 상태로 전이하는 것은? 2012년 경북교육청

① Block   ② Deadlock

③ Interrupt   ④ Wake up

해설

• Block(실행상태 → 대기상태) : 실행 중인 프로세스가 입출력 명령을 만나면 입출력 전용 프로세서에게 중앙처리장치를 스스로 양도하고 자신은 대기상태로 전환

• Deadlock(교착상태) : 둘 이상의 프로세스가 자원을 공유한 상태에서, 서로 상대방의 작업이 끝나기만을 무한정 기다리는 현상

• Interrupt(인터럽트) : 컴퓨터가 프로그램을 수행하는 동안 컴퓨터의 내부 또는 외부에서 예기치 않은 사건이 발생했을 때 응급조치를 수행한 후 계속적으로 프로그램 처리를 수행하는 운영체제의 기능

• Wake up(대기상태 → 준비상태) : 입출력 완료를 기다리다가 입출력 완료 신호가 들어오면 대기 중인 프로세스는 준비상태로 전환

정답   19. ②   20. ②   21. ③   22. ①

23 페이지 부재율(Page Fault Ratio)과 스래싱(Trashing)에 대한 설명으로 옳은 것은? 2020년 지방직

① 페이지 부재율이 크면 스래싱이 적게 일어난다.
② 페이지 부재율과 스래싱은 전혀 관계가 없다.
③ 스래싱이 많이 발생하면 페이지 부재율이 감소한다.
④ 다중 프로그램의 정도가 높을수록 스래싱이 증가한다.

해설
• 스래싱(Thrashing) : 페이지 부재가 지나치게 발생하여 프로세스가 수행되는 시간보다 페이지 이동에 시간이 더 많아지는 현상이다. 다중 프로그래밍 정도를 높이면, 어느 정도까지는 CPU 이용률이 증가되지만, 스래싱에 의해 CPU 이용률은 급격히 감소된다.
• 페이지 부재율이 크면 스래싱이 많이 일어난다.

24 프로세스와 스레드(thread)에 대한 설명으로 옳지 않은 것은? 2019년 국가직

① 하나의 스레드는 여러 프로세스에 포함될 수 있다.
② 스레드는 프로세스에서 제어를 분리한 실행단위이다.
③ 스레드는 같은 프로세스에 속한 다른 스레드와 코드를 공유한다.
④ 스레드는 프로그램 카운터를 독립적으로 가진다.

해설
• 프로세스의 구성은 제어흐름 부분(실행부분)과 실행 환경 부분으로 분리할 수 있으며, 스레드는 프로세스의 실행부분을 담당하여 실행의 기본단위가 된다.
• 하나의 스레드는 여러 프로세스에 포함될 수 없으며, 하나의 프로세스에는 한 개 또는 여러 개의 스레드가 포함될 수 있다.
• 프로세서를 사용하는 기본 단위이며, 명령어를 독립적으로 실행할 수 있는 하나의 제어 흐름이다. 프로세스와 마찬가지로 스레드들도 중앙처리장치를 공유하며, 한순간에 오직 하나의 스레드만이 수행을 한다.

25 프로세스(Process)와 쓰레드(Thread)에 대한 설명으로 옳지 않은 것은? 2019년 계리직

① 프로세스 내 쓰레드 간 통신은 커널 개입을 필요로 하지 않기 때문에 프로세스 간 통신보다 더 효율적으로 이루어진다.
② 멀티프로세서는 탑재 프로세서마다 쓰레드를 실행시킬 수 있기 때문에 프로세스의 처리율을 향상시킬 수 있다.
③ 한 프로세스 내의 모든 쓰레드들은 정적 영역(Static Area)을 공유한다.
④ 한 프로세스의 어떤 쓰레드가 스택 영역(Stack Area)에 있는 데이터 내용을 변경하면 해당 프로세스의 다른 쓰레드가 변경된 내용을 확인할 수 있다.

해설
스레드는 프로세스 내에서 Code, Data, Heap 영역은 공유하지만, Stack은 각각 할당한다. 한 프로세스의 어떤 스레드가 스택 영역(Stack Area)에 있는 데이터 내용을 변경하면 해당 프로세스의 다른 스레드가 변경된 내용을 확인할 수 없다.

26 다중 스레드(thread)에 대한 설명으로 옳지 않은 것은? 2021년 군무원

① 문맥교환(context switching) 효율성이 프로세스(process) 간에 이루어지는 것보다는 스레드(thread) 간에 이루어지는 것이 좋다.

② 다중처리환경에서 한 프로세스 내의 다중 스레드 단위로 병렬실행이 용이하다.

③ 한 프로세스 내의 다중 스레드들은 그 프로세스에 할당된 자원(전역자원)을 공유하기 때문에 효율적이다.

④ 통상적으로 프로세스를 LWP(Light Weight Process)라 하고, 스레드를 HWP(Heavy Weight Process)라고 한다.

해설
통상적으로 프로세스를 HWP(Heavy Weight Process)라 하고, 스레드를 LWP(Light Weight Process)라고 한다.

27 운영체제의 프로세스에 대한 설명으로 옳지 않은 것은? 2012년 국가직

① 운영체제 프로세스는 사용자 작업 처리를 위해 시스템 관리 기능을 담당하는 프로세스이다.

② 사용자 프로세스는 사용자 응용프로그램을 수행하는 프로세스이다.

③ 여러 개의 프로세스들이 동시에 수행상태에 있다면 교착상태(deadlock) 프로세스라고 한다.

④ 독립 프로세스는 한 프로세스가 시스템 안에서 다른 프로세스에게 영향을 주지 않거나 또는 다른 프로세스에 의해 영향을 받지 않는 프로세스이다.

해설
여러 개의 프로세스들이 동시에 수행상태에 있다면 병행 프로세스라고 한다.

28 교착상태(deadlock)가 발생하기 위한 필요조건에 해당하지 않는 것은? 2024년 국가직

① 상호 배제(mutual exclusion)　　② 선점(preemption)

③ 순환 대기(circular wait)　　④ 점유와 대기(hold and wait)

해설
교착상태의 필요조건: 상호 배제 조건, 점유와 대기 조건, 비선점(on-preemptive) 조건, 순환 대기의 조건

29 교착상태가 발생하는 필요조건에 해당하지 않은 것은? 2011년 지방직

① 상호 배제(mutual exclusion)　　　② 점유와 대기(hold and wait)

③ 비환형 대기(non-circular wait)　　④ 비선점(non-preemption)

> **해설**
> 교착상태의 필요조건 : 상호 배제 조건, 점유와 대기 조건, 비선점(on-preemptive) 조건, 순환 대기의 조건

30 운영체제에서 교착상태(Deadlock)가 발생할 필요조건으로 알맞지 않은 것은? 2008년 계리직

① 환형 대기(Circular Wait) 조건으로 각 프로세스는 순환적으로 다음 프로세스가 요구하는 자원을 가지고 있다.

② 선점(Preemption) 조건으로 프로세스가 소유하고 있는 자원은 다른 프로세스에 의해 선점될 수 있다.

③ 점유 대기(Hold and Wait) 조건으로 프로세스는 할당된 자원을 가진 상태에서 다른 자원을 기다린다.

④ 상호 배제(Mutual Exclusion) 조건으로 프로세스들은 필요로 하는 자원에 대해 배타적인 통제권을 갖는다.

> **해설**
> 교착상태의 필요조건 : 상호 배제, 비선점, 환형 대기, 점유와 대기

31 교착상태에 대한 설명으로 옳지 않은 것은? 2009년 국가직

① 교착상태를 예방하기 위한 방법에는 점유와 대기 조건의 방지, 비선점(non-preemptive) 조건의 방지, 순환대기 조건의 방지 방법이 있다.

② 교착상태를 회피하기 위한 방법으로 은행가 알고리즘(banker algorithm)이 있다.

③ 둘 이상의 프로세스들이 서로 다른 프로세스가 점유하고 있는 자원을 기다리느라 어느 프로세스도 진행하지 못하는 상태를 말한다.

④ 상호배제 조건, 점유와 대기 조건, 비선점(non-preemptive) 조건, 순환 대기의 조건 중 어느 하나만 만족하면 발생한다.

> **해설**
> 교착상태는 상호 배제 조건, 점유와 대기 조건, 비선점(non-preemptive) 조건, 순환 대기의 조건이 필요 충분 조건이다.

32 교착상태(Dead lock)가 발생할 수 있는 조건 중 비선점(non-preemption) 조건에 대한 설명으로 옳은 것은? 2009년 지방직

① 프로세스가 자신에게 이미 할당된 자원을 보유하고 있으면서 다른 프로세스에 할당된 자원을 요구하면서 기다리는 경우이다.
② 한 프로세스에게 할당된 자원은 그 프로세스가 사용을 완전히 종료하기 전까지는 해제되지 않는 경우이다.
③ 여러 프로세스들이 같은 자원을 동시에 사용하지 못하게 하는 경우이다.
④ 각 프로세스들이 서로 다른 프로세스가 가지고 있는 자원을 요구하며 하나의 순환(Cycle) 구조를 이루는 경우이다.

해설
• 비선점(non-preemption) 조건 : 프로세스가 사용 중인 공유자원을 강제로 빼앗을 수 없다는 의미로, 어느 하나의 프로세스에게 할당된 공유자원의 사용이 끝날 때까지 다른 하나의 프로세스가 강제로 중단시킬 수 없다.
• 보기 1번은 점유와 대기 조건, 보기 3번은 상호 배제 조건, 보기 4번은 환형 대기 조건이다.

33 교착상태 발생의 조건에 대한 설명으로 옳지 않은 것은? 2020년 지방직

① 상호 배제 조건 : 최소한 하나의 자원이 비공유 모드로 점유되며, 비공유 모드에서는 한 번에 한 프로세스만 해당 자원을 사용할 수 있다.
② 점유와 대기 조건 : 프로세스는 최소한 하나의 자원을 점유한 채, 현재 다른 프로세스에 의해 점유된 자원을 추가로 얻기 위해 반드시 대기해야 한다.
③ 비선점 조건 : 프로세스에 할당된 자원은 사용이 끝날 때까지 다른 프로세스가 강제로 빼앗을 수 없다.
④ 순환 대기 조건 : 대기 체인 내 프로세스들의 집합에서 이전 프로세스는 다음 프로세스가 점유한 자원을 대기하고, 마지막 프로세스는 자원을 대기하지 않아야 한다.

해설
⊘ **환형 대기(순환 대기, Circular Wait)**
• 공유자원들을 여러 프로세스에게 순서적으로 분배한다면, 시간은 오래 걸리지만 교착상태는 발생하지 않는다. 그러나 프로세스들에게 우선순위를 부여하여 공유자원 할당의 사용시기와 순서를 융통성 있게 조절한다면, 공유자원의 점유와 대기는 환형 대기 상태가 될 수 있다.
• 여러 프로세스들이 공유자원을 사용하기 위해 원형으로 대기하는 구성으로, 앞이나 뒤에 있는 프로세스의 자원을 요구한다.

정답   29. ③   30. ②   31. ④   32. ②   33. ④

34 프로세스 관리 과정에서 발생할 수 있는 교착상태(Deadlock)를 예방하기 위한 조치로 옳은 것은?

2019년 계리직

① 상호배제(Mutual Exclusion) 조건을 제거하고자 할 경우, 프로세스 A가 점유하고 있던 자원에 대하여 프로세스 B로부터 할당 요청이 있을 때 프로세스 B에게도 해당 자원을 할당하여 준다. 운영체제는 프로세스 A와 프로세스 B가 종료되는 시점에서 일관성을 점검하여 프로세스 A와 프로세스 B 중 하나를 철회시킨다.

② 점유대기(Hold and Wait) 조건을 제거하고자 할 경우, 자원을 점유한 프로세스가 다른 자원을 요청하였지만 할당받지 못하면 일단 자신이 점유한 자원을 반납한다. 이후 그 프로세스는 반납하였던 자원과 요청하였던 자원을 함께 요청한다.

③ 비선점(No Preemption) 조건을 제거하고자 할 경우, 프로세스는 시작시점에서 자신이 사용할 모든 자원들에 대하여 일괄할당을 요청한다. 일괄할당이 이루어지지 않을 경우, 일괄할당이 이루어지기까지 지연됨에 따른 성능저하가 발생할 수 있다.

④ 환형대기(Circular Wait) 조건을 제거하고자 할 경우, 자원들의 할당 순서를 정한다. 자원 Ri가 자원 Rk보다 먼저 할당되는 것으로 정하였을 경우, 프로세스 A가 Ri를 할당받은 후 Rk를 요청한 상태에서 프로세스 B가 Rk를 할당받은 후 Ri를 요청하면 교착상태가 발생하므로 운영체제는 프로세스 B의 자원요청을 거부한다.

해설

• 환형대기 부정은 모든 공유자원에 순차적으로 고유번호를 부여하여 프로세스는 공유자원의 고유번호 순서에 맞게 자원을 요청한다.
• 사전에 교착상태가 발생되지 않도록 교착상태 필요조건에서 상호배제를 제외하고, 어느 것 하나를 부정함으로써 교착상태를 예방한다. 만약 상호배제를 부정한다면, 공유자원의 동시 사용으로 인하여 하나의 프로세스가 다른 하나의 프로세스에게 영향을 주므로, 다중 프로그래밍에서 프로세스를 병행 수행할 수 없는 결과가 나온다.
• 점유와 대기 부정은 어느 하나의 프로세스가 수행되기 전에 프로세스가 필요한 모든 자원을 일시에 요청하는 방법으로, 모든 자원 요청이 받아지지 않는다면 프로세스를 수행할 수 없도록 한다. 공유자원의 낭비와 기아상태를 발생시킬 수 있는 단점이 있다.
• 비선점 부정은 프로세스가 사용 중인 공유자원을 강제로 빼앗을 수 있도록 허용한다. 프로세스가 공유자원을 반납한 시점까지의 작업이 무효가 될 수 있으므로 처리비용이 증가하고, 자원 요청과 반납이 무한정 반복될 수 있다는 단점이 있다.

35 은행원 알고리즘(banker's algorithm)이 교착상태를 해결하는 방법은? 2022년 지방직

① 예방

② 회피

③ 검출

④ 회복

해설

✓ **교착상태 회피(Avoidance)**

• 교착상태가 발생할 가능성은 배제하지 않으며, 교착상태 발생 시 적절히 피해가는 기법이다.

• 시스템이 안전상태가 되도록 프로세스의 자원 요구만을 할당하는 기법으로 은행원 알고리즘(banker's algorithm)이 대표적이다.

36 교착상태(deadlock)와 은행원 알고리즘(banker's algorithm)에 대한 설명으로 옳은 것은?

2023년 계리직

① 교착상태는 불안전한 상태(unsafe state)에 속한다.

② 은행원 알고리즘은 교착상태 회복(recovery) 알고리즘이다.

③ 불안전한 상태(unsafe state)는 항상 교착상태로 빠지게 된다.

④ 은행원 알고리즘은 불안전한 상태(unsafe state)에서 교착상태로 전이되는 것을 거부한다.

해설

• 교착상태(Deadlock)는 둘 이상의 프로세스가 자원을 공유한 상태에서, 서로 상대방의 작업이 끝나기만을 무한정 기다리는 현상으로 불안전한 상태(unsafe state)에 속한다.

• 교착상태 발견(탐지, Detection) : 컴퓨터 시스템에 교착상태가 발생했는지 교착상태에 있는 프로세스와 자원을 발견하는 것으로, 교착상태 발견 알고리즘과 자원할당 그래프를 사용한다.

• 교착상태 회복(복구, Recovery) : 교착상태가 발생한 프로세스를 제거하거나 프로세스에 할당된 자원을 선점하여 교착상태를 회복한다

• 교착상태 회피(Avoidance) : 교착상태가 발생할 가능성은 배제하지 않으며, 교착상태 발생 시 적절히 피해가는 기법이다. 시스템이 안전상태가 되도록 프로세스의 자원 요구만을 할당하는 기법으로 은행원 알고리즘이 대표적이다.

정답 34. ④ 35. ② 36. ①

37 CPU를 다른 프로세스로 교환하려면 이전 프로세스의 상태를 보관하고 새로운 프로세스의 보관된 상태로 복구하는 작업이 필요하다. 이 작업으로 옳은 것은? 2020년 국가직

① 세마포어(Semaphore)
② 모니터(Monitor)
③ 상호배제(Mutual Exclusion)
④ 문맥교환(Context Switching)

해설

• 세마포어(Semaphore) : Dijkstra에 의해 제안되었으며, 상호배제를 해결하기 위한 새로운 동기 도구라 할 수 있다. 세마포어에서 플래그로 사용되는 변수는 음의 값이 아닌 정수를 갖는다.
• 모니터(Monitor) : 상호배제를 구현하기 위한 고급 동기화 도구로 세마포어와 비슷한 역할을 한다. 모니터 안에서 정의된 프로시저는 모니터의 지역변수와 매개변수만 접근할 수 있다. 모니터의 구조는 한순간에 하나의 프로세스만 모니터 안에서 활동하도록 보장해준다.
• 상호배제(Mutual Exclusion) : 다중 프로그래밍 시스템에서는 제한된 공유자원의 효율적 사용을 위해 상호배제를 유지해야 한다. 상호배제는 여러 프로세스를 동시에 처리하기 위해 공유자원을 순차적으로 할당하면서 동시에 접근하지 못하므로, 한 번에 하나의 프로세스만이 자원을 사용할 수 있다.

38 임계구역에 대한 설명으로 옳은 것은? 2021년 국가직

① 임계구역에 진입하고자 하는 프로세스가 무한대기에 빠지지 않도록 하는 조건을 진행의 융통성(Progress Flexibility)이라 한다.
② 자원을 공유하는 프로세스들 사이에서 공유자원에 대해 동시에 접근하여 변경할 수 있는 프로그램 코드 부분을 임계영역(Critical Section)이라 한다.
③ 한 프로세스가 다른 프로세스의 진행을 방해하지 않도록 하는 조건을 한정 대기(Bounded Waiting)라 한다.
④ 한 프로세스가 임계구역에 들어가면 다른 프로세스는 임계구역에 들어갈 수 없도록 하는 조건을 상호 배제(Mutual Exclusion)라 한다.

해설

• 임계구역에 진입하고자 하는 프로세스가 무한대기에 빠지지 않도록 하는 조건을 한정 대기(Bounded Waiting)라 한다.
• 한 프로세스가 임계구역에 들어가면 다른 프로세스는 임계구역에 들어갈 수 없다.
• 한 프로세스가 다른 프로세스의 진행을 방해하지 않도록 하는 조건을 진행의 융통성(Progress Flexibility)이라 한다.

☑ 임계구역 해결 조건

상호 배제 (mutual exclusion)	한 프로세스가 임계구역에 들어가면 다른 프로세스는 임계구역에 들어갈 수 없다.
한정 대기 (bounded waiting)	어떤 프로세스도 무한 대기(infinite postpone)에 빠지지 않도록 해야 한다.
진행의 융통성 (progress flexibility)	한 프로세스가 다른 프로세스의 진행을 방해해서는 안 된다.

39 세마포어(semaphore)에 대한 설명으로 옳지 않은 것은? 2012년 국가직

① 세마포어는 임계구역 문제를 해결하기 위해 사용할 수 있는 동기화 도구이다.
② 세마포어의 종류에는 이진(binary) 세마포어와 계수형(counting) 세마포어가 있다.
③ 구현할 때 세마포어 연산에 바쁜 대기(busy waiting)를 추가하여 CPU의 시간 낭비를 방지할 수 있다.
④ 표준 단위연산인 P(wait)와 V(signal)에 의해서 접근되는 정수형 공유변수이다.

해설
바쁜 대기(busy waiting)는 한 프로세서가 임계영역에 있을 때, 이 임계영역에 진입하려는 프로세스는 코드에서 계속 반복해야 하는 상태이다. 공유자원을 동시에 사용할 수 없도록만 하면 바쁜 대기는 증가하여 중앙처리장치의 시간을 낭비할 수 있다.

40 운영체제의 세마포어(Semaphore)에 대한 설명으로 옳지 않은 것은? 2022년 국가직

① 프로세스 간 상호배제(Mutual Exclusion)의 원리를 보장하는 데 사용된다.
② 여러 개의 프로세스가 동시에 그 값을 수정하지 못한다.
③ 세마포어에 대한 연산은 수행 중에 인터럽트 될 수 있다.
④ 세마포어는 플래그 변수와 그 변수를 검사하거나 증감시키는 연산들로 정의된다.

해설
세마포어(Semaphore)는 Dijkstra에 의해 제안되었으며, 상호배제를 해결하기 위한 동기 도구이다. 세마포어 연산 수행 시 인터럽트되면 공유자원에 동시에 접속할 수 있기 때문에 세마포어에 대한 연산(Operation)은 처리 중에 인터럽트되어서는 안 된다.

41 임계구역(critical region)에 대한 설명으로 옳지 않은 것은? 2021년 군무원

① 하나의 프로세스만 사용해야 임계구역 내의 자원의 무결성을 보장할 수 있다.
② 동시에 다수의 프로세스가 병렬적으로 실행할 수 있도록 하여 실행 효율성을 높일 수 있는 영역이다.
③ 임계구역을 정의하기 위해서는 상호배제(mutual exclusion) 기법이 필요하다.
④ 세마포어(P(s), V(s))는 임계구역 내에 하나의 프로세스만 허용하도록 하는 용도로 사용하는 기술이다.

해설
임계구역(critical region) : 두 개 이상의 프로세스들이 공유할 수 없는 자원을 임계자원이라 하는데, 이 자원을 이용하는 부분을 임계영역이라 한다. 한순간에 반드시 단 하나의 프로그램만이 임계영역에 허용된다. 임계영역 내에서는 반드시 빠른 속도로 수행되어야 하며, 무한루프에 빠지지 않아야 한다.

정답 37. ④ 38. ④ 39. ③ 40. ③ 41. ②

42 다중 스레드(Multi Thread) 프로그래밍의 이점에 대한 설명으로 옳지 않은 것은? 2020년 국가직

① 다중 스레드는 사용자의 응답성을 증가시킨다.
② 스레드는 그들이 속한 프로세스의 자원들과 메모리를 공유한다.
③ 프로세스를 생성하는 것보다 스레드를 생성하여 문맥을 교환하면 오버헤드가 줄어든다.
④ 다중 스레드는 한 스레드에 문제가 생기더라도 전체 프로세스에 영향을 미치지 않는다.

해설
• 다중 스레드의 장점 : 자원의 효율성 증대, 처리 비용 감소, 응답 시간 단축
• 다중 스레드의 단점 : 멀티 스레드의 경우, 자원 공유의 문제가 발생한다. 스레드 간의 자원 공유는 전역 변수를 이용하므로 함께 사용할 때 충돌이 발생할 수 있다. 하나의 스레드에 문제가 발생하면 전체 프로세스가 영향을 받는다.

43 운영체제에서 임계구역에 대한 설명으로 옳은 것은? 2009년 지방직

① 동시에 여러 개의 프로세스가 진입 가능하나 한 개 프로세스만 공유 데이터 읽기가 가능하다.
② 동시에 여러 개의 프로세스가 진입 가능하나 한 개 프로세스만 공유 데이터 쓰기만 가능하다.
③ 주어진 시점에 오직 하나의 프로세스만 진입할 수 있고 공유 데이터의 읽기와 쓰기는 불가능하다.
④ 주어진 시점에 오직 하나의 프로세스만 진입할 수 있고 공유 데이터의 읽기와 쓰기는 가능하다.

해설
• 공유 데이터를 프로세스가 액세스하는 동안 그 프로세스는 임계영역 내에 있다고 한다.
• 임계구역(critical region) : 두 개 이상의 프로세스들이 공유할 수 없는 자원을 임계자원이라 하는데, 이 자원을 이용하는 부분을 임계영역이라 한다. 한순간에 반드시 단 하나의 프로그램만이 임계영역에 허용된다. 임계영역 내에서는 반드시 빠른 속도로 수행되어야 하며, 무한루프에 빠지지 않아야 한다.

44 다음 중 임계영역과 병행성(concurrency)에 대한 설명으로 옳지 않은 것은? 2011년 국회직

① 병행성은 여러 개의 처리기를 가진 시스템뿐만 아니라 단일 서버 처리기 환경에서의 다중 프로그래밍 시스템에도 관련이 있다.
② 한 프로세스가 임계영역에 대한 진입 요청을 한 후부터 그 요청이 받아들여질 때까지의 기간 내에는 다른 프로세스들이 임계영역을 수행할 수 있는 횟수에 제한이 있다.
③ 임의의 프로세스가 임계영역에서 수행 중일 때 다른 어떤 프로세스도 임계영역에서 수행되지 않아야 한다.
④ 임계영역 바깥에 있는 프로세스는 다른 프로세스의 임계영역 진입에 영향을 끼치지 않아야 하며, 임계영역 안에 있는 프로세스의 결과에 영향을 준다.

PART
03

해설
임계영역 바깥에 있는 프로세스가 다른 프로세스의 임계영역 진입에 영향을 끼치지 않아야 하며, 임계영역 안에 있는
프로세스의 결과에 영향을 주지 않는다.

45 스레싱(Thrashing)에 대한 설명으로 옳지 않은 것은? 2018년 국가직

① 프로세스의 작업 집합(Working Set)이 새로운 작업 집합으로 전이 시 페이지 부재율이 높아질
수 있다.

② 작업 집합 기법과 페이지 부재 빈도(Page Fault Frequency) 기법은 한 프로세스를 중단
(Suspend)시킴으로써 다른 프로세스들의 스레싱을 감소시킬 수 있다.

③ 각 프로세스에 설정된 작업 집합 크기와 페이지 프레임 수가 매우 큰 경우 다중 프로그래밍
정도(Degree of Multiprogramming)를 증가시킨다.

④ 페이지 부재 빈도 기법은 프로세스의 할당받은 현재 페이지 프레임 수가 설정한 페이지 부재율
의 하한보다 낮아지면 보유한 프레임 수를 감소시킨다.

해설
각 프로세스에 설정된 작업 집합 크기가 매우 크다면, 다중 프로그래밍 정도를 감소시킨다.

46 스케줄링(Scheduling)은 다중 프로그래밍 운영체제에서 자원의 성능을 향상시키고 효율적인 프
로세서의 관리를 위해 작업 순서를 결정하는 것이다. 스케줄링 알고리즘과 관련이 없는 것은?
2009년 경북교육청

① RR   ② HRN
③ SSTF   ④ SRT

해설
• 비선점(Non-preemptive) 스케줄링 : FCFS, SJF, HRN 등
• 선점(Preemptive) 스케줄링 : SRT, RR, MLQ, MFQ 등

정답 42. ④ 43. ④ 44. ④ 45. ③ 46. ③

47 다음 CPU 스케줄링 알고리즘 중 비선점형 알고리즘만을 모두 고르면? 2024년 국가직

> ㄱ. FCFS(First Come First Served) 스케줄링
> ㄴ. HRN(Highest Response-ratio Next) 스케줄링
> ㄷ. RR(Round Robin) 스케줄링
> ㄹ. SRT(Shortest Remaining Time) 스케줄링

① ㄱ, ㄴ
② ㄱ, ㄹ
③ ㄴ, ㄷ
④ ㄷ, ㄹ

해설
- 비선점(Non-preemptive) 스케줄링 : FCFS, SJF, HRN 등
- 선점(Preemptive) 스케줄링 : SRT, RR, MLQ, MFQ 등

48 CPU 스케줄링 기법 중 라운드 로빈(Round Robin) 방식에 대한 설명으로 옳지 않은 것은?

2020년 지방직

① 선점 스케줄링 기법이다.
② 여러 프로세스에 일정한 시간을 할당한다.
③ 시간할당량이 작으면 문맥 교환수와 오버헤드가 증가한다.
④ FIFO(First-In-First-Out) 방식 대비 높은 처리량을 제공한다.

해설
⊘ **RR(Round Robin, 라운드 로빈)**
- FCFS를 선점형 스케줄링으로 변형한 기법이다.
- 대화형 시스템에서 사용되며, 빠른 응답시간을 보장한다.
- RR은 각 프로세스가 CPU를 공평하게 사용할 수 있다는 장점이 있지만, 시간할당량의 크기는 시스템의 성능을 결정하므로 세심한 주의가 필요하다.

49 CPU 스케줄링 기법에 대한 설명으로 옳지 않은 것은? 2023년 계리직

① 라운드 로빈(Round-Robin) 스케줄링 기법은 선점 방식의 스케줄링 기법이다.
② HRN(Highest Response ratio Next) 스케줄링 기법은 우선순위에 대기 시간(waiting time)을 고려하여 기아(starvation) 문제를 해결한다.
③ 다단계 큐 스케줄링 기법은 프로세스들을 위한 준비 큐를 다수 개로 구분하며, 각 준비 큐는 자신만의 스케줄링 알고리즘을 별도로 가질 수 있다.
④ 우선순위 스케줄링 기법은 항상 선점 방식으로 구현되기 때문에 특정 프로세스에 대하여 무한 대기 또는 기아(starvation) 현상 발생의 위험이 있다.

해설

우선순위 스케줄링 기법 : 준비 큐에 프로세스가 도착하면, 도착한 프로세스의 우선순위와 현재 실행 중인 프로세스의 우선순위를 비교하여 우선순위가 가장 높은 프로세스에 프로세서를 할당하는 방식이다. 만약, 우선순위가 동일한 프로세스가 준비 큐로 들어오게 되면 FIFO의 순서로 스케줄링을 하게 된다. 또한 우선순위 스케줄링은 선점 또는 비선점이 존재하며, 선점 방식과 비선점 방식은 동일하게 도착한 프로세스의 우선순위를 보고 구분을 결정하는데 기존 프로세스보다 우선순위가 높으면 할당하는 방식이다.

50 프로세스 스케줄링에 대한 설명으로 옳지 않은 것은? 2020년 국가직

① FCFS(First Come First Served) 스케줄링은 비선점 방식으로 대화식 시스템에 적합하다.

② SJF(Shortest Job First) 스케줄링은 실행 시간이 가장 짧은 작업(프로세스)을 신속하게 실행하므로 평균 대기시간이 FCFS 스케줄링보다 짧다.

③ Round-Robin 스케줄링은 우선순위가 적용되지 않은 단순한 선점형 방식이다.

④ 다단계 큐(Multilevel Queue) 스케줄링은 우선순위에 따라 준비 큐를 여러 개 사용하는 방식이다.

해설

FCFS(First Come First Served) 스케줄링 : 가장 대표적인 비선점형 스케줄링 기법이다. 대기리스트에 가장 먼저 도착한 프로세스 순서대로 CPU를 할당하므로, 알고리즘이 간단하고, 구현하기 쉽지만 대화식 시스템에 적합하지 않다.

51 다음 운영체제의 프로세스 스케줄링 방법에 대한 설명 중 가장 적절하지 않은 것은? 2024년 군무원

① 라운드 로빈(Round Robin) 스케줄링은 여러 프로세스를 일정 순서에 따라 단위시간씩 실행시킨다.

② FCFS(First Come First Serve) 스케줄링은 프로세스의 평균 대기 시간을 최적화하는 실행 방법이다.

③ 우선순위 스케줄링은 프로세스별 등급에 따라 높은 순위를 먼저 실행시킨다.

④ 다단계 큐 스케줄링은 상위 단계 큐의 프로세스를 하위 단계 큐의 프로세스보다 먼저 실행시킨다.

해설

FCFS 스케줄링은 도착한 순서대로 프로세스를 처리하지만, 평균 대기 시간을 최적화하지는 못한다. 프로세스의 실행 시간이 길어지면 후속 프로세스들이 오랫동안 대기해야 하는 문제가 발생할 수 있다.

정답 47. ① 48. ④ 49. ④ 50. ① 51. ②

52 한 프로세스가 CPU를 독점하는 폐단을 방지하기 위해서 각 프로세스에게 할당된 일정한 시간(Time Slice) 동안만 CPU를 사용하도록 하는 스케줄링 기법으로 범용 시분할 시스템에 적합한 것은? 2009년 지방직

① FIFO(First-In-First-Out)
② RR(Round-Robin)
③ SRT(Shortest-Remaining-Time)
④ HRN(High-Response-ratio-Next)

해설
범용 시분할 시스템에 가장 적합한 스케줄링 기법은 RR(Round-Robin)이다.

53 다음 프로세스 집합에 대하여 라운드 로빈 CPU 스케줄링 알고리즘을 사용할 때, 프로세스들의 총 대기시간은? (단, 시간 0에 P1, P2, P3 순서대로 도착한 것으로 하고, 시간 할당량은 4밀리초로 하며, 프로세스 간 문맥교환에 따른 오버헤드는 무시한다) 2017년 국가직

프로세스	버스트 시간(밀리초)
P1	20
P2	3
P3	4

① 16
② 18
③ 20
④ 24

해설
라운드 로빈 CPU 스케줄링 알고리즘은 FCFS를 선점형 스케줄링으로 변형한 기법이다. 시간할당량이 4밀리초이므로, P1이 먼저 4밀리초를 사용하고 7밀리초 대기 후에 수행한다. P2는 4밀리초를 대기 후에 수행되며, P3는 7밀리초 대기 후에 수행된다. 프로세스들의 총 대기시간이 질문이므로 7 + 4 + 7하면 18밀리초가 된다.

54 프로세스 P1, P2, P3, P4를 선입선출(First In First Out) 방식으로 스케줄링을 수행할 경우 평균 응답시간으로 옳은 것은? (단, 응답시간은 프로세스 도착시간부터 처리가 종료될 때까지의 시간을 말한다) 2018년 계리직

프로세스	도착시간	처리시간
P1	0	2
P2	2	2
P3	3	3
P4	4	9

① 3
② 4
③ 5
④ 6

해설

- P1 : 0초 도착,   2초 결과 출력,   응답 시간 : 2 − 0 = 2
- P2 : 2초 도착,   4초 결과 출력,   응답 시간 : 4 − 2 = 2
- P3 : 3초 도착,   7초 결과 출력,   응답 시간 : 7 − 3 = 4
- P4 : 4초 도착,   16초 결과 출력,   응답 시간 : 16 − 4 = 12
- 평균 응답시간 : (2 + 2 + 4 + 12) / 4 = 5

55 다음 표는 단일 CPU에 진입한 프로세스의 도착 시간과 처리하는 데 필요한 실행 시간을 나타낸 것이다. 프로세스 간 문맥 교환에 따른 오버헤드는 무시한다고 할 때, SRT(shortest remaining time) 스케줄링 알고리즘을 사용한 경우 네 프로세스의 평균 반환시간(turnaround time)은?

2015년 국가직

프로세스	도착시간	처리시간
P_1	0	8
P_2	2	4
P_3	4	1
P_4	6	4

① 4.25   ② 7
③ 8.75   ④ 10

해설

- SRT(Shortest Remaining Time) 스케줄링은 실행 중인 작업이 끝날 때까지 남은 실행 시간의 추정값보다 더 작은 추정값을 갖는 작업이 들어 오게 되면 언제라도 현재 실행 중인 작업을 중단하고 그것을 먼저 실행시키는 스케줄링 기법이다.
- 처음에 프로세스 P_1의 실행이 시작되며, 시간 2가 되면 프로세스 P_2가 도착하는데 전체 실행시간이 P_1은 6(8 − 2)이고 P_2의 실행시간이 4이므로 선점하여 실행하는 순으로 진행된다.
- 시간 4가 되면 P_3가 시작되어 시간 5에 종료되면, 다시 P_2가 실행되어 시간 7에 종료되면 P_4가 시간 11까지 실행된 후 나머지 P_1이 시간 17까지 실행된다.
- 반환시간 : P_1(17), P_2(7 − 2 = 5), P_3(5 − 4 = 1), P_4(11 − 6 = 5)
  (17 + 5 + 1 + 5) / 4 = 7

정답   52. ②   53. ②   54. ③   55. ②

56 프로세스의 반환시간은 프로세스의 도착부터 종료까지 걸린 시간이다. 다음과 같은 프로세스들의 선점식 SJF로 스케줄링할 때, 프로세스의 평균 반환시간으로 옳은 것은? 2024년 군무원

프로세스	도착시간	실행시간(ms)
1	0.0	7
2	1.0	3
3	5.0	2
4	7.0	4

① 6.25 ② 6.75
③ 6.5 ④ 6.35

해설

- 문제에서 선점식 SJF로 스케줄링한다고 하였으므로 SRT 방식을 사용한다.
- SRT(Shortest Remaining Time) 스케줄링은 실행 중인 작업이 끝날 때까지 남은 실행 시간의 추정값보다 더 작은 추정값을 갖는 작업이 들어 오게 되면 언제라도 현재 실행 중인 작업을 중단하고 그것을 먼저 실행시키는 스케줄링 기법이다.

프로세스 번호	P1	P2	P1	P3	P4	P1
시간할당량	7	3	6	2	4	5
남은작업량	6	0	5	0	0	0

- P1의 대기시간: 9
- P2의 대기시간: 0
- P3의 대기시간: 0
- P4의 대기시간: 0
- 평균 대기시간: 9 / 4 = 2.25
- 평균 실행시간: (7 + 3 + 2 + 4) / 4 = 4
- 평균 반환시간: 2.25 + 4 = 6.25

---

57 다음은 프로세스가 준비 상태 큐에 도착한 시간과 프로세스를 처리하는 데 필요한 실행 시간을 보여준다. 선점형 SJF(Shortest Job First) 스케줄링 알고리즘인 SRT(Shortest Remaining Time) 알고리즘을 사용할 경우, 프로세스들의 대기 시간 총합은? (단, 프로세스 간 문맥 교환에 따른 오버헤드는 무시하며, 주어진 4개 프로세스 외에 처리할 다른 프로세스는 없다고 가정한다) 2023년 지방직

프로세스	도착 시간	실행 시간
P_1	0	30
P_2	5	10
P_3	10	15
P_4	15	10

① 40 ② 45
③ 50 ④ 55

해설

SRT(Shortest Remaining Time) 스케줄링은 실행 중인 작업이 끝날 때까지 남은 실행 시간의 추정값보다 더 작은 추정값을 갖는 작업이 들어 오게 되면 언제라도 현재 실행 중인 작업을 중단하고 그것을 먼저 실행시키는 스케줄링 기법이다.

프로세스 번호	P₁	P₂	P₄	P₃	P₁
시간할당량	30	10	10	15	25
남은작업량	25	0	0	0	0

- P_1의 대기시간 : 35
- P_2의 대기시간 : 0
- P_3의 대기시간 : 15
- P_4의 대기시간 : 0
- 총 대기시간 : (35 + 15) = 50

58 〈보기〉의 프로세스 P1, P2, P3을 시간 할당량(time quantum)이 2인 RR(Round-Robin) 알고리즘으로 스케줄링 할 때, 평균응답시간으로 옳은 것은? (단, 응답시간이란 프로세스의 도착 시간부터 처리가 종료될 때까지의 시간을 말한다. 계산 결과값을 소수점 둘째자리에서 반올림한다)

2016년 계리직

보기

프로세스	도착 시간	실행 시간
P1	0	3
P2	1	4
P3	3	2

① 5.7 ② 6.0
③ 7.0 ④ 7.3

해설

프로세스 번호	P1	P2	P1	P3	P2
시간할당량	3	4	1	2	2
남은작업량	1	2	0	0	0

- P1의 대기시간 : 2
- P2의 대기시간 : (1 + 3) = 4
- P3의 대기시간 : 2
- 평균 대기시간 : (2 + 4 + 2) / 3 = 2.666... ≒ 2.7
- 평균 실행시간 : (3 + 4 + 2) / 3 = 3
- 평균 반환(응답) 시간 : 5.7

정답 56. ① 57. ③ 58. ①

59 프로세스들의 도착 시간과 실행 시간이 다음과 같다. CPU 스케줄링 정책으로 라운드로빈(round-robin) 알고리즘을 사용할 경우 평균 대기 시간은 얼마인가? (단, 시간 할당량은 10초이다)

2011년 국가직

프로세스 번호	도착 시간	실행 시간
1	0초	10초
2	6초	18초
3	14초	5초
4	15초	12초
5	19초	1초

① 10.8초

② 12.2초

③ 13.6초

④ 14.4초

해설

프로세스 번호	1	2	3	4	5	2	4
시간할당량	10	10	5	10	1	8	2
남은작업량	0	8	0	2	0	0	0

- 프로세스 1의 대기시간 : 0초
- 프로세스 2의 대기시간 : 10 + (5 + 10 + 1) − 6 = 20초
- 프로세스 3의 대기시간 : (10 + 10) − 14 = 6초
- 프로세스 4의 대기시간 : (10 + 10 + 5) + (1 + 8) − 15 = 19초
- 프로세스 5의 대기시간 : (10 + 10 + 5 + 10) − 19 = 16초
- 평균 대기 시간 : (0 + 20 + 6 + 19 + 16) / 5 = 12.2초

60 SJF(Shortest Job First) 스케줄링에서 준비 큐에 도착하는 시간과 CPU 사용시간이 다음 표와 같다. 모든 작업들의 평균 대기 시간은 얼마인가? 2014년 서울시

프로세스 번호	도착 시간	실행 시간
1	0초	6초
2	1초	4초
3	2초	1초
4	3초	2초

① 3

② 4

③ 5

④ 6

해설

- SJF(Shortest Job First) : FCFS를 개선한 기법으로, 대기리스트의 프로세스들 중 작업이 끝나기까지의 실행시간 추정치가 가장 작은 프로세스에 CPU를 할당한다.
- 프로세스 1이 0초에 도착하여 6초를 실행하고 대기시간은 0초이다.
- 프로세스 1의 완료시간 6초에서 실행시간이 가장 작은 프로세스는 3이고, 프로세스 3은 1초 실행하고, 대기시간은 4초이다.
- 프로세스 3의 완료시간 7초에서 실행시간이 가장 작은 프로세스는 4이고, 프로세스 4는 2초 실행하고, 대기시간은 4초이다.
- 프로세스 4의 완료시간 9초에서 실행시간이 남아있는 프로세스는 2이고, 프로세스 2는 4초 실행하고, 대기시간은 8초이다.
- 평균 대기시간은 (0 + 4 + 4 + 8) / 4 = 4초이다.

61 다음은 프로세스가 준비 큐에 도착하는 시간과 프로세스를 처리하는 데 필요한 실행시간을 보여준다. 비선점 SJF(Shortest Job First) 스케줄링 알고리즘을 사용한 경우, P1, P2, P3, P4 프로세스 중에서 두 번째로 실행되는 프로세스는? (단, 프로세스 간 문맥 교환에 따른 오버헤드는 무시하며, 주어진 4개의 프로세스 외에 처리할 다른 프로세스는 없다고 가정한다) 2024년 지방직

프로세스	도착시간	실행시간
P1	0	6
P2	1	4
P3	2	1
P4	3	2

① P1
② P2
③ P3
④ P4

해설

- SJF(Shortest Job First) : FCFS를 개선한 기법으로, 대기리스트의 프로세스들 중 작업이 끝나기까지의 실행시간 추정치가 가장 작은 프로세스에 CPU를 할당한다.
- 프로세스 1이 0초에 도착하여 6초를 실행한다.
- 프로세스 1의 완료시간 6초에서 실행시간이 가장 작은 프로세스는 3이고, 프로세스 3은 1초 실행한다.
- 프로세스 3의 완료시간 7초에서 실행시간이 가장 작은 프로세스는 4이고, 프로세스 4는 2초 실행한다.
- 프로세스 4의 완료시간 9초에서 실행시간이 남아있는 프로세스는 2이고, 프로세스 2는 4초 실행한다.

프로세스 번호	P1	P3	P4	P2
실행시간	6	1	2	4

정답   59. ②   60. ②   61. ③

62 다음과 같이 P1, P2, P3, P4 프로세스가 동시에 준비 상태 큐에 도착했을 때 SJF(Shortest Job First) 스케줄링 알고리즘에서 평균 반환시간과 평균 대기시간을 바르게 연결한 것은? (단, 프로세스 간 문맥교환에 따른 오버헤드는 무시하며, 주어진 4개의 프로세스 외에 처리할 다른 프로세스는 없다고 가정한다) 2022년 지방직

프로세스	실행시간
P1	5
P2	6
P3	4
P4	9

	평균 반환시간	평균 대기시간
①	6	6
②	6	7
③	13	6
④	13	7

해설
- SJF(Shortest Job First) 스케줄링 기법을 사용하고, 도착시간이 모든 프로세스가 같으므로 P3, P1, P2, P4 순서로 실행된다.
- 평균 실행시간 = (5 + 6 + 4 + 9) / 4 = 6
- 평균 대기시간 = (4 + 9 + 15) / 4 = 7
- 평균 반환시간 = 6 + 7 = 13

63 CPU 스케줄링에서 HRN 방식으로 스케줄링할 경우, 입력된 작업이 다음과 같을 때 우선순위가 가장 높은 작업은? 2012년 경북교육청

작업	대기시간	서비스시간
A	15	8
B	15	5
C	10	7
D	5	5
E	8	6

① A   ② B
③ C   ④ D

> **해설**
- HRN(Highest Response Next) : SJF의 단점인 실행시간이 긴 프로세스와 짧은 프로세스의 지나친 불평등을 보완한 기법이다. 대기시간을 고려하여 실행시간이 짧은 프로세스와 대기시간이 긴 프로세스에게 우선순위를 높여준다. 우선 순위 계산식에서 가장 큰 값을 가진 프로세스를 스케줄링한다.
- 우선순위 = (대기시간 + 서비스 받을 시간) / 서비스 받을 시간
  작업 A : (15 + 8) / 8 = 2.875
  작업 B : (15 + 5) / 5 = 4
  작업 C : (10 + 7) / 7 = 2.4285…
  작업 D : (5 + 5) / 5 = 2
  작업 E : (8 + 6) / 6 = 2.3333…

64 다음 표에서 보인 4개의 프로세스들을 시간 할당량(time quantum)이 5인 라운드로빈(round-robin) 스케줄링 기법으로 실행시켰을 때 평균 반환 시간으로 옳은 것은? (단, 반환 시간이란 프로세스가 도착하는 시점부터 실행을 종료할 때까지 소요된 시간을 의미한다. 또한, 이들 4개의 프로세스들은 I/O 없이 CPU만을 사용한다고 가정하며, 문맥교환(context switching)에 소요되는 시간은 무시한다) 2021년 계리직

프로세스	도착 시간	실행 시간
P1	0	10
P2	1	15
P3	3	6
P4	6	9

① 24.0   ② 29.0
③ 29.75   ④ 30.25

> **해설**

프로세스 번호	P1	P2	P3	P1	P4	P2	P3	P4	P2
시간할당량	5	5	5	5	5	5	1	4	5
남은작업량	5	10	1	0	4	5	0	0	0
대기시간		4	7	10	14	15	15	6	5

- 평균 대기시간 : (4 + 7 + 10 + 14 + 15 + 15 + 6 + 5) / 4 = 19
- 평균 실행시간 : (10 + 15 + 6 + 9) / 4 = 10
- 평균 반환시간 : 19 + 10 = 29

☑ RR(Round Robin, 라운드 로빈)
- FCFS를 선점형 스케줄링으로 변형한 기법이다.
- 대화형 시스템에서 사용되며, 빠른 응답시간을 보장한다.
- RR은 각 프로세스가 CPU를 공평하게 사용할 수 있다는 장점이 있지만, 시간할당량의 크기는 시스템의 성능을 결정하므로 세심한 주의가 필요하다.

정답   62. ④   63. ②   64. ②

65 아래와 같은 순서대로 회의실 사용 요청이 있을 때, 다음 중 가장 많은 회의실 사용 시간을 확보할 수 있는 스케줄링 방법은? (단, 회의실은 하나이고, 사용 요청은 (시작 시각, 종료 시각)으로 구성된다. 회의실에 특정 회의가 할당되면 이 회의 시간과 겹치는 회의 요청에 대해서는 회의실 배정을 할 수 없다) 2021년 국가직

$(11:50,\ 12:30),$	$(9:00,\ 12:00),$	$(13:00,\ 14:30),$
$(14:40,\ 15:00),$	$(14:50,\ 16:00),$	$(15:40,\ 16:20),$
$(16:10,\ 18:00)$		

① 시작 시각이 빠른 요청부터 회의실 사용이 가능하면 확정한다.
② 종료 시각이 빠른 요청부터 회의실 사용이 가능하면 확정한다.
③ 사용 요청 순서대로 회의실 사용이 가능하면 확정한다.
④ 회의 시간이 긴 요청부터 회의실 사용이 가능하면 확정한다.

해설
• 문제의 사용 요청(시작 시각, 종료 시각)을 확인하면 가장 많은 회의실 사용시간을 확보할 수 있는 스케줄링 방법은 회의 시간이 긴 요청부터 회의실 사용이 가능하면 확정하는 방법이다.
• (9:00, 12:00) ⇨ (13:00, 14:30) ⇨ (14:50, 16:00) ⇨ (16:10, 18:00)

66 주기억장치의 현재 사용 중인 영역과 사용 가능한 영역의 크기가 다음 그림과 같다. 메모리 할당 시스템은 최악적합(worst-fit)방법으로 요청 영역을 배당한다. 만일 15K 기억공간을 요청받은 경우 메모리 할당 시스템이 배당한 영역 번호는? 2010년 지방직

영역번호	1	2	3	4	5	6	7
사용 가능 크기	40K	사용중	145K	사용중	300K	사용중	15K

① 1   ② 3
③ 5   ④ 7

해설
최악적합(worst-fit)방법으로 요청한다고 했으므로 현재 사용 가능한 크기 중에 가장 큰 공간에 배치된다.

67 주기억장치에서 사용 가능한 부분은 다음과 같다. M1은 16KB, M2는 14KB, M3는 5KB, M4는 30KB이며 주기억장치의 시작 부분부터 M1, M2, M3, M4 순서가 유지되고 있다. 이때 13KB를 요구하는 작업이 최초적합(First Fit) 방법, 최적적합(Best Fit) 방법, 최악적합(Worst Fit) 방법으로 주기억장치에 각각 배치될 때 결과로 옳은 것은? (단, 배열순서는 왼쪽에서 첫 번째 최초적합 결과이며 두 번째가 최적적합 결과 그리고 세 번째가 최악적합 결과를 의미한다) 2010년 계리직

① M1, M2, M3

② M1, M2, M4

③ M2, M1, M4

④ M4, M2, M3

해설

• 최초적합을 한다면 M1, 최적적합은 M2, 최악적합은 가장 공간이 큰 M4에 배치된다.
• 최초적합(First Fit) : 주기억장치의 공백들 중에서 프로그램이나 데이터 배치가 가능한 첫 번째 가용공간에 배치한다. 주기억장치 배치 전략 중에서 작업의 배치결정이 가장 빠르며, 후속적합(Next Fit)의 변형이다.
• 최적적합(Best Fit) : 주기억장치의 공백들 중 프로그램이나 데이터 배치가 가능한 가장 알맞은 가용공간에 배치한다. 주기억장치 배치 전략 중에서 작업의 배치결정이 가장 느리다.
• 최악적합(Wrost Fit) : 주기억장치의 공백들 중 프로그램이나 데이터 배치가 가능한 가장 큰 가용공간에 배치한다. 프로그램이나 데이터를 적재하고 남는 공간은 다른 프로그램이나 데이터를 배치할 수 있어 주기억장치 공간의 효율적 사용이 가능하다.

68 다음과 같은 가용 공간을 갖는 주기억장치에 크기가 각각 25KB, 30KB, 15KB, 10KB인 프로세스가 순차적으로 적재 요청된다. 최악적합(worst-fit) 배치전략을 사용할 경우 할당되는 가용 공간 시작주소를 순서대로 나열한 것은? 2017년 지방직

가용 공간 리스트	
시작주소	크기
w	30KB
x	20KB
y	15KB
z	35KB

① w → x → y → z

② x → y → z → w

③ y → z → w → x

④ z → w → x → y

해설

최악적합(worst-fit)방법으로 요청한다고 했으므로 25KB는 현재 가장 큰 공간인 35KB에 할당된다. 30KB는 30KB에 할당, 15KB는 20KB에 할당, 10KB는 15KB에 할당된다.

69 다중 프로그래밍 환경에서 연속 메모리 할당 방법에 대한 설명으로 옳지 않은 것은? 2022년 지방직

① 가변분할 메모리 할당은 프로세스의 크기에 따라 메모리를 나누는 것으로 단편화 문제가 발생하지 않는다.

② 가변분할 메모리 할당의 메모리 배치방법으로는 최초 적합, 최적 적합, 최악 적합 방법이 있다.

③ 고정분할 메모리 할당은 프로세스의 크기와 상관없이 메모리를 같은 크기로 나누는 것이다.

④ 고정분할 메모리 할당에서는 쓸모없는 공간으로 인해 메모리 낭비가 발생할 수 있다.

해설

가변분할 메모리 할당은 프로세스에 딱 맞게 메모리 공간을 사용하기 때문에 내부단편화 문제는 발생하지 않지만, 사용 중인 프로세스가 종료되어 메모리에 새로운 프로세스를 입력 시에 메모리 공간이 충분하지 않을 경우 외부단편화 문제가 발생한다.

70 FIFO 페이지 교체 알고리즘을 사용하는 가상메모리에서 프로세스 P가 다음과 같은 페이지 번호 순서대로 페이지에 접근할 때, 페이지 부재(page-fault) 발생 횟수는? (단, 프로세스 P가 사용하는 페이지 프레임은 총 4개이고, 빈 상태에서 시작한다) 2019년 국가직

1 2 3 4 5 2 1 1 6 7 5

① 6회   ② 7회

③ 8회   ④ 9회

해설

순번	1	2	3	4	5	6	7	8	9	10	11
요구 페이지	1	2	3	4	5	2	1	1	6	7	5
페이지 프레임	1	1	1	1	5	5	5	5	5	5	5
		2	2	2	2	2	1	1	1	1	1
			3	3	3	3	3	3	6	6	6
				4	4	4	4	4	4	7	7
페이지 부재	○	○	○	○	○		○		○	○	

71 주기억장치의 페이지 교체 기법에 대한 설명으로 가장 옳은 것은? 2018년 서울시

① FIFO(First In First Out)는 가장 오래된 페이지를 교체한다.
② MRU(Most Recently Used)는 최근에 적게 사용된 페이지를 교체한다.
③ LRU(Least Recently Used)는 가장 최근에 사용한 페이지를 교체한다.
④ LFU(Least Frequently Used)는 최근에 사용빈도가 가장 많은 페이지를 교체한다.

해설
- FIFO(First In First Out) : 주기억장치에서 가장 먼저 입력되었던 페이지를 교체한다. 다른 페이지 교체 알고리즘에 비하여 페이지 교체가 가장 많다.
- MRU(Most Recently Used) : 사용빈도가 가장 많은 페이지를 교체
- LRU(Least Recently Used) : 가장 오랫동안 사용되지 않은 페이지를 교체
- LFU(Least Frequently Used) : 가장 적게 사용된 페이지를 교체

72 운영체제에서 다음 설명에 해당하는 페이지 교체 알고리즘은? 2023년 지방직

> 페이지 교체가 필요한 시점에서 최근 가장 오랫동안 사용되지 않은 페이지를 제거하여 교체한다.

① 최적(optimal) 교체 알고리즘
② FIFO(First In First Out) 교체 알고리즘
③ LRU(Least Recently Used) 교체 알고리즘
④ LFU(Least Frequently Used) 교체 알고리즘

해설
☑ LRU(Least Recently Used)
- 주기억장치에서 가장 오랫동안 사용되지 않은 페이지를 교체한다.
- 계수기 또는 스택과 같은 별도의 하드웨어가 필요하며, 시간적 오버헤드(Overhead)가 발생한다.
- 최적화 기법에 근사하는 방법으로, 효과적인 페이지 교체 알고리즘으로 사용된다.

정답 69. ① 70. ③ 71. ① 72. ③

73 여덟 개의 페이지(0~7페이지)로 구성된 프로세스에 네 개의 페이지 프레임이 할당되어 있고, 이 프로세스의 페이지 참조 순서는 〈보기〉와 같다. 이 경우 LRU 페이지 교체 알고리즘을 적용할 때 페이지 적중률(hit ratio)은 얼마인가? (단, 〈보기〉의 숫자는 참조하는 페이지번호를 나타내고, 최초의 페이지 프레임은 모두 비어있다고 가정한다) 2012년 계리직

보기
1, 0, 2, 2, 2, 1, 7, 6, 7, 0, 1, 2

① $\dfrac{5}{12}$　　　　　　　　　　② $\dfrac{6}{12}$

③ $\dfrac{7}{12}$　　　　　　　　　　④ $\dfrac{8}{12}$

해설

요구 페이지	1	0	2	2	2	1	7	6	7	0	1	2
페이지 프레임	1	1	1	1	1	1	1	1	1	1	1	1
		0	0	0	0	0	0	6	6	6	6	2
			2	2	2	2	2	2	2	0	0	0
							7	7	7	7	7	7
페이지 부재	○	○	○				○	○		○		○

74 LRU(Least Recently Used) 교체 기법을 사용하는 요구 페이징(demand paging) 시스템에서 3개의 페이지 프레임(page frame)을 할당받은 프로세스가 다음과 같은 순서로 페이지에 접근했을 때 발생하는 페이지 부재(page fault) 횟수로 옳은 것은? (단, 할당된 페이지 프레임들은 초기에 모두 비어 있다고 가정한다) 2021년 계리직

페이지 참조 순서(page reference string):
1, 2, 3, 1, 2, 3, 1, 2, 3, 1, 2, 3, 4, 5, 6, 7, 4, 5, 6, 7, 4, 5, 6, 7

① 7번　　　　　　　　　　② 10번
③ 14번　　　　　　　　　　④ 15번

해설

요구 페이지	1	2	3	1	2	3	1	2	3	1	2	3	4	5	6	7	4	5	6	7	4	5	6	7
페이지 프레임	1	1	1	1	1	1	1	1	1	1	1	1	4	4	4	7	7	7	6	6	6	5	5	5
		2	2	2	2	2	2	2	2	2	2	2	2	5	5	5	4	4	4	7	7	7	6	6
			3	3	3	3	3	3	3	3	3	3	3	3	6	6	6	5	5	5	4	4	4	7
페이지 부재	○	○	○										○	○	○	○	○	○	○	○	○	○	○	○

⊘ **LRU(Least Recently Used)**
• 주기억장치에서 가장 오랫동안 사용되지 않은 페이지를 교체한다.
• 계수기 또는 스택과 같은 별도의 하드웨어가 필요하며, 시간적 오버헤드(Overhead)가 발생한다.
• 최적화 기법에 근사하는 방법으로, 효과적인 페이지 교체 알고리즘으로 사용된다.

75 캐시기억장치 교체 알고리즘에 대한 설명으로 옳지 않은 것은? 2020년 국가직

① LRU는 최근에 가장 오랫동안 사용되지 않았던 블록을 교체하는 방법이다.
② FIFO는 캐시에 적재된 지 가장 오래된 블록을 먼저 교체하는 방법이다.
③ LFU는 캐시 블록마다 참조 횟수를 기록함으로써 가장 많이 참조된 블록을 교체하는 방법이다.
④ Random은 사용 횟수와 무관하게 임의로 블록을 교체하는 방법이다.

해설
LFU는 캐시 블록마다 참조 횟수를 기록함으로써 자주 사용된 페이지는 사용 횟수가 많아 교체되지 않고 계속 사용된다.
참조 횟수가 가장 적은 페이지를 교체한다.

76 3개의 페이지 프레임으로 구성된 기억장치에서 다음과 같은 순서대로 페이지 요청이 일어날 때, 페이지 교체 알고리즘으로 LFU(Least Frequently Used)를 사용한다면 몇 번의 페이지 부재가 발생하는가? (단, 초기 페이지 프레임은 비어있다고 가정한다) 2014년 국가직

요청된 페이지 번호의 순서 : 2, 3, 1, 2, 1, 2, 4, 2, 1, 3, 2

① 4번   ② 5번
③ 6번   ④ 7번

해설

요구 페이지	2	3	1	2	1	2	4	2	1	3	2
페이지 프레임	2	2	2	2	2	2	2	2	2	2	2
		3	3	3	3	3	4	4	4	3	3
			1	1	1	1	1	1	1	1	1
페이지 부재	○	○	○				○			○	

77 3개의 페이지 프레임으로 구성된 기억장치에서 다음과 같은 참조열 순으로 페이지가 참조될 때, 페이지 부재 발생 횟수가 가장 적은 교체 방법은? (단, 초기 페이지 프레임은 비어 있으며, 페이지 교체 과정에서 사용 빈도수가 동일한 경우는 가장 오래된 것을 먼저 교체한다) 2024년 국가직

> 참조열 : 2 1 2 3 1 4 5 1 4 3

① FIFO(First In First Out)
② LFU(Least Frequently Used)
③ LRU(Least Recently Used)
④ MFU(Most Frequently Used)

해설

- FIFO(First In First Out)

순번	1	2	3	4	5	6	7	8	9	10
요구 페이지	2	1	2	3	1	4	5	1	4	3
페이지 프레임	2	2	2	2	2	4	4	4	4	3
		1	1	1	1	1	5	5	5	5
				3	3	3	3	1	1	1
페이지 부재	○	○		○		○	○	○		○

- LFU(Least Frequently Used)

순번	1	2	3	4	5	6	7	8	9	10
요구 페이지	2	1	2	3	1	4	5	1	4	3
페이지 프레임	2	2	2	2	2	2	2	2	2	2
		1	1	1	1	1	1	1	1	1
				3	3	4	5	5	4	3
페이지 부재	○	○		○		○	○		○	○

- LRU(Least Recently Used)

순번	1	2	3	4	5	6	7	8	9	10
요구 페이지	2	1	2	3	1	4	5	1	4	3
페이지 프레임	2	2	2	2	2	4	4	4	4	4
		1	1	1	1	1	1	1	1	1
				3	3	3	5	5	5	3
페이지 부재	○	○		○		○	○			○

- MFU(Most Frequently Used)

순번	1	2	3	4	5	6	7	8	9	10
요구 페이지	2	1	2	3	1	4	5	1	4	3
페이지 프레임	2	2	2	2	2	4	4	4	4	3
		1	1	1	1	1	5	5	5	5
				3	3	3	3	3	1	1	1
페이지 부재	○	○		○		○	○	○		○

78 다음 〈조건〉에 따라 페이지 기반 메모리 관리시스템에서 LRU(Least Recently Used) 페이지 교체 알고리즘을 구현하였다. 주어진 참조열의 모든 참조가 끝났을 경우 최종 스택(stack)의 내용으로 옳은 것은? 2014년 계리직

┌─ 조건 ┐
- LRU 구현 시 스택 사용한다.
- 프로세스에 할당된 페이지 프레임은 4개이다.
- 메모리 참조열 : 1 2 3 4 5 3 4 2 5 4 6 7 2 4

①

스택 top	7
	6
	4
스택 bottom	5

②

스택 top	2
	7
	6
스택 bottom	4

③

스택 top	5
	4
	6
스택 bottom	2

④

스택 top	4
	2
	7
스택 bottom	6

해설

스택(Stack)을 이용한 LRU 방식은 가장 최근에 페이지가 스택의 TOP에 위치하며, 스택이 모두 채워지면 Bottom에 있는 페이지를 제거한다. 스택에 들어있는 페이지가 참조될 경우에는 스택의 TOP에 위치한다.

			4	5	3	4	2	5	4	6	7	2	4
		3	3	4	5	3	4	2	5	4	6	7	2
	2	2	2	3	4	5	3	4	2	5	4	6	7
1	1	1	1	2	2	2	5	3	3	2	5	4	6

79 파일의 디스크 공간 할당 방법 중 다음 설명에 해당되는 것으로 가장 적절한 것은? 2024년 군무원

> - 순차 접근과 직접 접근이 모두 가능하다.
> - 외부 단편화 문제가 없다.

① 연속 할당   ② 연결 할당

③ 고정 할당   ④ 색인(index) 할당

해설

- 색인 할당(Indexed Allocation) : 파일당 인덱스 블록(포인터 저장)을 사용하여 파일을 할당하는 방법이다. 모든 포인터들을 하나의 장소, 색인 블록으로 관리되며, 각 파일들은 디스크 블록 주소를 모아놓은 배열인 색인 블록을 가진다. 외부 단편화 문제가 없으며, 순차 및 직접 접근이 가능하다.
- 연속 할당(Contiguous Allocation) : 각 파일이 디스크 내에서 연속적인 공간을 차지하며, 연속 할당된 파일들을 접근하기 위해 필요한 디스크 탐색 횟수를 최소화시킬 수 있고, 외부 단편화가 발생한다.
- 연결 할당(Linked Allocation) : 파일은 디스크 블록의 연결 리스트 형태로 저장되며, 외부 단편화가 없고 직접접근방식에 비효율적이다.
- 고정 분할 할당(Fixed Partition Allocation) : 메모리를 여러 개의 연속된 고정 크기로 분할 할당하는 메모리 할당 기법이다. 고정 크기 영역에 각 프로세스를 할당하고, 분할 영역보다 프로세스의 크기가 작아 할당하고 남은 공간인 내부 단편화(Fragmentation)가 발생할 수 있다.

80 운영체제의 디스크 스케줄링 기법에 대한 설명으로 옳은 것은? 2014년 국가직

① FCFS(First-Come-First-Served)는 현재의 판독/기록 헤드위치에서 대기 큐 내 요구들 중 탐색 시간이 가장 짧은 것을 선택하여 처리하는 기법이다.
② N-Step-SCAN은 대기 큐 내에서 디스크 암(disk arm)이 외부 실린더에서 내부 실린더로 움직이는 방향에 있는 요구들만을 처리하는 기법이다.
③ C-LOOK은 디스크 암(disk arm)이 내부 혹은 외부 트랙으로 이동할 때, 움직이는 방향에 더 이상 처리할 요구가 없는 경우 마지막 트랙까지 이동하지 않는 기법이다.
④ SSTF(Shortest-Seek-Time-First)는 각 요구 처리에 대한 응답 시간을 항상 공평하게 하는 기법이다.

해설

1. FCFS(First-Come First-Service)
   - 입출력 요청 대기 큐에 들어온 순서대로 서비스를 하는 방법이다.
   - 가장 간단한 스케줄링으로, 디스크 대기 큐를 재배열하지 않고, 먼저 들어온 트랙에 대한 요청을 순서대로 디스크 헤드를 이동시켜 처리한다.
2. N-step SCAN
   - SCAN 기법을 개선한 기법이다.
   - SCAN의 무한 대기 발생 가능성을 제거한 것으로 SCAN보다 응답 시간의 편차가 적고, SCAN과 같이 진행 방향상의 요청을 서비스하지만, 진행 중에 새로이 추가된 요청은 서비스하지 않고 다음 진행 시에 서비스하는 기법이다.

3. SSTF(Shortest Seek Time First)
- FCFS보다 처리량이 많고 평균 응답 시간이 짧다.
- 탐색 거리가 가장 짧은 트랙에 대한 요청을 먼저 서비스하는 기법이다.
- 디스크 헤드는 현재 요청만을 먼저 처리하므로, 가운데를 집중적으로 서비스한다.

81 운영체제의 디스크 스케줄링에 대한 설명으로 옳지 않은 것은? 2011년 국가직

① FCFS 스케줄링은 공평성이 유지되며 스케줄링 방법 중 가장 성능이 좋은 기법이다.
② SSTF 스케줄링은 디스크 요청들을 처리하기 위해서 현재 헤드 위치에서 가장 가까운 요청을 우선적으로 처리하는 기법이다.
③ C-SCAN 스케줄링은 양쪽 방향으로 요청을 처리하는 SCAN 스케줄링 기법과 달리 한쪽 방향으로 헤드를 이동해 갈 때만 요청을 처리하는 기법이다.
④ 섹터 큐잉(sector queuing)은 고정 헤드 장치에 사용되는 기법으로 디스크 회전 지연 시간을 고려한 기법이다.

해설
운영체제의 디스크 스케줄링 중에서 FCFS 스케줄링은 공평성이 유지되지만, 스케줄링 방법 중 가장 성능이 나쁜 기법이다.

82 다음에서 설명하는 디스크 스케줄링은? 2018년 지방직

> 디스크 헤드가 한쪽 방향으로 트랙의 끝까지 이동하면서 만나는 요청을 모두 처리한다. 트랙의 끝에 도달하면 반대 방향으로 이동하면서 만나는 요청을 모두 처리한다. 이러한 방식으로 헤드가 디스크 양쪽을 계속 왕복하면서 남은 요청을 처리한다.

① 선입 선처리(FCFS) 스케줄링
② 최소 탐색 시간 우선(SSTF) 스케줄링
③ 스캔(SCAN) 스케줄링
④ 라운드 로빈(RR) 스케줄링

해설
스캔(SCAN) 스케줄링 : SSTF가 갖는 탐색 시간의 편차를 해소하기 위한 기법이며, 대부분의 디스크 스케줄링의 기본전략으로 사용된다. 현재 진행 중인 방향으로 가장 짧은 탐색 거리에 있는 요청을 먼저 서비스한다. 현재 헤드의 위치에서 진행 방향이 결정되면 탐색 거리가 짧은 순서에 따라 그 방향의 모든 요청을 서비스하고 끝까지 이동한 후 역방향의 요청사항을 서비스한다.

정답 79. ④ 80. ③ 81. ① 82. ③

83 디스크 큐에 다음과 같이 I/O 요청이 들어와 있다. 최소탐색시간 우선(SSTF) 스케줄링 적용 시 발생하는 총 헤드 이동 거리는? (단, 추가 I/O 요청은 없다고 가정한다. 디스크 헤드는 0부터 150 까지 이동 가능하며, 현재 위치는 50이다) 2022년 국가직

큐 : 80, 20, 100, 30, 70, 130, 40

① 100   ② 140

③ 180   ④ 430

해설
1. SSTF(Shortest Seek Time First)
   - FCFS보다 처리량이 많고 평균 응답 시간이 짧다.
   - 탐색 거리가 가장 짧은 트랙에 대한 요청을 먼저 서비스하는 기법이다.
   - 디스크 헤드는 현재 요청만을 먼저 처리하므로, 가운데를 집중적으로 서비스한다.
   - 디스크 헤드에서 멀리 떨어진 입출력 요청은 기아상태(Starvation State)가 발생할 수 있다.
2. 문제의 보기 요청을 SSTF 방식 적용 시에 50 → 40 → 30 → 20 → 70 → 80 → 100 → 130와 같이 이동되며, 헤드의 총 이동 거리는 140이다.

84 디스크 헤드의 위치가 55이고 0의 방향으로 이동할 때, C-SCAN 기법으로 디스크 대기 큐 25, 30, 47, 50, 63, 75, 100을 처리한다면 제일 마지막에 서비스받는 트랙은? 2017년 국가직

① 50   ② 63

③ 75   ④ 100

해설
문제에서 가장 안쪽 트랙을 0번, 가장 바깥쪽 트랙을 200으로 가정할 때,
- C-SCAN 기법 : 55 - 50 - 47 - 30 - 25 - 0 - 200 - 100 - 75 - 63

85 〈보기〉는 0~199번의 200개 트랙으로 이루어진 디스크 시스템에서, 큐에 저장된 일련의 입출력 요청들과 어떤 디스크 스케줄링(disk scheduling) 방식에 의해 처리된 서비스 순서이다. 이 디스크 스케줄링 방식은 무엇인가? (단, 〈보기〉의 숫자는 입출력할 디스크 블록들이 위치한 트랙 번호를 의미하며, 현재 디스크 헤드의 위치는 트랙 50번이라고 가정한다) 2012년 계리직

> ┌ 보기 ┌
> ─ 요청 큐 : 99, 182, 35, 121, 12, 125, 64, 66
> ─ 서비스 순서 : 64, 66, 99, 121, 125, 182, 12, 35

① FCFS

② C-SCAN

③ SSTF

④ SCAN

[해설]

• 서비스 순서에서 트랙의 순서가 바깥쪽에서 안쪽으로 이동되므로 문제 답항 보기에 있는 디스크 스케줄링 방식 중에서 가장 관련 있는 것은 C-SCAN이라 할 수 있다.

• FCFS(First-Come First-Service) : 입출력 요청 대기 큐에 들어온 순서대로 서비스를 하는 방법이다. 가장 간단한 스케줄링으로, 디스크 대기 큐를 재배열하지 않고, 먼저 들어온 트랙에 대한 요청을 순서대로 디스크 헤드를 이동시켜 처리한다.

• C-SCAN : 항상 바깥쪽에서 안쪽으로 움직이면서 가장 짧은 탐색거리를 갖는 요청을 서비스한다. 헤드는 트랙의 바깥쪽에서 안쪽으로 한 방향으로만 움직이며 서비스하여 끝까지 이동한 후, 안쪽에 더 이상의 요청이 없으면 헤드는 가장 바깥쪽의 끝으로 이동한 후 다시 안쪽으로 이동하면서 요청을 서비스한다.

• SSTF(Shortest Seek Time First) : FCFS보다 처리량이 많고 평균 응답 시간이 짧다. 탐색 거리가 가장 짧은 트랙에 대한 요청을 먼저 서비스하는 기법이다.

• SCAN : SSTF가 갖는 탐색 시간의 편차를 해소하기 위한 기법이며, 대부분의 디스크 스케줄링의 기본전략으로 사용된다. 현재 진행 중인 방향으로 가장 짧은 탐색 거리에 있는 요청을 먼저 서비스한다. 현재 헤드의 위치에서 진행 방향이 결정되면 탐색 거리가 짧은 순서에 따라 그 방향의 모든 요청을 서비스하고 끝까지 이동한 후 역방향의 요청 사항을 서비스한다.

86 디스크의 서비스 요청 대기 큐에 도착한 요청이 다음과 같을 때 C-LOOK 스케줄링 알고리즘에 의한 헤드의 총 이동거리는 얼마인가? (단, 현재 헤드의 위치는 50에 있고, 헤드의 이동방향은 0에서 199방향이다) 2014년 서울시

요청대기열의 순서
65, 112, 40, 16, 90, 170, 165, 35, 180

① 388   ② 318
③ 362   ④ 347

해설
• C-LOCK : 디스크 헤드가 바깥쪽에서 안쪽으로 이동하는 것을 기본 헤드의 이동방향이라고 한다면, 트랙의 바깥쪽에서 안쪽 방향의 마지막 입출력 요청을 처리한 다음, 디스크의 끝까지 이동하는 것이 아니라 다시 가장 바깥쪽 트랙으로 이동한다.
• 이동방향 : 50 − 65 − 90 − 112 − 165 − 170 − 180 − 16 − 35 − 40
• 이동거리 : 15 + 25 + 22 + 53 + 5 + 10 + 164 + 19 + 5 = 318

87 가상 기계(virtual machine)에 대한 설명으로 옳지 않은 것은? 2021년 지방직

① 가상 기계 모니터 또는 하이퍼바이저(hypervisor)는 가상 기계를 지원하는 소프트웨어이다.
② 가상 기계 모니터는 호스트 운영체제 위에서만 실행된다.
③ 데스크톱 환경에서 Windows나 Linux와 같은 운영체제를 여러 개 실행하기 위해 사용되기도 한다.
④ 가상 기계가 호스트 운영체제 위에서 동작할 때, 이 기계 위에서 동작하는 응용 프로그램은 처리 속도가 느려질 수 있다.

해설
가상 기계(virtual machine) : 단일 하드웨어를 통해서 다수의 다른 운영체제를 동시에 실행시킬 수 있다. 가상 기계를 지원하는 소프트웨어로는 가상 기계 모니터 또는 하이퍼바이저(hypervisor)가 있다. 가상 기계 모니터는 호스트 운영체제 위에서 실행할 수 있지만, 호스트 운영체제 없이도 실행할 수 있다.

88 가상 머신(Virtual Machine)에 대한 설명으로 옳지 않은 것은? 2018년 국가직

① 단일 컴퓨터에서 가상화를 사용하여 다수의 게스트 운영체제를 실행할 수 있다.

② 가상 머신은 사용자에게 다른 가상 머신의 동작에 간섭을 주지 않는 격리된 실행환경을 제공한다.

③ 가상 머신 모니터(Virtual Machine Monitor)를 사용하여 가상화하는 경우 반드시 호스트 운영체제가 필요하다.

④ 자바 가상 머신은 자바 바이트 코드가 다양한 운영체제상에서 수행될 수 있도록 한다.

> 해 설
>
> 가상화를 제공하는 소프트웨어 계층을 가상 머신 모니터(virtual machine monitor) 또는 하이퍼바이저라고 한다. 주로 CPU(Central Processing Unit)와 운영체제인 OS(Operating System)의 중간 역할로 사용한다.

89 다음 중 하이퍼바이저(Hypervisor)에 관련된 설명으로 가장 적절하지 않은 것은? 2024년 군무원

① 가상머신을 동작시키기 위한 기반 소프트웨어이다.

② KVM(Kernel-based Virtual Machine)은 리눅스 커널에 통합된 하이퍼바이저로, 가상머신의 게스트(Guest) 운영체제는 리눅스로 제한된다.

③ 가상머신이 사용하는 하드웨어 자원을 관리, 할당한다.

④ 한 하이퍼바이저 위에서 각기 다른 운영체제의 가상머신 병행 실행이 가능하다.

> 해 설
>
> • KVM(Kernel-based Virtual Machine)은 리눅스 커널에 통합된 하이퍼바이저이지만, KVM 위에서 실행되는 가상머신의 게스트 운영체제는 리눅스에 제한되지 않는다. KVM은 리눅스, 윈도우, BSD 등 다양한 운영체제를 게스트로 실행할 수 있다.
> • 하이퍼바이저는 물리적인 하드웨어 위에서 가상머신을 실행할 수 있게 해주는 소프트웨어라고 할 수 있다.
> • 하이퍼바이저는 가상머신이 사용하는 CPU, 메모리, 디스크, 네트워크 등의 하드웨어 자원을 관리하고 할당하는 역할을 한다.
> • 하이퍼바이저는 하나의 물리적 호스트에서 여러 개의 가상머신을 실행할 수 있게 하며, 가상머신들은 서로 다른 운영체제를 실행할 수 있다.

정답 86. ② 87. ② 88. ③ 89. ②

MEMO

Part

04

데이터베이스

손경희 컴퓨터일반
단원별 기출문제집

01 데이터베이스에 대한 설명으로 옳지 않은 것은? 2012년 지방직

① 객체관계형 데이터베이스는 객체지향 개념과 관계 개념을 통합한 것이다.
② 객체지향형 데이터베이스는 데이터와 연산을 일체화한 객체를 기본 구성 요소로 사용한다.
③ 관계형 데이터베이스는 레코드들을 그래프 구조로 연결한다.
④ 계층형 데이터베이스는 레코드들을 트리 구조로 연결한다.

> **해설**
> 관계형 데이터베이스는 표 데이터 모델이라고도 한다. 구조가 단순하며 사용이 편리하고, n:m 표현이 가능하다.

02 대용량 데이터의 관리를 위해 사용되는 데이터베이스 관리 시스템(DBMS)에 대한 설명으로 옳지 않은 것은?

① 트랜잭션 처리 과정에서 데이터의 일관성과 무결성 유지를 위한 기능을 수행한다.
② 트랜잭션은 원자성(atomicity)을 가지도록 한다.
③ 데이터 무결성 유지를 위해 데이터의 중복을 허용한다.
④ 저장된 데이터에 대한 효과적인 접근을 위해 질의어를 지원한다.

> **해설**
> 데이터 무결성 유지를 위해 데이터의 중복을 허용하지 않는다.

03 기업의 정보를 데이터베이스로 구축함으로써 얻을 수 있는 장점으로 옳지 않은 것은? 2009년 국가직

① 데이터 중복의 최소화
② 여러 사용자에 의한 데이터 공유
③ 데이터 간의 종속성 유지
④ 데이터 내용의 일관성 유지

> **해설**
> 데이터 간의 종속성이 높은 것은 파일 시스템이며, 데이터베이스는 독립성이 높다.

04 DBMS를 사용하는 이점으로 옳지 않은 것은? 2020년 국가직

① 데이터를 프로그램과 분리함으로써 데이터 독립성이 향상된다.

② 데이터의 공유와 동시 접근이 가능하다.

③ 데이터의 중복을 허용하여 데이터의 일관성을 유지한다.

④ 데이터의 무결성과 보안성을 유지한다.

해설

DBMS는 데이터의 중복을 최소화하여 데이터의 일관성을 유지한다.

⊘ **DBMS의 장단점**

장점	단점
• 데이터 중복의 최소화 • 데이터 공유 • 일관성 유지 • 무결성 유지 • 데이터 보안 보장 • 표준화 가능 • 지속성 제공 • 백업과 회복 제공	• 많은 운영비 • 자료 처리의 복잡 • backup, recovery의 어려움 • 시스템의 취약성

05 데이터베이스 관리 시스템(DataBase Management System)에 대한 설명으로 옳지 않은 것은?

2012년 국가직

① 응용프로그램에 대한 데이터의 독립성이 보장된다.

② 데이터가 중복 저장되는 것을 방지하여 데이터의 일관성을 유지한다.

③ 데이터베이스의 구성과 저장, 접근 방법, 유지 및 관리를 위한 시스템 소프트웨어이다.

④ 고속/고용량의 메모리나 CPU 등이 요구되지 않으므로 시스템 운영비를 감소시킬 수 있다.

해설

데이터베이스는 사용되어지는 조직에 따라 크기에 차이가 있을 수는 있지만, 방대한 양의 데이터가 저장되어 있고 처리되어야 하기 때문에 고속/고용량의 메모리나 CPU 등이 요구된다.

정답 01. ③ 02. ③ 03. ③ 04. ③ 05. ④

06 아래 지문은 파일시스템과 DBMS시스템의 가장 큰 차이점을 설명한 것이다. 지문이 설명하는 DBMS의 장점에 해당하는 것은? 2021년 군무원

> 파일시스템은 파일을 구성하는 레코드 구조가 변경되면 이 파일을 사용하는 모든 프로그램이 변경되어야 한다. 하지만, DBMS시스템은 데이터베이스를 구성하는 데이터 구조가 변경되어도 변경된 데이터 항목을 사용하는 프로그램만 변경되고, 나머지 프로그램은 변경될 필요가 없어 데이터 항목 변경에 따른 프로그램 유지 보수 비용을 현격히 줄일 수 있다.

① 보안성(Security)
② 다중접근성(Multi Access)
③ 데이터 독립성(Data Independent)
④ 구조적 접근성(Structured Access)

해설

⊙ **데이터 독립성(Data Independent)**
• DBMS의 궁극적인 목적은 데이터 독립성(data independency)을 제공하는 것
• 상위 단계의 스키마 정의에 영향을 주지 않고 스키마의 정의를 수정할 수 있는 능력
1. 논리적 데이터 독립성
   • DB의 논리적 구조의 변화에 대해 응용프로그램들이 영향을 받지 않는 능력
   • 기존 응용 프로그램에 영향을 주지 않고 데이터베이스의 논리적 구조를 변경시킬 수 있는 능력
2. 물리적 데이터 독립성
   • 응용프로그램이나 데이터베이스의 논리적 구조에 영향을 주지 않고 데이터베이스의 물리적 구조를 변경할 수 있는 능력
   • 물리적 독립성에 의해 응용프로그램이나 데이터베이스의 논리적 구조가 물리적 구조의 변경으로부터 영향을 받지 않음
   • 시스템 성능(performance)을 향상시키기 위해 필요

07 데이터베이스 접근순서를 바르게 나열한 것은?

① 사용자 → DBMS → 디스크관리자 → 파일관리자 → 데이터베이스
② 사용자 → 파일관리자 → DBMS → 디스크관리자 → 데이터베이스
③ 사용자 → 파일관리자 → 디스크관리자 → DBMS → 데이터베이스
④ 사용자 → DBMS → 파일관리자 → 디스크관리자 → 데이터베이스

해설

⊘ 데이터베이스의 접근

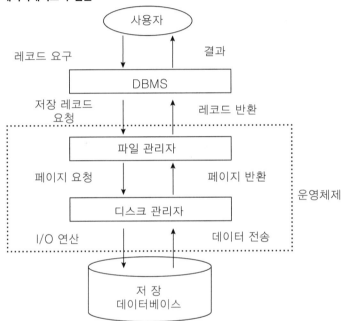

08 범기관적 입장에서 데이터베이스를 정의한 것으로서 데이터베이스에 저장될 데이터의 종류와 데이터 간의 관계를 기술하며 데이터 보안 및 무결성 규칙에 대한 명세를 포함하는 것은? 2013년 국가직

① 외부스키마   ② 내부스키마
③ 개념스키마   ④ 물리스키마

해설
• 외부 스키마 : 사용자나 응용 프로그래머 관점
• 개념 스키마 : 범기관적 입장에서 데이터베이스 전체 관점
• 내부 스키마 : 내부 물리적 저장 장치 관점

09 데이터베이스 스키마(schema)에 대한 설명으로 옳지 않은 것은? 2011년 국가직

① 스키마(schema)는 데이터베이스의 논리적 정의인 데이터의 구조와 제약 조건에 대한 명세를 기술한 것이다.
② 외부 스키마(external schema)는 데이터베이스의 개별 사용자나 응용 프로그래머가 접근하는 데이터베이스를 정의한 것이다.
③ 내부 스키마(internal schema)는 여러 개의 외부 스키마를 통합하는 관점에서 논리적인 데이터베이스를 기술한 것이다.
④ 개념 스키마(conceptual schema)는 모든 응용 시스템들이나 사용자들이 필요로 하는 데이터를 통합한 조직 전체의 데이터베이스를 기술한 것으로 하나의 데이터베이스 시스템에는 하나의 개념 스키마만 존재한다.

해설
여러 개의 외부 스키마를 통합하는 관점에서 논리적인 데이터베이스를 기술한 것은 개념 스키마이며, 내부 스키마는 물리적 저장 장치의 관점이다.

10 데이터베이스의 3단계-스키마 구조에 대한 설명으로 〈보기〉에서 옳은 것만을 모두 고른 것은?

2018년 교육청

┌─ 보기 ┌───
ㄱ. 내부 스키마는 물리적 저장 장치의 관점에서 본 데이터베이스 구조이다.
ㄴ. 외부 스키마는 각 사용자의 관점에서 본 데이터베이스 구조로서 여러 개가 존재할 수 있다.
ㄷ. 개념 스키마는 모든 응용 시스템들이나 사용자들이 필요로 하는 데이터를 통합한 조직 전체의 데이터베이스를 기술한 것이다.
└──

① ㄱ, ㄴ   ② ㄱ, ㄷ
③ ㄴ, ㄷ   ④ ㄱ, ㄴ, ㄷ

[해설]
- 내부 스키마 : 물리적 저장장치 관점에서 전체 데이터베이스가 저장되는 방법 명세
- 외부 스키마 : 가장 바깥쪽 스키마로, 전체 데이터 중 사용자가 사용하는 한 부분에서 본 구조
- 개념 스키마 : 논리적 관점에서 본 구조로 전체적인 데이터 구조

11 3단계 데이터베이스 구조에서 개념 스키마에 대한 설명으로 옳은 것만을 모두 고르면? 2022년 국가직

┌──
ㄱ. 데이터베이스를 운영하는 기관에 소속되어 있는 모든 응용시스템 또는 사용자들이 필요로 하는 데이터를 통합하여 정의한 조직 전체 데이터베이스의 논리 구조를 말한다.
ㄴ. 개념 스키마와 외부 스키마 사이에는 논리적 데이터 독립성이 있어야 한다.
ㄷ. 데이터베이스 내에는 하나의 개념 스키마만 존재한다.
ㄹ. 데이터에 대한 접근권한, 제약조건 등에 대한 정의도 포함한다.
└──

① ㄱ, ㄴ   ② ㄱ, ㄷ
③ ㄴ, ㄷ, ㄹ   ④ ㄱ, ㄴ, ㄷ, ㄹ

[해설]
⊘ **개념 스키마**
- 논리적 관점에서 본 구조로 전체적인 데이터 구조(일반적으로 스키마라 불림)
- 범기관적 입장에서 데이터베이스를 정의(기관 전체의 견해)
- 조직 논리 단계(community logical level)
- 모든 데이터 개체, 관계, 제약조건, 접근권한, 무결성 규칙, 보안정책 등을 명세

정답   08. ③   09. ③   10. ④   11. ④

12 개체 관계 모델(Entity-Relationship model)을 그래프 방식으로 표현한 E-R 다이어그램에서 마름모 모양으로 표현되는 것은? 2014년 서울시

① 개체 타입(entity type)   ② 관계 타입(relationship type)
③ 속성(attribute)   ④ 키 속성(key attribute)

해설

E-R 다이어그램에서 마름모 모양은 관계 타입(relationship type)을 의미한다.

☑ **E-R 다이어그램 표기법**

기호	의미
▭	개체 타입
▭	약한 개체 타입
◯	속성
◎	다중속성 : 여러 개의 값을 가질 수 있는 속성
◇	관계 : 개체 간의 상호작용
◈	식별 관계 타입
⬭	키 속성 : 모든 개체들이 모두 다른 값을 갖는 속성(기본키)
⬭	부분키 애트리뷰트
⚘	복합속성 : 하나의 속성을 부분으로 나누어질 수 있는 속성

13 논리적 데이터 모델에 대한 설명으로 옳지 않은 것은? 2017년 국가직

① 네트워크 모델, 계층 모델은 레거시 데이터 모델로도 불린다.
② SQL은 관계형 모델을 따르는 DBMS의 표준 데이터 언어이다.
③ 관계형 모델은 논리적 데이터 모델에 해당한다.
④ 개체관계 모델은 개체와 개체 사이의 관계성을 이용하여 데이터를 모델링한다.

해설

• 개념적 데이터 모델 : 개체관계 모델
• 논리적 데이터 모델 : 관계 데이터 모델, 계층 데이터 모델, 네트워크 데이터 모델
• 레거시(Legacy) : 과거에 개발되어 현재에도 사용 중인 낡은 하드웨어나 소프트웨어. 새로 제안되는 방식이나 기술을 부각시키는 의미로서 주로 사용된다.

14 다음 그림은 스마트폰 수리와 관련된 E−R 다이어그램의 일부이다. 이에 대한 설명으로 옳지 않은 것은? 2021년 지방직

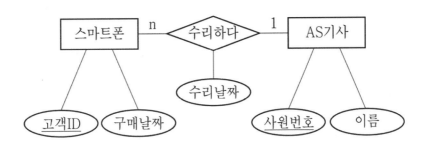

① '수리하다' 관계는 속성을 가지고 있다.
② 'AS기사'와 '스마트폰'은 일대다 관계이다.
③ '스마트폰'은 다중값 속성을 가지고 있다.
④ '사원번호'는 키 속성이다.

해설
'스마트폰' 개체는 고객ID와 구매날짜 속성을 가지고 있다. 고객ID는 기본키이며, 다중값 속성은 존재하지 않는다.
E−R 다이어그램에서 다중값 속성은 이중 타원으로 표현한다.

15 데이터베이스 설계 과정에서 목표 DBMS의 구현 데이터 모델로 표현된 데이터베이스 스키마가 도출되는 단계는? 2015년 국가직

① 요구사항 분석 단계　　　　　② 개념적 설계 단계
③ 논리적 설계 단계　　　　　　④ 물리적 설계 단계

해설
논리적 설계 단계 : 앞 단계의 개념적 설계 단계에서 만들어진 정보 구조로부터 목표 DBMS가 처리할 수 있는 스키마를 생성한다. 이 스키마는 요구 조건 명세를 만족해야 되고, 무결성과 일관성 제약 조건도 만족하여야 한다.

16 다음 E-R다이어그램을 관계형 스키마로 올바르게 변환한 것은? (단, 속성명의 밑줄은 해당 속성 이 기본키임을 의미한다) 2023년 계리직

① 학생(<u>학번</u>, 이름) 등록(성적) 과목(<u>과목번호</u>, 과목명)
② 학생(<u>학번</u>, 이름) 등록(<u>과목번호</u>, 성적) 과목(<u>과목번호</u>, 과목명, 성적)
③ 학생(<u>학번</u>, 이름) 등록(<u>학번</u>, 성적) 과목(<u>과목번호</u>, 과목명)
④ 학생(<u>학번</u>, 이름) 등록(<u>학번</u>, <u>과목번호</u>, 성적) 과목(<u>과목번호</u>, 과목명)

해설

• 문제의 ERD는 다대다의 관계이고 관계에 속성이 있어 설명속성이 존재한다. 매핑 시 각 릴레이션의 참조관계를 맺기 위해 등록개체 기본키를 학생개체의 학번 속성과 과목개체의 과목번호 속성으로 한다.
• 다대다(n : m) 관계일 때 : 새로운 릴레이션을 생성하여 양쪽의 기본키를 기본키로 선정한다.
ex)

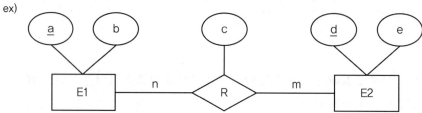

⇒ E1(<u>a</u>, b), E2(<u>d</u>, e), R(<u>a</u>, <u>d</u>, c)

17 관계형 데이터베이스의 키(key)에 대한 설명으로 옳지 않은 것은? 2014년 지방직

① 수퍼키(superkey)는 릴레이션을 구성하는 속성(attribute)들 중에서 각 투플(tuple)을 유일하게 식별할 수 있도록 하는 속성 또는 속성들의 집합이다.

② 후보키(candidate key)는 유일성(uniqueness)과 최소성(minimality)을 만족시킨다.

③ 기본키(primary key)는 후보키 중에서 투플을 식별하는 기준으로 선택된 특별한 키이다.

④ 두 개 이상의 후보키 중에서 기본키로 선택되지 않은 나머지 후보키를 외래키(foreign key)라고 한다.

> 해설
> • 두 개 이상의 후보키 중에서 기본키로 선택되지 않은 나머지 후보키를 대체키(Alternate key)라고 한다.
> • 수퍼키 중에서 최소성을 만족하는 것이 후보키이며, 수퍼키는 유일성만 만족하고 후보키는 유일성과 최소성을 만족하여야 한다.

18 B-tree에 대한 설명으로 옳은 것은? 2012년 국가직

① 루트 노드는 적어도 2개의 자식 노드를 갖는다.

② 인덱스(index) 노드와 데이터(data) 노드 두 종류로 구성된다.

③ 키 값을 삽입하거나 삭제하더라도 트리의 총 노드 수에는 변함이 없다.

④ 루트 노드를 제외한 모든 노드는 적어도 $\lceil m/2 \rceil$개의 자식 노드를 갖는다. (단, m은 차수이다)

> 해설
> • 루트 노드는 리프 노드가 아닌 이상 적어도 2개의 자식 노드를 갖는다.
> • 인덱스(index) 노드와 데이터(data) 노드 두 종류로 구성되는 것은 B+-tree이다.
> • 루트 노드와 리프 노드를 제외한 모든 노드는 적어도 $\lceil m/2 \rceil$개의 자식 노드를 갖는다.

정답 16. ④ 17. ④ 18. ③

19 관계데이터베이스의 인덱스(index)에 대한 설명으로 옳은 것의 총 개수는? 2021년 계리직

> ㄱ. 기본키의 경우, 자동으로 인덱스가 생성되며 인덱스 구축 시 두 개 이상의 칼럼(column)을 결합하여 인덱스를 생성할 수 있다.
> ㄴ. SQL 명령문의 검색 결과는 인덱스 사용 여부와 관계없이 동일하며 인덱스는 검색 속도에 영향을 미친다.
> ㄷ. 데이터베이스의 전체적인 성능을 향상시키기 위해서는 테이블의 모든 칼럼(column)에 대하여 인덱스를 생성해야 한다.
> ㄹ. 인덱스는 칼럼(column)에 대하여 생성되며 테이블 내의 데이터를 순차적으로 접근하여 검색 결과를 제공한다.

① 1개 ② 2개
③ 3개 ④ 4개

해설
ㄱ. 기본키의 경우, 자동으로 인덱스가 생성되며 인덱스 구축 시 두 개 이상의 칼럼(column)을 결합하여 인덱스를 생성할 수 있다.
ㄴ. SQL 명령문의 검색 결과는 인덱스 사용 여부와 관계없이 동일하며 인덱스는 검색 속도에 영향을 미친다.
ㄷ. 테이블의 모든 칼럼(column)에 대하여 인덱스를 생성하게 되면 불필요한 인덱스 갱신이 발생되므로 성능이 저하될 수 있다.
ㄹ. 인덱스는 칼럼(column)에 대하여 생성되며 테이블 내의 데이터를 임의적으로 접근하여 검색 결과를 제공한다.

20 관계 데이터 모델의 설명으로 옳지 않은 것은? 2019년 국회직
① 릴레이션(relation)의 튜플(tuple)들은 모두 상이하다.
② 릴레이션에서 속성(attribute)들 간의 순서는 의미가 없다.
③ 한 릴레이션에 포함된 튜플 사이에는 순서가 없다.
④ 튜플은 원자값으로 분해가 불가능하다.

해설
애트리뷰트는 원자값으로서 분해가 불가능하다.

21 다음 중 아래 데이터베이스 모델링에 대한 설명으로 가장 적절한 것은? 2024년 군무원

> 국방전자는 배터리를 이용하는 다양한 전자제품을 생산하고 있다. 각 제품이 동작하는 전압은 배터리 사용 개수에 따라 달려 있으므로, 제품의 동작 전압 규격은 배터리 연결로 만들어지는 특정 전압값으로만 가능하다. 제품과 동작 전압을 데이터 베이스화할 때 전압값이 가질 수 있는 제한 조건을 정의하는 것이다.

① 시스템 카탈로그(System Catalog)
② 도메인(Domain)
③ 일반 집합 연산자
④ 엔터티(Entity)

해설

도메인(Domain)은 데이터베이스에서 특정 속성이 가질 수 있는 값의 범위를 정의하는 것으로, 문제의 지문 내용 중에서 전압값의 제한 조건을 정의한다라고 하였으므로 도메인이 가장 적절한 것으로 볼 수 있다.

22 관계형 모델(relational model)의 릴레이션(relation)에 대한 설명으로 옳지 않은 것은?

2015년 국가직

① 릴레이션의 한 행(row)을 투플(tuple)이라고 한다.
② 속성(attribute)은 릴레이션의 열(column)을 의미한다.
③ 한 릴레이션에 존재하는 모든 투플들은 상이해야 한다.
④ 한 릴레이션의 속성들은 고정된 순서를 갖는다.

해설

데이터베이스에서 릴레이션의 특성에 관한 기초적인 문제이다. 릴레이션의 특성 중에서 '한 릴레이션을 구성하는 애트리뷰트 사이에는 순서가 없다.'를 출제하였다.

정답   19. ②   20. ④   21. ②   22. ④

23 관계형 데이터베이스에서 후보키(candidate key)가 만족해야 할 두 가지 성질로 가장 타당한 것은? 2012년 경북교육청

① 유일성과 최소성
② 유일성과 무결성
③ 무결성과 최소성
④ 독립성과 무결성

해설
• 후보키(candidate key)는 유일성과 최소성을 만족해야 한다.
• 후보키(candidate key) : 속성 집합으로 구성된 테이블의 각 튜플을 유일하게 식별할 수 있는 속성이나 속성의 조합들을 후보키라 한다.(유일성, 최소성) 후보키의 슈퍼집합은 슈퍼키이다.

24 〈보기〉의 직원 테이블에서 키(key)와 관련된 설명으로 옳지 않은 것은? (단, 사번과 주민등록번호는 각 유일한 값을 갖고, 부서번호는 부서 테이블을 참조하는 속성이며, 나이가 같은 동명이인이 존재할 수 있다) 2016년 계리직

┌─ 보기 ┌
직원(사번, 이름, 주민등록번호, 주소, 나이, 성별, 부서번호)

① 부서번호는 외래키이다.
② 사번은 기본키가 될 수 있다.
③ (이름, 나이)는 후보키가 될 수 있다.
④ 주민등록번호는 대체키가 될 수 있다.

해설
• 후보키는 유일성과 최소성을 만족하여야 한다. 위의 문제에서 직원테이블은 나이가 같은 동명이인이 존재할 수 있기 때문에 (이름, 나이)는 유일성을 만족할 수 없으므로 후보키가 될 수 없다.
• 기본키(primary key) : 개체 식별자. 튜플을 유일하게 식별할 수 있는 애트리뷰트 집합(보통 key라고 하면 기본키를 말하지만 때에 따라서 후보키를 뜻하는 경우도 있음). 기본키는 그 키 값만으로 그 키 값을 가진 튜플을 대표하기 때문에 기본키가 null 값을 포함하면 유일성이 깨진다.
• 대체키(alternate key) : 기본키를 제외한 후보키들
• 후보키(candidate key) : 속성 집합으로 구성된 테이블의 각 튜플을 유일하게 식별할 수 있는 속성이나 속성의 조합들을 후보키라 한다(유일성, 최소성).

25 속성 A, B, C로 정의된 릴레이션의 인스턴스가 아래와 같을 때, 후보키의 조건을 충족하는 것은?

2016년 지방직

A	B	C
1	12	7
20	12	7
1	12	3
1	1	4
1	2	6

① (A)
② (A, C)
③ (B, C)
④ (A, B, C)

해설

후보키는 유일성과 최소성을 만족하여야 한다. 문제의 릴레이션에서 (A, C)는 유일성을 만족하며 구성되는 요소를 분리 했을 때 각각의 요소가 유일성이 없으므로 최소성도 만족한다.

26 관계형 데이터베이스에 대한 설명으로 옳은 것만을 모두 고르면? 2021년 지방직

ㄱ. 관계형 데이터베이스 스키마(schema)는 릴레이션 스키마의 집합과 무결성 제약조건(integrity constraint)으로 구성된다.
ㄴ. 개체(entity) 무결성 제약조건은 기본 키(primary key)를 구성하는 모든 속성은 널(null) 값을 가지면 안 된다는 규칙이다.
ㄷ. 참조(referential) 무결성 제약조건이란 외래 키(foreign key)는 참조할 수 없는 값을 가질 수 없다는 규칙이다.
ㄹ. 후보 키(candidate key)가 되기 위해서는 유일성(uniqueness)과 효율성(efficiency)을 항상 만족해야 한다.

① ㄱ, ㄴ, ㄷ
② ㄱ, ㄴ, ㄹ
③ ㄱ, ㄷ, ㄹ
④ ㄴ, ㄷ, ㄹ

해설

후보키(candidate key)가 되기 위해서는 유일성과 최소성을 만족해야 한다.

정답 23. ① 24. ③ 25. ② 26. ①

27 참조 무결성에 대한 설명으로 옳지 않은 것은? 2019년 계리직

① 검색 연산의 수행 결과는 어떠한 참조 무결성 제약조건도 위배하지 않는다.

② 참조하는 릴레이션에서 튜플이 삭제되는 경우, 참조 무결성 제약조건이 위배될 수 있다.

③ 외래 키 값은 참조되는 릴레이션의 어떤 튜플의 기본 키 값과 같거나 널(NULL) 값일 수 있다.

④ 참조 무결성 제약조건은 DBMS에 의하여 유지된다.

해설
- 참조 무결성(referential integrity) : 외래키 값은 널이거나, 참조 릴레이션에 있는 기본키와 같아야 한다는 규정이다. FK는 상위개체의 PK와 같아야 한다.
- 참조하는 릴레이션은 하위(자식) 릴레이션이므로, 튜플이 삭제되는 경우에도 참조 무결성 제약조건이 위배되지 않는다.

28 학생 테이블에 튜플들이 아래와 같이 저장되어 있을 때, 〈NULL, '김영희', '서울'〉 튜플을 삽입하고자 한다. 해당 연산에 대한 [결과]와 [원인]으로 옳은 것은? (단, 학생 테이블의 기본키는 학번이다)

2018년 계리직

학번	이름	주소
1	김철희	경기
2	이철수	천안
3	박민수	제주

    [결과]   [원인]

① 삽입 가능   무결성 제약조건 만족

② 삽입 불가   관계 무결성 위반

③ 삽입 불가   개체 무결성 위반

④ 삽입 불가   참조 무결성 위반

해설
① 개체 무결성 규칙을 위반하기 때문에 삽입 불가이다.
② 무결성 제약조건에 관계 무결성 규칙은 존재하지 않는다.
③ 학생 테이블에서 학번이 기본키이기 때문에 튜플 〈NULL, '김영희', '서울'〉은 개체 무결성 규칙을 위반하여 삽입 불가이다.
④ 참조 무결성 규칙을 위반하는 사항은 존재하지 않는다.

29 관계데이터베이스 관련 다음 설명에서 ㉠~㉣에 들어갈 용어를 바르게 짝지은 것은? 2021년 계리직

> (㉠) 무결성 제약이란 각 릴레이션(relation)에 속한 각 애트리뷰트(attribute)가 해당 (㉡)을 만족하면서 (㉢)할 수 없는 (㉣) 값을 가져서는 안 된다는 것을 말한다.

	㉠	㉡	㉢	㉣
①	참조	고립성	변경	외래키
②	개체	고립성	참조	기본키
③	참조	도메인	참조	외래키
④	개체	도메인	변경	기본키

해설

참조 무결성 제약이란 각 릴레이션(relation)에 속한 각 애트리뷰트(attribute)가 해당 도메인을 만족하면서 참조할 수 없는 외래키 값을 가져서는 안 된다는 것을 말한다.

◈ **관계 데이터 제약**
1. 데이터 무결성(data integrity)의 정의
   ㉠ 데이터의 정확성 또는 유효성을 의미
   ㉡ 무결성이란 데이터베이스에 저장된 데이터 값과 그것이 표현하는 현실 세계의 실제값이 일치하는 정확성을 의미
   ㉢ 데이터베이스 내에 저장되는 데이터 값들이 항상 일관성을 가지고 유효한 데이터가 존재하도록 하는 제약조건들을 두어 안정적이며 결함이 없이 존재시키는 데이터베이스의 특성
   ㉣ 무결성 제약조건은 데이터베이스 상태가 만족시켜야 하는 조건
     • 사용자에 의한 데이터베이스 갱신이 데이터베이스의 일관성을 깨지 않도록 보장하는 수단
     • 일반적으로 데이터베이스 상태가 실세계에 허용되는 상태만 나타낼 수 있도록 제한
2. 무결성의 종류
   ㉠ 개체 무결성(entity integrity) : 기본 릴레이션의 기본키를 구성하는 어떤 속성도 NULL일 수 없고, 반복입력을 허용하지 않는다는 규정
   ㉡ 참조 무결성(referential integrity) : 외래키 값은 널이거나, 참조 릴레이션에 있는 기본키와 같아야 한다는 규정(FK는 상위개체의 PK와 같아야 한다)

정답　27. ②　28. ③　29. ③

30 다음의 관계 대수를 SQL로 옳게 나타낸 것은?

> Π 이름, 학년(δ 학과 = '컴퓨터' (학생))

① SELECT 이름, 학년 FROM 학과
   WHERE 학생 = '컴퓨터' ;
② SELECT 학과, 컴퓨터 FROM 학생
   WHERE 이름 = '학년' ;
③ SELECT 이름, 학과 FROM 학년
   WHERE 학과 = '컴퓨터' ;
④ SELECT 이름, 학년 FROM 학생
   WHERE 학과 = '컴퓨터' ;

해설

Π 이름, 학년(δ 학과 = '컴퓨터' (학생))　　//학생테이블에서 학과가 컴퓨터인 학생의 이름과 학년을 검색하라는 의미
이다.

• 셀렉트(SELECT, σ) : 선택 조건을 만족하는 릴레이션의 수평적 부분 집합(horizontal subset), 행의 집합

> σ〈선택조건〉 (테이블 이름)

• 프로젝트(PROJECT, π) : 수직적 부분 집합(vertical subset), 열(column)의 집합

> π〈속성 리스트〉 (테이블 이름)

31 다음 관계 대수 연산의 수행 결과로 옳은 것은? (단, Π는 프로젝트, σ는 셀렉트, ⋈은 자연 조인을 나타내는 연산자이다) 2014년 계리직

관계 대수 : Π고객번호, 상품코드 (σ가격 <= 40 (구매 ⋈N 상품))

구매

고객번호	상품코드
100	P1
200	P2
100	P3
100	P2
200	P1
300	P2

상품

상품코드	비용	가격
P1	20	35
P2	50	65
P3	10	27
P4	20	45
P5	30	50
P6	40	55

①
고객번호	상품코드
100	P1
100	P3

②
고객번호	상품코드
100	P1
200	P1

③
고객번호	상품코드
100	P1
100	P3
200	P1

④
고객번호	상품코드
200	P2
100	P2
300	P2

해설

• 구매테이블과 상품테이블을 자연조인하고, 조건에 맞는 튜플을 고른다. 그 테이블에서 고객번호와 상품코드만 검색한다.
• 셀렉트(SELECT, σ) : 선택 조건을 만족하는 릴레이션의 수평적 부분 집합(horizontal subset), 행의 집합
• 프로젝트(PROJECT, π) : 수직적 부분 집합(vertical subset), 열(column)의 집합
• 조인(JOIN, ⋈) : 두 관계로부터 관련된 튜플들을 하나의 튜플로 결합하는 연산. 카티션 프로덕트와 셀렉트를 하나로 결합한 이항 연산자로, 일반적으로 조인이라 하면 자연조인을 말한다.

정답   30. ④   31. ③

32 아래의 고객 릴레이션에서 등급이 gold이고 나이가 25 이상인 고객들을 검색하기 위해 기술한 관계대수 표현으로 옳은 것은? 2022년 국가직

〈고객 릴레이션〉

고객

고객아이디	이름	나이	등급	직업
hohoho	이순신	29	gold	교사
grace	홍길동	24	gold	학생
mango	삼돌이	27	silver	학생
juce	갑순이	31	gold	공무원
orange	강감찬	23	silver	군인

〈검색결과〉

고객아이디	이름	나이	등급	직업
hohoho	이순신	29	gold	교사
juce	갑순이	31	gold	공무원

① $\sigma_{고객}(등급 = \text{'gold'} \wedge 나이 \geq 25)$

② $\sigma_{등급 = \text{'gold'} \wedge 나이 \geq 25}(고객)$

③ $\pi_{고객}(등급 = \text{'gold'} \wedge 나이 \geq 25)$

④ $\pi_{등급 = \text{'gold'} \wedge 나이 \geq 25}(고객)$

해설

⊘ 셀렉트(SELECT, σ)

- 선택 조건을 만족하는 릴레이션의 수평적 부분 집합(horizontal subset), 행의 집합

- 표기 형식 → $\sigma_{\langle 선택조건 \rangle}(테이블\ 이름)$

33 그림과 같이 S 테이블과 T 테이블이 있을 때, SQL 실행 결과는? 2023년 국가직

S	a	b
	1	가
	2	나
	3	다

T	c	d
	나	X
	다	Y
	라	Z

```
SELECT S.a, S.b, T.d
FROM S
LEFT JOIN T
ON S.b = T.c
```

①

a	b	d
1	가	(NULL)
2	나	X
3	다	Y

②

a	b	d
2	나	X
3	다	Y
1	가	(NULL)

③

a	b	d
1	가	(NULL)
2	나	X
3	다	Y
4	라	Z

④

a	b	d
2	나	X
3	다	Y
(NULL)	라	Z

해설

1. 조인(JOIN, ⋈)

   두 관계로부터 관련된 튜플들을 하나의 튜플로 결합하는 연산. 카티션 프로덕트와 셀렉트를 하나로 결합한 이항 연산자로, 일반적으로 조인이라 하면 자연조인을 말한다.

2. 외부조인(outer join, ⋈+)

   • 조인 시 조인할 상대 릴레이션이 없을 경우 널 튜플로 만들어 결과 릴레이션에 포함

   • 좌측 외부조인 : 오른쪽 릴레이션의 어떤 튜플과도 부합되지 않는 왼쪽 릴레이션 내의 모든 튜플을 취해서, 그 튜플들의 오른쪽 릴레이션의 속성들을 널 값으로 채우고, 자연조인의 결과에 이 튜플들을 추가한다.

   • 우측 외부조인 : 좌측 외부조인과 대칭적인 위치에 있다.

   • 완전 외부조인 : 두 연산 모두를 행한다.

정답 32. ② 33. ①, ② (복수 정답)

34 DDL(Data Definition Language) 명령어에 해당하지 않는 것은? 2024년 지방직

① ALTER   ② DROP

③ SELECT   ④ CREATE

해설
- 데이터 정의어(DDL ; Data Definition Language) : CREATE, ALTER, DROP, RENAME
- 데이터 조작어(DML ; Data Manipulation Language) : SELECT, INSERT, UPDATE, DELETE
- 데이터 제어어(DCL ; Data Control Language) : GRANT, REVOKE
- 트랜잭션 제어어(TCL ; Transaction Control Language) : COMMIT, ROLLBACK

35 SQL의 명령을 DDL, DML, DCL로 구분할 경우, 이를 바르게 짝지은 것은? 2019년 계리직

	DDL	DML	DCL
①	RENAME	SELECT	COMMIT
②	UPDATE	SELECT	GRANT
③	RENAME	ALTER	COMMIT
④	UPDATE	ALTER	GRANT

해설
- 34번 문제 해설 참조

36 다음 SQL 명령어에서 DDL(Data Definition Language) 명령어만을 모두 고른 것은? 2018년 국가직

ㄱ. ALTER	ㄴ. DROP
ㄷ. INSERT	ㄹ. UPDATE

① ㄱ, ㄴ   ② ㄴ, ㄷ

③ ㄴ, ㄹ   ④ ㄷ, ㄹ

해설
- DDL(데이터 정의어) : CREATE, ALTER, DROP
- DML(데이터 조작어) : SELECT, INSERT, UPDATE, DELETE
- DCL(데이터 제어어) : GRANT, REVOKE

37 **데이터베이스 언어에 대한 설명으로 옳지 않은 것은?** 2023년 지방직

① 데이터 제어어(data control language)는 사용자가 데이터에 대한 검색, 삽입, 삭제, 수정 등의 처리를 DBMS에 요구하기 위해 사용되는 언어이다.

② 데이터 제어어는 데이터베이스의 보안, 무결성, 회복(recovery) 등을 지원하기 위해 사용된다.

③ 절차적 데이터 조작어(procedural data manipulation language)는 사용자가 원하는 데이터와 그 데이터로의 접근 방법을 명시해야 하는 언어이다.

④ 데이터 정의어(data definition language)는 데이터베이스 스키마의 생성, 변경, 삭제 등에 사용되는 언어이다.

해설

데이터 조작어(DML ; Data Manipulation Language)는 사용자가 데이터에 대한 검색, 삽입, 삭제, 수정 등의 처리를 DBMS에 요구하기 위해 사용되는 언어이다.

38 **아래에 제시된 표준 SQL2 문장들은 데이터 정의어(DDL ; Data Definition Language)와 데이터 조작어(DML ; Data Manipulation Language)이다. 이중 데이터 조작어로만 구성된 조합은?**

2014년 감리사

(A) DROP INDEX <index name>
(B) ALTER TABLE <table name> (---)<column name> <column type>
(C) DELETE FROM <table name> [WHERE <selection condition>]
(D) UPDATE <table name> (---)<column name> = <value expression> {, <column name> =<value expression> }[(---)<selection condition>]
(E) CREATE[(---)] INDEX <index name> ON <table name> (<column name> [<order>] {,<column name> [<order>] }) [(---)]
(F) DROP TABLE <table name>

① (B)와 (D)   ② (B)와 (E)
③ (A)와 (F)   ④ (C)와 (D)

해설

• 데이터 정의어(DDL ; Data Definition Language) : Create, Drop, Alter, Rename
• 데이터 조작어(DML ; Data Manipulation Language) : Select, Insert, Update, Delete
• 데이터 제어어(DCL ; Data Control Language) : Grant, Revoke
• TR 제어어(TCL ; Transactional Control Language) : COMMIT, ROLLBACK

정답   34. ③   35. ①   36. ①   37. ①   38. ④

39 관계형 데이터베이스의 표준 질의어인 SQL(Structured Query Language)에서 CREATE TABLE 문에 대한 설명으로 옳지 않은 것은? 2014년 국가직

① CREATE TABLE문은 테이블 이름을 기술하며 해당 테이블에 속하는 칼럼에 대해서 칼럼이름과 데이터타입을 명시한다.

② PRIMARY KEY절에서는 기본키 속성을 지정한다.

③ FOREIGN KEY절에서는 참조하고 있는 행이 삭제되거나 변경될 때의 옵션으로 NO ACTION, CASCADE, SET NULL, SET DEFAULT 등을 사용할 수 있다.

④ CHECK절은 무결성 제약 조건으로 반드시 UPDATE 키워드와 함께 사용한다.

해설
CHECK절은 조건식이 들어갈 수도 있고, 반드시 UPDATE 키워드와 함께 사용될 필요는 없다.

40 학생(STUDENT) 테이블에 영문학과 학생 50명, 법학과 학생 100명, 수학과 학생 50명의 정보가 저장되어 있을 때, 다음 SQL문 ㉠, ㉡, ㉢의 실행 결과 투플 수는 각각 얼마인가? (단, DEPT필드는 학과명, NAME필드는 이름을 의미한다) 2007년 국가직7급 데이터베이스론

> ㉠ SELECT DEPT FROM STUDENT;
> ㉡ SELECT DISTINCT DEPT FROM STUDENT;
> ㉢ SELECT NAME FROM STUDENT WHERE DEPT = '영문학과';

	㉠	㉡	㉢
①	3	3	1
②	200	3	1
③	200	3	50
④	200	200	50

해설
㉠ SELECT DEPT FROM STUDENT;　　　　　　　　　// STUDENT 테이블에서 DEPT 속성 검색
㉡ SELECT DISTINCT DEPT FROM STUDENT;　　　　// STUDENT 테이블에서 DEPT 속성을 중복 없이 검색
㉢ SELECT NAME FROM STUDENT WHERE DEPT = '영문학과'; // STUDENT 테이블에서 DEPT가 영문학과인 학생만 NAME 속성을 검색

41 사원(사번, 이름) 테이블에서 사번이 100인 튜플을 삭제하는 SQL문으로 옳은 것은? (단, 사번의 자료형은 INT이고, 이름의 자료형은 CHAR(20)으로 가정한다) 2014년 계리직

① DELETE FROM 사원
　　WHERE 사번 = 100 ;

② DELETE IN 사원
　　WHERE 사번 = 100 ;

③ DROP TABLE 사원
　　WHERE 사번 = 100 ;

④ DROP 사원 COLUMN
　　WHERE 사번 = 100 ;

| 해설 |

DELETE FROM 테이블명 WHERE 조건 ;
① DELETE FROM 사원 WHERE 사번 = 100 ;　　// 사원 테이블에서 사번이 100인 사원의 튜플을 삭제한다.
② DELETE IN 사원 WHERE 사번 = 100 ;　　// DELETE FROM이 맞는 표현이다.
③ DROP TABLE 사원 WHERE 사번 = 100 ;　　// DROP은 전체(구조, 데이터) 삭제를 하는 DDL 명령이다.
④ DROP 사원 COLUMN WHERE 사번 = 100 ;　　// DROP은 전체(구조, 데이터) 삭제를 하는 DDL 명령이다.

42 관계 데이터베이스 스키마 STUDENT(SNO, NAME, AGE)에 대하여 다음과 같은 SQL 질의 문장을 사용한다고 할 때, 이 SQL 문장과 동일한 의미의 관계대수식은? (단, STUDENT 스키마에서 밑줄 친 속성은 기본키 속성을, 관계대수식에서 사용하는 관계대수 연산자 기호 π는 프로젝트 연산자를, σ는 셀렉트 연산자를 나타낸다) 2020년 지방직

〈SQL 질의문〉

SELECT SNO, NAME
FROM STUDENT
WHERE AGE > 20 ;

① $\sigma_{\text{SNO, NAME}}(\pi_{\text{AGE}>20}(\text{STUDENT}))$

② $\pi_{\text{SNO, NAME}}(\sigma_{\text{AGE}>20}(\text{STUDENT}))$

③ $\sigma_{\text{AGE}>20}(\pi_{\text{SNO, NAME}}(\text{STUDENT}))$

④ $\pi_{\text{AGE}>20}(\sigma_{\text{SNO, NAME}}(\text{STUDENT}))$

| 해설 |

• 셀렉트(SELECT, σ) : 선택 조건을 만족하는 릴레이션의 수평적 부분 집합(horizontal subset), 행의 집합

표기 형식 → σ(선택조건) (테이블 이름)

• 프로젝트(PROJECT, π) : 수직적 부분 집합(vertical subset), 열(column)의 집합

표기 형식 → π(속성 리스트) (테이블 이름)

정답　39. ④　40. ③　41. ①　42. ②

43 고객계좌 테이블에서 잔고가 100,000원에서 3,000,000원 사이인 고객들의 등급을 '우대고객'으로 변경하고자 〈보기〉와 같은 SQL문을 작성하였다. ㉠과 ㉡의 내용으로 옳은 것은? 2018년 계리직

> 보기
> UPDATE 고객계좌
> (㉠) 등급 = '우대고객'
> WHERE 잔고 (㉡) 100000 AND 3000000

	㉠	㉡
①	SET	IN
②	SET	BETWEEN
③	VALUES	IN
④	VALUES	BETWEEN

해설
- 갱신문(UPDATE) : 기존 레코드 열값을 갱신할 경우 사용한다.

> UPDATE 테이블
> SET 열_이름 = 변경_내용
> [WHERE 조건]

- BETWEEN x AND y : x에서 y 사이를 말한다.

44 제품 테이블에 대하여 SQL 명령을 실행한 결과가 다음과 같을 때, ㉠과 ㉡에 들어갈 내용을 바르게 연결한 것은? 2021년 국가직

〈제품 테이블〉

제품ID	제품이름	단가	제조업체
P001	나사못	100	A
P010	망치	1,000	B
P011	드라이버	3,000	B
P020	망치	1,500	C
P021	장갑	800	C
P022	너트	200	C
P030	드라이버	4,000	D
P031	절연테이프	500	D

〈SQL 질의문〉

SELECT 제조업체, MAX(단가) AS 최고단가
FROM 제품
GROUP BY (㉠)
HAVING COUNT(*) > (㉡) ;

〈실행 결과〉

제조업체	최고단가
B	3,000
C	1,500
D	4,000

	㉠	㉡
①	제조업체	1
②	제조업체	2
③	단가	1
④	단가	2

해설

문제의 실행결과를 볼 때, 제조업체별로 그룹을 나누고 그룹으로 묶인 제조업체의 튜플 수가 1 초과(2 이상)인 것만 제조업체와 최고단가를 검색한다.

SELECT [ALL | DISTINCT 열_리스트(검색 대상)]
FROM 테이블_리스트
[WHERE 조건]
[GROUP BY 열_이름 [HAVING 조건]]

• GROUP BY : 그룹으로 나누어준다.
• HAVING : 그룹에 대한 조건, GROUP BY에서 사용

정답   43. ②   44. ①

45 다음과 같이 '인사'로 시작하는 모든 부서에 속한 직원들의 봉급을 10% 올리고자 SQL문을 작성하였다. ㉠과 ㉡의 내용으로 옳은 것은? 2023년 계리직

> UPDATE 직원
> SET 봉급 = 봉급*1.1
> WHERE 부서번호 ___㉠___ (SELECT 부서번호
>   FROM 부서
>   WHERE 부서명 ___㉡___ '인사%')

	㉠	㉡
①	IN	LIKE
②	EXISTS	HAVING
③	AMONG	LIKE
④	AS	HAVING

해설
- 문제의 SQL에서 ㉠은 부속질의어의 부서번호 결과가 여러 개일 수 있으므로 IN으로 비교한다. 또한 부속질의어에서 부분 매치 질의문을 사용하므로 ㉡에는 = 대신에 LIKE를 사용한다.
- 부분 매치 질의문: % → 하나 이상의 문자, _ → 단일 문자(부분 매치 질의문에서는 '=' 대신 LIKE 사용)

46 다음 테이블 인스턴스(Instance)들에 대하여 오류 없이 동작하는 SQL(Structured Query Language) 문장은? 2020년 국가직

STUDENT

칼럼 이름	데이터 타입	키 타입	설명
studno	숫자	기본키	학번
name	문자열		이름
grade	숫자		학년
height	숫자		키
deptno	숫자		학과 번호

PROFESSOR

칼럼 이름	데이터 타입	키 타입	설명
profno	숫자	기본키	번호
name	문자열		이름
position	문자열		직급
salary	숫자		급여
deptno	숫자		학과 번호

① SELECT deptno, position, AVG(salary)

　FROM PROFESSOR

　GROUP BY deptno ;

② (SELECT studno, name

　FROM STUDENT

　WHERE deptno = 101)

　UNION

　(SELECT profno, name

　FROM PROFESSOR

　WHERE deptno = 101) ;

③ SELECT grade, COUNT(∗), AVG(height)

　FROM STUDENT

　WHERE COUNT(∗) > 2

　GROUP BY grade;

④ SELECT name, grade, height

　FROM STUDENT

　WHERE height > (SELECT height, grade

　FROM STUDENT

　WHERE name = '홍길동');

해설

① SELECT deptno, AVG(salary)

　FROM PROFESSOR

　GROUP BY deptno;

　➡ GROUP BY절로 deptno를 그룹별로 처리하므로 SELECT절에는 deptno와 집계함수가 쓰일 수 있다.

③ SELECT grade, COUNT(∗), AVG(height)

　FROM STUDENT

　GROUP BY grade HAVING COUNT(∗) > 2

　➡ GROUP BY절의 조건은 HAVING으로 작성하여야 한다.

④ SELECT name, grade, height

　FROM STUDENT

　WHERE height > (SELECT height

　FROM STUDENT

　WHERE name = '홍길동');

　➡ WHERE절의 height가 비교대상이므로 부속질의어의 SELECT에도 height만 있어야 비교할 수 있다.

47 직원(사번, 이름, 입사년도, 부서)테이블에 대한 SQL문 중 문법적으로 옳은 것은? 2016년 계리직

① SELECT COUNT (부서) FROM 직원 GROUP 부서;

② SELECT * FROM 직원 WHERE 입사년도 IS NULL;

③ SELECT 이름, 입사년도 FROM 직원 WHERE 이름 = '최%';

④ SELECT 이름, 부서 FROM 직원 WHERE 입사년도 = (2014, 2015);

해설
① 부서별로 처리하기 위해서는 GROUP 부서;가 아니라, GROUP BY 부서;로 써야 한다.
② 정상적인 문법이며, 입사년도가 널(NULL)인 직원들의 레코드를 검색한다.
③ 부분매치 질의문은 WHERE 이름 = '최%';에서 =을 LIKE로 수정해야 한다. WHERE 이름 LIKE '최%';
④ 입사년도와 비교되는 항목이 여러 개이므로 =이 아니라 IN으로 써야 한다.

48 다음 SQL(Structured Query Language)문으로 생성한 테이블에 내용을 삽입할 때 올바르게 동작하지 않는 SQL 문장은? 2022년 지방직

CREATE TABLE Book (ISBN CHAR(17) PRIMARY KEY,
TITLE VARCHAR(30) NOT NULL, PRICE INT NOT NULL, PUBDATE DATE,
AUTHOR VARCHAR(30));

① INSERT INTO Book (ISBN, TITLE, PRICE, AUTHOR) VALUES ('978-89-8914-892-1', '데이터베이스 개론', 20000, '홍길동');

② INSERT INTO Book VALUES ('978-89-8914-892-2', '데이터베이스 개론', 20000, '2022-06-18', '홍길동');

③ INSERT INTO Book (ISBN, TITLE, PRICE) VALUES ('978-89-8914-892-3', '데이터베이스 개론', 20000);

④ INSERT INTO Book (ISBN, TITLE, AUTHOR) VALUES ('978-89-8914-892-4', '데이터베이스 개론', '홍길동');

해설
PRICE 속성은 NOT NULL이므로 보기 4번과 같이 VALUES에 값을 넣지 않고 표현할 수 없다.

49 다음 중 유효한 SQL 문장이 아닌 것은? 2016년 서울시

① SELECT* FROM Lawyers WHERE firmName LIKE '% and %';

② SELECT firmLoc, COUNT(*) FROM Firms WHERE employees < 100;

③ SELECT COUNT(*) FROM Firms WHERE employees < 100;

④ SELECT firmLoc, SUM(employees) FROM Firms GROUP BY firmLoc WHERE SUM(employees) < 100;

해설

SELECT [ALL | DISTINCT 열_리스트(검색 대상)]
FROM 테이블_리스트
[WHERE 조건]
[GROUP BY 열_이름 [HAVING 조건]]

• GROUP BY : 그룹으로 나누어준다.
• HAVING : 그룹에 대한 조건, GROUP BY에서 사용

정답   47. ②   48. ④   49. ④

50 〈보기〉의 테이블(COURSE, STUDENT, ENROLL)을 참조하여 과목 번호 'C413'에 등록하지 않은 학생의 이름을 검색하려고 한다. 〈SQL문 결괏값〉을 도출하기 위한 SQL문으로 옳은 것은?

2024년 계리직

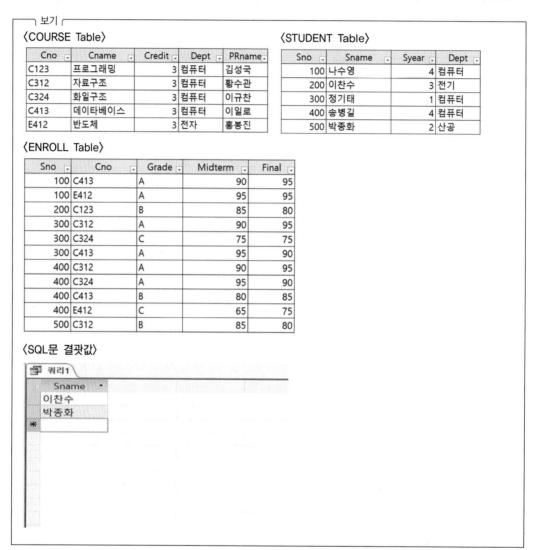

〈보기〉

〈COURSE Table〉

Cno	Cname	Credit	Dept	PRname
C123	프로그래밍	3	컴퓨터	김성국
C312	자료구조	3	컴퓨터	황수관
C324	화일구조	3	컴퓨터	이규찬
C413	데이타베이스	3	컴퓨터	이일로
E412	반도체	3	전자	홍봉진

〈STUDENT Table〉

Sno	Sname	Syear	Dept
100	나수영	4	컴퓨터
200	이찬수	3	전기
300	정기태	1	컴퓨터
400	송병길	4	컴퓨터
500	박종화	2	산공

〈ENROLL Table〉

Sno	Cno	Grade	Midterm	Final
100	C413	A	90	95
100	E412	A	95	95
200	C123	B	85	80
300	C312	A	90	95
300	C324	C	75	75
300	C413	A	95	90
400	C312	A	90	95
400	C324	A	95	90
400	C413	B	80	85
400	E412	C	65	75
500	C312	B	85	80

〈SQL문 결괏값〉

쿼리1

Sname
이찬수
박종화
*

① SELECT Sname
   FROM STUDENT
   WHERE Sno NOT IN
      (SELECT Sno
       FROM ENROLL
       WHERE Cno = 'C413');

② SELECT Sname
   FROM STUDENT
   WHERE Sno NOT IN
      (SELECT Cno
       FROM ENROLL
       WHERE Cno = 'C413');

③ SELECT Sname
  FROM STUDENT
  WHERE Sno NOT EXISTS
    (SELECT Sno
     FROM ENROLL
     WHERE Cno = 'C413');

④ SELECT Sname
  FROM STUDENT
  WHERE Sno NOT EXISTS
    (SELECT Cno
     FROM ENROLL
     WHERE Cno = 'C413');

해설

① SELECT Sname
  FROM STUDENT
  WHERE Sno NOT IN
    (SELECT Sno
     FROM ENROLL
     WHERE Cno = 'C413');

먼저 괄호 안의 서브쿼리를 검색하여 WHERE Sno NOT IN를 비교한다. 서브쿼리에서 조건 Cno = 'C413'이 만족하는 Sno를 ENROLL 테이블에서 검색한다.(100, 300, 400 검색) 검색된 내용을 STUDENT 테이블에서 WHERE Sno NOT IN에 해당되는 Sname을 검색한다. 즉, 서브쿼리에서 검색된 (100, 300, 400)이 아닌 Sno의 Sname을 STUDENT 테이블에서 검색하여 이찬수, 박종화가 결과값이 된다.

ex) 과목번호 'C413'에 등록한 학생의 이름을 검색하라. (부속 질의문(subquery))

```
SELECT 이름
  FROM 학생
  WHERE 학번 IN (SELECT 학번       /* ↔ NOT IN */
                FROM 등록
                WHERE 과목번호 = 'C413');
```

ex) 과목번호 'C413'에 등록한 학생의 이름은 검색하라. (EXISTS를 사용한 검색)

```
SELECT 이름
  FROM 학생
  WHERE EXISTS          /* ↔ NOT EXISTS */
        (SELECT *
         FROM 등록
         WHERE 학번 = 학생.학번
               AND 과목번호 = 'C413');
```

• EXISTS는 존재 정량자로서 EXISTS 다음에 나오는 검색문의 실행 결과 특정 튜플이 존재하는가를 검색한다.
• 이 질의문은 사실상 "학생 테이블에서 학생 이름을 검색하는데 어떤 학생이냐 하면 과목 'C413'에 등록하여 등록 테이블에 튜플이 존재하는 그런 학생이다."라는 뜻이 된다.

정답 50. ①

51 관계형 데이터베이스의 뷰(View)에 대한 장점으로 옳지 않은 것은? 2018년 계리직

① 뷰는 데이터의 논리적 독립성을 일정 부분 제공할 수 있다.
② 뷰를 통해 데이터의 접근을 제어함으로써 보안을 제공할 수 있다.
③ 뷰에 대한 연산의 제약이 없어서 효율적인 응용프로그램의 개발이 가능하다.
④ 뷰는 여러 사용자의 상이한 응용이나 요구를 지원할 수 있어서 데이터 관리를 단순하게 한다.

> **해설**
> • 뷰에 대한 연산은 검색은 제약이 없지만, 삽입, 삭제, 갱신에는 제약이 있다.
> • SQL 뷰 : 하나 이상의 테이블로부터 유도되어 만들어진 가상 테이블이며, 실행시간에만 구체화되는 특수한 테이블이다. 뷰에 대한 검색은 기본 테이블과 거의 동일(삽입, 삭제, 갱신은 제약)하다. DBA는 보안 측면에서 뷰를 활용할 수 있다.

52 SQL 뷰에 대한 설명으로 옳은 것은? 2023년 국가직

① 복잡한 질의를 간단하게 표현할 수 있게 한다.
② 데이터 무결성을 보장하지만 독립성을 제공하지는 않는다.
③ 제거할 때는 DELETE문을 사용한다.
④ 동일한 데이터에 대해 하나의 뷰만 생성 가능하다.

> **해설**
> SQL 뷰는 하나 이상의 테이블로부터 유도되어 만들어진 가상 테이블이며, 실행시간에만 구체화되는 특수한 테이블이다.
>
> ☑ **뷰의 특징**
> 1. 뷰가 정의된 기본 테이블이 제거(변경)되면, 뷰도 자동적으로 제거(변경)된다.
> 2. 외부 스키마는 뷰와 기본 테이블의 정의로 구성된다.
> 3. 뷰에 대한 검색은 기본 테이블과 거의 동일(삽입, 삭제, 갱신은 제약)하다.
> 4. DBA는 보안 측면에서 뷰를 활용할 수 있다.
> 5. 뷰는 CREATE문에 의해 정의되며, SYSVIEWS에 저장된다.
> 6. 한 번 정의된 뷰는 변경할 수 없으며, 삭제한 후 다시 생성된다.
> 7. 뷰의 정의는 ALTER문을 이용하여 변경할 수 없다.
> 8. 뷰를 제거할 때는 DROP문을 사용한다.

53 다음 중 SQL에 대한 설명으로 가장 적절하지 않은 것은? 2024년 군무원

① SQL은 비절차적 언어이며 다른 언어에 삽입되어 내장 SQL로도 사용 가능하다.
② SQL 뷰(view)는 하나 이상의 테이블로부터 만들어진 가상 테이블이다.
③ SQL ALTER 문을 사용하여 테이블을 변경할 수 있다.
④ SQL 뷰가 정의된 기본 테이블이 변경되어도 뷰는 변경되지 않는다.

> **해설**
> 뷰가 정의된 기본 테이블이 제거(변경)되면, 뷰도 자동적으로 제거(변경)된다.

54 데이터베이스 설계 단계에서 목표 DBMS에 맞는 스키마 설계와 트랜잭션 인터페이스 설계에 대한 것은 어떤 단계에서 이루어지는가? 2014년 서울시

① 요구 조건 분석 단계　　　　　② 개념적 설계 단계
③ 논리적 설계 단계　　　　　　④ 물리적 설계 단계

해설

논리적 설계 단계 : 논리적 데이터 모델로 변환, 트랜잭션 인터페이스 설계(응용 프로그램의 인터페이스 설계), 스키마의 평가 및 정제

55 보이스 코드 정규형(BCNF : Boyce-Codd Normal Form)을 만족하기 위한 조건에 해당하지 않는 것은? 2019년 국가직

① 조인(join) 종속성이 없어야 한다.
② 모든 속성 값이 원자 값(atomic value)을 가져야 한다.
③ 이행적 함수 종속성이 없어야 한다.
④ 기본 키가 아닌 속성이 기본 키에 완전 함수 종속적이어야 한다.

해설
☑ **정규화 과정**

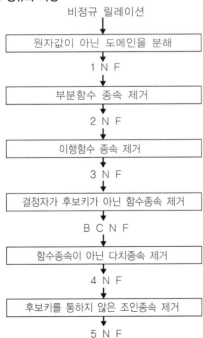

정답　51. ③　52. ①　53. ④　54. ③　55. ①

56 〈보기〉는 관계형 데이터베이스의 정규화 작업을 설명한 것이다. 제1정규형, 제2정규형, 제3정규형, BCNF를 생성하는 정규화 작업을 순서대로 나열한 것은? 2016년 계리직

> **보기**
> ㄱ. 결정자가 후보키가 아닌 함수 종속성을 제거한다.
> ㄴ. 부분 함수 종속성을 제거한다.
> ㄷ. 속성을 원자값만 갖도록 분해한다.
> ㄹ. 이행적 함수 종속성을 제거한다.

① ㄱ → ㄴ → ㄷ → ㄹ   ② ㄱ → ㄷ → ㄹ → ㄴ
③ ㄷ → ㄱ → ㄴ → ㄹ   ④ ㄷ → ㄴ → ㄹ → ㄱ

해설

정규형은 릴레이션에 존재하는 이상 문제를 해결하기 위하여 릴레이션을 분해한다.
- 제1정규형 : 속성을 원자값만 갖도록 분해한다.
- 제2정규형 : 부분 함수 종속성을 제거하여 완전 함수 종속성을 갖도록 한다.
- 제3정규형 : 이행적 함수 종속성을 제거한다.
- BCNF : 결정자가 후보키가 아닌 함수 종속성을 제거한다.

57 릴레이션 R = {A, B, C, D, E}이 함수적 종속성들의 집합 FD = {A → C, {A, B} → D, D → E, {A, B} → E}를 만족할 때, R이 속할 수 있는 가장 높은 차수의 정규형으로 옳은 것은? (단, 기본키는 복합속성 {A, B}이고, 릴레이션 R의 속성 값은 더 이상 분해될 수 없는 원자 값으로만 구성된다) 2019년 지방직

① 제1정규형   ② 제2정규형
③ 제3정규형   ④ 보이스 / 코드 정규형

해설

기본키가 복합속성 {A, B}로 구성되어 있는데, 함수적 종속성의 집합에서 A → C가 존재하므로 부분함수 종속성이 존재한다. 부분함수 종속이 존재하기 때문에 현재 상태는 제1정규형이라 할 수 있다.

58 어떤 릴레이션 R(A, B, C, D)이 복합 애트리뷰트 (A, B)를 기본키로 가지고, 함수 종속이 다음과 같을 때 이 릴레이션 R은 어떤 정규형에 속하는가? 2014년 계리직

> { A, B } → C, D
> B → C
> C → D

① 제1정규형　　　　　　　　　　② 제2정규형
③ 제3정규형　　　　　　　　　　④ 보이스-코드 정규형(BCNF)

해설
(A, B)가 기본키인데 B → C의 함수 종속이 있기 때문에 부분함수 종속이 존재하며, 이는 제1정규형에 속한다.

59 다음 데이터베이스 스키마에 대한 설명으로 옳지 않은 것은? (단, 밑줄이 있는 속성은 그 릴레이션의 기본키를, 화살표는 외래키 관계를 의미한다) 2015년 지방직

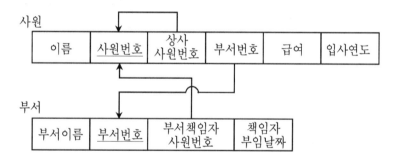

① 외래키는 동일한 릴레이션을 참조할 수 있다.
② 사원 릴레이션의 부서번호는 부서 릴레이션의 부서번호 값 중 하나 혹은 널이어야 한다는 제약 조건은 참조무결성을 의미한다.
③ 신입사원을 사원 릴레이션에 추가할 때 그 사원의 사원번호는 반드시 기존 사원의 사원번호와 같지 않아야 한다는 제약 조건은 제1정규형의 원자성과 관계있다.
④ 부서 릴레이션의 책임자부임날짜는 반드시 그 부서책임자의 입사연도 이후이어야 한다는 제약 조건을 위해 트리거(trigger)와 주장(assertion)을 사용할 수 있다.

해설
• 신입사원을 사원 릴레이션에 추가할 때 그 사원의 사원번호는 반드시 기존 사원의 사원번호와 같지 않아야 한다는 제약 조건은 키무결성을 의미한다.
• 제1정규형(INF) : 어떤 릴레이션 R에 속한 모든 도메인이 원자값(atomic value)만으로 되어 있다면, 제1정규형(1NF)에 속한다.

정답　　56. ④　　57. ①　　58. ①　　59. ③

60 데이터베이스 관리시스템(DBMS)에서 질의 처리를 빠르게 수행하기 위해 질의를 최적화한다. 질의 최적화 시에 사용하는 경험적 규칙으로서 알맞지 않은 것은? 2010년 계리직

① 추출(project) 연산은 일찍 수행한다.
② 조인(join) 연산은 가능한 한 일찍 수행한다.
③ 선택(select) 연산은 가능한 한 일찍 수행한다.
④ 중간 결과를 적게 산출하면서 빠른 시간에 결과를 줄 수 있어야 한다.

해설

질의 최적화 시에 사용하는 경험적 규칙에서 조인(join) 연산은 가능한 한 늦게 수행한다.

⊘ **질의어 최적화**
1. 질의문을 어떤 형식의 내부 표현으로 변환시키는 것이다.
2. 이 내부 표현을 논리적 변환 규칙을 이용해 의미적으로 동등한, 그러나 처리하기에는 보다 효율적인 내부 표현으로 변환시킨다.
3. 이 변환된 내부 표현을 구현시킬 후보 프로시저들을 선정한다.
4. 프로시저들로 구성된 질의문 계획들을 평가하여 가장 효율적인 것을 결정하는 것이다.

⊘ **초기 트리를 최적화된 트리로의 변환방법**
1. 논리곱으로 된 조건을 가진 셀렉트 연산은 분해, 일련의 개별적 셀렉트 연산으로 변환
2. 셀렉트 연산의 교환법칙을 이용해서 셀렉트 연산을 트리의 가능한 한 아래까지 내림
3. 가장 제한적인 셀렉트 연산이 가장 먼저 수행될 수 있도록 단말 노드를 정렬
4. 카티션 프로덕트와 해당 셀렉트 연산을 조인연산으로 통합
5. 프로젝트 연산은 가능한 한 프로젝트 애트리뷰트를 분해하여 개별적 프로젝트로 만들어 이를 먼저 실행할 수 있도록 트리의 아래로 내림

---

61 데이터베이스에서 트랜잭션(transaction)이 가져야 할 ACID 특성으로 옳지 않은 것은?

2014년 국가직

① 원자성(atomicity)   ② 고립성(isolation)
③ 지속성(durability)   ④ 병행성(concurrency)

해설

트랜잭션의 특성 : 원자성(atomicity), 일관성(consistency), 격리성(isolation), 영속성(durability)

62 트랜잭션이 정상적으로 완료(commit)되거나, 중단(abort)되었을 때 롤백(rollback)되어야 하는 트랜잭션의 성질은? 2017년 국가직

① 원자성(atomicity) ② 일관성(consistency)
③ 격리성(isolation) ④ 영속성(durability)

해설
✅ **트랜잭션의 성질**
1. 원자성(atomicity) : 트랜잭션은 전부, 전무의 실행만이 있지 일부 실행으로 트랜잭션의 기능을 가질 수는 없다.
2. 일관성(consistency) : 트랜잭션이 그 실행을 성공적으로 완료하면 언제나 일관된 데이터베이스 상태로 된다라는 의미이다. 즉, 이 트랜잭션의 실행으로 일관성이 깨지지 않는다.
3. 격리성(isolation) : 연산의 중간결과에 다른 트랜잭션이나 작업이 접근할 수 없다라는 의미이다.
4. 영속성(durability) : 트랜잭션이 일단 그 실행을 성공적으로 끝내면 그 결과를 어떠한 경우에라도 보장받는다라는 의미이다.

63 트랜잭션의 특성과 이에 대한 설명으로 옳지 않은 것은? 2012년 계리직

① 원자성(atomicity) : 트랜잭션은 완전히 수행되거나 전혀 수행되지 않아야 한다.
② 일관성(consistency) : 트랜잭션을 완전히 실행하면 데이터베이스를 하나의 일관된 상태에서 다른 일관된 상태로 바꿔야 한다.
③ 고립성(isolation) : 하나의 트랜잭션의 실행은 동시에 실행 중인 다른 트랜잭션의 간섭을 받아서는 안 된다.
④ 종속성(dependency) : 완료한 트랜잭션에 의해 데이터베이스에 가해진 변경은 어떠한 고장에도 손실되지 않아야 한다.

해설
• 62번 문제 해설 참조

64 데이터베이스 시스템의 트랜잭션이 가져야 할 속성에 대한 설명으로 옳지 않은 것은? 2007년 국가직

① 트랜잭션에 포함된 연산들이 수행 중에 오류가 발생할 경우에 어떠한 연산도 수행되지 않은 상태로 되돌려져야 한다.
② 만약 데이터베이스가 처음에 일관된 상태에 있었다면 트랜잭션이 실행되고 난 후에도 계속 일관된 상태로 유지되어야 한다.
③ 동시에 수행되는 트랜잭션들은 상호작용할 수 있다.
④ 트랜잭션이 성공적으로 수행 완료된 후에 시스템의 오류가 발생한다 하더라도 트랜잭션에 의해 데이터베이스에 변경된 내용은 보존된다.

해설
트랜잭션의 실행 중에는 다른 트랜잭션의 간섭을 받아서는 안 되며, 동시에 수행되는 트랜잭션들은 서로 상호작용해선 안 된다.

65 트랜잭션의 특성(ACID)에 대한 설명으로 옳지 않은 것은? 2024년 계리직

① 지속성(durability) : 트랜잭션이 실행을 성공적으로 완료하면 결과는 영속적이다.
② 일관성(consistency) : 트랜잭션이 실행을 성공적으로 완료하면 언제나 일관성 있는 데이터베이스 상태로 변환한다.
③ 원자성(atomicity) : 트랜잭션은 전체 또는 일부 실행만으로도 트랜잭션의 기능을 갖는다.
④ 고립성(isolation) : 트랜잭션 실행 중에 있는 연산의 중간 결과는 다른 트랜잭션이 접근할 수 없다.

해설
트랜잭션은 한꺼번에 모두 수행되어야 할 일련의 데이터베이스 연산들이다. 트랜잭션의 4가지 특성 중에서 가장 중요한 특성은 원자성이며, 원자성은 일부 실행만으로 트랜잭션의 기능을 가질 수 없다.

⊘ 트랜잭션의 특성(ACID)
1. 원자성(atomicity) : 트랜잭션은 전부, 전무의 실행만이 있지 일부 실행으로 트랜잭션의 기능을 가질 수는 없다.
2. 일관성(consistency) : 트랜잭션이 그 실행을 성공적으로 완료하면 언제나 일관된 데이터베이스 상태로 된다라는 의미이다. 즉, 이 트랜잭션의 실행으로 일관성이 깨지지 않는다라는 의미
3. 격리성(isolation) : 연산의 중간결과에 다른 트랜잭션이나 작업이 접근할 수 없다라는 의미이다.
4. 영속성(durability) : 트랜잭션이 일단 그 실행을 성공적으로 끝내면 그 결과를 어떠한 경우에라도 보장받는다라는 의미이다.

66 다음 트랜잭션에 대한 회복작업을 수행하려고 할 때, undo와 redo의 수행범위에 대해 맞게 설명한 것은?

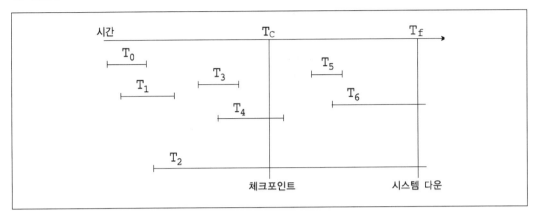

① T_4 : Tc 이후에 일어난 변경부분에 대해서만 redo를 수행한다.

② T_5 : 트랜잭션 전체에 대하여 undo를 수행한다.

③ T_2 : Tc 이후에 일어난 변경부분에 대해서만 undo를 수행한다.

④ T_3 : Tc 이전에 commit이 되었으므로, 정방향으로 redo한다.

해설
• T_4는 시스템 다운 전에 commit이 되었으므로 Tc 이후에 일어난 변경부분에 대해서만 redo를 수행한다.
• T_5는 시스템 다운 전에 commit이 되었으므로 트랜잭션 전체에 대하여 redo를 수행한다.
• T_2는 전체에 대하여 undo를 수행한다.
• T_3는 Tc 이전에 commit이 되었으므로, no operation이 되어야 한다.

67 트랜잭션(transaction)의 복구(recovery) 진행 시 복구대상을 제외, 재실행(Redo), 실행취소 (Undo) 할 것으로 구분하였을 때 옳은 것은? 2021년 계리직

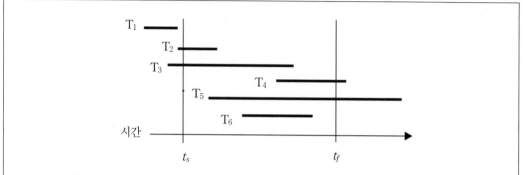

T_1, T_2, T_3, T_4, T_5, T_6 선분은 각각 해당 트랜잭션의 시작과 끝 시점을, t_s는 검사점 (checkpoint)이 이루어진 시점을, t_f는 장애(failure)가 발생한 시점을 의미한다.

제외	재실행	실행취소
① T_1	T_2, T_3	T_4, T_5, T_6
② T_1	T_2, T_3, T_6	T_4, T_5
③ T_2, T_3	T_1, T_6	T_4, T_5
④ T_4, T_5	T_6	T_1, T_2, T_3

해설

• none(제외) : T_1 (T_1은 체크포인트 이전에 commit이 되었으므로 모든 작업이 인정되며, 수행대상에서 제외된다.)
• redo(재실행) : T_2, T_3, T_6 (T_2, T_3, T_6는 시스템 장애 이전에 commit이 되었으므로 재실행대상이 된다.)
• undo(실행취소) : T_4, T_5 (T_4, T_5는 시스템 장애까지 commit이 되지 못하고 수행 중이므로 실행이 취소된다.)

68 다음은 A 계좌에서 B 계좌로 3,500원을 이체하는 계좌 이체 트랜잭션 T_1과, C 계좌에서 D 계좌로 5,200원을 이체하는 계좌 이체 트랜잭션 T_2가 순차적으로 수행되면서 기록된 로그파일 내용이다. (가)의 시점에서 장애가 발생했을 경우 지연 갱신 회복 기법을 적용했을 때 트랜잭션에 대한 회복 조치로 옳은 것은? 2022년 지방직

```
1 : <T₁, start>
2 : <T₁, A, 7800>
3 : <T₁, B, 3500>
4 : <T₁, commit>
5 : <T₂, start>
6 : <T₂, C, 9820>
─────────── (가) ───────────
7 : <T₂, D, 5200>
8 : <T₂, commit>
```

① T_1, T_2 트랜잭션 모두 별다른 조치를 수행하지 않는다.

② T_1 트랜잭션의 로그 내용을 무시하고 버린다.

③ T_1 트랜잭션에는 별다른 회복조치를 하지 않지만, T_2 트랜잭션에는 redo(T_2) 연산을 실행한다.

④ T_2 트랜잭션에는 별다른 회복조치를 하지 않지만, T_1 트랜잭션에는 redo(T_1) 연산을 실행한다.

해 설

지연 갱신 회복 기법을 사용하고 T_2 트랜잭션은 시스템 장애가 발생될 때까지 커밋되지 못했으므로 T_2 트랜잭션에는 별다른 회복조치를 하지 않는다. T_1 트랜잭션은 시스템 장애가 발생하기 전에 커밋되었으므로 redo(T_1) 연산을 실행한다.

정답   67. ②   68. ④

69 지연갱신(deferred update)을 기반으로 한 회복기법을 사용하는 DBMS에서 다음과 같은 로그 레코드가 생성되었다. 시스템 실패가 발생하여 DBMS가 재시작할 때, 데이터베이스에 수행되는 연산으로 옳지 않은 것은? (단, 〈Tn, A, old, new〉는 트랜잭션 Tn이 데이터 A의 이전값(old)을 이후값(new)으로 갱신했다는 의미이다) 2012년 국가직

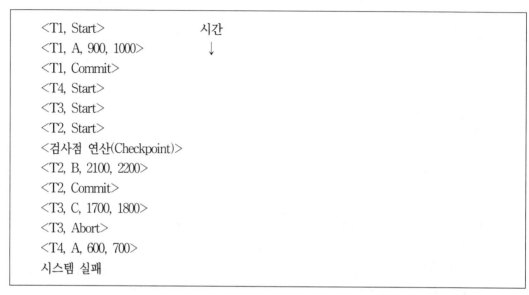

```
    <T1, Start>              시간
    <T1, A, 900, 1000>        ↓
    <T1, Commit>
    <T4, Start>
    <T3, Start>
    <T2, Start>
    <검사점 연산(Checkpoint)>
    <T2, B, 2100, 2200>
    <T2, Commit>
    <T3, C, 1700, 1800>
    <T3, Abort>
    <T4, A, 600, 700>
    시스템 실패
```

① T1 : no operation
② T2 : redo
③ T3 : no operation
④ T4 : undo

해설

• 지연 갱신에서는 로그에 old value가 표현되지 않고, undo를 하지 않는다.
• T4는 시스템 실패 시까지 Commit이 되지 못하였고, 지연갱신(deferred update)을 기반으로 한 회복기법을 사용하므로 no operation이 되어야 한다.

70 DBMS에서의 병행 수행 및 병행 제어에 대한 설명으로 옳은 것은? 2024년 국가직

① 2단계 로킹 규약을 적용하면 트랜잭션 스케줄의 직렬 가능성을 보장할 수 있으나 교착상태가 발생할 수도 있다.

② 트랜잭션이 데이터에 공용 lock 연산을 수행하면 해당 데이터에 read, write 연산을 모두 수행할 수 있다.

③ 연쇄 복귀는 하나의 트랜잭션이 여러 개의 데이터 변경 연산을 수행할 때 일관성 없는 상태의 데이터베이스에서 데이터를 가져와 연산을 수행함으로써 모순된 결과가 발생하는 것이다.

④ 갱신 분실은 트랜잭션이 완료되기 전에 장애가 발생하여 rollback 연산을 수행하면, 이 트랜잭션이 장애 발생 전에 변경한 데이터를 가져가 변경 연산을 수행한 또 다른 트랜잭션에도 rollback 연산을 수행하여야 한다는 것이다.

해설
• 로킹 기법은 직렬 가능성을 보장할 수 없지만, 2단계 로킹 기법은 트랜잭션 스케줄의 직렬 가능성을 보장할 수 있으나 교착상태가 발생할 수 있다.
• 트랜잭션이 데이터에 공용 lock 연산을 수행하면 해당 데이터에 reade 연산을 수행할 수 있다.
• 모순성은 하나의 트랜잭션이 여러 개의 데이터 변경 연산을 수행할 때 일관성 없는 상태의 데이터베이스에서 데이터를 가져와 연산을 수행함으로써 모순된 결과가 발생하는 것이다.
• 연쇄 복귀는 트랜잭션이 완료되기 전에 장애가 발생하여 rollback 연산을 수행하면, 이 트랜잭션이 장애 발생 전에 변경한 데이터를 가져가 변경 연산을 수행한 또 다른 트랜잭션에도 rollback 연산을 수행하여야 한다는 것이다.

PART
04

정답   69. ④   70. ①

71 데이터베이스 상의 병행제어를 위한 로킹(locking) 기법에 대한 〈보기〉의 설명 중 옳은 것의 총 개수는? 2022년 계리직

> ─ 보기 ┌
> ㄱ. 로크(lock)는 하나의 트랜잭션이 데이터를 접근하는 동안 다른 트랜잭션이 그 데이터를 접근
>   할 수 없도록 제어하는 데 쓰인다.
> ㄴ. 트랜잭션이 로크한 데이터에 대해서는 해당 트랜잭션이 종료되기 전에 해당 데이터에 대한
>   언로크(unlock)를 실행하여야 한다.
> ㄷ. 로킹의 단위가 작아질수록 로크의 수가 많아서 관리가 복잡해지지만 병행성 수준은 높아지는
>   장점이 있다.
> ㄹ. 2단계 로킹 규약을 적용하면 트랜잭션의 직렬 가능성을 보장할 수 있어서 교착상태 발생을 예
>   방할 수 있다.

① 1개   ② 2개
③ 3개   ④ 4개

해설
• 2단계 로킹 규약을 적용하면 트랜잭션의 직렬 가능성을 보장할 수 있어서 교착상태가 발생할 수 있다.
• 기본 로킹(locking) 방법 : lock과 unlock 연산을 통해 트랜잭션의 데이터 아이템을 제어한다. 하나의 트랜잭션만이
  lock을 걸고 unlock할 수 있다. lock된 데이터는 다른 트랜잭션이 접근할 수 없으며, unlock될 때까지 대기하여야 한다.
  이러한 방법은 실제 유용하게 사용되지만 서로 다른 트랜잭션이 변경이 없이 참조만 하는 경우 시간 낭비를 초래한다.
• 로킹 단위가 크면 로킹 단위가 작은 경우보다 동시 수행 정도가 감소한다.
• 로킹 단위가 작으면 로킹 단위가 큰 경우보다 로킹에 따른 오버헤드가 증가한다.

72 분산 데이터베이스에 대한 설명으로 옳지 않은 것은? 2012년 지방직

① 데이터 분산기술을 이용하여 트랜잭션 처리성능을 향상시킬 수 있다.
② 지역 사이트에 있는 모든 DBMS가 동일해야 한다.
③ 데이터 중복기술을 이용하여 가용성을 높일 수 있다.
④ 트랜잭션의 원자성을 보장하기 위해 2단계 완료 규약(Two-Phase Commit Protocol)을 사용
   할 수 있다.

해설
• 지역 사이트에 있는 DBMS는 동일하지 않다.
• 분산 데이터베이스 : 컴퓨터 네트워크를 기반으로 데이터가 물리적으로 여러 시스템에 분산되어 있으나 논리적으로는
  하나의 통합된 DB인 것처럼 보이도록 구성한 Database를 의미한다.

73 데이터베이스의 동시성 제어에 대한 설명으로 옳지 않은 것은? (단, T1, T2, T3는 트랜잭션이고, A는 데이터 항목이다) 2018년 국가직

① 다중버전 동시성 제어 기법은 한 데이터 항목이 변경될 때 그 항목의 이전 값을 보존한다.

② T1이 A에 배타 로크를 요청할 때, 현재 T2가 A에 대한 공유 로크를 보유하고 있고 T3가 A에 공유 로크를 동시에 요청한다면, 트랜잭션 기아 회피기법이 없는 경우 A에 대한 로크를 T3가 T1보다 먼저 보유한다.

③ 로크 전환이 가능한 상태에서 T1이 A에 대한 배타 로크를 요청할 때, 현재 T1이 A에 대한 공유 로크를 보유하고 있는 유일한 트랜잭션인 경우 T1은 A에 대한 로크를 배타 로크로 상승할 수 있다.

④ 2단계 로킹 프로토콜에서 각 트랜잭션이 정상적으로 커밋될 때까지 자신이 가진 모든 배타적 로크들을 해제하지 않는다면 모든 교착상태를 방지할 수 있다.

해설

로킹 기법은 직렬 가능성 보장이 어려울 수 있으며, 2단계 로킹은 직렬 가능성 보장은 가능하지만, 교착상태 발생 가능성이 있다. 타임스탬프 기법은 교착상태를 예방할 수 있으나, 연쇄복귀는 발생 가능성이 있다.

74 데이터의 종류 및 처리에 대한 설명으로 옳지 않은 것은? 2020년 지방직

① 크롤링(Crawling)을 통해 얻은 웹문서의 텍스트 데이터는 대표적인 정형 데이터(Structured Data)이다.

② XML로 작성된 IoT 센서 데이터는 반정형 데이터(Semi-structured Data)로 분류할 수 있다.

③ 반정형 데이터는 데이터 구조에 대한 메타 데이터(Meta-data)를 포함한다.

④ NoSQL과 Hadoop은 대규모 비정형 데이터(Unstructured Data) 처리에 적합하다.

해설

크롤링(Crawling)은 웹 페이지를 그대로 가져와서 거기서 데이터를 추출해내는 행위라 할 수 있다. 즉, 특정 웹 사이트에서 원하는 정보를 자동으로 수집하는 것이며, 크롤링을 통해 얻은 웹문서의 텍스트 데이터는 대표적인 반정형 데이터(Semi-structured Data)라 할 수 있다.

정답 71. ③ 72. ② 73. ④ 74. ①

75 조직의 내부나 외부에 분산된 여러 데이터 소스로부터 필요로 하는 데이터를 검색하여 수동 혹은 자동으로 수집하는 과정과 관련된 기술에 해당하지 않는 것은? 2022년 계리직

① ETL(Extraction, Transformation, Loading)
② 로그 수집기
③ 맵리듀스(MapReduce)
④ 크롤링(crawling)

해설
• 맵리듀스(MapReduce) : 분산 컴퓨팅(distributed computing)에서 대용량 데이터를 병렬 처리(parallel processing)하기 위해 개발된 소프트웨어 프레임워크(framework) 또는 프로그래밍 모델이다.
• ETL(Extraction, Transformation, Loading) : 대표적인 내부 데이터 수집 방법으로 다양한 소스 시스템으로부터 필요한 데이터를 추출(extract)하여 변환(transformation) 작업을 거쳐 저장하거나 분석을 담당하는 시스템으로 전송 및 적재(loading)하는 모든 과정을 포함한다.
• 로그 수집기 : 웹서버의 로그, 웹 로그, 트랜잭션 로그, 클릭 로그, 데이터베이스 로그 데이터 등을 수집한다.
• 크롤링(crawling) : 대표적인 외부 데이터 수집 방법으로 크롤링 엔진(Crawling Engine)을 통한 수집이 있다. 이 방법에서는 로봇이 거미줄처럼 얽혀 있는 인터넷 링크를 따라다니며 방문한 사이트의 모든 페이지의 복사본을 생성함으로써 문서를 수집한다.

76 총 1000개의 트랜잭션을 가진 장바구니 데이터로부터 연관규칙 'printer ⇒ toner'를 얻었다. 이 트랜잭션들 중 printer와 toner는 각각 600개와 500개의 트랜잭션에서 구매되었고, printer와 toner가 동시에 구매된 트랜잭션의 수가 300개였을 경우, 이 연관규칙의 지지도(support)와 신뢰도(confidence)로 옳은 것은?

① 지지도 : 30%   신뢰도 : 50%
② 지지도 : 50%   신뢰도 : 60%
③ 지지도 : 50%   신뢰도 : 50%
④ 지지도 : 30%   신뢰도 : 60%

해설
• 지지도 : 300/1000 * 100(%) = 30%
• 신뢰도 : 300/600 * 100(%) = 50%
• 데이터 마이닝 : 대량의 데이터로부터 관련된 정보를 발견하는 과정, 즉 지식 발견(knowledge discovery) 과정. 체계적이고 자동적으로 데이터로부터 통계적 규칙(rule)이나 패턴(pattern)을 찾음.
• 지지도 : 전체 자료에서 관련성이 있다고 판단되는 품목 A와 B, 두 개의 항목이 동시에 일어날 확률
• 신뢰도 : 품목 A가 구매되었을 때 품목 B가 추가로 구매될 확률인 조건부 확률

77 최종사용자가 대규모 데이터에 직접 접근하여 정보분석이 가능하게 하는 도구인 OLAP(Online Analytical Processing) 도구에 대한 설명 중 틀린 것은?

① OLAP은 실시간이 아닌 장기적으로 누적된 데이터 관리이다.

② OLAP은 데이터 특징으로 주제 중심적으로 발생한다.

③ OLAP은 정형화된 구조만의 데이터를 사용한다.

④ OLAP은 데이터의 접근 유형이 조회 중심이다.

해설
OLAP은 정형 및 비정형 데이터 구조를 모두 사용할 수 있다. 정형은 이미 정해진 보고서를 의미하며, 비정형은 사용자가 조건을 정의하여 분석을 할 수 있는 것(다차원분석)을 의미한다.

정답   75. ③   76. ①   77. ③

MEMO

Part

05

소프트웨어 공학

05 소프트웨어 공학

www.pmg.co.kr

01 소프트웨어 공학에 대한 설명으로 거리가 먼 것은? 2012년 국가직

① 소프트웨어 공학의 목표는 양질의 소프트웨어를 생산하는 것이다.

② 소프트웨어의 품질을 평가하는 기준으로는 정확성, 유지보수성, 무결성, 사용성 등이 있다.

③ 소프트웨어 프로세스 모형으로는 폭포수 모형, 프로도타입 모형, 나선형 프로세스 모형이 있고, 이러한 방법을 혼합한 방법은 사용하지 않는다.

④ 소프트웨어를 개발하는 동안 여러 작업들을 자동화하도록 도와주는 도구를 CASE(Computer Aided Software Engineering)라고 한다.

해설

• 실제로 소프트웨어 프로세스 모형은 조직에 맞게 다듬어지고 혼합되어 사용되는 경우도 있다.
• 소프트웨어 공학의 정의 : 최소의 경비로 품질 높은 소프트웨어 상품의 개발, 유지보수 및 관리를 위한 모든 기법, 도구, 방법론의 총칭으로서, 전산학(기술적 요소), 경영학(관리적 요소), 심리학(융합적 요소)을 토대로 한 종합학문이다.
• 소프트웨어 공학의 목적 : 소프트웨어 공학은 소프트웨어의 위기를 극복하기 위해 개발한 학문이다. 소프트웨어 제품의 품질 향상과 개발 및 유지보수, 생산성과 작업 만족도 증대, 신뢰도 높은 소프트웨어의 생산 등을 목적으로 한다.

02 다음 중 공학적으로 잘 작성된 소프트웨어의 특성이 아닌 것은?

① 소프트웨어는 편리성이나 유지보수성에 점차 비중을 적게 두는 경향이 있다.

② 소프트웨어는 사용자가 원하는 대로 동작해야 한다.

③ 소프트웨어는 신뢰성이 높아야 하며 효율적이어야 한다.

④ 소프트웨어는 잠재적인 에러가 가능한 적어야 하며 유지보수가 용이해야 한다.

해설

소프트웨어는 편리성이나 유지보수성에 점차 비중을 많이 두고 있다.

03 소프트웨어에 대한 설명으로 옳지 않은 것은? 2021년 국가직

① 하드웨어에 대응하는 개념으로 우리가 원하는 대로 컴퓨터를 작동하게 만드는 논리적인 바탕을 제공한다.

② 운영체제 등 컴퓨터 시스템을 가동시키는 데 사용되는 소프트웨어를 시스템 소프트웨어라 한다.

③ 문서 작성이나 게임 등 특정 분야의 업무를 처리하는 데 사용되는 소프트웨어를 응용 소프트웨어라 한다.

④ 고급 언어로 작성된 프로그램을 한꺼번에 번역한 후 실행하는 것이 인터프리터 방식이다.

해설

1. 컴파일러
   - 컴파일 언어로 작성된 원시프로그램을 준기계어로 번역한 후 목적프로그램을 출력하는 번역기이다.
   - 원시언어가 고급언어이고, 목적언어가 실제 기계언어에 가까운 저급언어인 번역기이다.
2. 인터프리터(Interpreter)
   - 고급언어를 기계로 하는 컴퓨터를 하드웨어로 구성하는 대신에 이 고급언어를 기계에서 실행되도록 소프트웨어로 시뮬레이션하여 구성하는 방법이다.
   - 원시프로그램을 구성하는 각 명령을 기계어로 번역하여 즉시 실행시키는 것으로 별도의 목적프로그램을 만들지는 않는다.

04 좋은 소프트웨어가 가져야 할 특성과 그 설명의 연결이 옳지 않은 것은?

2011년 국가직 7급 소프트웨어 공학

① 확실성(dependability) – 신뢰성, 보안성, 안전성을 포함하는 포괄적인 특성이다.
② 결함 내성(fault tolerance) – 소프트웨어는 고객의 변경 요구를 수용할 수 있는 방법으로 작성되어야 한다.
③ 사용편리성(usability) – 사용자가 소프트웨어를 편리하게 사용할 수 있어야 한다.
④ 효율성(efficiency) – 소프트웨어는 메모리, 프로세서와 같은 자원을 낭비하지 않아야 한다.

해설

- 결함 내성은 소프트웨어에 결함이 있더라도 정상적인 수행이 이루어지는 성질을 말한다.
- 안전성(dependability) : 소프트웨어의 신뢰성, 보안성, 안정성을 포함하는 포괄적인 특성을 말한다.

05 다음 〈보기〉에서 효과적인 소프트웨어 프로젝트 관리를 위한 3P에 해당되는 것으로만 구성된 항은?

┌─ 보기 ┌─
가. people   나. product
다. process   라. project
마. problem

① 나, 다, 마   ② 가, 다, 마
③ 가, 나, 라   ④ 가, 나, 다

해설

프로젝트 관리의 구성 요소는 사람(people, 인적자원), 문제(problem, 문제인식), 프로세스(process, 작업계획)이다.

정답 01. ③ 02. ① 03. ④ 04. ② 05. ②

06 폭포수 모형(waterfall model)의 진행 단계를 순서대로 바르게 나열한 것은? 2009년 국가직

> ㄱ. 요구분석   ㄹ. 구현
> ㄴ. 유지보수   ㅁ. 설계
> ㄷ. 시험

① ㄱ - ㅁ - ㄷ - ㄹ - ㄴ   ② ㅁ - ㄱ - ㄹ - ㄷ - ㄴ
③ ㅁ - ㄱ - ㄷ - ㄹ - ㄴ   ④ ㄱ - ㅁ - ㄹ - ㄷ - ㄴ

해설
폭포수 모형(waterfall model)의 진행 단계 : 계획 – 요구분석 – 설계 – 구현 – 시험 – 운영/유지보수

07 소프트웨어 개발 프로세스 중 원형(Prototyping) 모델의 단계별 진행 과정을 올바르게 나열한 것은? 2020년 국가직

① 요구 사항 분석 → 시제품 설계 → 고객의 시제품 평가 → 시제품 개발 → 시제품 정제 → 완제품 생산
② 요구 사항 분석 → 시제품 설계 → 시제품 개발 → 고객의 시제품 평가 → 시제품 정제 → 완제품 생산
③ 요구 사항 분석 → 고객의 시제품 평가 → 시제품 개발 → 시제품 설계 → 시제품 정제 → 완제품 생산
④ 요구 사항 분석 → 시제품 개발 → 시제품 설계 → 고객의 시제품 평가 → 시제품 정제 → 완제품 생산

해설
⊘ **프로토타이핑 모형(Prototyping Model)**
• 폭포수 모형에서의 요구사항 파악의 어려움을 해결하기 위해 실제 개발될 소프트웨어의 일부분을 직접 개발하여 사용자의 요구 사항을 미리 정확하게 파악하기 위한 모형이다.
• 진행 과정 : 요구 사항 분석 → 신속한 설계 → 프로토타입 작성 → 사용자 평가 → 프로토타입의 정제(세련화) → 공학적 제품화

08 소프트웨어 개발 프로세스 모델 중 하나인 나선형 모델(spiral model)에 대한 설명으로 옳지 않은 것은? 2015년 국가직

① 폭포수(waterfall) 모델과 원형(prototype) 모델의 장점을 결합한 모델이다.
② 점증적으로 개발을 진행하여 소프트웨어 품질을 지속적으로 개선할 수 있다.
③ 위험을 분석하고 최소화하기 위한 단계가 포함되어 있다.
④ 관리가 복잡하여 대규모 시스템의 소프트웨어 개발에는 적합하지 않다.

해설

나선형 모형(Spiral Model) : 폭포수 모델과 프로토타이핑 모델의 장점을 수용하고, 새로운 요소인 위험 분석을 추가한 진화적 개발 모델이다. 프로젝트 수행 시 발생하는 위험을 관리하고 최소화하려는 것을 목적으로 하며 계획수립, 위험분석, 개발, 사용자 평가의 과정을 반복적으로 수행한다. 개발 단계를 반복적으로 수행함으로써 점차적으로 완벽한 소프트웨어를 개발하는 진화적(evolutionary) 모델이며, 대규모 시스템의 소프트웨어 개발에 적합하다.

09 V모형은 폭포수 모형에 테스트와 검증을 강조한 것이다. V모형의 단계를 ㉠~㉟까지 순서대로 바르게 나열한 것은? 2007년 국가직 7급 소프트웨어 공학

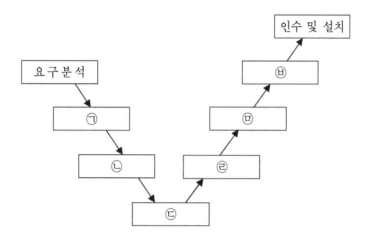

① 시스템설계 → 상세설계 → 코딩 → 단위테스트 → 통합테스트 → 시스템테스트
② 시스템설계 → 시스템테스트 → 상세설계 → 통합테스트 → 코딩 → 단위테스트
③ 시스템테스트 → 통합테스트 → 단위테스트 → 코딩 → 상세설계 → 시스템설계
④ 시스템테스트 → 시스템설계 → 통합테스트 → 상세설계 → 단위테스트 → 코딩

해설

1. V모형의 작업 순서
   요구 분석 → 시스템설계 → 상세설계 → 코딩 → 단위테스트 → 통합테스트 → 시스템테스트 → 인수/설치
2. V모형
   • 폭포수 모델에 시스템 검증과 테스트 작업을 강조한 것이다.
   • 높은 신뢰성이 요구되는 분야에 적합하다.
   • 장점 : 모든 단계에 검증과 확인 과정이 있어 오류를 줄일 수 있다.
   • 단점 : 생명주기의 반복을 허용하지 않아 변경을 다루기가 쉽지 않다.

정답 06. ④ 07. ② 08. ④ 09. ①

10 소프트웨어 개발 프로세스 모형에 대한 설명으로 옳은 것은? 2013년 국가직

① 폭포수(waterfall) 모델은 개발 초기단계에 시범 소프트웨어를 만들어 사용자에게 경험하게 함으로써 사용자 피드백을 신속하게 제공할 수 있다.

② 프로토타입(prototyping) 모델은 개발이 완료되고 사용단계에 들어서야 사용자 의견을 반영할 수 있다.

③ 익스트림 프로그래밍(extreme programming)은 1950년대 항공 방위 소프트웨어 시스템 개발 경험을 토대로 처음 개발되어 1970년대부터 널리 알려졌다.

④ 나선형(spiral) 모델은 위험 분석을 해나가면서 시스템을 개발한다.

> 해설
> • 프로토타입 모델은 개발 초기단계에 시범 소프트웨어를 만들어 사용자에게 경험하게 함으로써 사용자 피드백을 신속하게 제공할 수 있다.
> • 폭포수 모델은 분석단계에서 사용자들이 요구한 사항들이 잘 반영되었는지를 개발이 완료되기 전까지는 사용자가 볼 수 없으며, 그 이후에 사용자의 의견을 반영할 수 있다.

11 나선형(spiral) 모형에서 단계별로 수행하는 작업 순서로 옳은 것은? 2009년 국가직 7급 소프트웨어 공학

① 위험분석 - 계획 및 정의 - 개발 - 고객평가

② 계획 및 정의 - 위험분석 - 개발 - 고객평가

③ 계획 및 정의 - 개발 - 위험분석 - 고객평가

④ 위험분석 - 계획 및 정의 - 고객평가 - 개발

> 해설
> 나선형(spiral) 모형에서 단계별로 수행하는 작업 순서: 계획 및 정의 → 위험분석 → 개발 → 고객평가
>
> **⊘ 나선형 모형의 작업 순서**
> 1. 계획수립(planning) : 요구사항 수집, 시스템의 목표 규명, 제약 조건 파악
> 2. 위험분석(risk analysis) : 요구사항을 토대로 위험을 규명하며, 기능 선택의 우선순위, 위험 요소의 분석/프로젝트 타당성 평가 및 프로젝트를 계속 진행할 것인지 중단할 것인지를 결정한다.
> 3. 개발(engineering) : 선택된 기능의 개발/개선된 한 단계 높은 수준의 제품을 개발한다.
> 4. 평가(evaluation) : 구현된 시스템을 사용자가 평가하여 다음 계획을 세우기 위한 피드백을 받는다.

12 〈보기〉에서 소프트웨어 생명 주기 모형에 대한 설명으로 옳은 것의 총 개수는? 2024년 계리직

> ┌ 보기 ┌
> ㄱ. 폭포수 모형은 각 단계를 완전히 수행한 뒤 다음 단계로 진행하는 방식으로, 개발 적용 사례가 많다.
> ㄴ. 프로토타입 모형은 실제 개발될 소프트웨어 일부분을 개발하여 사용자의 요구사항을 미리 파악하기 위한 모형이다.
> ㄷ. 나선형 모형은 폭포수 모형과 프로토타입 모형의 장점을 수용하여 위험 분석 단계를 추가한 진화적 개발 모형이다.
> ㄹ. 애자일 모형은 프로세스와 도구 중심이 아닌 개발과정의 소통을 중요하게 생각하는 소프트웨어 개발 방법론으로 반복적인 개발을 통한 잦은 출시를 목표로 한다.

① 1개 ② 2개
③ 3개 ④ 4개

해설

⊘ 소프트웨어 생명주기 모형

1. 폭포수형 모형(선형순차모형, 전형적인 생명주기 모형 : Boehm, 1979)
   - 소프트웨어의 개발 시 프로세스에 체계적인 원리를 도입할 수 있는 첫 방법론이다.
   - 적용사례가 많고 널리 사용된 방법이다.
   - 단계별 산출물이 명확하다.
   - 각 단계의 결과가 확인된 후에 다음 단계로 진행하는 단계적, 순차적, 체계적인 접근 방식이다.
   - 기존 시스템 보완에 좋다.
   - 응용 분야가 단순하거나 내용을 잘 알고 있는 경우 적용한다.
   - 비전문가가 사용할 시스템을 개발하는 데 적합하다.
2. 프로토타이핑 모형(Prototyping Model)
   - 요구사항을 미리 파악하기 위한 것으로 개발자가 구축한 S/W 모델을 사전에 만듦으로써 최종 결과물이 만들어지기 전에 사용자가 최종 결과물의 일부 또는 모형을 볼 수 있다.
   - 프로토타입 모델에서 개발자는 시제품을 빨리 완성하기 위해 효율성과 무관한 알고리즘을 사용해도 되며, 프로토타입의 내부적 구조는 크게 상관하지 않아도 된다.
   - 프로토타입은 고객으로부터 feedback을 얻은 후에는 버리는 경우도 있다.
3. 나선형 모형(spiral model)
   - 폭포수 모델과 프로토타이핑 모델의 장점을 수용하고, 새로운 요소인 위험 분석을 추가한 진화적 개발 모델이다.
   - 프로젝트 수행 시 발생하는 위험을 관리하고 최소화하려는 것을 목적으로 한다.
   - 계획수립, 위험분석, 개발, 사용자 평가의 과정을 반복적으로 수행한다.
   - 개발 단계를 반복적으로 수행함으로써 점차적으로 완벽한 소프트웨어를 개발하는 진화적(evolutionary) 모델이다.
4. 애자일 소프트웨어 개발
   - Predictive라기보다 Adaptive(가변적 요구사항에 대응)
   - 프로세스 중심이 아닌 사람 중심(책임감이 있는 개발자와 전향적인 고객)
   - 전반적인 문서화보다는 제대로 작동하는 소프트웨어
   - 계약 협상보다는 고객 협력
   - 계획을 따르기보다는 변화에 응대함
   - 모든 경우에 적용되는 것이 아니고 중소형, 아키텍처 설계, 프로토타이핑에 적합

정답   10. ④   11. ②   12. ④

13 다음은 소프트웨어 유형에 대한 설명이다. 틀린 것은?

① 상용 소프트웨어 : 프로그램을 CD나 시리얼번호를 사용자가 돈을 주고 구입하여 사용하는 프로그램이다.

② Shareware : 프로그램을 일정기간만 사용할 수 있도록 해놓고 사용자가 계속 사용을 원할 경우 비용을 지불하고 사용할 수 있도록 하는 방식의 프로그램이다.

③ Liteware : 상용 소프트웨어 버전에서 몇 가지 핵심 기능을 제거한 채 무료로 배포되는 소프트웨어로 보통 완전한 기능의 일부분만을 가지도록 설계된다.

④ Freeware : 아무런 대가 없이 사용할 수 있는 프로그램으로 프로그램의 저작권이 없으므로 누구나 임의의 수정이나 배포가 가능하다.

해설

Freeware : 조건이나 기간, 기능 등에 제한 없이 개인 사용자는 누구나 무료로 사용하는 것이 허가되어 있는 공개프로그램이다. 인터넷 자료실에서 다운받아 자유로이 사용할 수 있다. MP3 음악파일을 듣는 데 많이 이용하는 윈앰프(Winamp)나 곰플레이어, 알씨, 알집 등이 대표적인 프리웨어다. 한편 프리웨어 프로그램을 변형·수정하거나 프리웨어를 유료로 판매하는 등의 프로그램 자체를 이용한 사업을 하는 것은 불법이다. 재배포상의 모든 통제 권리는 저작권자인 제작자가 갖기 때문이다.

14 소프트웨어 시스템은 기능 관점, 동적 관점 및 정보 관점으로 분류할 수 있다. 동적 관점에서 시스템을 기술할 때 사용할 수 있는 도구로 옳지 않은 것은? 2020년 지방직

① 사건 추적도(Event Trace Diagram)

② 자료 흐름도(Data Flow Diagram)

③ 상태 변화도(State Transition Diagram)

④ 페트리넷(Petri Net)

해설

1. 기능 관점(Function Space)
   • 기능 모델은 시스템이 어떠한 기능을 수행하는가의 관점에서 시스템을 기술한다.
   • 주어진 입력에 대하여 어떤 결과가 나오는가를 보여주는 관점이며 연산과 제약조건을 묘사한다.
   • 기능 모델의 일반적인 표현 방법은 자료흐름도에 의하여 도식적으로 나타난다.
2. 동적 관점(Dynamic Space)
   • 시간의 변화에 따른 시스템의 동작과 제어에 초점을 맞추어 시스템의 상태와 상태를 변하게 하는 원인을 묘사하는 것이다.
   • 상태 변화도(STD), 사건 추적도(ETD), 페트리넷 : 동적 관점을 기술할 때, 외부와의 상호작용이 많은 실시간 시스템들은 동적 관점에서 시스템이 기술되어야 할 때 쓰이는 도구이다.
3. 정보 관점(Information Space)
   • 시스템에 필요한 정보를 보여줌으로써 시스템의 정적인 정보구조를 포착하는 데 사용한다.
   • 정보 모델은 특히 시스템의 데이터베이스를 분석하는 데 많이 사용되며 ER 모델이 대표적인 도구이다.

15 소프트웨어 규모를 예측하기 위한 기능점수(function point)를 산정할 때 고려하지 않는 것은?

2019년 국가직

① 내부논리파일(Internal Logical File)
② 외부입력(External Input)
③ 외부조회(External inQuiry)
④ 원시 코드 라인 수(Line Of Code)

해 설

기능점수(function point) 산정 시 고려요소 : 외부입력(External Input ; EI), 외부출력(External Output ; EO), 외부조회(External inQuiry ; EQ), 내부논리파일(Internal Logical File ; ILF), 외부연계파일(External Interface File ; EIF)

16 기능점수에 대한 설명으로 옳지 않은 것은? 2011년 국가직 7급 소프트웨어 공학

① 기능점수는 소프트웨어 시스템이 가지는 기능을 정량화한 것이다.
② 기능점수의 산출 시 적용되는 가중치는 시스템의 특성에 따라 달라질 수 있다.
③ 기능점수는 구현언어와 밀접한 관련이 있는 메트릭(metric)이다.
④ 기능점수는 원시코드가 작성되기 전이라도 계산할 수 있다.

해 설

기능점수 모형은 구현언어와 밀접한 관련이 없으며, 소프트웨어의 각 기능에 대하여 가중치를 부여하여 요인별 가중치를 합산해서 소프트웨어의 규모나 복잡도, 난이도를 산출한다.

⊘ FP(기능점수) 모형
- 소프트웨어의 각 기능에 대하여 가중치를 부여하여 요인별 가중치를 합산해서 소프트웨어의 규모나 복잡도, 난이도를 산출하는 모형이다.
- 소프트웨어의 생산성 측정을 위해 개발됐으며, 자료의 입력·출력, 알고리즘을 이용한 정보의 가공·저장을 중시한다.
- 최근 유용성과 간편성 때문에 관심이 집중되고 있으며, 라인 수에 기반을 두지 않는다는 것이 장점이 될 수 있는 방법이다.
- 기능증대 요인과 가중치

소프트웨어 기능증대 요인	수	가중치			기능점수
		단순	보통	복잡	
자료 입력(일력 양식)		3	4	6	
정보 출력(출력 보고서)		4	5	7	
명령어		3	4	5	
데이터 파일		7	10	15	
필요한 외부 루틴과의 인터페이스		5	7	10	
				계	

17 기능점수에 대한 〈보기〉의 설명 중 옳은 것의 총 개수는? 2022년 계리직

┌ 보기 ┌
ㄱ. 소프트웨어가 사용자에게 제공하는 기능의 수를 수치로 정량화하여 소프트웨어의 규모를 산정하는 데 주로 사용한다.
ㄴ. 트랜잭션의 기능을 측정하기 위한 기준으로 내부입력, 내부출력, 내부조회가 있다.
ㄷ. 응용 패키지의 규모 산정, 소프트웨어의 품질 및 생산성 분석, 소프트웨어 개발과 유지보수를 위한 비용 및 소요자원 산정 등에 사용할 수 있다.
ㄹ. 기능점수 산출 시 적용되는 조정인자는 시스템의 특성을 반영하지 않는다.

① 1개 ② 2개
③ 3개 ④ 4개

해설
ㄱ. FP(기능점수) 모형은 소프트웨어의 각 기능에 대하여 가중치를 부여하여 요인별 가중치를 합산해서 소프트웨어의 규모나 복잡도, 난이도를 산출하는 모형이다.
ㄷ. FP(기능점수) 모형은 응용 패키지의 규모 산정, 소프트웨어의 품질 및 생산성 분석, 소프트웨어 개발과 유지보수를 위한 비용 및 소요자원 산정 등에 사용할 수 있다.
ㄴ. 트랜잭션의 기능을 측정하기 위한 기준으로 외부입력, 외부출력, 외부조회가 있다.
ㄹ. 기능점수 산출 시 적용되는 조정인자는 시스템의 특성을 반영한다.

⊘ 트랜잭션 기능점수
• 사용자가 식별할 수 있고 최소한의 업무를 처리할 수 있는 단위 프로세스를 식별하고 각 단위 프로세스별로 EI/EO/EQ로 분류한 다음 복잡도와 기여도를 계산한다. EI/EO/EQ의 단위 프로세스가 식별되면 DET와 FTR(File Transfer Reference)를 통하여 복잡도를 계산한다.
• 외부입력(External Input ; EI) : 애플리케이션 경계의 밖에서 들어오는 데이터나 제어 정보를 처리하는 단위 프로세스
• 외부출력(External Output ; EO) : 데이터나 제어 정보를 애플리케이션 경계 밖으로 보내는 단위 프로세스
• 외부조회(External inQuiry ; EQ) : 데이터나 제어 정보를 애플리케이션 경계 밖으로 보내는 단위 프로세스
• 기능점수의 영향도 측정 : 단순한 기능점수의 계산 외에 프로젝트의 특성을 고려한 영향도를 계산한다. 기술적 복잡도는 14개의 항목에 대해 영향도가 0~5까지의 정수로 평가되며 모든 영향도를 합산한 것이 총영향도이다. 14개 항목의 영향도를 평가하여 합산한 총영향도는 0에서 70 사이의 값이 된다.

18 다음 중 소프트웨어 개발 팀 구성에 대한 설명으로 옳지 않은 것은? 2007년 국가직 7급 소프트웨어 공학

① 중앙집중식 팀 구성은 구성원이 한 관리자의 명령에 따라 일하고 결과를 보고하는 방식을 취한다.

② 중앙집중식 팀은 한 사람에 의하여 통제할 수 있는 비교적 소규모 문제에 적합하다.

③ 분산형 팀 구성은 의사교환을 위한 비용이 크고 개개인의 생산성을 떨어뜨린다.

④ 분산형 팀의 의사교환 경로는 계층적(hierarchical)이다.

해설

계층적인 팀조직은 혼합형 또는 통제형 팀이다. 초보자와 경험자를 분리하여 경험자는 초보자에게 작업을 지시하고, 초보자는 지시에 따라 작업을 하고 경험자에 보고하는 형식으로 대규모 프로젝트에 적합하다. 그리고 모든 구성원은 상하좌우 구성원들과 유기적인 관계를 갖는다.

19 〈표〉의 CPM(Critical Path Method) 소작업 리스트에서 작업 C의 가장 빠른 착수일(earliest start time), 가장 늦은 착수일(latest start time), 여유 기간(slack time)을 순서대로 나열한 것은?

2012년 계리직

〈CPM 소작업 리스트〉

소작업	선행 작업	소요 기간(월)
A	없음	15
B	없음	10
C	A, B	10
D	B	25
E	C	15

① 15일, 15일, 0일

② 10일, 15일, 5일

③ 10일, 25일, 5일

④ 15일, 25일, 0일

해설

• 소작업 C의 선행 작업이 소작업 A와 B이며, 소요기간이 더 긴 소작업인 A를 수행하고 시작할 수 있으므로 가장 빠른 착수일은 15일이다.

• 가장 늦은 착수일: 40(임계경로) − 25(C와 E의 소요 기간) = 15일

• 여유 기간: 15 − 15 = 0

• 소작업 C가 임계경로 상에 있으므로 여유 기간은 0인 것을 처음부터 알 수는 있다.

정답 17. ② 18. ④ 19. ①

20 다음 CPM(Critical Path Method) 네트워크에 나타난 임계 경로(critical path)의 전체 소요 기간 으로 옳은 것은? 2023년 계리직

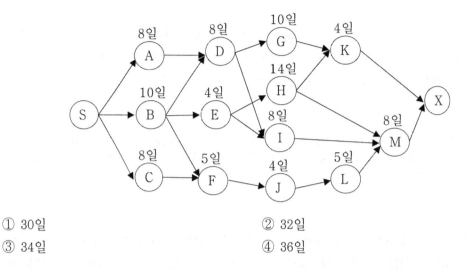

① 30일   ② 32일
③ 34일   ④ 36일

해설
- 문제의 CPM 네트워크에 나타난 임계경로는 S → B → E → H → M → X이다.
- CPM(critical path method) : 경비(예산)와 개발일정(기간)을 최적화하려는 일정계획 방법으로, 임계경로(critical path) 방법에 의한 프로젝트 최단 완료시간을 구한다.
- 임계경로(Critical Path) : 전체 프로젝트의 작업공정은 여러 가지 경로가 형성되는데, 이 경로들 중 기간이 가장 많이 소요되는 경로가 임계경로이다.

21 요구분석에 대한 설명으로 옳지 않은 것은? 2008년 국가직 7급 소프트웨어 공학

① 각 요구사항은 명확하고 구체적이고, 정확하고, 검증이 가능하도록 정의되고 기술되어야 한다.
② 요구사항은 고품질의 소프트웨어를 개발하고 검증할 수 있는 기초를 제공한다.
③ 고객과 개발자가 서로 당연한 것으로 인정하는 요구사항은 생략하여도 무방하다.
④ 요구사항은 크게 기능적인 요구사항과 성능, 신뢰성, 가용성, 보안성, 안전성 등의 비기능적 요구사항으로 분류된다.

해설
요구분석 시에는 고객과 개발자가 서로 당연한 것으로 인정하는 요구사항도 정확하게 파악되고 기술되어야 한다.

22 요구분석 단계에서의 작업은 6하 원칙의 항목 중 어디에 속하는가?

① HOW
② WHAT
③ WHERE
④ WHEN

해설

요구분석 단계에서는 사용자가 무엇(어떠한 기능 : WHAT)을 요구하는지 분석하는 단계이다.

23 요구분석 단계를 순서대로 바르게 나열한 것은? 2017년 국가직 7급 소프트웨어 공학

ㄱ. 요구사항 검증	ㄴ. 요구사항 명세화
ㄷ. 타당성 조사	ㄹ. 요구사항 추출 및 분석

① ㄷ → ㄹ → ㄱ → ㄴ
② ㄷ → ㄹ → ㄴ → ㄱ
③ ㄹ → ㄱ → ㄷ → ㄴ
④ ㄹ → ㄷ → ㄴ → ㄱ

해설

요구분석 단계의 순서 : 타당성 조사 – 요구사항 추출 및 분석 – 요구사항 명세화 – 요구사항 검증

24 다음은 요구사항 명세서가 지녀야 할 기본조건을 설명한 것이다. 명세서가 지녀야 할 기본조건의 설명으로 가장 적절하지 않은 것은? 2010년 감리사

① 설계 과정을 위한 문제의 정의에 도움을 줄 수 있을 것
② 소프트웨어가 올바르다고 판단하기 위한 수단으로 사용할 수 있을 것
③ 개발자 중심으로 만들어서 구현 시 즉시 사용할 수 있을 것
④ 소프트웨어 제품 및 개발과정을 공학화하는 핵심이 될 수 있을 것

해설

요구사항 명세서는 고객과 이용자가 이해하기 쉽고, 개발 계약의 기초가 될 수 있어야 하며, 소프트웨어 제품이 무엇이라는 것을 정의하는 것이지 어떻게 할 것인지를 기술하는 것은 아니다. 개발자 중심은 설계명세서이다.

정답 20. ④ 21. ③ 22. ② 23. ② 24. ③

PART
05

25 구조적 개발 방법론에서 사용자 요구사항을 분석한 후 결과를 표현할 때 사용되는 도구에 대한 설명으로 옳은 것은? 2023년 국가직

① 자료흐름도에서 자료저장소는 원으로 표현한다.

② 자료사전은 계획(ISP), 분석(BAA), 설계(BSD), 구축(SC)의 절차로 작성한다.

③ 자료사전에서 사용하는 기호 중 ( )는 선택에 사용되는 기호이다.

④ 소단위 명세서를 작성하는 도구에는 구조적언어, 의사결정표 등이 있다.

> 해설
> • 자료흐름도에서 자료저장소는 이중평행선으로 표현한다.
> • 자료사전: 개발 시스템과 연관된 자료 요소들의 집합이며, 저장 내용이나 중간 계산 등에 관련된 용어를 이해할 수 있는 정의이다. 구조적 분석에서 사용된다.
> • 자료사전에서 사용하는 기호 중 ( )는 생략가능에 사용되는 기호이다.

26 모듈의 결합도(coupling)와 응집력(cohesion)에 대한 설명으로 옳은 것은? 2011년 국가직

① 결합도란 모듈 간에 상호 의존하는 정도를 의미한다.

② 결합도는 높을수록 좋고 응집력은 낮을수록 좋다.

③ 여러 모듈이 공동 자료 영역을 사용하는 경우 자료 결합(data coupling)이라 한다.

④ 가장 이상적인 응집은 논리적 응집(logical cohesion)이다.

> 해설
> • 모듈화가 잘 되었다고 평가받기 위해서는 모듈의 독립성이 높아야 하며, 독립성을 높이기 위해서는 결합도는 최소화, 응집력은 최대화되어야 한다.
> • 여러 모듈이 공동 자료 영역을 사용하는 경우 공통 결합이라 한다.
> • 응집도 중에 가장 이상적인 것은 기능적 응집도이다.

27 다음 중 소프트웨어 모듈 설계의 평가에 대한 설명으로 가장 적절하지 않은 것은? 2024년 군무원

① 모듈의 결합도(coupling)는 모듈들이 서로 관련되거나 연결된 정도를 의미하며 낮을수록 좋다.

② 모듈의 응집도(Cohesion)는 모듈 간에 기능적인 연관 정도를 의미하며 높을수록 좋다.

③ 어떤 모듈이 다른 모듈을 호출하며 데이터를 넘겨주는 경우 이 모듈 간에 제어 결합도를 가진다고 한다.

④ 모듈 내 모든 요소가 한 가지 기능을 수행하기 위해 구성되는 경우 이들 요소는 기능적 응집도로 묶여있다고 한다.

> 해설
> 모듈 간에 기능적인 연관 정도를 의미하는 것은 결합도이며, 응집도는 모듈 내부의 요소들이 얼마나 밀접하게 연관되어 있는지를 나타낸다.

28 다음 설명에 해당하는 모듈의 결합도는? 2024년 국가직

> 한 모듈이 다른 모듈의 내부 기능 및 자료를 직접 참조하거나 사용하는 경우로, 한 모듈에서 다른 모듈의 내부로 제어가 이동하는 경우도 이에 해당한다.

① 공통 결합도(common coupling)

② 내용 결합도(content coupling)

③ 외부 결합도(external coupling)

④ 자료 결합도(data coupling)

해설

내용 결합도(content coupling) : 한 모듈이 다른 모듈의 내부 기능 및 자료를 직접 참조하거나 사용하는 경우로, 한 모듈에서 다른 모듈의 내부로 제어가 이동하는 경우도 이에 해당한다. 어떤 모듈을 호출하여 사용하고자 할 경우에 그 모듈의 내용을 미리 조사하여 알고 있지 않으면 사용할 수가 없는 경우에는 이들 모듈이 내용적으로 결합되어 있기 때문이며, 이를 내용 결합도라고 한다.

29 소프트웨어 모듈 평가 기준으로 판단할 때, 다음 4명 중 가장 좋게 설계한 사람과 가장 좋지 않게 설계한 사람을 순서대로 바르게 나열한 것은? 2018년 국가직

> － 철수 : 절차적 응집도 + 공통 결합도
> － 영희 : 우연적 응집도 + 내용 결합도
> － 동수 : 기능적 응집도 + 자료 결합도
> － 민희 : 논리적 응집도 + 스탬프 결합도

① 철수, 영희

② 철수, 민희

③ 동수, 영희

④ 동수, 민희

해설

• 소프트웨어 모듈의 독립성이 높으면, 모듈화가 잘 되었다고 평가할 수 있다. 독립성이 높은 모듈을 설계하기 위해서는 응집도는 높고, 결합도는 낮게 구성되어야 한다.

• 응집도에서는 기능적 응집도가 가장 높으며, 우연적 응집도가 가장 낮다.

• 결합도에서는 내용 결합도가 가장 높고, 자료 결합도가 가장 낮다.

정답   25. ④   26. ①   27. ②   28. ②   29. ③

30 다음에서 모듈 Input_char와 Output_char 간에는 어떤 결합도(coupling)가 존재하는가?

2004년 감리사

```
char character;
...
Input_char();
Output_char();
...
Input_char() {
...
character:=getchar();
...
}
Output_char() {
...
putchar(character);
...
}
```

① 내용 결합도　　　　　② 공통 결합도
③ 제어 결합도　　　　　④ 스탬프 결합도

해설
문제의 코드에서 char character;는 전역변수로 선언되었으며, Input_char() 함수와 Output_char() 함수에서 공통으로
사용되고 있으므로 공통 결합도가 존재한다.

31 모듈 결합도(coupling)는 모듈과 모듈 사이의 상호 의존하는 정도를 말하며, 모듈 간의 교환되는 정보의 양이 많을수록 결합도는 강해진다. 즉, 모듈 간의 결합도가 약할수록 독립성이 향상된다. 다음 중 결합도에 대한 설명으로 틀린 것은?

① Content 결합도는 한 모듈이 다른 모듈의 내부 수행 논리를 참조하는 경우에 발생하며, 결합도가 가장 크다. 따라서 모듈의 독립성을 전혀 보장받을 수가 없다.

② External 결합도는 다른 모듈이나 파일에서 정의된 자료를 그대로 사용할 경우에 발생되며, 프로그램에서 자주 사용하는 '외부변수(External variable)'가 이것에 해당된다.

③ Common 결합도는 모듈들이 공동의 기억장소를 사용하여 간접적으로 정보를 교환하는 경우에 발생하며, COBOL의 LINKAGE SECTION이 Common 결합도에 해당된다.

④ Data 결합도는 모듈들이 사용하지 않는 자료를 교환하면서 결합된 경우로서, 주로 배열 같은 복합자료를 매개변수로 사용할 때 발생한다.

해설

보기 4번은 Stamp 결합도에 대한 설명이다.

32 소프트웨어의 응집력이란 모듈 내부의 요소들이 서로 관련되어 있는 정도를 말한다. 응집의 종류에 대한 설명으로 옳은 것은? 2010년 국가직

① 기능적 응집(functional cohesion)은 모듈 내 한 구성 요소의 출력이 다른 구성 요소의 입력이 되는 경우이다.

② 교환적 응집(communicational cohesion)은 모듈이 여러 가지 기능을 수행하며 모듈 내 구성 요소들이 같은 입력 자료를 이용하거나 동일 출력 데이터를 만들어 내는 경우이다.

③ 논리적 응집(logical cohesion)은 응집도 스펙트럼에서 가장 높은 곳에 위치하며, 응집력이 가장 강하다.

④ 순차적 응집(sequential cohesion)은 모듈 내 구성 요소들이 연관성이 있고, 특정 순서에 의해 수행되어야 하는 경우이다.

해설

• 교환적 응집(communicational cohesion)은 모듈이 여러 가지 기능을 수행하며 모듈 내 구성 요소들이 같은 입력 자료를 이용하거나 동일 출력 데이터를 만들어 내는 경우이다.
• 기능적 응집도 : 모듈 내의 모든 요소가 한 가지 기능을 수행하기 위해 구성될 때, 이들 요소는 기능적 응집도로 결속되어 있다고 한다.
• 논리적 응집도 : 논리적으로 서로 관련이 있는 요소를 모아 하나의 모듈로 한 경우, 그 모듈의 기능은 이 모듈을 참조할 때 어떤 파라미터를 주느냐에 따라 다르게 된다.
• 순차적 응집도 : 순차적 응집도는 실행되는 순서가 서로 밀접한 관계를 갖는 기능을 모아 한 모듈로 구성한 것으로 흔히 어떤 프로그램을 작성할 때 순서도를 작성하는데 이 경우에는 순차적 응집도를 갖는 모듈이 되기 쉽다.

정답 30. ② 31. ④ 32. ②

33 구조적 설계 방법에서는 설계 결과를 구조도(structure chart)로 나타낼 수 있다. 다음 중 구조도에서 사용하는 기호와 설명으로 옳은 것은?

① ●→ 제어 흐름(플래그)

② —→ 자료 흐름(변수나 자료 구조)

③ ☐ 미리 정의된 모듈(라이브러리)

④ ○→ 한 모듈이 다른 모듈을 호출

해설

기호	설명
●→	제어 흐름(플래그)
—→	한 모듈이 다른 모듈을 호출
○→	자료 흐름(변수나 자료 구조)
☐	모듈
☐⎹	미리 정의된 모듈(라이브러리)

34 응집도를 강한 것부터 순서대로 나열할 때, ㉠~㉣에 들어갈 용어를 바르게 연결한 것은?

2018년 국가직 7급 소프트웨어 공학

기능적 응집 − 순차적 응집 − (㉠) − (㉡) − (㉢) − (㉣) − 우연적 응집

	㉠	㉡	㉢	㉣
①	절차적 응집	교환적 응집	시간적 응집	논리적 응집
②	절차적 응집	교환적 응집	논리적 응집	시간적 응집
③	교환적 응집	절차적 응집	시간적 응집	논리적 응집
④	논리적 응집	절차적 응집	교환적 응집	시간적 응집

해설

1. 우연적 응집도(coincidental cohesion)
2. 논리적 응집도(logical cohesion)
3. 시간적 응집도(temporal cohesion)
4. 절차적 응집도(procedural cohesion)
5. 통신적 응집도(communicational cohesion)
6. 순차적 응집도(sequential cohesion)
7. 기능적 응집도(functional cohesion)

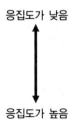

응집도가 낮음

응집도가 높음

35 다음 중 HIPO(hierarchy plus input process output)에 대한 설명으로 옳지 않은 것은?

① HIPO 다이어그램에는 가시적 도표(visual table of contents), 총체적 다이어그램(overview diagram), 세부적 다이어그램(detail diagram)의 세 종류가 있다.

② 가시적 도표(visual table of contents)는 시스템에 있는 어떤 특별한 기능을 담당하는 부분의 입력, 처리, 출력에 대한 전반적인 정보를 제공한다.

③ HIPO 다이어그램은 분석 및 설계 도구로서 사용된다.

④ HIPO는 시스템의 설계나 시스템 문서화용으로 사용되고 있는 기법이며, 기본 시스템 모델은 입력, 처리, 출력으로 구성된다.

해설

가시적 도표(visual table of contents)는 시스템의 전체 도식이기 때문에 입력, 처리, 출력으로 구분하여 작성하지 않는다.

⊘ **HIPO(Hierarchical plus Input Process Output)**
1. 프로그램의 입력, 처리, 출력기능에 대한 과정을 시각적으로 나타낸 Diagram
   • 계층도표 : 시스템의 전체적인 흐름을 계층적으로 표현한 도표
   • 총괄도표 : 입력, 처리, 출력에 대한 기능을 개략적으로 표현한 도표
   • 세부도표 : 총괄도표 내용을 모듈별 입력 – 처리 – 출력도표로 구체적으로 표현
2. HIPO의 특징
   • Top-Down 개발기법(계층적 구조)
   • 프로그램의 전체적인 흐름 파악 가능
   • 문서의 체계화가 가능

36 객체 지향 개념에 관한 설명 중 옳지 않은 것은? 2007년 국가직

① 객체들 간의 상호 작용은 메시지를 통해 이루어진다.

② 클래스는 인스턴스(instance)들이 갖는 변수들과 인스턴스들이 사용할 메소드(method)를 갖는다.

③ 다중 상속(multiple inheritance)은 두 개 이상의 클래스가 한 클래스로부터 상속받는 것을 말한다.

④ 객체가 갖는 데이터를 처리하는 연산(operation)을 메소드(method)라 한다.

해설

• 객체지향의 개념 중 다중 상속은 두 개 이상의 상위 클래스로부터 하나의 하위 클래스가 상속받는 것이다.
• 다중 상속(multiple inheritance)은 한 클래스가 두 개 이상의 클래스로부터 상속받는 것을 말한다.

정답   33. ①   34. ③   35. ②   36. ③

37 다음 중 객체지향 언어의 특징으로 알맞지 않은 것은? 2008년 계리직

① 상속성   ② 다형성

③ 구조화   ④ 추상화

해설

객체지향 언어의 특징은 상속성, 추상화, 다형성 등이 있으며, 구조화는 구조적 언어에서도 볼 수 있는 특징이기 때문에 객체지향 언어의 특징으로만 볼 수는 없다.

38 '인터넷 서점'에 대한 유스케이스 다이어그램에서 '회원등록' 유스케이스를 수행하기 위해서는 '실명확인' 유스케이스가 반드시 선행되어야 한다면 이들의 관계는? 2017년 국가직

① 일반화(generalization) 관계   ② 확장(extend) 관계

③ 포함(include) 관계   ④ 연관(association) 관계

해설

• 확장(extend) 관계 : 예외 사항을 나타내는 관계로 이벤트를 추가하여 다른 사례로 확장한다.
• 포함(include) 관계 : 복잡한 시스템에서 중복된 것을 줄이기 위한 방법으로 함수의 호출처럼 포함된 사용사례를 호출하는 의미를 갖는다.

39 〈보기〉에서 설명하는 객체지향 개념은? 2012년 계리직

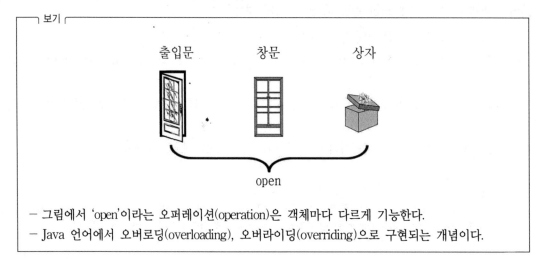

보기

출입문   창문   상자

open

- 그림에서 'open'이라는 오퍼레이션(operation)은 객체마다 다르게 기능한다.
- Java 언어에서 오버로딩(overloading), 오버라이딩(overriding)으로 구현되는 개념이다.

① 캡슐화(encapsulation)   ② 인스턴스(instance)

③ 다형성(polymorphism)   ④ 상속(inheritance)

해설

- 캡슐화(encapsulation) : 객체를 정의할 때 서로 관련성이 많은 데이터들과 이와 연관된 함수들을 정보처리에 필요한 기능으로 하나로 묶는 것을 말한다. 데이터, 연산, 다른 객체, 상수 등의 관련된 정보와 그 정보를 처리하는 방법을 하나의 단위로 묶는 것이다.
- 인스턴스(instance) : 클래스에 속하는 실제 객체를 말하며, 객체는 클래스에 의해 인스턴스화 된다.
- 다형성(polymorphism) : 다형성은 보통 실행 시에 여러 형태 중에서 선택되어 실행될 수 있다는 것이고, Java 언어에서 오버로딩(중복), 오버라이딩(재정의)으로 구현되는 개념이다.
- 상속(inheritance) : 새로운 클래스를 정의할 때 기존의 클래스들의 속성을 상속받고 필요한 부분을 추가하는 방법이다. 높은 수준의 개념은 낮은 수준의 개념으로 특정화된다. 상속은 하위 계층은 상위 계층의 특수화(specialization) 계층이 되며, 상위 계층은 하위 계층의 일반화(generalization) 계층이 된다.

40 다음 중 UML 다이어그램이 아닌 것은? 2007년 국가직 7급 소프트웨어 공학

① 클래스 다이어그램 (class diagram)
② 속성 다이어그램 (attribute diagram)
③ 사용사례 다이어그램 (use-case diagram)
④ 순차 다이어그램 (sequence diagram)

해설
UML 다이어그램 : Class Diagram, Sequence Diagram, State Diagram, Use Case Diagram 등

41 UML 버전 2.0에서 구조 다이어그램에 해당하는 것만을 모두 고르면? 2024년 지방직

| ㄱ. 활동 다이어그램 | ㄴ. 클래스 다이어그램 |
| ㄷ. 컴포넌트 다이어그램 | ㄹ. 시퀀스 다이어그램 |

① ㄱ, ㄴ
② ㄱ, ㄹ
③ ㄴ, ㄷ
④ ㄷ, ㄹ

해설
- 구조 다이어그램 : Class Diagram, Object Diagram, Composite Structure Diagram, Deployment Diagram, Component Diagram, Package Diagram
- 행위 다이어그램 : Sequence Diagram, Collaboration Diagram, State Diagram, Activity Diagram, Timing Diagram

정답 37. ③ 38. ③ 39. ③ 40. ② 41. ③

42 UML(Unified Modeling Language) 버전 2.0에 대한 설명으로 옳지 않은 것은? 2021년 지방직

① 액터(actor)는 사람이 아닌 경우도 있다.

② 클래스(class) 다이어그램은 시스템의 클래스들과 그들 간의 연관을 보여준다.

③ 유스케이스(usecase) 다이어그램은 사용자와 시스템 간의 상호작용을 보여준다.

④ 시퀀스(sequence) 다이어그램은 시스템이 내부 또는 외부 이벤트에 대해 어떻게 반응하는지 보여준다.

해설

• 상태(state) 다이어그램 : 시스템이 내부 또는 외부 이벤트에 대해 어떻게 반응하는지 보여준다.

• 시퀀스(sequence) 다이어그램 : 객체 간의 메시지 통신을 분석하기 위한 것이다. 이는 시스템의 동적인 모델을 아주 보기 쉽게 표현하고 있기 때문에 의사소통에 매우 유용하다. 시스템의 동작을 정형화하고 객체들의 메시지 교환을 시각화하여 나타낸다.

43 다음에서 설명하는 UML(Unified Modeling Language) 다이어그램(diagram)은? 2023년 지방직

> 객체들이 어떻게 상호 동작하는지를 메시지 순서에 초점을 맞춰 나타낸 것으로, 어떠한 작업이 객체 간에 발생하는지를 시간 순서에 따라 보여준다.

① 클래스(class) 다이어그램

② 순차(sequence) 다이어그램

③ 배치(deployment) 다이어그램

④ 컴포넌트(component) 다이어그램

해설

• 순차(sequence) 다이어그램 : 순서 다이어그램은 객체 간의 메시지 통신을 분석하기 위한 것이다. 이는 시스템의 동적인 모델을 아주 보기 쉽게 표현하고 있기 때문에 의사소통에 매우 유용하다. 시스템의 동작을 정형화하고 객체들의 메시지 교환을 시각화하여 나타낸다. 객체 사이에 일어나는 상호작용을 나타낸다.

• 클래스(class) 다이어그램 : 객체, 클래스, 속성, 오퍼레이션 및 연관관계를 이용하여 시스템을 나타낸다.

• 배치(deployment) 다이어그램 : 시스템 구조도를 통하여 서버와 클라이언트 간의 통신방법이나 연결 상태, 각 프로세스를 실제 시스템에 배치하는 방법 등을 표현하게 된다.

• 컴포넌트(component) 다이어그램 : 각 컴포넌트를 그리고 컴포넌트 간의 의존성 관계를 화살표로 나타낸다.

44 유스케이스 다이어그램에서 A 유스케이스를 수행하는 도중에 특정 조건을 만족하면 B 유스케이스를 수행한다. A 유스케이스와 B 유스케이스 간의 관계로 옳은 것은? 2016년 국가직 7급 소프트웨어 공학

①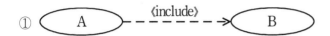

②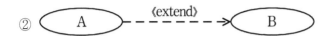

③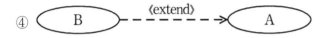

④ B ⟪extend⟫ A

해설

확장(extend) 관계 : 예외 사항을 나타내는 관계로 이벤트를 추가하여 다른 사례로 확장한다.

45 UML 다이어그램의 설명이 옳지 않은 것은? 2008년 국가직 7급 소프트웨어 공학

① 사용 사례 다이어그램(use-case diagram) – 시스템의 기능을 모델링
② 상태 다이어그램(state diagram) – 클래스 사이의 메시지 교환을 시간의 흐름에 따라 표현
③ 클래스 다이어그램(class diagram) – 시스템의 정적인 구조를 나타냄
④ 액티비티 다이어그램(activity diagram) – 시스템의 동적 특징을 나타냄

해설

상태 다이어그램은 객체가 갖는 여러 상태와 상태 사이의 전환을 이용하여 단일 객체의 동작을 나타낸다. 클래스 또는 객체 사이의 메시지 교환을 시간 흐름으로 표현한 것은 순서 다이어그램이다.

46 다음 중 UML(Unified Modeling Language) 다이어그램에 대한 설명 중 가장 적절하지 않은 것은? 2024년 군무원

① Class 다이어그램은 클래스 내부의 내용과 클래스 사이의 연관관계를 이용하여 시스템의 구조를 정의한다.

② State 다이어그램은 객체의 동적 행위를 모형화하기 위해 객체 간의 메시지 처리를 시간적 흐름으로 표현한다.

③ Use Case 다이어그램은 사용자(actor) 관점에서 시스템의 기능과 상호작용을 표현한다.

④ Component 다이어그램은 시스템을 구성하는 컴포넌트와 상호작용을 표현한다.

해설
• 객체 간의 메시지 처리를 시간적 흐름으로 표현하는 다이어그램은 시퀀스 다이어그램이다.
• 상태(state) 다이어그램 : 시스템이 내부 또는 외부 이벤트에 대해 어떻게 반응하는지 보여준다.
• 시퀀스(sequence) 다이어그램 : 객체 간의 메시지 통신을 분석하기 위한 것이다. 이는 시스템의 동적인 모델을 아주 보기 쉽게 표현하고 있기 때문에 의사소통에 매우 유용하다. 시스템의 동작을 정형화하고 객체들의 메시지 교환을 시각화하여 나타낸다.

47 〈보기〉는 소프트웨어 개발방법론에 사용되는 분석, 설계 도구에 대한 설명이다. ㉠~㉢에 들어갈 내용을 옳게 나열한 것은? 2014년 계리직

보기
- 시스템 분석을 위하여 구조적 방법론에서는 (㉠) 다이어그램(diagram)이, 객체지향 방법론에서는 (㉡) 다이어그램이 널리 사용된다.
- 시스템 설계를 위하여 구조적 방법론에서는 구조도(structured chart), 객체지향 방법론에서는 (㉢) 다이어그램 등이 널리 사용된다.

	㉠	㉡	㉢
①	시퀀스(sequence)	데이터흐름(data flow)	유스케이스(use case)
②	시퀀스	유스케이스	데이터흐름
③	데이터흐름	시퀀스	유스케이스
④	데이터흐름	유스케이스	시퀀스

해설
• 자료흐름도(DFD)는 구조적 분석 방법이며, 객체 분석 방법에서는 유스케이스 다이어그램을 사용하여 시스템 분석을 수행할 수 있다. 객체 설계 방법에서는 시퀀스 다이어그램이 사용된다.
• 자료흐름도(Data Flow Diagram ; DFD) : 자료흐름도는 가장 보편적으로 사용되는 시스템 모델링 도구로서 기능 중심의 시스템을 모델링하는 데 적합하다. DeMarco, Youdon에 의해 제안되었고, 이를 Gane, Sarson이 보완하였다.
• 유스케이스(use case) 다이어그램 : 시스템이 어떤 기능을 수행하고, 주위에 어떤 것이 관련되어 있는지를 나타낸 모형으로 시스템의 기능을 나타내기 위해 사용자의 요구를 추출하고 분석하는 데 사용한다.
• 시퀀스(sequence) 다이어그램 : 객체 간의 메시지 통신을 분석하기 위한 것이다. 이는 시스템의 동적인 모델을 아주 보기 쉽게 표현하고 있기 때문에 의사소통에 매우 유용하다.

48 UML의 클래스 다이어그램에서 클래스 사이의 관계에 대한 설명으로 옳지 않은 것은? 2021년 계리직

① 일반화(generalization) 관계는 일반화한 부모 클래스와 실체화한 자식 클래스 간의 상속 관계를 나타낸다.

② 연관(association) 관계에서 다중성(multiplicity)은 관계 사이에 개입하는 클래스의 인스턴스 개수를 의미한다.

③ 의존(dependency) 관계는 한 클래스가 다른 클래스를 참조하는 것으로 지역변수, 매개변수 등을 일시적으로 사용하는 관계이다.

④ 집합(aggregation) 관계는 강한 전체와 부분의 클래스 관계이므로 전체 객체가 소멸되면 부분 객체도 소멸된다.

해설
- 복합(composition) 관계는 강한 전체와 부분의 클래스 관계이므로 전체 객체가 소멸되면 부분 객체도 소멸된다.
- 통신(communication) 관계 : 액터와 사용사례 사이의 관계를 선으로 표시하며 시스템의 기능에 접근하여 사용할 수 있음을 의미한다.
- 포함(inclusion) 관계 : 복잡한 시스템에서 중복된 것을 줄이기 위한 방법으로 함수의 호출처럼 포함된 사용사례를 호출하는 의미를 갖는다.
- 확장(extension) 관계 : 예외 사항을 나타내는 관계로 이벤트를 추가하여 다른 사례로 확장한다.
- 일반화(generalization) : 사용사례의 상속을 의미하며 유사한 사용사례를 모아 일반적인 사용사례를 정의한다.
- 연관(association) 관계 : 두 개 이상의 클래스 사이의 의존관계로서 한 클래스를 사용함을 나타낸다.

49 ㉠에 들어갈 용어로 옳은 것은? 2018년 계리직

(㉠)(은)는 유사한 문제를 해결하기 위해 설계들을 분류하고 각 문제 유형별로 가장 적합한 설계를 일반화하여 체계적으로 정리해 놓은 것으로 소프트웨어 개발에서 효율성과 재사용성을 높일 수 있다.

① 디자인 패턴
② 요구사항 정의서
③ 소프트웨어 개발 생명주기
④ 소프트웨어 프로세스 모델

해설
- 디자인 패턴 : 객체지향 소프트웨어 시스템 디자인 과정에서 자주 접하게 되는 디자인 문제에 대한 기존의 시스템에 적용되어 검증된 해법의 재사용성을 높여 쉽게 적용할 수 있도록 하는 방법론이다. UML과 같은 일종의 설계기법이며, UML이 전체 설계도면을 설계한다면, Design Pattern은 설계방법을 제시한다.
- 요구사항 정의서 : 사용자의 요구사항을 명세한 문서로 소프트웨어 자체는 물론이고, 정보처리시스템의 전체 영역, 이용 환경을 전반적으로 명세화한다.
- 소프트웨어 개발 생명주기 : 소프트웨어가 개발되기 위해 정의되고 사용이 완전히 끝나 폐기될 때까지의 전 과정이다.
- 소프트웨어 프로세스 모델 : 소프트웨어를 개발하기 위한 절차를 정의하는 모델로 폭포수 모델, 프로토타입 모델, 나선형 모델 등이 있다.

정답   46. ②   47. ④   48. ④   49. ①

50 그림과 같이 서브시스템 사이의 의사소통 및 종속성을 최소화하기 위하여 단순화된 하나의 인터페이스를 제공하는 디자인 패턴은? 2017년 국가직 7급 소프트웨어 공학

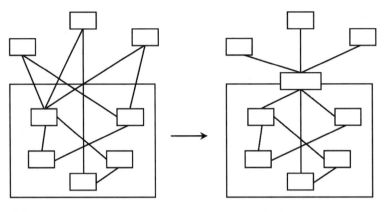

① Adapter 패턴
② Bridge 패턴
③ Decorator 패턴
④ Facade 패턴

해설
• Facade : 일련의 클래스에 대해서 간단한 인터페이스 제공(서브시스템의 명확한 구분 정의)
• Adapter 패턴 : 객체를 감싸서 다른 인터페이스를 제공(기존 모듈 재사용을 위한 인터페이스 변경)
• Bridge : 인터페이스와 구현의 명확한 분리
• Decorator 패턴 : 객체를 감싸서 새로운 행동을 제공

51 개발자가 사용해야 하는 서브시스템의 가장 앞쪽에 위치하면서 서브시스템에 있는 객체들을 사용할 수 있도록 인터페이스 역할을 하는 디자인 패턴은? 2018년 국가직

① Facade 패턴
② Strategy 패턴
③ Adapter 패턴
④ Singleton 패턴

해설
• Facade 패턴 : 서브시스템 사이의 의사소통 및 종속성을 최소화하기 위하여 단순화된 하나의 인터페이스를 제공하는 디자인 패턴
• Strategy 패턴 : 교환 가능한 행동을 캡슐화하고 위임을 통해서 어떤 행동을 사용할지 결정(동일 목적의 여러 알고리즘 중 선택해서 적용)
• Adapter 패턴 : 객체를 감싸서 다른 인터페이스를 제공(기존 모듈 재사용을 위한 인터페이스 변경)
• Singleton 패턴 : 한 객체만 생성되도록 함(객체 생성 제한)

52 다음에서 설명하는 디자인 패턴으로 옳은 것은? 2019년 계리직

> 클라이언트와 서브시스템 사이에 ○○○ 객체를 세워놓음으로써 복잡한 관계를 구조화한 디자인 패턴이다. ○○○ 패턴을 사용하면 서브시스템의 복잡한 구조를 의식하지 않고, ○○○에서 제공하는 단순화된 하나의 인터페이스만 사용하므로 클래스 간의 의존관계가 줄어들고 복잡성 또한 낮아지는 효과를 가져온다.

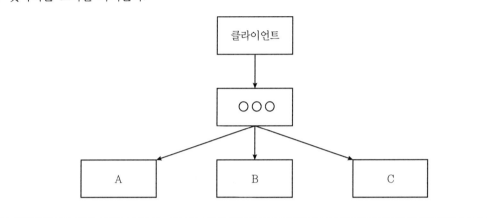

① MVC pattern
② facade pattern
③ mediator pattern
④ bridge pattern

해설

- MVC(Model–View–Controller) : 소프트웨어 설계에서 세 가지 구성 요소인 모델(Model), 뷰(View), 컨트롤러(Controller)를 이용한 설계 방식이다.
- facade pattern : facade 패턴은 서브시스템의 내부가 복잡하여 클라이언트 코드가 사용하기 힘들 때 사용한다. 몇 개의 클라이언트 클래스와 서브시스템의 클라이언트 사이에 facade라는 객체를 세워놓음으로써 복잡한 관계를 정리(구조화)한 것이다. 모든 관계가 전면에 세워진 facade 객체를 통해서만 이루어질 수 있게 단순한 인터페이스를 제공(단순한 창구 역할)하는 것이다.
- mediator pattern : 행위 개선을 위한 패턴이며, M : N 객체 관계를 M : 1로 단순화한다.
- bridge pattern : 구조 개선을 위한 패턴이며, 인터페이스와 구현을 명확하게 분리한다.

정답 50. ④ 51. ① 52. ②

53 다음 설명에 해당되는 디자인 패턴은? 2013년 국가직 7급 소프트웨어 공학

> 1대다(多)의 객체 의존관계를 정의한 것으로 한 객체가 상태를 변화시켰을 때, 의존관계에 있는 다른 객체들에게 자동적으로 통지하고 변경시킨다.

① Observer   ② Facade
③ Mediator   ④ Bridge

해설
- Observer : 상태가 변경되면 다른 객체들한테 연락을 돌릴 수 있게 해줌(1대다의 객체 의존관계를 정의)
- Facade : 일련의 클래스에 대해서 간단한 인터페이스 제공(서브시스템의 명확한 구분 정의)
- Mediator : M : N 객체 관계를 M : 1로 단순화
- Bridge : 인터페이스와 구현의 명확한 분리

54 다음 중 Design Pattern에 대한 설명으로 틀린 것은?

① 상위 단계에서 적용될 수 있는 개념이며, 디자인뿐만 아니라 시스템 구조를 재사용하기 쉽게 만들 수 있다.
② 기존 시스템이 어떤 디자인 패턴을 사용하고 있는지를 기술함으로써 그 디자인 패턴을 분석해야 하기 때문에 시스템을 이해하는 것이 어렵다.
③ UML과 같은 일종의 설계기법이며, UML이 전체 설계도면을 설계한다면 Design Pattern은 설계방법을 제시한다.
④ 객체지향 소프트웨어 시스템 디자인 과정에서 자주 접하게 되는 디자인 문제에 대한 기존의 시스템에 적용되어 검증된 해법의 재사용성을 높여 쉽게 적용할 수 있도록 한다.

해설
✓ **디자인 패턴의 장점**
- 많은 전문가의 경험과 노하우를 별다른 시행착오 없이 얻을 수 있다.
- 실질적 설계에 도움이 된다.
- 쉽고 정확하게 설계내용을 다른 사람과 공유 가능하다.
- 기존 시스템이 어떤 디자인 패턴을 사용하고 있는지를 기술함으로써 쉽고 간단하게 시스템을 이해할 수 있다.

294 | 손경희 컴퓨터일반 단원별 기출문제집

55 그림과 같이 관찰대상(Subject)의 데이터(A~D)에 변화가 발생하면 이 변화를 탐지하여 여러 가지 방식으로 사용자에게 디스플레이하는 프로그램을 작성하고자 한다. 이 프로그램에 적용할 수 있는 디자인 패턴은? 2018년 국가직 7급 소프트웨어 공학

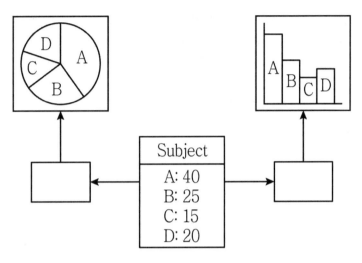

① Decorator 패턴
② Flyweight 패턴
③ Mediator 패턴
④ Observer 패턴

해설

• Observer 패턴 : 상태가 변경되면 다른 객체들한테 연락을 돌릴 수 있게 해줌(1대다의 객체 의존관계를 정의)
• Decorator 패턴 : 객체를 감싸서 새로운 행동을 제공(객체의 기능을 동적으로 추가, 삭제)
• Flyweight 패턴 : 작은 객체들의 공유
• Mediator 패턴 : M : N 객체 관계를 M : 1로 단순화

정답 53. ① 54. ② 55. ④

56 〈보기〉에서 디자인 패턴에 대한 설명으로 옳은 것의 총 개수는? 2023년 계리직

┌ 보기 ┌
ㄱ. 디자인 패턴은 유사한 문제를 해결하기 위하여 각 문제 유형별로 적합한 설계를 일반화하여
정리해 놓은 것이다.
ㄴ. 싱글턴(singleton) 패턴은 특정 클래스의 객체가 오직 하나만 존재하도록 보장하여 객체가 불
필요하게 여러 개 만들어질 필요가 없는 경우에 주로 사용한다.
ㄷ. 메멘토(memento) 패턴은 한 객체의 상태가 변경되었을 때 의존 관계에 있는 다른 객체들에게
이를 자동으로 통지하도록 하는 패턴이다.
ㄹ. 데코레이터(decorator) 패턴은 기존에 구현된 클래스의 기능 확장을 위하여 상속을 활용하는
설계 방안을 제공한다.

① 1개   ② 2개
③ 3개   ④ 4개

해설

ㄱ. 디자인 패턴은 유사한 문제를 해결하기 위하여 각 문제 유형별로 적합한 설계를 일반화하여 정리해 놓은 것이다.
ㄴ. 싱글턴(singleton) 패턴은 특정 클래스의 객체가 오직 하나만 존재하도록 보장하여 객체가 불필요하게 여러 개 만들
어질 필요가 없는 경우에 주로 사용한다.
ㄷ. 메멘토(memento) 패턴은 객체의 이전 상태 복원 또는 보관을 위해 사용할 수 있다.
ㄹ. 데코레이터(decorator) 패턴은 객체를 감싸서 새로운 행동을 제공한다. 즉, 객체의 기능을 동적으로 추가 · 삭제할
수 있다.

⊘ 디자인 패턴(Design Pattern)
1. UML과 같은 일종의 설계기법이며, UML이 전체 설계도면을 설계한다면 Design Pattern은 설계방법을 제시한다.
2. 객체지향 소프트웨어 시스템 디자인 과정에서 자주 접하게 되는 디자인 문제에 대한 기존의 시스템에 적용되어 검증된
해법의 재사용성을 높여 쉽게 적용할 수 있도록 하는 방법론이다.
3. 패턴은 여러 가지 상황에 적용될 수 있는 탬플릿과 같은 것이며, 문제에 대한 설계를 추상적으로 표현한 것이다.
4. 패턴(Pattern)은 1990년대 초반 Erich Gamma에 의해 첫 소개된 이후 1995년에 Gamma, Helm, John, Vlissides 네
사람에 의해 집대성되어 디자인 패턴(Design Pattern)이라는 것이 널리 알려졌다.

〈Design Pattern 유형별 정리〉

분류	패턴	설명
객체 생성을 위한 패턴	Abstract Factory	클라이언트에서 구상 클래스를 지정하지 않으면서도 일군의 객체를 생성할 수 있게 해줌[제품군(product family)별 객체 생성]
	Builder	부분 부분 생성을 통한 전체 객체 생성
	Factory Method	생성할 구상 클래스를 서브 클래스에서 결정(대행 함수를 통한 객체 생성)
	Prototype	복제를 통한 객체 생성
	Singleton	한 객체만 생성되도록 함(객체 생성 제한)
구조 개선을 위한 패턴	Adapter	객체를 감싸서 다른 인터페이스를 제공(기존 모듈 재사용을 위한 인터페이스 변경)
	Bridge	인터페이스와 구현의 명확한 분리
	Composit	클라이언트에서 객체 컬렉션과 개별 객체를 똑같이 다룰 수 있도록 해줌(객체 간의 부분·전체 관계 형성 및 관리)
	Decorator	객체를 감싸서 새로운 행동을 제공(객체의 기능을 동적으로 추가, 삭제)
	Facade	일련의 클래스에 대해서 간단한 인터페이스 제공(서브시스템의 명확한 구분 정의)
	Flyweight	작은 객체들의 공유
	Proxy	객체를 감싸서 그 객체에 대한 접근성을 제어(대체 객체를 통한 작업 수행)
행위 개선을 위한 패턴	Chain of Responsibility	수행 가능 객체군까지 요청 전파
	Command	요청을 객체로 감쌈(수행할 작업의 일반화를 통한 조작)
	Interpreter	간단한 문법에 기반한 검증작업 및 작업처리
	Iterator	컬렉션이 어떤 식으로 구현되었는지 드러내지 않으면서도 컬렉션 내에 있는 모든 객체에 대해 반복 작업을 처리할 수 있게 해줌(동일 자료형의 여러 객체 순차 접근)
	Mediator	M:N 객체 관계를 M:1로 단순화
	Memento	객체의 이전 상태 복원 또는 보관
	Observer	상태가 변경되면 다른 객체들한테 연락을 돌릴 수 있게 해줌(1대다의 객체 의존관계를 정의)
	State	상태를 기반으로 한 행동을 캡슐화한 다음 위임을 통해서 필요한 행동을 선택(객체 상태 추가 시 행위 수행의 원활한 변경)
	Strategy	교환 가능한 행동을 캡슐화하고 위임을 통해서 어떤 행동을 사용할지 결정(동일 목적의 여러 알고리즘 중 선택해서 적용)
	Template Method	알고리즘의 개별 단계를 구현하는 방법을 서브 클래스에서 결정(알고리즘의 기본골격 재사용 및 상세 구현 변경)
	Visitor	작업 종류의 효율적 추가, 변경

정답 56. ②

---

57 다음에서 설명하는 소프트웨어 아키텍처의 유형으로 옳은 것은? 2021년 계리직

> – 사용자 인터페이스를 시스템의 비즈니스 로직 부분과 분리하는 구조
> – 결합도(coupling)를 낮추기 위한 소프트웨어 아키텍처 패턴 구조
> – 디자인 패턴 중 옵서버(observer) 패턴에 해당하는 구조

① 클라이언트–서버(client–server) 아키텍처
② 브로커(broker) 아키텍처
③ MVC(Model–View–Controller) 아키텍처
④ 계층형(layered) 아키텍처

해설
1. MVC(Model–View–Controller) 아키텍처
   • 모델, 뷰, 제어구조라는 세 가지 다른 서브시스템으로 구성
   • 사용자 인터페이스를 시스템의 비즈니스 로직 부분과 분리하는 구조
   • 같은 모델에 대하여 여러 가지 뷰가 필요한 상호작용 시스템을 위하여 적절한 구조
   • 결합도(coupling)를 낮추기 위한 소프트웨어 아키텍처 패턴 구조
   • 디자인 패턴 중 옵서버(observer) 패턴에 해당하는 구조
2. 클라이언트–서버(client–server) 아키텍처
   • 서버는 클라이언트에게 서비스를 제공
   • 서비스의 요구 : 원격 호출 메커니즘, CORBA나 Java RMI의 공통 객체 브로커
   • 클라이언트 : 사용자로부터 입력을 받아 범위를 체크, 데이터베이스 트랜잭션을 구동하여 필요한 모든 데이터를 수집
   • 서버 : 트랜잭션을 수행, 데이터의 일관성을 보장
3. 브로커(broker) 아키텍처
   • 분리된 컴포넌트들로 이루어진 분산 시스템에서 사용
   • 컴포넌트들은 원격 서비스 실행을 통해 서로 상호작용
   • 브로커(broker) 컴포넌트는 컴포넌트(components) 간의 통신을 조정하는 역할 수행
4. 계층형(layered) 아키텍처
   • 각 서브시스템이 하나의 계층이 되어 하위층이 제공하는 서비스를 상위층의 서브시스템이 사용
   • 추상화의 성질을 잘 이용한 구조
   • 대표적인 예 : OSI 구조
   • 장점 : 각 층을 필요에 따라 쉽게 변경할 수 있음
   • 단점 : 성능 저하를 가져올 수 있음

58 프로그램의 내부구조나 알고리즘을 보지 않고, 요구사항 명세서에 기술되어 있는 소프트웨어 기능을 토대로 실시하는 테스트는? 2014년 국가직

① 화이트 박스 테스트
② 블랙 박스 테스트
③ 구조 테스트
④ 경로 테스트

해설
• 블랙 박스 테스트(기능시험) : 외부명세서 기준
• 화이트 박스 테스트(구조시험) : 내부명세서 기준

59 입력값의 유효범위로 1~99를 갖는 프로그램을 고려하자. 이 프로그램을 테스트하기 위하여 경계값 분석(boundary value analysis) 방법을 이용하여 테스트케이스를 만들려고 한다. 경계값 분석 방법에 가장 적합하지 않은 테스트케이스는? 2007년 국가직 7급 소프트웨어 공학

① 1
② 70
③ 99
④ 100

해설

• 경계값 분석이란 입력조건의 중간값보다 경계값에서 오류가 발생될 확률이 높다는 점을 이용한 것이다(동등분할기법의 보완). 입력조건이 [a,b]와 같이 값의 범위를 명시하고 있으면, a, b값뿐만 아니라 [a,b]의 범위를 약간씩 벗어나는 값들을 시험사례로 선정한다. 즉, 최댓값, 최솟값, 최댓값보다 약간 큰 값, 최솟값보다 약간 작은 값을 시험사례로 선정한다.
• 테스트케이스 70은 동등분할기법으로 했을 경우에 포함되는 입력조건이다.

60 소프트웨어 테스트에 대한 설명으로 옳지 않은 것은? 2022년 계리직

① 통합 테스트는 단위 테스트가 끝난 모듈들을 통합하여 모듈 간의 인터페이스 관련 오류가 있는지를 찾는 검사이다.
② 테스트의 목적은 소프트웨어 요구사항의 만족도 및 예상 결과와 실제 결과의 차이점을 파악함으로써 소프트웨어의 오류를 찾아내는 것이다.
③ 화이트 박스 테스트는 프로그램 원시 코드의 논리적 구조를 체계적으로 점검하며, 프로그램 구조에 의거하여 검사한다.
④ 블랙 박스 테스트에는 기초 경로(basic path), 조건 기준(condition coverage), 루프(loop) 검사, 논리 위주(logic driven) 검사 등이 있다.

해설

화이트 박스 테스트에는 기초 경로(basic path), 조건 기준(condition coverage), 루프(loop) 검사, 논리 위주(logic driven) 검사 등이 있다.
1. 화이트 박스 시험
• 절차, 즉 순서에 대한 제어구조를 이용하여 시험사례들을 유도하는 시험사례 설계방법이다.
• 시험사례들을 만들기 위해 소프트웨어 형상(SW Configuration)의 구조를 이용한다.
• 프로그램 내의 허용되는 모든 논리적 경로(기본 경로)를 파악하거나, 경로들의 복잡도를 계산하여 시험사례를 만든다.
• 기본 경로를 조사하기 위해 유도된 시험사례들은 시험 시에 프로그램의 모든 문장을 적어도 한 번씩 실행하는 것을 보장받는다.
2. 블랙 박스 시험
• 프로그램의 논리(알고리즘)를 고려치 않고 프로그램의 기능이나 인터페이스에 관한 외부 명세로부터 직접 시험하여 데이터를 선정하는 방법이다.
• 기능 시험, 데이터 위주(Data-Driven) 시험, 입출력 위주(IO-driven) 시험 등이 있다.
• 블랙 박스 시험 방법은 소프트웨어의 기능적 요구 사항에 초점을 맞추고 있다.

정답 57. ③ 58. ② 59. ② 60. ④

61 〈보기〉에서 블랙박스 테스트의 종류로 옳은 것을 모두 고른 것은? 2024년 계리직

┌ 보기 ┌───
ㄱ. 비교검사(comparison testing)
ㄴ. 조건 커버리지(condition coverage)
ㄷ. 문장 커버리지(statement coverage)
ㄹ. 경곗값 분석(boundary value analysis)

① ㄱ, ㄴ　　　　　　　　　　　② ㄱ, ㄷ
③ ㄱ, ㄹ　　　　　　　　　　　④ ㄴ, ㄹ

해설
• 블랙 박스 테스트(기능시험) : 동등분할(Equivalence Partitioning, 균등분할), 경곗값 분석(boundary value analysis), 원인-결과 그래프 기법, 오류추측(Error-Guessing) 기법, 비교검사(Comparison Testing) 기법
• 화이트 박스 테스트(구조시험) : 기초 경로(basic path), 조건 기준(condition coverage), 문장 기준(statement coverage), 루프(loop) 검사, 논리 위주(logic driven) 검사

62 통합 테스팅 방법에 대한 설명으로 옳지 않은 것은? 2021년 국가직

① 연쇄식(Threads) 통합은 초기에 시스템 골격을 파악하기 어렵다.
② 빅뱅(Big-bang) 통합은 모든 모듈을 동시에 통합하여 테스팅한다.
③ 상향식(Bottom-up) 통합은 가장 하부 모듈부터 통합하여 테스팅한다.
④ 하향식(Top-down) 통합은 프로그램 제어 구조에서 상위 모듈부터 통합하는 것을 말한다.

해설
1. 하향식 통합
  • 주프로그램으로부터 그 모듈이 호출하는 다음 레벨의 모듈을 테스트하고, 점차적으로 하위 모듈로 이동하는 방법
  • 드라이버는 필요치 않고 통합이 시도되지 않은 곳에 스텁이 필요, 통합이 진행되면서 스텁은 실제 모듈로 교체
2. 상향식 통합
  • 시스템 하위 레벨의 모듈로부터 점진적으로 상위 모듈로 통합하면서 테스트하는 기법
  • 스텁은 필요치 않고 드라이버가 필요
3. 연쇄식(Threads) 통합
  • 특수하고 중요한 기능을 수행하는 최소 모듈 집합을 먼저 구현하고 보조적인 기능의 모듈은 나중에 구현하여 테스트한 후 계속 추가한다.
  • 제일 먼저 구현되고 통합될 모듈은 중심을 이루는 기능을 처리하는 모듈의 최소 집합이다. 이렇게 점차적으로 구축된 스레드에 다른 모듈을 추가시켜 나간다.

63 소프트웨어 테스트에 대한 설명으로 옳지 않은 것은? 2016년 국가직

① 단위(unit) 테스트는 개별적인 모듈에 대한 테스트이며 테스트 드라이버(driver)와 테스트 스텁(stub)을 사용할 수 있다.

② 통합(integration) 테스트는 모듈을 통합하는 방식에 따라 빅뱅(big-bang) 기법, 하향식(top-down) 기법, 상향식(bottom-up) 기법을 사용한다.

③ 시스템(system) 테스트는 모듈들이 통합된 후 넓이 우선 방식 또는 깊이 우선 방식을 사용하여 테스트한다.

④ 인수(acceptance) 테스트는 인수 전에 사용자의 요구 사항이 만족되었는지 테스트한다.

해설

• 넓이 우선 방식 또는 깊이 우선 방식은 통합 테스트에서 하향식 통합에서 사용된다.
• 시스템(system) 테스트 : 외부 기능 시험, 내부 기능 시험, 부피 시험, 스트레스 시험, 성능 시험, 신뢰성 시험 등

64 소프트웨어 테스트에 대한 설명으로 옳지 않은 것은? 2016년 계리직

① 베타(beta) 테스트는 고객 사이트에서 사용자에 의해서 수행된다.

② 회귀(regression) 테스트는 한 모듈의 수정이 다른 부분에 미치는 영향을 검사한다.

③ 화이트 박스(white box) 테스트는 모듈의 내부 구현보다는 입력과 출력에 의해 기능을 검사한다.

④ 스트레스(stress) 테스트는 비정상적으로 과도한 분량 또는 빈도로 자원을 요청할 때의 영향을 검사한다.

해설

• 화이트 박스(white box) 테스트는 프로그램 내의 모든 논리적 구조를 파악하거나, 경로들의 복잡도를 계산하여 시험사례를 만든다. 블랙 박스 테스트는 프로그램의 논리(알고리즘)를 고려치 않고 프로그램의 기능이나 인터페이스에 관한 외부 명세로부터 직접 시험하여 데이터를 선정하는 방법이다.
• 블랙 박스 시험(Black Box Testing) : 소프트웨어 외부명세서를 기준으로 그 기능과 성능을 시험
• 화이트 박스 시험(White Box Testing) : 소프트웨어 내부의 논리적 구조를 시험
• 부피 테스트(volume test) : 소프트웨어로 하여금 상당량의 데이터를 처리해 보도록 여건을 조성하는 것
• 스트레스 테스트(stress test) : 소프트웨어에게 다양한 스트레스를 가해 보는 것으로 민감성 테스트(sensitivity test)라고 불리기도 함
• 성능 테스트(performance test) : 소프트웨어의 효율성을 진단하는 것으로서 응답속도, 처리량, 처리속도 등을 테스트

PART
05

65 소프트웨어의 화이트박스 테스트에 대한 설명으로 옳지 않은 것은? 2022년 지방직

① 글래스 박스(Glass-box) 테스트라고 부른다.
② 소프트웨어의 내부 경로에 대한 지식을 보지 않고 테스트 대상의 기능이나 성능을 테스트하는 기술이다.
③ 문장 커버리지, 분기 커버리지, 조건 커버리지 등의 검증 기준이 있다.
④ 모듈의 논리적인 구조를 체계적으로 점검하기 때문에 구조적 테스트라고도 한다.

해설

화이트 박스 테스트는 소프트웨어의 내부 경로에 대한 지식을 이용하여 테스트한다.

⊘ **화이트 박스 테스트**

1. 절차, 즉 순서에 대한 제어구조를 이용하여 시험사례들을 유도하는 시험사례 설계방법이다.
2. 시험사례들을 만들기 위해 소프트웨어 형상(SW Configuration)의 구조를 이용한다.
3. 프로그램 내의 허용되는 모든 논리적 경로(기본 경로)를 파악하거나, 경로들의 복잡도를 계산하여 시험사례를 만든다.
4. 기본 경로를 조사하기 위해 유도된 시험사례들은 시험 시에 프로그램의 모든 문장을 적어도 한 번씩 실행하는 것을 보장받는다.

66 블랙박스 테스트 기법에 해당하는 것은? 2024년 지방직

① 조건 커버리지(condition coverage)
② 기본 경로 테스트(basis path test)
③ 문장 커버리지(statement coverage)
④ 동등 분할(equivalence partitioning)

해설

• 블랙 박스 시험 : 동등분할, 경계값 분석, 원인-결과 그래프 기법, 오류추측 기법, 비교검사 기법
• 화이트 박스 시험 : 기초 경로 시험, 루프시험, 조건 시험, 데이터 흐름 시험

67 결정 명령문 내의 각 조건식이 참, 거짓을 한 번 이상 갖도록 조합하여 테스트 케이스를 설계하는 방법은? 2018년 국가직

① 문장 검증 기준(Statement Coverage)
② 조건 검증 기준(Condition Coverage)
③ 분기 검증 기준(Branch Coverage)
④ 다중 조건 검증 기준(Multiple Condition Coverage)

해설
- Statement Coverage(＝Line Coverage) : 개발 소스의 각 라인이 수행되었는지를 확인하는 테스트 커버리지이다.
- Condition Coverage : 개발 소스의 각 분기문 내에 존재하는 조건식이 각각 true/false 경우로 수행되었는지를 확인하는 테스트 커버리지이다.
- Branch Coverage(＝Decision Coverage) : 개발 소스의 각 분기문이 수행되었는지를 확인하는 테스트 커버리지이다.

68 인수 테스트(acceptance test)에 대한 설명으로 옳지 않은 것은? 2016년 국가직 7급 소프트웨어 공학

① 인수 테스트의 목적은 사용자에게 소프트웨어가 개발되어 사용될 준비가 되었다는 확신을 주기 위한 것이다.
② 알파 테스트는 선택된 사용자가 사용자 환경에서 수행하는 인수 테스트이다.
③ 사용자 스토리를 작성하면서 함께 작성한 테스트 시나리오에 따라 고객이 직접 테스트한다.
④ 개발자팀이 소프트웨어를 사용자에게 배포하여 사용자가 자신의 컴퓨터 환경 또는 실제 상황에서 수행하는 테스트이다.

해설
- 알파 테스트는 선택된 사용자가 개발자 환경에서 수행하는 인수 테스트이다.
- 알파 테스트 : 특정 사용자들에 의해 개발자 위치에서 테스트를 실행한다. 즉, 관리된 환경에서 수행된다. 본래의 환경에서 개발자가 사용자의 "어깨 너머"로 보고 에러와 문제들을 기록하는 것을 다룬다. 통제된 환경에서 일정기간 사용해 보면서 개발자와 함께 문제점들을 확인하며 기록한다.
- 베타 테스트 : 최종 사용자가 사용자 환경에서 검사를 수행한다. 개발자는 일반적으로 참석하지 않는다. 발견된 오류와 사용상의 문제점을 기록하여 추후에 반영될 수 있도록 개발조직에게 보고해 주는 형식을 취한다.

69 다음은 테스트 목적에 따른 종류 중에 성능 테스트로 분류되는 테스트들이다. 해당되는 설명이 옳지 않은 것은?

① Load Test : 최대 부하에 도달할 때까지의 애플리케이션 반응 확인
② Spike Test : SW 구현 버전이 여러 개인 경우 각 버전을 함께 테스트하고 결과 비교
③ Smoke Test : 애플리케이션의 테스트 준비 상태 확인
④ Stability Test : 애플리케이션이 오랜 시간 평균 부하 노출 시의 안정성 확인

해설
SW 구현 버전이 여러 개인 경우 각 버전을 함께 테스트하고 결과를 비교하는 것은 back to back 테스트에 대한 설명이다. Spike Test는 동시 사용자와 같은 갑작스러운 부하의 증가에 대한 애플리케이션 반응을 확인하는 것이다.

정답 | 65. ② 66. ④ 67. ② 68. ② 69. ②

70 소프트웨어 유지보수의 형태에 대한 설명으로 옳지 않은 것은? 2016년 국가직 7급 소프트웨어 공학

① 수정 유지보수(corrective maintenance)는 개발된 소프트웨어를 사용자가 인도받은 후 사용하면서 발견되는 오류를 잡는 것이다.
② 예방 유지보수(preventive maintenance)는 미리 예상되거나 예측되는 오류를 찾아 수정하는 것이다.
③ 적응 유지보수(adaptive maintenance)는 개발 과정에서 바로 잡지 못한 오류를 유지보수 단계에서 해결하는 것이다.
④ 완전 유지보수(perfective maintenance)는 결함으로 인해 요청된 변경뿐만 아니라 시스템의 일부 측면을 향상시키기 위한 변경을 포함하고 있다.

해설

적응 유지보수(adaptive maintenance)는 소프트웨어를 운용하는 환경 변화에 대응하여 소프트웨어를 변경하는 경우이다.

⊘ **유지보수의 구분**

1. 완전화 보수(perfective maintenance) : 새로운 기능을 추가하고 기존의 소프트웨어를 개선(enhancement)하는 경우로 기능상 변경 없이 독해성을 향상시키는 보수 형태
2. 적응 보수(adaptive maintenance) : 소프트웨어를 운용하는 환경 변화에 대응하여 소프트웨어를 변경하는 경우
3. 수리 보수(corrective maintenance) : S/W 테스팅 동안 밝혀지지 않는 모든 잠재적 오류를 수정하기 위한 보수
4. 예방 보수(preventive maintenance) : 장래의 유지보수성 또는 신뢰성을 개선하거나 S/W 오류 발생에 대비하여 미리 예방수단을 강구해 두는 경우

---

71 소프트웨어 유지보수와 관련된 설명으로 옳은 것을 모두 고르면? 2008년 국가직 7급 소프트웨어 공학

> ㄱ. 역공학은 높은 추상도를 가진 표현에서 낮은 추상도 표현을 추출하는 작업이다.
> ㄴ. 형상관리는 프로그램 인도 후 이루어진다.
> ㄷ. 일반적으로 소프트웨어 유지보수 비용은 소프트웨어 개발비용의 25%를 차지한다.
> ㄹ. 유지보수의 기술 향상을 위해 소프트웨어 척도를 사용한다.
> ㅁ. 베이스라인의 설정은 형상관리에서 일어나는 중요한 작업 중 하나이다.

① ㄱ, ㅁ
② ㄹ, ㅁ
③ ㄱ, ㄹ, ㅁ
④ ㄴ, ㄷ, ㄹ

해설

ㄱ. 역공학은 낮은 추상도 표현에서 높은 추상도 표현을 추출하는 작업이다.
ㄴ. 형상관리는 개발 전 단계를 걸쳐서 진행된다.
ㄷ. 유지보수 비용은 개발비용의 50% 이상(70~80%)을 차지한다.
ㄹ. 유지보수의 기술 향상을 위해 소프트웨어 척도를 사용한다.
ㅁ. 베이스라인의 설정은 형상관리에서 일어나는 중요한 작업 중 하나이다.

72 소프트웨어 형상 관리(configuration management)에 대한 설명으로 옳지 않은 것은?

① 형상 관리는 소프트웨어에 가해지는 변경을 제어하고 관리하는 활동을 포함한다.

② 기준선(baseline) 변경은 공식적인 절차에 의해서 이루어진다.

③ 개발 과정의 산출물인 원시 코드(source code)는 형상 관리 항목에 포함되지 않는다.

④ 형상 관리는 소프트웨어 운용 및 유지보수 단계뿐 아니라 소프트웨어 개발 단계에서도 적용될 수 있다.

해설
- 원시 코드(source code)도 형상 관리 항목에 포함된다.
- 형상 관리(SCM ; Software Configuration Management) : 소프트웨어에 대한 변경을 철저히 관리하기 위해 개발된 일련의 활동이며, 소프트웨어를 이루는 부품의 Baseline(변경통제 시점)을 정하고 변경을 철저히 통제하는 것이다.
- 형상(Configuration) : 소프트웨어 공학의 프로세스 부분으로부터 생성된 모든 정보항목의 집합체
- 소프트웨어 형상관리 항목(SCI ; Software Configuration Item) : 분석서, 설계서, 프로그램(원시코드, 목적코드, 명령어 파일, 자료 파일, 테스트 파일), 사용자 지침서

73 다음 내용에 해당하는 법칙은? 2023년 국가직

> 주식회사의 주가를 보면 일일 가격은 급격히 변동할 수 있다. 하지만 긴 기간의 움직임을 보면 상승, 하락 또는 변동 없는 추세를 보인다.

① 자기 통제의 법칙

② 복잡도 증가의 법칙

③ 피드백 시스템의 법칙

④ 지속적 변경의 법칙

해설
⊘ **리먼의 소프트웨어 진화 법칙(Lehman's laws of software evolution)**
1. 자기 통제(Self Regulation) : 프로그램별로 변경되는 사항은 고유한 패턴/추세가 있으며, 복잡성을 단순화시키려는 인간 의지의 개입
2. 복잡도 증가(Increasing Complexity) : 변경이 가해질수록 구조는 복잡해지며, 복잡도는 이를 유지하거나 줄이고자 하는 특별한 작업을 하지 않는 한 계속 증가
3. 피드백 시스템(Feedback System) : 시스템의 지속적인 변화 또는 진화를 유지하려면 성능을 모니터링할 수단이 필요
4. 지속적 변경(Continuing Change) : 소프트웨어는 계속 진화하며 요구사항에 의해 계속적으로 변경되어야 함

정답 70. ③   71. ②   72. ③   73. ①

74 다음에 해당하는 CMMI(Capability Maturity Model Integration) 모델의 성숙 단계로 옳은 것은? (단, 하위 성숙 단계는 모두 만족한 것으로 가정한다) 2022년 지방직

－ 요구사항 개발　　　　　　　　　　　　－ 조직 차원의 프로세스 정립
－ 기술적 솔루션　　　　　　　　　　　　－ 조직 차원의 교육훈련
－ 제품 통합　　　　　　　　　　　　　　－ 통합 프로젝트 관리
－ 검증　　　　　　　　　　　　　　　　－ 위험관리
－ 확인　　　　　　　　　　　　　　　　－ 의사 결정 분석 및 해결
－ 조직 차원의 프로세스 개선

① 2단계　　　　　　　　　　　　　② 3단계
③ 4단계　　　　　　　　　　　　　④ 5단계

해설

⊘ **CMMI 레벨에 따른 프로세스 영역 구성**

구분	Process Mgmt	Project Mgmt	Engineering	Support
레벨 5	조직 혁신 및 이행			원인분석 및 해결
레벨 4	조직 프로세스 성과	정량적 프로젝트 관리		
레벨 3	조직 프로세스 중점 조직 프로세스 정의 조직 훈련	통합 프로젝트 관리 위험관리 통합 공급자 관리 통합 팀 구성	요구사항 개발 기술 솔루션 제품통합 Verification Validation	의사결정 분석 및 해결 통합조직환경
레벨 2		프로젝트 계획 프로젝트 감시 및 통제 공급자 계약관리	요구사항 관리	형상관리 프로세스 및 품질보증 측정 및 분석

75 CMMI(Capability Maturity Model Integration)의 성숙도 모델에서 표준화된 프로젝트 프로세스가 존재하나 프로젝트 목표 및 활동이 정량적으로 측정되지 못하는 단계는? 2016년 국가직

① 관리(managed) 단계　　　　　　② 정의(defined) 단계
③ 초기(initial) 단계　　　　　　　④ 최적화(optimizing) 단계

해설

표준화된 프로젝트 프로세스가 존재하나 프로젝트 목표 및 활동이 정량적으로 측정되지 못하는 단계는 3레벨인 정의 (defined) 단계이다.

⊘ CMMI의 단계적 모델
- Level 1: Initial
- Level 2: Managed
- Level 3: Defined
- Level 4: Quantitatively Managed
- Level 5: Optimizing

76 소프트웨어에 대한 ISO/IEC 품질 표준 중에서 프로세스 품질 표준으로 옳은 것은? 2022년 국가직

① ISO/IEC 12119　　　② ISO/IEC 12207
③ ISO/IEC 14598　　　④ ISO/IEC 25010

해설

⊘ ISO/IEC 12207
- 소프트웨어 프로세스에 대한 표준화이다.
- 체계적인 S/W 획득, 공급, 개발, 운영 및 유지보수를 위해서 S/W 생명주기 공정(SDLC Process) 표준을 제공함으로써 소프트웨어 실무자들이 개발 및 관리에 동일한 언어로 의사소통할 수 있는 기본틀을 제공하기 위한 것이다.

77 시스템의 신뢰성 평가를 위해 사용되는 지표로 평균 무장애시간(mean time to failure, MTTF)과 평균 복구시간(mean time to repair, MTTR)이 있다. 이 두 지표를 이용하여 시스템의 가용성 (availability)을 나타낸 것은? 2013년 국가직

① $\dfrac{MTTF}{MTTR}$　　　② $\dfrac{MTTR}{MTTF}$

③ $\dfrac{MTTR}{MTTF + MTTR}$　　　④ $\dfrac{MTTF}{MTTF + MTTR}$

해설

$$가용성 = \dfrac{MTTF}{MTTF + MTTR} = \dfrac{MTTF}{MTBF}$$

78 다음은 각기 다른 사용자그룹이 소프트웨어 제품(Product)을 평가하는 경우에 사용되는 평가모형이 가져야 하는 특성을 열거한 것이다. 틀린 것은?

① 동일 평가자가 동일 사양의 제품을 평가할 때 동일한 결과를 나타내는 반복성(Repeatability)
② 다른 평가자가 동일 사양의 제품을 평가할 때 동일한 결과를 나타내는 재생산성(Reproducibility)
③ 특정 결과에 편향되지 않아야 하는 공평성(Impartiality)
④ 평가결과에 평가자의 전문적 주관이나 의견을 반영하는 주관성(Subjectivity)

해설

평가모형은 주관성이 아니라 객관성을 가져야 한다(상대비교가 가능하도록).

⊘ **소프트웨어 제품을 평가하기 위한 평가기준**
1. 반복성 : 동일한 제품에 대해서 동일한 평가자가 평가를 할 경우 항상 같은 결과가 도출
2. 재생산성 : 동일한 제품에 대해서 다른 평가자가 동일한 평가기준을 활용해서 다른 데이터로 측정해도 동일한 결과 도출
3. 공평성 : 평가결과를 유도하지 않고 편향되지 않음
4. 객관성 : 평가자의 주관이 반영되지 않아야 함

79 다음에서 설명하는 소프트웨어 개발 방법론으로 옳은 것은? 2018년 계리직

> 프로세스와 도구 중심이 아닌 개발 과정의 소통을 중요하게 생각하는 소프트웨어 개발 방법론으로 반복적인 개발을 통한 잦은 출시를 목표로 한다.

① 애자일 개발 방법론   ② 구조적 개발 방법론
③ 객체지향 개발 방법론   ④ 컴포넌트 기반 개발 방법론

해설

애자일 개발 방법론	애자일 소프트웨어 개발(Agile software development) 혹은 애자일 개발 프로세스는 소프트웨어 엔지니어링에 대한 개념적인 얼개로, 프로젝트의 생명주기 동안 반복적인 개발을 촉진한다. eBusiness 시장 및 SW개발환경 등 주위 변화를 수용하고 이에 능동적으로 대응하는 여러 방법론을 통칭한다.
구조적 개발 방법론	크고 복잡한 문제를 작고 단순한 문제로 나누어 해결하는 하향식 개발방법으로 구조적 분석, 구조적 설계, 구조적 프로그래밍으로 구성된다.
객체지향 개발 방법론	재사용을 가능케 하고, 재사용은 빠른 속도의 소프트웨어 개발과 고품질의 프로그램 생산을 가능하게 한다. 객체지향 소프트웨어는 그 구성이 분리되어 있기 때문에 유지보수가 쉽다.
컴포넌트 기반 개발 방법론	시스템 또는 소프트웨어를 구성하는 각각의 컴포넌트를 만들고 조립해 또 다른 컴포넌트나 소프트웨어를 만드는 것을 말한다. 소프트웨어나 컴포넌트를 조립해 새로운 애플리케이션을 만들 수 가 있어 개발기간을 단축할 수 있으며, 기존의 컴포넌트를 재사용할 수 있어 생산성과 경제성을 높일 수 있다.

80 다음에서 설명하는 소프트웨어 개발 방법론은? 2017년 국가직

> - 애자일 방법론의 하나로 소프트웨어 개발 프로세스가 문서화하는 데 지나치게 많은 시간과 노력이 소모되는 단점을 보완하기 위해 개발되었다.
> - 의사소통, 단순함, 피드백, 용기, 존중의 5가지 가치에 기초하여 '고객에게 최고의 가치를 가장 빨리' 전달하도록 하는 방법론으로 켄트 벡이 고안하였다.

① 통합 프로세스(UP)
② 익스트림 프로그래밍
③ 스크럼
④ 나선형 모델

해설

☑ **익스트림 프로그래밍(eXtreme Programming ; XP)**
1. XP는 켄트 백 등이 제안한 소프트웨어 개발 방법론이다.
2. 비즈니스상의 요구가 시시각각 변동이 심한 경우에 적합한 개발 방법이다.
3. 의사소통(communication), 단순함(Simplicity), 피드백(Feedback), 용기(courage), 존중(Respect) 등 5가지의 가치에 기초하여 '고객에게 최고의 가치를 가장 빨리' 전달하도록 하는 방법론이다.
4. Agile Process의 대표적 개발기법이다.
5. 개발자, 관리자, 고객이 조화를 극대화하여 개발 생산성을 높이고자 하는 접근법이다.

81 다음 중 애자일(Agile) 기법의 원리에 대한 설명으로 옳지 않은 것은?

① 고객 참여 : 고객은 개발 프로세스 전체에 긴밀하게 참여해야 한다. 고객의 역할은 새로운 시스템 요구사항을 개발하고 우선순위를 결정하고, 시스템의 반복을 평가하는 것이다.
② 단순성의 유지 : 개발 중인 소프트웨어와 개발 프로세스 모두 단순성에 초점을 맞춘다.
③ 사람은 프로세스가 아님 : 개발팀의 기술이 인식되고 활용되어야 한다. 팀 구성원들은 규정되고 원래 존재하고 있는 프로세스로 개발해야 한다.
④ 변경을 수용 : 시스템 요구사항이 변경될 것으로 예상하여, 이 변경들을 수용하도록 시스템을 설계한다.

해설

사람은 프로세스가 아님 : 개발팀의 기술이 인식되고 활용되어야 한다. 팀 구성원들은 규정된 프로세스 없이 자신들의 작업 방식을 개발해야 한다.

정답 78. ④ 79. ① 80. ② 81. ③

82 소프트웨어 개발 프로세스인 XP(eXtreme Programming)의 실무 관행(practice)에 해당하지 않는 것은?

① pair programming
② 소규모 시스템 릴리스
③ 이해당사자와의 분리 개발
④ 공동 소유권

해설

⊘ **XP(eXtreme Programming)의 실천사항**
- 점증적인 계획 수립
- 소규모 시스템 릴리스(짧은 사이클로 버전 발표)
- 시험 우선 개발
- 리팩토링
- 페어(pair) 프로그래밍(가장 좋은 구현 방법 고민, 전략적인 방법 고민)
- 공동 소유권(개발자들 누구나 코드 수정)
- 지속적 통합
- 유지할 수 있는 속도(1주에 40시간 작업)
- 현장의 고객(고객도 한자리에)
- 표준에 맞춘 코딩

정답 ▶ 82. ③

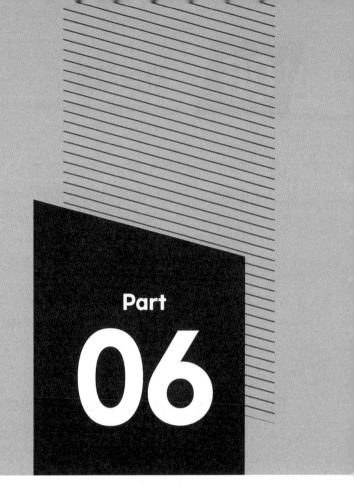

Part
06

자료구조

손경희 컴퓨터일반
단원별 기출문제집

자료구조

01 **자료구조에 대한 설명으로 옳지 않은 것은?** 2018년 국가직

① 데크는 삽입과 삭제를 한쪽 끝에서만 수행한다.

② 연결리스트로 구현된 스택은 그 크기가 가변적이다.

③ 배열로 구현된 스택은 구현이 간단하지만 그 크기가 고정적이다.

④ 원형연결리스트는 한 노드에서 다른 모든 노드로 접근이 가능하다.

> **해설**
> 데크는 'Double-ended Queue'의 줄임말로 양쪽 끝에서 접근할 수 있는 큐(Queue)를 말한다. 즉, 양쪽 끝에서 삽입과 삭제가 가능하다.

02 **자료 구조에 대한 설명으로 옳지 않은 것은?** 2016년 국가직

① 큐(queue)는 선입 선출의 특성을 가지며 삽입과 삭제가 서로 다른 끝 쪽에서 일어난다.

② 연결 그래프(connected graph)에서는 그래프 내의 모든 노드 간에 갈 수 있는 경로가 존재한다.

③ AVL 트리는 삽입 또는 삭제가 일어나 트리의 균형이 깨지는 경우 트리 모습을 변형시킴으로써 균형을 복원시킨다.

④ 기수 정렬(radix sort)은 키(key) 값이 가장 큰 것과 가장 오른쪽 것의 위치 교환을 반복적으로 수행한다.

> **해설**
> • 기수 정렬(radix sort)은 키 값에 따라 위치 교환을 하는 것이 아니라, 분배법에 의해 정렬이 수행되며, 수행 시간의 차수는 O(n)이다.
> • 기수 정렬은 정렬될 데이터의 각 자릿수별로 구분하여 아래와 같이 정렬 작업을 수행한다.
>
> > 1. 우선 10자리를 현재 자릿수로 선택하고 선택된 자릿수의 값에 따라 0부터 9까지로 구분을 한다. 이때 구분된 데이터들은 각자의 큐에 위치한다.
> > 2. 각 큐의 데이터를 낮은 수, 즉 0부터 높은 수 9까지 차례로 모아 전체를 일렬로 만든다.
> > 3. 선택된 자리를 10 (10자리), 10 (100자리) 등으로 차례로 증가시키면서 가장 높은 자리까지 1.과 2.를 반복한다.

03 알고리즘이 갖추어야 할 조건으로 옳지 않은 것은? 2011년 국가직 7급 자료구조론

① 적어도 하나 이상의 출력 결과를 생성해야 한다.
② 각 명령어들은 명확하고 모호하지 않아야 한다.
③ 어떤 경우에도 유한 번의 수행단계 후에는 반드시 종료해야 한다.
④ 직접 수행 가능한 컴퓨터 프로그래밍 언어로만 작성되어야 한다.

[해설]
알고리즘은 컴퓨터로 문제를 풀기 위한 단계적인 절차이며, 특정 작업을 수행하기 위한 명령어들의 집합으로 프로그램 언어가 선택되기 이전의 상태라고 할 수 있다.

04 다음 중 알고리즘에 대한 설명으로 옳지 않은 것은?

① 알고리즘은 적어도 하나 이상의 출력 결과를 생성해야 한다.
② 알고리즘 시간복잡도 $O(1)$이 의미하는 것은 알고리즘의 수행시간이 입력 데이터 수와 관계없이 일정하다는 의미이다.
③ 알고리즘은 유한 번의 수행 단계를 거치지만 반드시 종료해야 하는 것은 아니다.
④ 알고리즘은 외부에서 제공되는 데이터가 0개 이상 있다.

[해설]
유한성 : 알고리즘의 명령대로 순차적인 실행을 하면 언젠가는 반드시 실행이 종료되어야 한다.

⊘ **알고리즘의 조건**
1. 입력 : 외부에서 제공되는 데이터가 0개 이상 있다.
2. 출력 : 적어도 하나의 결과를 생성한다.
3. 명확성 : 알고리즘을 구성하는 각 명령어들은 그 의미가 명백하고 모호하지 않아야 한다.
4. 유한성 : 알고리즘의 명령대로 순차적인 실행을 하면 언젠가는 반드시 실행이 종료되어야 한다.
5. 유효성 : 원칙적으로 모든 명령들은 종이와 연필만으로 수행될 수 있게 기본적이어야 하며, 반드시 실행 가능해야 한다(원칙적으로 모든 명령들은 오류가 없이 실행 가능해야 한다).

정답   01. ①   02. ④   03. ④   04. ③

05 컴퓨터 알고리즘의 조건에 대한 설명으로 옳지 않은 것은? 2022년 지방직

① 각 명령어의 의미는 모호하지 않고 명확해야 한다.
② 알고리즘 단계들에는 순서가 정해져 있지 않다.
③ 한정된 수의 단계 후에는 반드시 종료되어야 한다.
④ 각 명령어들은 실행 가능한 연산이어야 한다.

해설
알고리즘 단계들에는 순서가 정해져 있다.

06 빅오(big O) 표기법은 알고리즘의 시간 복잡도를 입력의 크기에 대한 함수로 나타내는 방법이다. 다음 중 빅오(big O) 표기법의 실행시간 크기를 비교한 것으로 가장 적절한 것은? 2024년 군무원

① $O(1) < O(\log n) < O(n) < O(n^2) < O(2^n)$
② $O(\log n) < O(1) < O(n) < O(n^2) < O(2^n)$
③ $O(1) < O(\log n) < O(n) < O(2^n) < O(n^2)$
④ $O(\log n) < O(1) < O(n) < O(2^n) < O(n^2)$

해설
⊘ **연산 시간의 크기 순서**

$$O(1) < O(\log n) < O(n) < O(n\log n) < O(n^2) < O(2^n) < O(n!) < O(n^n)$$

07 다음 C 언어로 작성된 코드의 시간 복잡도는? (단, n은 임의의 양의 정수이다) 2024년 지방직

```
for (i = 0; i < n; I++)
   for(j = 0; j < 500; j++)
      printf("i * j = %d\n", I * j);
```

① $\Theta(n)$
② $\Theta(n^2)$
③ $\Theta(\log n)$
④ $\Theta(n\log n)$

해설
이중 반복문을 사용하고 있으며 첫 번째 반복문은 n번, 두 번째 반복문은 500번 실행되므로 총 실행 횟수는 n*500번이 되므로 해당 코드의 시간 복잡도는 O(n*500)가 된다. 여기에서 상수를 지우면 O(n)이 시간 복잡도이다.

08 한쪽 방향으로 자료가 삽입되고 반대 방향으로 자료가 삭제되는 선입선출(first-in first-out) 형태의 자료 구조는? 2009년 국가직

① 큐(queue)   ② 스택(stack)
③ 트리(tree)   ④ 연결리스트(linked list)

[해설]
스택은 처리되는 방식이 LIFO이며, 큐는 FIFO이다.

09 다음 자료구조 중에서 비선형 구조로만 묶은 것은?

ㄱ. 스택(stack)   ㄴ. 트리(tree) ㄷ. 연결리스트(linked list)   ㄹ. 그래프(graph)

① ㄱ, ㄴ   ② ㄱ, ㄷ
③ ㄴ, ㄷ   ④ ㄴ, ㄹ

[해설]
• 선형 구조 : 스택, 큐, 데크, 배열, 연결리스트
• 비선형 구조 : 트리, 그래프

10 큐(queue) 자료구조에 대한 설명으로 옳지 않은 것은? 2011년 국가직

① 자료의 삽입과 삭제는 같은 쪽에서 이루어지는 구조다.
② 먼저 들어온 자료를 먼저 처리하기에 적합한 구조다.
③ 트리(tree)의 너비 우선 탐색에 이용된다.
④ 배열(array)이나 연결 리스트(linked list)를 이용해서 큐를 구현할 수 있다.

[해설]
자료의 삽입과 삭제가 같은 쪽에서 이루어지는 구조는 스택이다.

정답   05. ②   06. ①   07. ①   08. ①   09. ④   10. ①

11 다음은 front 다음 위치부터 rear 위치까지 유효한 원소가 들어있는 선형 큐를 보여준다. 두 개의 원소를 제거한 후 큐의 상태는? 2024년 지방직

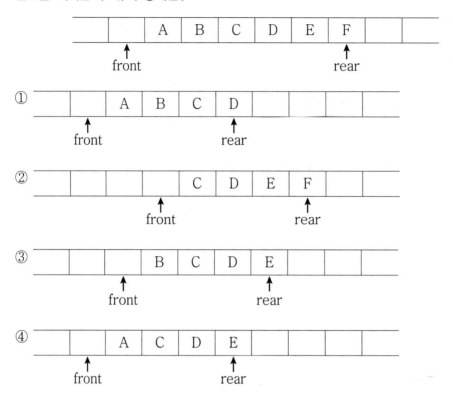

- 큐는 한쪽 끝(rear)에서는 원소의 삽입만, 다른 쪽 끝(front)에서는 원소의 삭제만 허용하는 자료구조이다.
- 삭제 시에 front가 먼저 증가한 후에 데이터를 삭제하는 방식을 사용한다.
- 큐의 삭제

```
dequeue(q)                        // 큐(q)에서 원소를 삭제하여 반환
    if (isEmpty(q)) then queueEmpty()  // 큐(q)가 공백인 상태를 처리
    else {
        front ← front + 1;
        return q[front];
    };
end dequeue()
```

12 스택을 사용하는 예로 옳지 않은 것은? 2007년 국가직

① 함수의 재귀호출
② 트리의 너비 우선 탐색
③ 부프로그램의 호출
④ 후위표기(postfix)식의 계산

해설
깊이 우선 탐색에서는 스택이 사용되지만, 너비 우선 탐색에서는 큐를 사용한다.

13 다음 표의 수식을 후위 표기법으로 변환했을 때 가장 적절한 것은? 2024년 군무원

$$100 - 20 * 5 + 2$$

① 100 20 5 2 * − +
② 100 20 5 * 2 − +
③ 100 20 5 * − 2 +
④ 100 20 5 * − + 2

해설
1. 중위표기식을 후위표기식으로 변환하기 위하여 연산 우선순위에 따라 괄호를 표시한다.
   $((100 - (20 * 5)) + 2)$
2. 괄호를 표시한 식에서 후위표기식으로 변환하기 위하여 연산자를 해당 괄호의 뒤로 옮긴다.
   $((100 (20\ 5) *) - 2) +$
3. 연산자를 괄호 뒤로 옮긴 식에서 괄호를 제거하면 후위표기식으로 변환할 수 있다.
   $100\ 20\ 5 * - 2 +$

14 다음 후위 표기 식을 전위 표기 식으로 변환하였을 때 옳은 것은? 2022년 국가직

$$3\ 1\ 4\ 1 - * +$$

① 3 + 1 * 4 − 1
② 4 − 1 * 1 + 3
③ + 3 * 1 − 4 1
④ + 3 − 4 1 * 1

해설
$3\ 1\ 4\ 1 - * +$
→ $(3\ (1\ (4\ 1\ -)\ *)\ +)$
→ $(3\ +\ (1\ *\ (4\ -\ 1)))$
→ $+\ 3\ *\ 1\ -\ 4\ 1$

15 자료구조가 정수형으로 이루어진 스택이며, 초기에는 빈 스택이라고 할 때, 빈칸 ㉠~㉢의 내용으로 모두 옳은 것은? (단, top()은 스택의 최상위 원소값을 출력하는 연산이다) 2023 계리직

연산	출력	스택 내용
push(7)	−	(7)
push(4)	−	(7, 4)
push(1)	−	(7, 4, 1)
pop()	−	㉠
㉡	−	(7)
top()	㉢	(7)
push(5)	−	(7, 5)

	㉠	㉡	㉢
①	(7, 4)	push( )	1
②	(4, 1)	push(7)	1
③	(7, 4)	pop( )	7
④	(4, 1)	pop(7)	7

해설

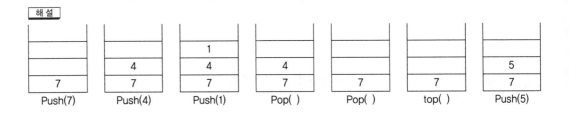

| Push(7) | Push(4) | Push(1) | Pop( ) | Pop( ) | top( ) | Push(5) |

16 다음 〈정보〉를 이용하여 아래에 주어진 〈연산〉을 차례대로 수행한 후의 스택 상태는? 2024년 국가직

┌─ 정보 ┐
– Create(s, n) : 스택을 위한 크기 n의 비어 있는 배열 s를 생성하고, top의 값을 −1로 지정한다.
– Push(s, e) : top을 1 증가시킨 후, s[top]에 요소 e를 할당한다.
– Pop(s) : s[top]의 요소를 삭제한 후, top을 1 감소시킨다.

┌─ 연산 ┐
Create(s, 4);
Push(s, 'S');
Push(s, 'T');
Pop(s);
Push(s, 'R');
Push(s, 'P');
Push(s, 'Q');
Pop(s);

①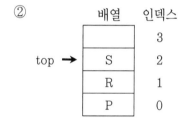

②

③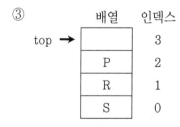

④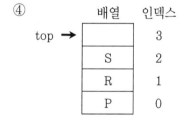

┌ 해설 ┐
Create(s, 4);   // 크기 4의 배열 s를 생성하고, top의 값을 −1로 지정
Push(s, 'S');   // top을 1 증가시킨 후, s[0]에 요소 'S'를 할당
Push(s, 'T');   // top을 1 증가시킨 후, s[1]에 요소 'T'를 할당
Pop(s);   // s[1]의 요소를 삭제한 후, top을 1 감소(현재 top은 0)
Push(s, 'R');   // top을 1 증가시킨 후, s[1]에 요소 'R'를 할당
Push(s, 'P');   // top을 1 증가시킨 후, s[2]에 요소 'P'를 할당
Push(s, 'Q');   // top을 1 증가시킨 후, s[3]에 요소 'Q'를 할당
Pop(s);   // s[3]의 요소를 삭제한 후, top을 1 감소(현재 top은 2)

정답 15. ③   16. ①

17 다음의 중위(infix) 표기식을 후위(postfix) 표기식으로 〈조건〉을 참고하여 변환하고자 한다. 스택을 이용한 변환 과정 중 토큰 'd'가 처리될 순간에 스택에 저장되어 있는 연산자를 올바르게 나타낸 것은? 2012년 국가직

$$a * ((b + c) / d) * e$$

┌ 조건 ┐
- 입력된 표기식에서 연산자 우선순위는 첫 번째는 '(', ')'이고, 다음은 '*', '/'이며, 그다음은 '+', '−' 이다.
- 동일한 우선순위의 연산자가 여러 개 있을 경우, 가장 왼쪽의 연산자부터 처리한다.

┌ 해설 ┐
- 피연산자를 만나면 바로 출력한다.
- 연산자를 만나면 연산자 스택에 저장한다. (스택에 있는 연산자가 처리 중인 연산자보다 우선순위가 높거나 같으면 스택에 있는 연산자를 먼저 처리 후 처리 중인 연산자를 스택에 삽입, 괄호를 만나면 우선 스택에 삽입하고 괄호 안의 연산자도 스택에 삽입, 오른쪽 괄호를 만나면 왼쪽 괄호 위에 쌓여있는 연산자 출력)

18 〈보기〉에 선언된 배열 A의 원소 A[8][7]의 주소를 행 우선(row-major) 순서와 열 우선(column-major) 순서로 각각 바르게 계산한 것은? (단, 첫 번째 원소 A[0][0]의 주소는 1,000이고, 하나의 원소는 1byte를 차지한다) 2016년 계리직

┌ 보기 ┐
char A [20][30];

	행 우선 주소	열 우선 주소
①	1,167	1,148
②	1,167	1,218
③	1,247	1,148
④	1,247	1,218

☑ 2차원 배열의 주소계산

전체배열의 크기가 A[m][n], 시작위치 A[a][b] = base이며 한 원소의 크기를 1바이트로 가정한다면,

- 행 우선 : A[i][j]의 주소 = base + (i − a) ∗ n + (j − b)

  A[8][7]의 주소 = 1000 + (8 − 0) ∗ 30 + (7 − 0) = 1,247
- 열 우선 : A[i][j]의 주소 = base + (j − b) ∗ m + (i − a)

  A[8][7]의 주소 = 1000 + (7 − 0) ∗ 20 + (8 − 0) = 1,148

19 배열(Array)과 연결리스트(Linked List)에 대한 설명으로 옳지 않은 것은? 2018년 계리직

① 연결리스트는 배열에 비하여 희소행렬을 표현하는 데 비효율적이다.

② 연결리스트에 비하여 배열은 원소를 임의의 위치에 삽입하는 비용이 크다.

③ 연결리스트에 비하여 배열은 임의의 위치에 있는 원소를 접근할 때 효율적이다.

④ n개의 원소를 관리할 때, 연결리스트가 n 크기의 배열보다 메모리 사용량이 더 크다.

연결리스트는 배열에 비하여 희소행렬을 표현하는 데 효율적이다. 희소행렬은 행렬의 대부분의 요소가 0으로 되어 있는 행렬을 말하며, 연결리스트로 표현할 때 기억장소의 이용효율이 좋다.

☑ 배열

- 배열이 물리적으로는 연속적인 메모리 할당 방식으로 구현되어 있기 때문에 보통 배열을 연속된 메모리 주소의 집합이라고 정의한다.
- 순차적 메모리 할당 방식에다 〈인덱스, 원소〉쌍의 집합으로, 각 쌍은 어느 한 인덱스가 주어지면 그와 연관된 원소값이 결정되는 대응 관계를 나타내는 것이다.
- 배열의 접근 방법은 직접 접근(direct access)이며, 빠른 속도의 검색이 가능하기 때문에 빅오 표현으로 O(1)이라 할 수 있다.
- 원소의 삽입과 삭제는 데이터 이동으로 인한 시간 복잡도가 증가하기 때문에 빅오 표현으로 O(n)이라 할 수 있다.

☑ 연결리스트

- 연결리스트는 다음 데이터를 포인터를 이용하여 찾아내며, 노드는 자기참조구조체(데이터 필드, 포인터(링크,주소) 필드)이다.
- 데이터를 삽입하거나 삭제해도 다른 데이터의 이동을 필요로 하지 않는다.
- 새로운 노드를 동적으로 추가할 수 있으므로, 삽입할 때 사용공간의 오버플로를 검사하지 않아도 된다.
- 임의의 데이터 검색은 헤드로부터 출발해서 포인터를 따라가며, 삽입과 삭제 시 필요로 하는 선행 노드를 찾기 위해 헤드로부터 출발해서 포인터를 따라가야 한다.
- 연결리스트의 종류 : 단순 연결리스트, 원형 연결리스트, 이중 연결리스트, 이중 원형 연결리스트

정답   17. ①   18. ③   19. ①

PART

06

20 다음 프로그램은 연결 리스트를 만들기 위한 코드의 일부분이다.

```
struct node {
    int number;
    struct node *link;
};
struct node first;
struct node second;
struct node tmp;
```

아래 그림과 같이 두 개의 노드 first, second가 연결되었다고 가정하고, 위의 코드를 참조하여 노드 tmp를 노드 first와 노드 second 사이에 삽입하고자 할 때, 프로그램 코드로 옳은 것은?

2020년 국가직

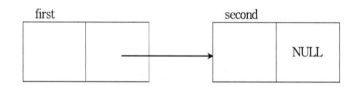

① tmp.link = &first;

first.link = &tmp;

② tmp.link = first.link;

first.link = &tmp;

③ tmp.link = &second;

first.link = second.link;

④ tmp.link = NULL;

second.link = &tmp;

┌─────┐
│ 해설 │
└─────┘
노드 tmp를 노드 first와 노드 second 사이에 삽입하므로 처리 이후의 노드 순서는 first → tmp → second 순으로 구성된다. 먼저 tmp의 link에 first의 link를 삽입하고, 노드 first가 노드 tmp를 가리켜야 하므로 first의 link에 tmp의 주소를 삽입한다.

21 연결리스트(linked list)의 'preNode' 노드와 그다음 노드 사이에 새로운 'newNode' 노드를 삽입하기 위해 빈 칸 ㉠에 들어갈 명령문으로 옳은 것은? 2015년 국가직

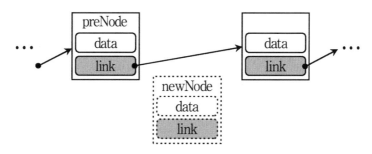

```
    ...
Node *newNode = (Node*)malloc(sizeof(Node));
┌────────────────────────────────────────┐
│                   ㉠                    │
└────────────────────────────────────────┘
preNode -> link = newNode;
    ...
```

① newNode -> link = preNode;

② newNode -> link = preNode -> link;

③ newNode -> link -> link = preNode;

④ newNode = preNode -> link;

─────

해설

• 연결 리스트(Linked List) : 포인터를 이용하여 데이터를 저장하는 자료구조이며, 배열 리스트와는 다르게 물리적 구조가 순차적이지 않다. 즉, 포인터의 변경만으로 노드를 추가하거나 삭제할 수 있다.

• 소스코드는 newNode를 추가하고 있으며, ㉠에서 newNode의 link에 preNode의 link를 대입하고(newNode가 preNode가 가리키던 노드를 가리키게 된다), preNode가 newNode를 가리키게 하면(preNode -> link = newNode;) 된다.

───────────────────────────────────

정답 20. ② 21. ②

22 노드 A, B, C를 가지는 이중 연결 리스트에서 노드 B를 삭제하기 위한 의사코드(pseudo code)로 옳지 않은 것은? (단, 노드 B의 메모리는 해제하지 않는다) 2017년 국가직

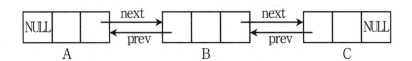

① A->next = C;
   C->prev = A;
② A->next = B->next;
   C->prev = B->prev;
③ B->prev->next = B->next;
   B->next->prev = B->prev;
④ A->next = A->next->next;
   A->next->next->prev = B->prev;

해설

노드 B를 삭제하기 위해서는 노드 A의 next와 노드 C의 prev(A->next->next->prev)를 변경해야 한다.
즉, A->next= A->next->next;와 A->next->next->prev = B->prev;를 수행해야 한다.

23 스택의 입력으로 4개의 문자 D, C, B, A가 순서대로 들어올 때, 스택 연산 PUSH와 POP에 의해서 출력될 수 없는 결과는? 2021년 국가직

① ABCD   ② BDCA
③ CDBA   ④ DCBA

해설

스택의 입력으로 4개의 문자 D, C, B, A가 순서대로 들어올 때, 보기 2번의 BDCA 순으로 출력될 수 없다. B를 가장 먼저 출력하기 위해서는 D C B까지 먼저 PUSH가 되어야 하고, B를 POP한 상태에서 top에 C가 들어있으므로 D가 먼저 POP될 수 없다.

24 후위(postfix) 형식으로 표기된 다음 수식을 스택(stack)으로 처리하는 경우에, 스택의 탑(TOP) 원소의 값을 올바르게 나열한 것은? (단, 연산자(operator)는 한 자리의 숫자로 구성되는 두 개의 피연산자(operand)를 필요로 하는 이진(binary) 연산자이다) 2010년 계리직

$$4\ 5 + 2\ 3 * -$$

① 4, 5, 2, 3, 6, −1, 3   ② 4, 5, 9, 2, 3, 6, −3

③ 4, 5, 9, 2, 18, 3, 16   ④ 4, 5, 9, 2, 3, 6, 3

해설
피연산자는 스택에 계속 삽입되다가 연산자를 만나면 두 개의 피연산자가 pop되어 연산된 후에 다시 삽입되는 형식이다.

25 다음 전위(prefix) 표기식의 계산 결과는? 2019년 국가직

$$+ \ - \ 5 \ 4 \ \times \ 4 \ 7$$

① −19   ② 7

③ 8   ④ 29

해설
문제의 전위 표기식을 (+ (− 5 4) (× 4 7))와 같이 묶어서 계산한다. 문제의 전위 표기식을 중위 표기식으로 변환하면 ((5 − 4) + (4 × 7))와 같이 표현할 수 있다.

26 다음 전위(prefix) 표기 수식을 중위(infix) 표기 수식으로 바꾼 것으로 옳은 것은? (단, 수식에서 연산자는 +, *, /이며 피연산자는 A, B, C, D이다) 2014년 국가직

$$+ * A B / C D$$

① A + B * C / D   ② A + B / C * D

③ A * B + C / D   ④ A * B / C + D

해설
문제의 보기는 전위 표기이므로 +(*(A B)/(C D))와 같이 괄호를 이용하여 연산자를 중간에 위치하도록 만든다.

정답 22. ④ 23. ② 24. ④ 25. ④ 26. ③

27 다음 트리에 대한 설명으로 옳지 않은 것은? 2023년 지방직

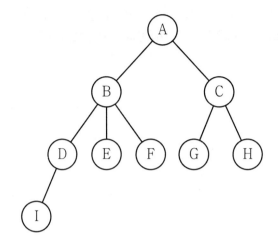

① A 노드의 차수(degree)는 2이다.
② 트리의 차수는 4이다.
③ D 노드는 F 노드의 형제(sibling) 노드이다.
④ C 노드는 G 노드의 부모(parent) 노드이다.

해설
트리의 차수는 그 트리에 있는 노드의 최대차수이므로 문제의 트리는 차수가 3이다.

28 노드의 수가 60개인 이진 트리의 최대 높이에서 최소 높이를 뺀 값은? 2022년 계리직

① 53　　　　　　　　　　② 54
③ 55　　　　　　　　　　④ 56

해설
이진 트리에서 최대 높이가 되는 형태는 편향 이진 트리(사향 트리)이고, 최소 높이로 만들어지는 형태를 포화 이진 트리나 완전 이진 트리로 생각할 수 있다. 최대 높이는 노드의 개수만큼이 되어 60이 되고, 최소 높이는 2^h-1(h가 높이)로 계산하면 높이를 6으로 구성하면 $2^6 - 1 = 63$이 되므로 60개의 노드를 가진 이진 트리를 나타낼 수 있다.

29 300개의 노드로 이진 트리를 생성하고자 할 때, 생성 가능한 이진 트리의 최대 높이와 최소 높이로 모두 옳은 것은? (단, 1개의 노드로 생성된 이진 트리의 높이는 1이다) 2021년 국가직

	최대 높이	최소 높이
①	299	8
②	299	9
③	300	8
④	300	9

[해설]
- 1개의 노드로 생성된 이진 트리의 높이가 1일 경우에 n개의 노드를 가지는 이진 트리의 깊이는 최대 n이고, 최소 $\lceil \log_2(n+1) \rceil$ 이다.
- 최대 : 300
- 최소 : $\lceil \log_2(300+1) \rceil = \lceil \log_2(301) \rceil = \lceil 8.xxx... \rceil = 9$

30 노드(node)가 11개 있는 트리의 간선(edge) 개수는? 2021년 지방직

① 10
② 11
③ 12
④ 13

[해설]
트리에서 간선의 개수는 (노드의 개수 − 1)이다.

31 다음 중 이진 트리(binary tree)에 대한 설명으로 가장 적절하지 않은 것은? (단, 트리의 최상위 레벨이 깊이 1이다) 2024년 군무원

① n개의 노드를 가진 이진 트리는 n−1개의 간선을 갖는다.
② 레벨 a에서의 최대 노드 수는 2^{a-1}개이다.
③ n개의 노드를 가진 이진 트리의 깊이는 최대 n−1이다.
④ 깊이가 d인 이진 트리의 노드 수는 최대 2^d-1개이다.

[해설]
- n개의 노드를 가진 이진 트리의 깊이는 최대 n이다.
- 이진 트리에서 레벨 a의 최대 노드 수는 2^{a-1}개이며, 레벨 2일 때를 가정한다면 $2^{2-1} = 2$개가 된다.

정답   27. ②   28. ②   29. ④   30. ①   31. ③

32 다음 이진 트리(binary tree)의 노드들을 후위 순회(post-order traversal)한 경로를 나타낸 것은? 2015년 국가직

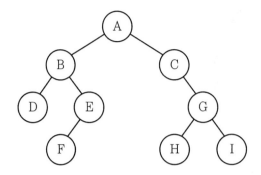

① F → H → I → D → E → G → B → C → A
② D → F → E → B → H → I → G → C → A
③ D → B → F → E → A → C → H → G → I
④ I → H → G → C → F → E → D → B → A

해설
후위 순회의 노드 방문 순서는 '왼쪽 → 오른쪽 → 중간' 순이다. 루트를 기준으로 가장 왼쪽 자노드(D)부터 방문한다.

33 이진트리의 순회(traversal) 경로를 나타낸 그림이다. 이와 같은 이진트리 순회방식은 무엇인가? (단, 노드의 숫자는 순회순서를 의미한다) 2012년 계리직

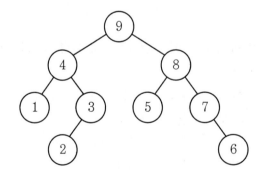

① 병렬 순회(parallel traversal)
② 전위 순회(pre-order traversal)
③ 중위 순회(in-order traversal)
④ 후위 순회(post-order traversal)

해설
후위 순회(post-order traversal) : 왼쪽 서브 트리 → 오른쪽 서브 트리 → 루트

34 다음 이진 트리에 대하여 후위 순회를 하는 경우 다섯 번째 방문하는 노드는? 2020년 국가직

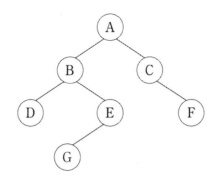

① A   ② C
③ D   ④ F

해설

• 후위 순회(postorder traversal)
  ㉠ 왼편 서브 트리(left subtree)를 후위 순회한다.
  ㉡ 오른편 서브 트리(right subtree)를 후위 순회한다.
  ㉢ 루트 노드(root node)를 방문한다.
• 후위 순회 순서 : D → G → E → B → F → C → A

35 임의의 자료에서 최소값 또는 최대값을 구할 경우 가장 적합한 자료구조는? 2008년 계리직

① 이진탐색트리 ② 스택
③ 힙 ④ 해쉬

> 해설
> • 이진탐색트리 : 임의의 키를 가진 원소를 삽입, 삭제, 검색하는 데 효율적인 자료구조이며, 모든 연산은 키 값을 기초로 실행한다.
> • 스택 : 보통 제한된 구조로 원소의 삽입과 삭제가 한쪽(top)에서만 이루어지는 유한 순서 리스트이다. LIFO(Last In First Out) 구조로 마지막에 삽입한 원소를 제일 먼저 삭제한다.
> • 힙(Heap) : 여러 개의 값들 중 가장 큰 값이나 가장 작은 값을 빠르게 찾을 수 있도록 만들어진 자료구조이다.
>   ㉠ 최대 힙(max heap) : 각 노드의 키 값이 그 자식의 키 값보다 작지 않은 완전 이진 트리이다. 루트는 가장 큰 값을 갖는다.
>   ㉡ 최소 힙(min heap) : 각 노드의 키 값이 그 자식의 키 값보다 크지 않은 완전 이진 트리이다. 루트는 가장 작은 값을 갖는다.
> • 해쉬 : 해싱은 다른 레코드의 키 값과 비교할 필요가 없는 탐색방법이다.

36 노드 7, 13, 61, 38, 45, 26, 14를 차례대로 삽입하여 최대 히프(heap)를 구성한 뒤 이 트리를 중위 순회할 때, 첫 번째로 방문하는 노드는? 2021년 지방직

① 7 ② 14
③ 45 ④ 61

> 해설
> 노드 7, 13, 61, 38, 45, 26, 14를 차례대로 삽입하여 최대 히프를 구성하면 아래와 같다.

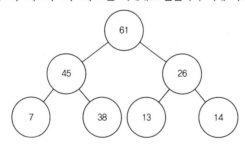

37 다음 이진검색트리에서 28을 삭제한 후, 28의 오른쪽 서브트리에 있는 가장 작은 원소로 28을 대치하여 만들어지는 이진검색트리에서 41의 왼쪽 자식 노드는? 2020년 지방직

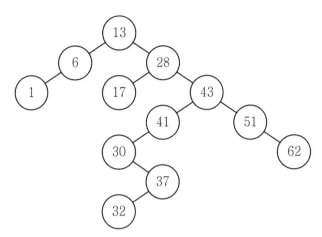

① 13   ② 17

③ 32   ④ 37

해설

• 문제의 이진 검색 트리에서 28을 삭제한 후, 28의 오른쪽 서브 트리에 있는 가장 작은 원소로 28을 대치하면 30으로 대치될 수 있다.

• 30으로 대치되면 원래 30의 자리에 37이 대치되고 37의 왼쪽 자식으로 32가 들어간다.

• 노드 41의 왼쪽 자식은 37이 되며, 최종 이진 탐색 트리는 아래와 같다.

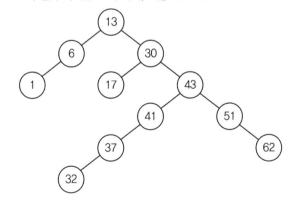

38 다음 정수를 왼쪽부터 순서대로 삽입하여 이진 탐색 트리(binary search tree)를 구성했을 때 단말 노드(leaf node)를 모두 나열한 것은? 2021년 계리직

44, 36, 62, 3, 16, 51, 75, 68, 49, 85, 57

① 16, 49, 51, 57, 85
② 16, 49, 57, 68, 85
③ 49, 51, 57, 68, 85
④ 49, 57, 68, 75, 85

해설

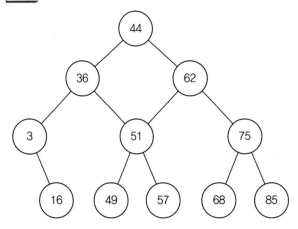

✓ **이진 탐색 트리(binary search tree)**
1. 이진 탐색 트리의 정의
   ㉠ 임의의 키를 가진 원소를 삽입, 삭제, 검색하는 데 효율적인 자료구조이며, 모든 연산은 키 값을 기초로 실행한다.
   ㉡ 공백이 아니면 다음 성질을 만족한다.
      • 모든 원소는 상이한 키를 갖는다.
      • 왼쪽 서브 트리 원소들의 키 < 루트의 키
      • 오른쪽 서브 트리 원소들의 키 > 루트의 키
      • 왼쪽 서브 트리와 오른쪽 서브 트리 : 이원 탐색 트리
2. 이진 탐색 트리에서의 탐색(순환적 기술)
   키 값이 x인 원소를 탐색한다.
   ㉠ 시작 : 루트
   ㉡ 이원 탐색 트리가 공백이면, 실패로 끝남
   ㉢ 루트의 키 값 = x이면, 탐색은 성공하며 종료
   ㉣ 키 값 x < 루트의 키 값이면, 루트의 왼쪽 서브 트리만 탐색
   ㉤ 키 값 x = 루트의 키 값이면, 루트의 오른쪽 서브 트리만 탐색
3. 이진 탐색 트리에서의 삽입
   키 값이 x인 새로운 원소를 삽입
   ㉠ x를 키 값으로 가진 원소가 있는가를 탐색
   ㉡ 탐색이 실패하면, 탐색이 종료된 위치에 원소를 삽입

◇ 키 값 13, 50의 삽입 과정

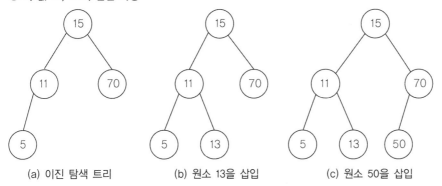

| (a) 이진 탐색 트리 | (b) 원소 13을 삽입 | (c) 원소 50을 삽입 |

39 공백 상태인 이진 탐색 트리(binary search tree)에 1부터 5까지의 정수를 삽입하고자 한다. 삽입 결과, 이진 탐색 트리의 높이가 가장 높은 삽입 순서는? 2023년 지방직

① 1, 2, 3, 4, 5
② 1, 4, 2, 5, 3
③ 3, 1, 4, 2, 5
④ 5, 3, 4, 1, 2

해설

• 이진 탐색 트리(binary search tree)는 공백이 아니면 다음 성질을 만족한다.
  ㉠ 모든 원소는 상이한 키를 갖는다.
  ㉡ 왼쪽 서브 트리 원소들의 키 < 루트의 키
  ㉢ 오른쪽 서브 트리 원소들의 키 = 루트의 키
  ㉣ 왼쪽 서브 트리와 오른쪽 서브 트리 : 이진 탐색 트리
• 문제의 보기들에서 1번 보기의 값으로 이진 탐색 트리를 구성할 때 오른쪽으로 편향 이진 트리가 생성되므로 트리의 높이가 가장 높은 삽입 순서가 된다.

정답 38. ② 39. ①

40 다음 그래프를 대상으로 Kruskal 알고리즘을 이용한 최소 비용 신장 트리 구성을 한다고 할 때, 이 트리에 포함된 간선 중에서 다섯 번째로 선택된 간선의 비용으로 옳은 것은? 2014년 계리직

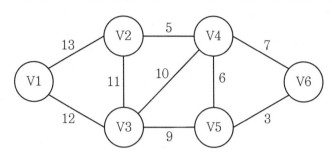

① 9

② 10

③ 11

④ 12

해설

☑ **Kruskal 알고리즘**

비용이 가장 작은 간선을 하나씩 선택하며, 사이클은 형성하지 않아야 한다.

• 1번째

• 2번째

• 3번째

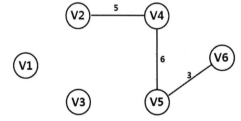

• 4번째

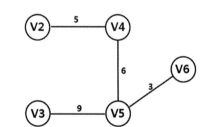

• 5번째

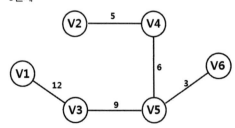

41 다음 가중치 그래프에서 최소 신장 트리(minimum cost spanning tree)의 가중치의 합은?

2022년 계리직

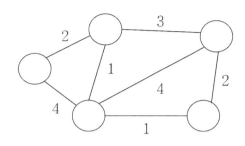

① 4　　　　　　　　　　　　　　② 6
③ 13　　　　　　　　　　　　　④ 17

해설

최소 비용 신장 트리(minimum cost spanning tree)는 트리를 구성하는 간선들의 가중치를 합한 것이 최소가 되는 신장 트리이다. 사용 가능한 알고리즘은 Kruskal, Prim, Sollin 알고리즘이 있으며, 문제에서 어떤 알고리즘을 사용하라는 것을 명시하지 않고 가중치 합을 구하는 것이므로 Kruskal 알고리즘을 사용하는 것이 가장 용이하게 풀이할 수 있다. Kruskal 알고리즘은 간선의 가중치가 가장 작은 것부터 연결하므로 가중치 합은 1 + 1 + 2 + 2 = 6이 된다.

✅ 최소 비용 신장 트리

1. Kruskal 알고리즘
   - 간선들의 가중치를 기준으로 오름차순 정렬하고, 간선의 작은 순서로 선택한다.
   - 기존의 선택된 간선과 결합하여 사이클을 만들면 제외한다.
   - 모든 정점이 연결되어 신장 트리가 완성될 때까지 위의 과정을 반복한다.
2. Prim 알고리즘
   - 한번에 하나의 간선을 선택하여 최소 비용 신장 트리 T에 추가해 나간다.
   - Kruskal 알고리즘과의 차이점은 구축 전 과정을 통해 하나의 트리만을 계속 확장한다는 점이다.
3. Sollin 알고리즘
   - Sollin 알고리즘은 다른 알고리즘과는 다르게 각 단계에서 여러 개의 간선을 선택하여, 최소 비용 신장 트리를 구축한다.
   - 그래프의 각 정점 하나만을 포함하는 신장 포리스트에서부터 시작한다.
   - 매번 포리스트에 있는 각 트리마다 하나의 간선을 선택하여, 선정된 간선들은 각각 두 개의 트리를 하나로 결합시켜 신장 트리로 확장한다.

PART

06

정답　　40. ④　41. ②

42 프림(Prim) 알고리즘을 이용하여 최소 비용 신장 트리를 구하고자 한다. 다음 그림의 노드 0에서 출발할 경우 가장 마지막에 선택되는 간선으로 옳은 것은? (단, 간선 옆의 수는 간선의 비용을 나타낸다) 2016년 국가직

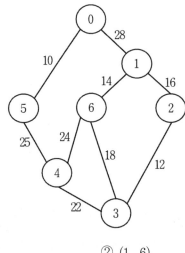

① (1, 2)
② (1, 6)
③ (4, 5)
④ (4, 6)

해설

Prim 알고리즘은 한번에 하나의 간선을 선택하여 최소 비용 신장 트리 T에 추가해 나가는 방식이며,
노드 (0, 5) – (5, 4) – (4, 3) – (3, 2) – (2, 1) – (1, 6) 순으로 진행된다. 가장 마지막에 선택되는 간선은 (1, 6)이다.

43 다음 그래프를 너비 우선 탐색(Breadth First Search ; BFS), 깊이 우선 탐색(Depth First Search ; DFS) 방법으로 방문할 때 각 정점을 방문하는 순서로 옳은 것은? (단, 둘 이상의 정점을 선택할 수 있을 때는 알파벳 순서로 방문한다) 2010년 계리직

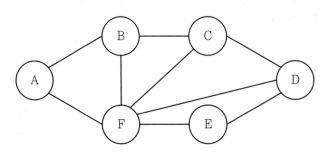

① BFS : ABFCED   DFS : ABCDEF
② BFS : ABCDEF   DFS : ABFCED
③ BFS : ABFCDE   DFS : ABCDEF
④ BFS : ABCDEF   DFS : ABCDFE

> **해설**
>
> - 너비 우선 탐색(Breadth First Search ; BFS)은 시작 정점 A와 인접한 노드 모두이므로 A, B, F가 선택되며, 다음에 B와 인접한 노드 중 C(F는 방문하였으므로)가 선택된다. 이후에 D, E가 선택된다.
> - 깊이 우선 탐색(Depth First Search ; DFS)은 시작 정점 A에서 인접한 노드 중 하나만 선택하므로 A, B가 선택되고, B에서 인접한 노드 C, C와 인접한 D 순으로 선택된다.

44 정점의 개수가 n인 연결그래프로부터 생성 가능한 신장트리(spamming tree)의 간선의 개수는?

2016년 계리직

① n-1
② n
③ n(n-1)/2
④ n^2

> **해설**
>
> - 신장 트리(spamming tree) : 루프가 없는 그래프로써, 일종의 루프 순환을 방지하게 되는 트리이다. 즉, 한 노드에서 다른 노드에 이르는 경로가 오직 하나뿐인 토폴로지이다.
> - 위의 문제에서 정점의 개수가 n인 연결그래프로부터 생성 가능한 신장 트리의 간선의 개수이므로 n-1개이다.

45 어떤 프로젝트를 완성하기 위해 작업 분할(Work Breakdown)을 통해 파악된, 다음 소작업 (activity) 목록을 AOE(Activity On Edge) 네트워크로 표현하였을 때, 이 프로젝트가 끝날 수 있는 가장 빠른 소요시간은? 2019년 계리직

소작업 이름	소요시간	선행 소작업
a	5	없음
b	5	없음
c	8	a, b
d	2	c
e	3	b, c
f	4	d
g	5	e, f

① 13
② 21
③ 24
④ 32

> **해설**
>
> AOE(Activity On Edge) 네트워크에서 임계경로를 구하는 문제이며, 소프트웨어 공학의 CPM에 해당된다.
> - 경로1 : 시작 → a → c → d → f → g → 종료 (24)
> - 경로2 : 시작 → a → c → e → g → 종료 (21)
> - 경로3 : 시작 → b → c → d → f → g → 종료 (24)
> - 경로4 : 시작 → b → e → g → 종료 (13)

정답   42. ②   43. ③   44. ①   45. ③

46 정렬 알고리즘에 대한 설명으로 옳지 않은 것은? 2010년 국가직

① 합병 정렬은 히프 정렬에 비해서 더 많은 기억 장소가 필요하다.
② 퀵 정렬 알고리즘의 수행시간은 최악의 경우 $O(n^2)$이다.
③ 히프 정렬 알고리즘의 수행시간은 최악의 경우 $O(logn)$이다.
④ 삽입 정렬은 정렬할 자료가 이미 어느 정도 정렬되어 있는 경우 효과적이다.

해설
히프 정렬 알고리즘의 수행시간은 최악의 경우 $O(nlogn)$이다.

47 정렬 알고리즘 중에서 시간 복잡도가 나머지 셋과 다른 것은? 2014년 국가직

① 버블 정렬(bubble sort) ② 선택 정렬(selection sort)
③ 기수 정렬(radix sort) ④ 삽입 정렬(insertion sort)

해설
• 버블 정렬, 선택 정렬, 삽입 정렬 : $O(n^2)$
• 기수 정렬 : $O(n)$

48 정렬 알고리즘 중 최악의 경우를 가정할 때 시간복잡도가 다른 것은? 2022년 국가직

① 삽입 정렬(Insertion sort) ② 쉘 정렬(Shell sort)
③ 버블 정렬(Bubble sort) ④ 힙 정렬(Heap sort)

해설
☑ 정렬 알고리즘의 복잡도

정렬 종류	평균	최악
버블 정렬	$O(n^2)$	$O(n^2)$
선택 정렬	$O(n^2)$	$O(n^2)$
삽입 정렬	$O(n^2)$	$O(n^2)$
쉘 정렬	$O(n^2)$	$O(n^2)$
퀵 정렬	$O(nlog_2 n)$	$O(n^2)$
2-way merge 정렬	$O(nlog_2 n)$	$O(nlog_2 n)$
힙 정렬	$O(nlog_2 n)$	$O(nlog_2 n)$

49 다음 자료를 버블 정렬(bubble sort) 알고리즘을 적용하여 오름차순으로 정렬할 때, 세 번째 패스 (pass)까지 실행한 정렬 결과로 옳은 것은? 2013년 국가직

5, 2, 3, 8, 1

① 2, 1, 3, 5, 8   ② 1, 2, 3, 5, 8
③ 2, 3, 1, 5, 8   ④ 2, 3, 5, 1, 8

해설
- 정렬 대상 : 5 2 3 8 1
- Pass 1   : 2 3 5 1 <u>8</u>
- Pass 2   : 2 3 1 <u>5</u> 8
- Pass 3   : 2 1 <u>3</u> 5 8

50 다음 자료를 오름차순으로 삽입 정렬(insertion sort)하는 과정에서 나올 수 없는 경우는?

2022년 지방직

3 1 4 2 9 5

① 1 3 4 2 9 5   ② 1 2 3 4 9 5
③ 3 1 5 2 4 9   ④ 1 2 3 4 5 9

해설
- 삽입 정렬은 첫 번째 레코드를 정의된 것으로 보고 두 번째 레코드부터 키의 순서에 맞게 정렬한다.
- 정렬 대상 : 3 1 4 2 9 5
- Pass 1   : 1 3 4 2 9 5
- Pass 2   : 1 3 4 2 9 5
- Pass 3   : 1 2 3 4 9 5
- Pass 4   : 1 2 3 4 9 5
- Pass 5   : 1 2 3 4 5 9

정답   46. ③   47. ③   48. ④   49. ①   50. ③

51 다음은 정렬 알고리즘을 이용해 초기 단계의 데이터를 완료 단계의 데이터로 정렬하는 과정을 보여준다. 이 과정에 사용된 정렬 알고리즘으로 적절한 것은? 2022년 계리직

단계	데이터					
초기	534	821	436	773	348	512
1	821	512	773	534	436	348
2	512	821	534	436	348	773
완료	348	436	512	534	773	821

① 기수(radix) 정렬　　　　　　② 버블(bubble) 정렬
③ 삽입(insertion) 정렬　　　　④ 선택(selection) 정렬

해설

문제의 초기 데이터에서 정렬되는 모습을 확인하면 기수 정렬이 된다. 1회전의 결과를 보면 초기 데이터에서 일의 자리를 정렬하는 모양을 볼 수 있다. 일의 자리를 기준으로 0부터 9까지를 순차적으로 배열한 결과가 1회전 결과가 되며, 1회전 결과를 통해 십의 자리를 정렬하는 것이 2회전 결과가 된다. 이 2회전 결과를 마지막으로 백의 자리로 정렬하면 최종 완료된 정렬 결과를 확인할 수 있다.

52 다음은 정렬 알고리즘을 이용해 초기 단계의 데이터를 완료 단계의 데이터로 정렬하는 과정을 보여준다. 이 과정에 사용된 정렬 알고리즘으로 옳은 것은? 2023 계리직

6	4	9	2	3	8	초기 단계
4	6	2	3	8	9	
4	2	3	6	8	9	

…(중략)…

2	3	4	6	8	9	완료 단계

① 퀵(quick) 정렬　　　　　　② 기수(radix) 정렬
③ 버블(bubble) 정렬　　　　④ 합병(merge) 정렬

해설

⊘ 버블(bubble) 정렬

1. 수행 시간의 차수는 $O(n^2)$이다.
2. a[0]부터 a[n]까지의 배열 구성 요소를 오름차순으로 정렬한다고 가정한다.
   - ㉠ i의 초기값을 0으로 하고 a[i+1], 즉 a[1]과 비교한다. 만일 a[i+1]이 작으면 두 값을 교환한다.
   - ㉡ i를 최종값 n-1까지 증가시키면서 ㉠을 반복한다. 이 결과 a[n]에는 가장 큰 수가 저장된다.
   - ㉢ 최종값을 1씩 감소시키며 a[1]이 최종값이 될 때까지 ㉡을 반복한다.

⊘ 퀵(quick) 정렬

1. 수행 시간의 차수는 평균은 $O(n\log n)$이며, 최악일 시에는 $O(n^2)$이다.
2. a[0]부터 a[n]까지의 배열에 저장된 값을 오름차순으로 정렬한다고 가정하면, 임의의 값을 정렬될 배열의 중간값으로 가정하고 그보다 작은 값들은 중간값의 왼쪽으로, 큰 값들은 오른쪽으로 이동시키는 방법을 사용한다.
   - ㉠ 첫 번째 원소인 a[0]을 중간값으로 가정한다. 이때 하한 l를 1, 상한 j를 n으로 초기화하고, i는 증가시키며 중간값 a[0]보다 큰 요소를 찾고 j는 감소시키면서 중간값보다 작은 요소를 찾는다.
   - ㉡ 두 값을 교환하고 계속 새로운 값을 찾으며 반복한다.
   - ㉢ i와 j의 값이 서로 교차하는 시점에서 반복을 멈추고 j가 가리키는 요소의 값과 중간값을 교환한다.
   - ㉣ 이 중간값을 기준으로 양쪽 구간에 대하여 ㉠부터 ㉢까지를 반복한다. 각 구간에 한 개의 요소만 남으면 종료한다.

⊘ 기수(radix) 정렬

1. 수행 시간의 차수는 $O(n)$이다.
2. 정렬될 데이터의 각 자릿수별로 구분하여 정렬 작업을 수행한다.
   - ㉠ 우선 10자리를 현재 자릿수로 선택하고 선택된 자릿수의 값에 따라 0부터 9까지로 구분을 한다. 이때 구분된 데이터들은 각자의 큐에 위치한다.
   - ㉡ 각 큐의 데이터를 낮은 수, 즉 0부터 높은 수 9까지 차례로 모아 전체를 일렬로 만든다.
   - ㉢ 선택된 자리를 10 (10자리), 10 (100자리) 등으로 차례로 증가시키면서 가장 높은 자리까지 ㉠과 ㉡을 반복한다.

⊘ 합병(merge) 정렬

1. 수행 시간의 차수는 $O(n\log n)$이다.
2. 전체 배열을 요소의 수가 1인 부분 배열로 가정하여 두 개씩 짝을 지어 정렬한다.
3. 정렬된 각각의 배열들을 다시 짝을 지어 정렬한다.
4. 최종적으로 하나의 배열로 병합될 때까지 반복한다.

정답   51. ①   52. ③

PART
06

53 다음은 C언어로 내림차순 버블정렬 알고리즘을 구현한 함수이다. ㉠에 들어갈 if문의 조건으로 올바른 것은? (단, size는 1차원 배열인 value의 크기이다) 2015년 국가직

```
void BubbleSprting(int *value, int size) {
    int x, y, temp;
    for(x = 0; x < size; x++) {
        for(y = 0; y < size − x −1; y++) {
            if(          ㉠          ) {
                temp = value[y];
                value[y] = value[y+1]
                value[y+1] = temp;
            }
        }
    }
}
```

① value[x] > value[y+1]

② value[x] < value[y+1]

③ value[y] > value[y+1]

④ value[y] < value[y+1]

해설

• 버블 정렬(내림차순) : 프로그래밍 언어이나 자료구조에서 흔히 나오는 문제이다.
  ex) 1,2,3,4,5를 내림차순으로 정렬
    첫 번째 반복
    → (1, 2)를 비교하여 1이 작으므로 위치를 바꾼다. (2, 1, 3, 4, 5)
    → (1, 3)를 비교하여 1이 작으므로 위치를 바꾼다. (2, 3, 1, 4, 5)
    → (1, 4)를 비교하여 1이 작으므로 위치를 바꾼다. (2, 3, 4, 1, 5)
    → (1, 5)를 비교하여 1이 작으므로 위치를 바꾼다. (2, 3, 4, 5, 1)
    → (n−1)번의 비교, 즉 4번의 비교로 가장 작은 수가 제일 뒤로 이동된다.
    두 번째 반복
    (2, 3)을 비교하여 2가 작으므로 위치를 바꾼다. (3, 2, 4, 5, 1)
    (2, 4)을 비교하여 2가 작으므로 위치를 바꾼다. (3, 4, 2, 5, 1)
    (2, 5)을 비교하여 2가 작으므로 위치를 바꾼다. (3, 4, 5, 2, 1)
    (n−1)번의 비교, 즉 3번의 비교로 가장 작은 수가 제일 뒤로 이동된다.
    세 번째 반복
    (3, 4)을 비교하여 3이 작으므로 위치를 바꾼다. (4, 5, 3, 2, 1)
    (n−1)번의 비교, 즉 2번의 비교로 가장 작은 수가 제일 뒤로 이동된다.
    네 번째 반복
    (4, 5)을 비교하여 4가 작으므로 위치를 바꾼다. (5, 4, 3, 2, 1)
• 문제 소스코드에서 조건 만족 시 value[y] 값과 value[y+1] 값의 자리바꿈이 이루어지며, 위의 문제는 내림차순 정렬이므로 alue[y] < value[y+1] 조건이 만족할 때 자리바꿈이 되어야 한다.

54 〈보기〉와 같이 수행되는 정렬 알고리즘으로 옳은 것은? 2016년 계리직

┌ 보기 ┌─────────────────────────────────────┐
│ 단계 0 : 6 5 8 9 4 2
│ 단계 1 : 6 5 8 2 4 9
│ 단계 2 : 6 5 4 2 8 9
│ 단계 3 : 2 5 4 6 8 9
│ 단계 4 : 2 4 5 6 8 9
│ 단계 5 : 2 4 5 6 8 9
└─────────────────────────────────────┘

① 셸 정렬 (shell sort)　　　　② 히프 정렬(heap sort)
③ 버블 정렬(bubble sort)　　　④ 선택 정렬(selection sort)

[해설]
• 선택 정렬(selection sort) : 배열의 요소 중 최댓값 혹은 최솟값을 탐색하고 배열 가장 끝(이나 처음)의 요소와 교체함으로써 정렬을 수행하는 알고리즘이다.
• 위의 문제에서는 배열 요소 중에서 최댓값을 탐색하여 가장 끝의 요소와 교체한다. 즉, 오름차순 선택 정렬이다.

55 다음 과정을 통해 수행되는 정렬 알고리즘의 특징으로 옳지 않은 것은? 2021년 계리직

초기값	15	9	8	1	4
1단계	9	15	8	1	4
2단계	8	9	15	1	4
3단계	1	8	9	15	4
4단계	1	4	8	9	15

① 최악의 경우에 시간 복잡도는 $O(n^2)$이다.
② 원소 수가 적거나 거의 정렬된 경우에 효과적이다.
③ 선택정렬(selection sort)에 비해 비교연산 횟수가 같거나 적다.
④ 정렬 대상의 크기만큼 추가 공간이 필요하다.

[해설]
삽입 정렬은 정렬 시에 정렬 대상의 크기만큼 추가 공간이 필요하지 않다.

⊘ 삽입(insertion) 정렬
1. 수행 시간의 차수는 $O(n^2)$이다.
2. a[0]부터 a[n−1]까지의 배열 요소를 오름차순으로 정렬한다고 가정한다.
　㉠ i를 0으로 초기화하고, a[0]부터 a[i]까지를 이미 정렬된 리스트로 가정한다.
　㉡ a[i+1]을 선택하고 이미 정렬된 리스트에서 자신의 자리를 찾아갈 동안 a[0]방향으로 버블 정렬과 같은 방식으로 하나씩 비교하며 교환해 나간다.
　㉢ i가 n−1보다 작을 동안 i값을 1씩 증가시키며 ㉡를 계속 반복한다.

[정답] 53. ④　54. ④　55. ④

56 해쉬(Hash)에 대한 설명으로 옳지 않은 것은? 2021년 국가직

① 연결리스트는 체이닝(Chaining) 구현에 적합하다.

② 충돌이 전혀 없다면 해쉬 탐색의 시간 복잡도는 O(1)이다.

③ 최악의 경우에도 이진 탐색보다 빠른 성능을 보인다.

④ 해쉬 함수는 임의의 길이의 데이터를 입력받을 수 있다.

해설

1. 해쉬(Hash)
   • 해쉬는 다른 레코드의 키 값과 비교할 필요가 없는 탐색방법이다.
   • 탐색 시간의 복잡도는 O(1)이지만, 충돌이 발생하면 O(n)이 된다.
   • 해쉬 함수 : 제곱법, 제산법, 폴딩법, 자릿수 분석법
2. 이진 탐색
   • 파일이 정렬되어 있어야 하며, 파일의 중앙의 키 값과 비교하여 탐색 대상이 반으로 감소된다.
   • 탐색시간이 적게 걸리지만, 삽입과 삭제가 많을 때는 적합하지 않고 고정된 데이터에 적합하다.
   • 수행 시간의 차수는 O(logn)이다.

57 〈보기〉에서 해시 함수(hash function)의 충돌 해결 방안으로 옳은 것의 총 개수는? 2023 계리직

보기

ㄱ. 별도 체이닝(separate chaining)　　　ㄴ. 오픈 어드레싱(open addressing)

ㄷ. 선형 검사(linear probing)　　　ㄹ. 이중 해싱(double hashing)

① 1개　　　　　　　　　　② 2개

③ 3개　　　　　　　　　　④ 4개

해설

1. 개방 주소법
   • 생성된 버킷 주소에서 충돌이 발생하면 생성된 버킷의 주소로부터 비어있는 버킷이 발견될 때까지 찾는다.
   • 선형 조사법(linear probing) : 충돌이 발생했을 경우 다음 버킷부터 차례로 빈 버킷을 찾는다.
   • 2차 조사법(quadratic probing) : 선형 방법에서 발생하는 집중문제를 해결하기 위한 방법이다. 특정한 수만큼 떨어진 곳을 순환적으로 빈 공간을 찾아 저장하는 방법이다.

$$h(k) + 1^2, \ h(k) + 2^2 \ \text{등의 순서로} \ h(k) + n^2 \ (n = 1, \ 2, \ 3 \ \cdots)$$

   • 이중 해싱법(double hashing) 또는 재해싱(rehashing)
2. 폐쇄 주소법 : 체인법(chaining)
   • 충돌이 발생하는 동의어별로 연결 리스트에 저장하는 방법이다.

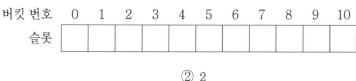

58 다음은 전체 버킷 개수가 11개이고 버킷당 1개의 슬롯을 가지는 빈 해시 테이블이다. 입력키 12, 33, 13, 55, 23, 83, 11을 순서대로 저장하였을 때, 입력키 23이 저장된 버킷 번호는? (단, 해시 함수는 h(k) = k mod 11이고, 충돌 해결은 선형 조사법을 사용한다) 2024년 국가직

버킷 번호	0	1	2	3	4	5	6	7	8	9	10
슬롯											

① 1 ② 2
③ 3 ④ 4

> **해설**
> 선형 조사법은 충돌이 발생했을 경우 다음 버킷부터 차례로 저장한다(+1, +2, +3, ⋯).
> h(12) = 12 mod 11 --- 1 (저장)
> h(33) = 33 mod 11 --- 0 (저장)
> h(13) = 13 mod 11 --- 2 (저장)
> h(55) = 55 mod 11 --- 0 (충돌 : 0번에 33이 저장되어 있음) (충돌 : 1번(0+1)에 12가 저장되어 있음)
>   (충돌 : 2번(1+1)에 13이 저장되어 있음) --- 3번에 저장
> h(23) = 23 mod 11 --- 1 (충돌 : 1번에 12가 저장되어 있음) (충돌 : 2번(1+1)에 13이 저장되어 있음)
>   (충돌 : 3(2+1)번에 55가 저장되어 있음) --- 4번에 저장

59 해시(hash) 탐색에서 제산법(division)은 키(key) 값을 배열(array)의 크기로 나누어 그 나머지 값을 해시 값으로 사용하는 방법이다. 다음 데이터의 해시 값을 제산법으로 구하여 11개의 원소를 갖는 배열에 저장하려고 한다. 해시 값의 충돌(collision)이 발생하는 데이터를 열거해 놓은 것은? 2010년 계리직

111, 112, 113, 220, 221, 222

① 111, 112 ② 112, 222
③ 113, 221 ④ 220, 222

> **해설**
> • 11로 나누어 나머지 값이 충돌발생되는 것은 111과 221, 112와 222이다.
> • 제산법(division-remainder) : 키 값을 테이블 크기로 나누어서 그 나머지를 버킷 주소로 변환하는 방법이다.
>
> | H(k) = k mod m |
> |---|
>
> H(k) : 홈 주소 k : 키 값 m : 소수 mod : modulo연산자

60 자료 구조 중 최악의 경우를 기준으로 했을 때 탐색(search) 성능이 가장 좋은 것은? 2011년 국가직

① 정렬되지 않은 배열

② 체인법을 이용하는 해쉬 테이블

③ 이진 탐색 트리

④ AVL 트리

해설
- 정렬되지 않은 배열은 찾고자 하는 레코드가 맨 뒤에 있을 경우 최악의 탐색을 하게 되며 O(n)이다.
- 체인법을 이용하는 해시 테이블에 모든 레코드가 연결 리스트로 연결된 경우에 연결 리스트를 검색해야 하는 부담이 있고, 체인법을 이용한다는 것은 이미 충돌이 발생했다고 볼 수 있기 때문에 O(n)이다.
- 이진 탐색 트리는 균형적일 때는 O(logn)이지만, 불균형적인 경우에는 O(n)이 된다.
- AVL 트리는 이진 탐색 트리의 최악의 상황을 없애기 위한 목적으로 만들어졌기 때문에 O(logn)을 보장한다.

61 해싱(Hashing)에 대한 설명으로 옳지 않은 것은? 2018년 국가직

① 서로 다른 탐색키가 해시 함수를 통해 동일한 해시 주소로 사상될 수 있다.

② 충돌(Collision)이 발생하지 않는 해시 함수를 사용한다면 해싱의 탐색 시간 복잡도는 O(1)이다.

③ 선형 조사법(Linear Probing)은 연결리스트(Linked List)를 사용하여 오버플로우 문제를 해결한다.

④ 폴딩함수(Folding Function)는 탐색키를 여러 부분으로 나누어 이들을 더하거나 배타적 논리합을 하여 해시 주소를 얻는다.

해설
- 해싱의 문제점 중에 하나는 충돌이 발생할 수 있다는 것이다. 충돌이 발생하여 버킷의 슬롯이 모두 채워지면 오버플로우가 발생한다.
- 오버플로우를 해결하는 방법으로는 개방 주소법(선형 조사법, 이차 조사법)과 폐쇄 주소법(동거자 체인 방법)이 있다.
- 선형 조사법은 충돌이 발생했을 경우 다음 버킷부터 차례로 빈 버킷을 찾는 방법이며, 연결리스트를 사용하는 방법은 동거자 체인 방법이다.

62 다음에서 설명하는 해시 함수는? 2023년 국가직

> 탐색키 값을 여러 부분으로 나눈 후 각 부분의 값을 더하거나 XOR(배타적 논리합) 연산하여 그 결과로 주소를 취하는 방법

① 숫자분석함수   ② 제산함수

③ 중간제곱함수   ④ 폴딩함수

해설

1. 자리수 분석법(Digit‐analysis) : 모든 키를 분석해서 불필요한 부분이나 중복되는 부분을 제거하여 홈 주소를 결정하는 방식이다.
2. 제산법(Division-Remainder) : 키 값을 테이블 크기로 나누어서 그 나머지를 버킷 주소로 변환하는 방법이다.
3. 중간 제곱법(Mid‐Square) : 키 값을 제곱한 후 중간에 정해진 자릿수만큼을 취해서 해시 테이블의 버킷 주소로 만드는 방법이다.
4. 폴딩법(Folding)
   - 키 값을 버킷 주소 크기만큼의 부분으로 분할한 후, 분할한 것을 더하거나 연산하여 그 결과 주소의 크기를 벗어나는 수는 버리고, 벗어나지 않는 수를 택하여 버킷의 주소를 만드는 방법이다.
   - 이동 폴딩법(Shift Folding) : 주어진 키를 몇 개의 동일한 부분으로 나누고, 각 부분의 오른쪽 끝을 맞추어 더한 값을 홈 주소로 하는 방법이다.
   - 경계 중첩법(Boundary Folding) : 나누어진 부분들 간에 접촉될 때 하나 건너 부분의 값을 역으로 하여 더한 값을 홈 주소로 하는 방식이다.

63 다음 〈조건〉에 따라 입력 키 값을 해시(hash) 테이블에 저장하였을 때 해시 테이블의 내용으로 옳은 것은? 2014년 계리직

조건
- 해시 테이블의 크기는 7이다.
- 해시 함수는 h(k) = k mod 7이다. (단, k는 입력 키 값이고, mod는 나머지를 구하는 연산자이다)
- 충돌은 이차 조사법(quadratic probing)으로 처리한다.
- 키 값의 입력 순서 : 9, 16, 2, 6, 20

① 0:6 1:2 2:9 3:16 4: 5: 6:20
② 0:6 1:20 2:9 3:16 4: 5: 6:2
③ 0:20 1: 2:9 3:16 4:2 5: 6:6
④ 0:20 1:2 2:9 3: 4:16 5: 6:6

해설

이차 조사법은 충돌이 발생하면 제곱의 공간에 차례로 저장한다(+1, +4, +9, …).
h(9) = 9 mod 7 --- 2 (저장)
h(16) = 16 mod 7 --- 2 (충돌) 2+1 --- 3번에 저장
h(2) = 2 mod 7 --- 2 (충돌) 2+4 --- 6번에 저장
h(6) = 6 mod 7 --- 6 (충돌: 저장할 위치에 2가 저장되어 있음) 6+1 --- 0번에 저장
h(20) = 20 mod 7 --- 6 (충돌) 6+9 --- 1번에 저장

정답 60. ④ 61. ③ 62. ④ 63. ②

64 다음 파일들 중 특정 레코드 접근시간이 가장 빠른 것은? 2021년 군무원

① SAM(Sequential Access Method) 파일

② ISAM(Indexed Sequential Access Method) 파일

③ DAM(Direct Access Method) 파일

④ SDAM(Semi Disk Access Method) 파일

해설

DAM(Direct Access Method) 파일 : 해싱 함수를 계산해서 물리적 주소로 직접 접근이 가능하다. 자기디스크를 사용하며 기억공간의 효율이 저하될 수 있다.

65 다음은 위상 정렬의 예이다. 위상 순서로 옳은 것은? 2023년 계리직

과목코드	과목명	선수과목
11	전산개론	없음
12	이산수학	없음
13	자바	11
14	알고리즘	11, 12, 13
15	수치해석	12
16	캡스톤디자인	13, 14, 15

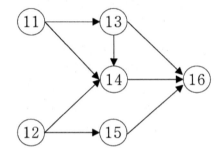

① 11, 12, 14, 13, 15, 16

② 12, 11, 13, 14, 15, 16

③ 13, 11, 14, 12, 15, 16

④ 14, 13, 12, 15, 11, 16

해설

위상 순서(topological order, 위상 정렬 topological sort) : 방향 그래프에서 두 정점 i와 j에 대해, i가 j의 선행자이면 반드시 i가 j보다 먼저 나오는 정점의 순차 리스트로 여러 개 나올 수 있다.

⊘ **작업 네트워크**

1. AOV(activity on vertex) 네트워크
   • 정점이 작업을 나타내고 간선이 작업들 간의 선후 관계를 나타내는 방향 그래프이다.
   • 정점들 간의 선행자와 후속자 관계를 선행 관계(precedence relation)라 한다.
   • 위상 순서(topological order, 위상 정렬 topological sort)
     방향 그래프에서 두 정점 i와 j에 대해, i가 j의 선행자이면 반드시 i가 j보다 먼저 나오는 정점의 순차 리스트로 여러 개 나올 수 있다.

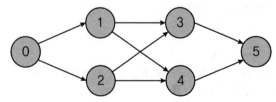

2. AOE(activity on edge) 네트워크
- 프로젝트의 스케줄을 표현하는 DAG(Directed Acyclic Graph)이다.
- 정점은 프로젝트 수행을 위한 공정 단계이며, 간선은 작업/공정들의 선후 관계와 각 공정의 작업 소요 시간이다.
- CPM, PERT 등 프로젝트 관리 기법에 사용된다.
- 임계 경로(critical path)는 시작점에서 완료점까지 시간이 가장 많이 걸리는 경로이다.

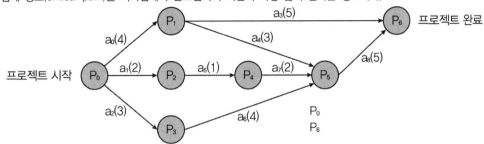

66 파일구조에 대한 설명으로 옳지 않은 것은? 2018년 국가직

① VSAM은 B+ 트리 인덱스 구조를 사용한다.

② 히프 파일은 레코드들을 키 순서와 관계없이 저장할 수 있다.

③ ISAM은 레코드 삽입을 위한 별도의 오버플로우 영역을 필요로 하지 않는다.

④ 순차 파일에서 일부 레코드들이 키 순서와 다르게 저장된 경우, 파일 재구성 과정을 통해 키 순서대로 저장될 수 있다.

[해설]

ISAM 파일은 직접처리와 순차처리가 가능하다. ISAM 파일의 구성은 인덱스 구역, 기본 데이터 구역, 오버플로우 구역으로 나뉜다. 인덱스 구역은 트랙 인덱스, 실린더 인덱스, 마스터 인덱스로 구성된다.

정답   64. ③   65. ②   66. ③

67 다음 중 AVL 트리가 아닌 것은?

①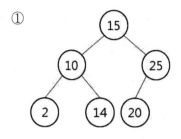

②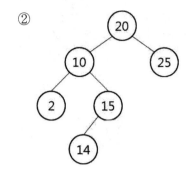

③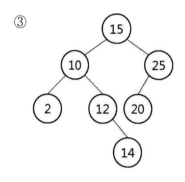

④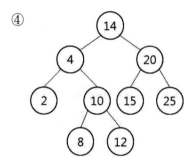

해설

- AVL 트리 : 각 노드의 왼쪽 서브 트리의 높이와 오른쪽 서브 트리의 높이 차이가 ±1 이하인 이진 탐색 트리이다.
- 위의 문제에서 보기 2번은 노드 20에서 왼쪽 서브 트리의 높이(3)와 오른쪽 서브 트리 높이(1)이므로 높이 차이가 2(3−1)가 되므로 AVL 트리가 될 수 없다.

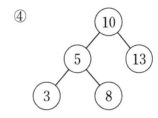

68 다음과 같은 순서로 키 값들을 입력할 때 완성된 AVL 트리로 옳은 것은? 2018년 교육청

$$8 \rightarrow 5 \rightarrow 3 \rightarrow 10 \rightarrow 13$$

①
②
③
④

해설

AVL 트리 : 각 노드의 왼쪽 서브 트리의 높이와 오른쪽 서브 트리의 높이 차이가 ±1 이하인 이진 탐색 트리이다.

Part

07

프로그래밍 언어

07 프로그래밍 언어

www.pmg.co.kr

01 프로그래밍 언어 번역 프로그램에 대한 설명으로 옳지 않은 것은? 2022년 계리직

① 인터프리터(interpreter)는 고급언어로 작성된 원시 프로그램을 함수 단위로 읽어 기계어로 번역하는 프로그램이다.

② 컴파일러(compiler)는 고급언어로 작성된 원시 프로그램을 기계어나 어셈블리어로 된 목적 프로그램으로 바꾸는 프로그램이다.

③ 어셈블러(assembler)는 어셈블리어로 작성된 원시 프로그램을 기계어로 번역하는 프로그램이다.

④ 프리프로세서(preprocessor)는 컴파일러가 컴파일을 수행하기 전에 원시 프로그램의 내용을 변경하는 것이다.

> **해설**
> • 인터프리터는 고급언어를 기계어로 하는 컴퓨터를 하드웨어로 구성하는 대신에 이 고급언어를 기계에서 실행되도록 소프트웨어로 시뮬레이션하여 구성하는 방법이다.
> • 컴파일러 : 컴파일 언어로 작성된 원시프로그램을 준기계어로 번역한 후 목적프로그램을 출력하는 번역기이다. 원시언어가 고급언어이고, 목적언어가 실제 기계언어에 가까운 저급언어인 번역기이다.
> • 인터프리터(Interpreter) : 고급언어를 기계어로 하는 컴퓨터를 하드웨어로 구성하는 대신에 이 고급언어를 기계에서 실행되도록 소프트웨어로 시뮬레이션하여 구성하는 방법이다. 원시프로그램을 구성하는 각 명령을 기계어로 번역하여 즉시 실행시키는 것으로 별도의 목적프로그램을 만들지는 않는다.
> • 사전 처리기(preprocessor) : 특정 고급언어로 작성된 프로그램을 다른 고급언어로 번역해서 출력하는 번역기이다(원시언어와 목적언어가 모두 고급언어의 번역기). C언어의 전 처리 과정이 이에 속한다.

02 소프트웨어 개발 도구에 대한 설명으로 옳지 않은 것은? 2009년 국가직

① 컴파일러(compiler)는 원시프로그램을 목적프로그램 또는 기계어로 변환하는 번역기이다.

② 링커(linker)는 각각 컴파일 된 목적프로그램들과 라이브러리 프로그램들을 묶어서 로드 모듈이라는 실행 가능한 한 개의 기계어로 통합한다.

③ 프리프로세서(preprocessor)는 고급언어로 작성된 프로그램을 실행 가능한 기계어로 변환하는 번역기이다.

④ 디버거(debugger)는 프로그램 오류의 추적, 탐지에 사용된다.

> **해설**
> 프리프로세서의 특징은 고급언어로 작성된 프로그램을 또 다른 고급언어를 가진 코드로 변환해 주는 역할을 한다(매크로도 여기에 해당된다).

03 객체지향 기법을 지원하지 않는 프로그래밍 언어는? 2015년 국가직

① LISP
② Java
③ Python
④ C#

해설

1. LISP(LISt Processing) : 미국 MIT 대학의 매카시(J McCarthy) 교수 등에 의해 1950년대 후반에 개발된 언어로 인공지능과 관련된 문제처리에 적합하며, 다음과 같은 특징을 갖고 있다.
   ㉠ IPL 5와 FORTRAN의 영향을 받았다.
   ㉡ 프로그램은 List와 Atom이라 불리는 객체로 구성된다. 예를 들면, (A, B, C, D)는 4개의 원자(Atom)로 구성된 리스트이며 (A, B, (C, D))는 3개의 원자[A, B, (C, D)]로 구성된 리스트인데, 특히 원자 (C, D)는 리스트로 구성된 원자이다.
   ㉢ 기본적인 자료구조는 연결리스트(Linked list)를 이용한다.
   ㉣ 제어구조는 되부름(Recursion)으로 되어 있다.
   ㉤ 프로그램과 데이터를 똑같은 형태로 취급하는 언어로 로봇, 게임, 수학적 정리의 증명 등 인공지능 분야에 많이 이용된다.
2. 객체지향 언어 : C#, Simula, Ada95, Java, C++, Python, Smalltalk

04 인터프리터(Interpreter) 방식의 언어로 옳지 않은 것은? 2020년 지방직

① JavaScript
② C
③ Basic
④ LISP

해설

• 컴파일 언어 : FORTRAN, COBOL, ALGOL, PL/1, PASCAL, C, ADA 등
• 인터프리터 언어 : BASIC, APL, SNOBOL, LISP, JavaScript 등

PART

07

정답 01. ① 02. ③ 03. ① 04. ②

05 다음 순서도에서 사용자가 N의 값으로 5를 입력한 경우, 출력되는 값은? 2012년 국가직

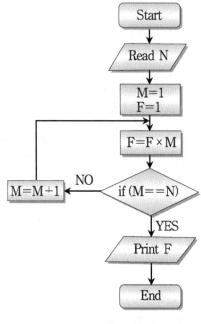

① 24   ② 120
③ 240   ④ 720

해설

문제의 순서도는 Factorial(!)을 구하는 것이며, 문제에서는 5를 입력했기 때문에 5!(1 * 2* * 3* 4* 5)이 계산된다.

06 〈그림〉의 순서도를 표현하는 문장형식으로 알맞은 것은? 2008년 계리직

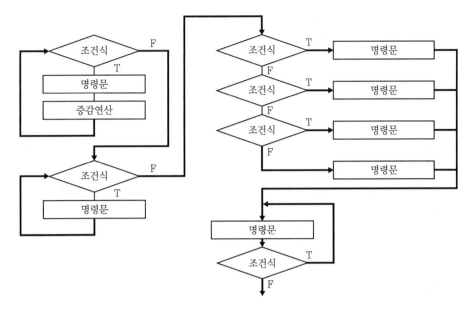

① for문 － while문 － case문 － do~while문

② do~while문 － for문 － 중첩조건문 － 조건문

③ for문 － do~while문 － 중첩조건문 － 조건문

④ do~while문 － 조건문 － case문 － while문

해설

• for문은 조건식을 만족할 때 반복 수행되며, 증감연산을 통해 조건식이 거짓이 될 때 반복이 종료된다.

• while문은 조건식이 만족하면 반복 수행되며, 조건식이 만족하지 않으면 명령문은 수행되지 않는다.

• case문 : 조건식이 여러 개 있을 때 효과적으로 사용할 수 있으며, 조건식에 만족하는 명령문을 수행한다.

• do~while문 : 위의 for문과 while문과는 틀리게 명령문을 먼저 수행하고 조건식을 비교하는 형태이다.

정답 05. ② 06. ①

07 부프로그램에서 매개변수 전달 방식에 대한 설명으로 옳지 않은 것은? 2011년 국가직 PL

① Call by value 방식에서는 실 매개변수와 형식 매개변수가 동일한 저장 공간을 공유한다.

② Call by result 방식은 부프로그램의 처리결과 값을 주프로그램에 반환한다.

③ Call by reference 방식은 실 매개변수의 주소를 형식 매개변수에게 전달한다.

④ Call by name 방식은 형식 매개변수의 이름을 대응되는 실 매개변수의 이름으로 대치한다.

해설

- Call by value : 실매개변수의 값이 대응하는 형식매개변수에 일대일로 전달되는 기법이다. 실매개변수와 형식매개변수는 서로 다른 기억장소를 각각 갖게 되어 형식매개변수의 값이 변해도 실매개변수의 값은 변하지 않는다.
- Call by reference : 실매개변수의 주소가 형식매개변수에 전달되어 주소를 서로 공유하게 되는 방식이다. 따라서 실매개변수와 대응하는 형식매개변수는 동일한 기억장소가 되며, 형식매개변수의 값이 변하면 실매개변수의 값도 변하게 된다.
- Call by result : 출력 모드 매개변수에 대한 구현 모델이다. 실매개변수는 부프로그램에서 결과를 넘겨받기 위해서만 사용한다. 매개변수가 결과로 전달될 때, 어느 값도 부프로그램으로 전달되지 않는다.
- Call by name : ALGOL 60에서 처음 구현된 매개변수 전달기법으로 형식매개변수가 사용될 때마다 대응하는 실매개변수의 값이 사용된다. 즉 부프로그램이 실행되기 전에 형식매개변수를 대응하는 실매개변수로 바꾸어 놓은 것과 같으며 이러한 기법을 Copy Rule이라 한다.

08 다음 중 매개변수 전달 기법에서 Call by value에 대한 설명으로 올바른 것은?

① 매개변수 전달 과정에서 별명이 발생한다.

② 부프로그램 호출 시 형식매개변수의 주소 값이 실매개변수에 복사된다.

③ 호출된 부프로그램의 매개변수를 위한 별도의 기억 공간을 유지한다.

④ 부프로그램에서 형식매개변수가 계산에 사용되기 전까지 실매개변수를 계산하지 않고 전달하며, 실매개변수의 값을 계산하는 시기를 부프로그램에서 결정하는 방식이다.

해설

① Call by reference
② Call by reference
④ Call by name (형식매개변수가 사용된 모든 자리에 실매개변수로 대치하여 실행)

09 객체 지향 프로그래밍의 특징 중 상속 관계에서 상위 클래스에 정의된 메소드(method) 호출에 대해 각 하위 클래스가 가지고 있는 고유한 방법으로 응답할 수 있도록 유연성을 제공하는 것은?

2015년 국가직

① 재사용성(reusability)   ② 추상화(abstraction)
③ 다형성(polymorphism)   ④ 캡슐화(encapsulation)

해설

객체 지향 프로그래밍의 특성 중 다형성은 메소드 호출 시 호출되는 메소드가 실행 시에 결정되는 성질이 있으며, 대표적으로 오버로딩과 오버라이딩이 있다.

10 다음은 객체지향 언어의 어떤 개념을 설명한 것인가? 2011년 국가직 PL

> 매개변수(parameter)의 개수 및 데이터 형(data type)에 따라 수행하는 행위가 다른 동일한 이름의 메소드(method)를 여러 개 정의할 수 있다.

① 캡슐화(encapsulation)   ② 추상화(abstraction)
③ 다형성(polymorphism)   ④ 상속(inheritance)

해설

✓ **다형성(polymorphism)**
• 같은 메시지에 대해 각 클래스가 가지고 있는 고유한 방법으로 응답할 수 있는 능력을 의미한다.
• 두 개 이상의 클래스에서 똑같은 메시지에 대해 객체가 서로 다르게 반응하는 것이다.
• 다형성은 주로 동적 바인딩에 의해 실현된다.
• 각 객체가 갖는 메소드의 이름은 중복될 수 있으며, 실제 메소드 호출은 덧붙여 넘겨지는 인자에 의해 구별된다.

11 객체 지향 언어에서 클래스 A와 클래스 B는 상속관계에 있다. A는 부모 클래스, B는 자식 클래스라고 할 때 클래스 A에서 정의된 메서드(method)와 원형이 동일한 메서드를 클래스 B에서 기능을 추가하거나 변경하여 다시 정의하는 것을 무엇이라고 하는가? 2014 국가직

① 추상 클래스(abstract class)   ② 인터페이스(interface)
③ 오버로딩(overloading)   ④ 오버라이딩(overriding)

해설

오버라이딩(overriding)은 다형성의 하나이며, 부모 클래스의 메소드를 자식 클래스에서 재정의하는 것을 말한다. 오버라이딩되는 메소드는 시그니처가 동일해야 한다.

정답   07. ①   08. ③   09. ③   10. ③   11. ④

12 객체 지향 프로그래밍에 대한 설명으로 옳지 않은 것은? 2013년 국가직

① 하나의 클래스를 사용하여 여러 객체를 생성하는데, 각각의 객체를 클래스의 인스턴스(instance)라고 한다.
② 객체는 속성(attributes)과 행동(behaviors)으로 구성된다.
③ 한 클래스가 다른 클래스의 속성과 행동을 상속(inheritance)받을 수 있다.
④ 다형성(polymorphism)은 몇 개의 클래스 객체들을 묶어서 하나의 객체처럼 다루는 프로그래밍 기법이다.

해설
다형성은 여러 가지 형태가 있다는 의미로 실행시간에 메소드가 여러 형태를 갖는다는 것이다.

13 객체지향 시스템의 특성이 아닌 것은? 2008년 국가직

① 캡슐화(Encapsulation) ② 재귀용법(Recursion)
③ 상속성(Inheritance) ④ 다형성(Polymorphism)

해설
객체지향 기법은 상속성, 캡슐화, 다형성, 정보은닉의 특성을 가지고 있지만, 재귀용법은 함수나 메소드가 자기 자신을 호출하는 형태로 구조적 기법에서도 사용되는 방법이다.

14 프로그램의 연산자 실행의 우선순위가 높은 것에서 낮은 순으로 옳게 연결한 것은? 2007년 국가직

① 괄호 안의 수식 − 산술 연산자 − 관계 연산자 − 논리 연산자
② 산술 연산자 − 관계 연산자 − 논리 연산자 − 괄호 안의 수식
③ 괄호 안의 수식 − 산술 연산자 − 논리 연산자 − 관계 연산자
④ 산술 연산자 − 관계 연산자 − 논리 연산자 − 괄호 안의 수식

해설
일반적으로 프로그램 연산자 실행의 우선순위를 높은 것에서부터 정의하면, 괄호 안의 수식 − 단항 연산자 − 산술 연산자 − 관계 연산자 − 비트 연산자 − 논리 연산자 등의 순으로 진행된다.

15 소프트웨어 개발 언어에 대한 설명으로 옳지 않은 것은? 2020년 지방직

① C#은 마이크로소프트 닷넷 프레임워크를 지원하는 객체지향 언어이다.

② Python은 인터프리터 방식의 객체지향 언어로서 실행시점에 데이터 타입을 결정하는 동적 타이핑 기능을 갖는다.

③ Kotlin은 그래픽 요소를 강화한 게임 개발 전용 언어이다.

④ Java는 컴파일된 프로그램이 JVM상에서 인터프리터 방식으로 실행되는 플랫폼 독립적 프로그래밍 언어이다.

해설

Kotlin : 안드로이드 스튜디오 개발사인 Jet Brains에서 2011년에 공개한 언어이다. 코틀린은 JVM에서 구동되는 언어로 자바와 상호 운용할 수 있도록 만들었으며, 자바를 완전히 대체할 수 있는 언어가 되는 것이 코틀린의 주목적이라 할 수 있다. 구글이 안드로이드 공식 언어로 코틀린을 추가했다.

16 프로그래밍 언어에 대한 설명으로 옳지 않은 것은? 2016년 계리직

① Objective-C, Java, C#은 객체지향 언어이다.

② Python은 정적 타이핑을 지원하는 컴파일러 방식의 언어이다.

③ ASP, JSP, PHP는 서버 측에서 실행되는 스크립트 언어이다.

④ XML은 전자문서를 표현하는 확장가능한 표준 마크업 언어이다.

해설

⊘ **Python의 특징**

1. 동적 타이핑(Dynamic Typing) 지원 : 소스코드를 실행할 때 자료형을 검사한다.
2. 객체의 멤버에 제한 없이 접근할 수 있어 접근성이 좋다.
3. 모듈 단위 파일로 저장되며, 모듈은 함수, 클래스 등으로 구성된다.
4. 플랫폼 독립적이며, 개발 효율성이 좋다.
5. 문법이 쉽고 간단하여 배우기 쉬우며, 고수준의 자료형을 제공한다(list, tuple, set, dict).
6. Garbage Collection이 제공되며, 인터프리터 방식이다.
7. 모듈 단위라서 분업화가 효과적이다.

PART

07

정답 12. ④   13. ②   14. ①   15. ③   16. ②

17 프로세스의 메모리는 세그먼테이션에 의해 그 역할이 할당되어 있다. 표준 C언어로 작성된 프로그램이 컴파일 후 실행파일로 변환되어 메모리를 할당받았을 때, 이 프로그램에 할당된 세그먼트에 대한 설명으로 옳은 것은? 2021년 국가직

① 데이터 세그먼트는 모든 서브루틴의 지역변수와 서브루틴 종료 후 돌아갈 명령어의 주소값을 저장한다.

② 스택은 현재 실행 중인 서브루틴의 매개변수와 프로그램의 전역변수를 저장한다.

③ 코드 세그먼트는 CPU가 실행할 명령어와 메인 서브루틴의 지역변수를 저장한다.

④ 힙(Heap)은 동적 메모리 할당을 위해 사용되는 공간이고, 주소값이 커지는 방향으로 증가한다.

> 해설
> • 코드(Code) 영역 : 소스코드 자체를 기계어로 변환하여 저장되는 영역이다.
> • 데이터(Data) 영역 : 전역변수와 정적(static)변수가 할당되는 영역이다(초기화된 전역변수와 정적변수가 저장).
> • BSS(Block Stated Symbol) 영역 : 초기화 안 된 전역변수와 정적변수가 저장되는 영역이다.
> • 스택(Stack) 영역 : 함수 호출 시 생성되는 지역변수와 매개변수가 저장되는 영역이다.
> • 힙(Heap) 영역 : 필요에 따라 동적으로 메모리를 할당할 때 사용한다.

18 프로그램 작성 시 매크로(macro)에 대한 설명으로 옳은 것은? 2008년 국가직

① 매크로 호출(macro call)은 호출된 해당 매크로의 내용이 호출된 위치로 복사되어 컴파일 되기 때문에 일반적으로 실행 속도가 함수 호출을 사용하는 경우에 비해 빠르다.

② 매크로(macro)를 사용할 경우에 함수 호출을 사용한 경우보다 일반적으로 컴파일된 코드의 양이 감소하게 된다.

③ 일반적으로 매크로 호출(macro call)은 인터럽트에 의해 발생하기 때문에 호출된 매크로를 실행하기 전에 현재의 플래그 상태(flag status)를 스택에 저장해야 한다.

④ 매크로(macro)는 함수와는 다르게 형식 인자(parameter)를 사용할 수 없다.

> 해설
> • 매크로(macro)를 사용할 경우에 함수 호출을 사용한 경우보다 일반적으로 컴파일된 코드의 양이 증가하게 된다.
> • 일반적으로 매크로 호출(macro call)은 인터럽트에 의해 발생하기 때문에 호출된 매크로를 실행하기 전에 현재의 플래그 상태(flag status)를 스택에 저장해야 한다.
> • 매크로(macro)도 함수와 같이 형식 인자(parameter)를 사용할 수 있다.

19 다음 중 매크로와 부프로그램에 대한 설명으로 옳지 않은 것은? 2006 국회사무

① 부프로그램을 사용하면 프로그램의 크기를 상대적으로 줄일 수 있다.

② 매크로는 코드 생성 시 이것이 필요한 곳(Macro Call이 있는 곳)에 이 프로그램을 삽입하게 된다.

③ 부프로그램을 사용하면 수행속도가 상대적으로 빠르다.

④ 매크로를 사용하면 일반적으로 프로그램의 크기가 커진다.

해설
부프로그램을 사용하면 수행속도가 상대적으로 느려진다.

20 다음 중 링커와 로더에 관련된 작업이 아닌 것은? 2007년 국가직

① 연결   ② 재배치

③ 코드 최적화   ④ 적재

해설
코드 최적화는 컴파일러 단계에서 수행하는 작업이며, 컴파일러 단계는 어휘분석 – 구문분석 – 의미분석 – 중간코드 생성 – 코드 최적화 – 목적코드 생성 순으로 진행된다.

21 프로그램을 컴파일 하는 과정을 순서대로 바르게 나열한 것은? 2009년 국가직

> ㄱ. 어휘분석(lexical analysis)
> ㄴ. 중간코드생성(intermediate code generation)
> ㄷ. 구문분석(syntax analysis)
> ㄹ. 의미분석(semantic analysis)

① ㄱ - ㄴ - ㄷ - ㄹ   ② ㄷ - ㄴ - ㄹ - ㄱ

③ ㄹ - ㄱ - ㄷ - ㄴ   ④ ㄱ - ㄷ - ㄹ - ㄴ

해설
컴파일 과정 : 어휘분석 – 구문분석 – 의미분석 – 중간코드 생성 – 최적화 – 목적코드 생성

정답   17. ④   18. ①   19. ③   20. ③   21. ④

PART
07

22 다음은 고급 언어의 컴파일 단계를 나타내고 있다. 괄호 속의 ㉠~㉢에 들어갈 단계를 순서대로 나열한 것은? 2011년 국가직 PL

소스코드 → (㉠) → (㉡) → (㉢) → 코드최적화 → 코드생성 → 링크

	㉠	㉡	㉢
①	어휘분석	의미분석	구문분석
②	어휘분석	구문분석	의미분석
③	구문분석	어휘분석	의미분석
④	구문분석	의미분석	어휘분석

해설

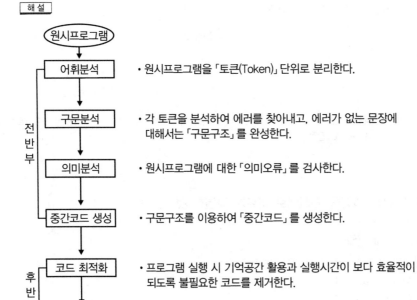

- 원시프로그램을 「토큰(Token)」 단위로 분리한다.
- 각 토큰을 분석하여 에러를 찾아내고, 에러가 없는 문장에 대해서는 「구문구조」를 완성한다.
- 원시프로그램에 대한 「의미오류」를 검사한다.
- 구문구조를 이용하여 「중간코드」를 생성한다.
- 프로그램 실행 시 기억공간 활용과 실행시간이 보다 효율적이 되도록 불필요한 코드를 제거한다.
- 중간 코드를 목적 기계에 맞는 「목적코드」로 바꾼다.

23 다음 문맥자유문법(CFG)에서 비단말기호 binary_digit가 생성하는 언어로 옳지 않은 것은?

2009년 국가직

> \<binary_digit\> ::= \<digits_in_part\> 010 \<digits_in_part\> | 101
> \<digits_in_part\>::= \<digit\> 0 | \<digit\> 1 | \<digit\>
> \<digit\> ::= 1 | 0

① 01101　　　　　　　　　　② 1101000
③ 001011　　　　　　　　　　④ 1001011

해설

문제의 문법을 보고 보기들의 생성유무 파악을 위하여 유도해 보아야 한다. 하지만, 위의 문제의 문법에서는 101이 생성될 수 있고, 더 길게 생성된다면 중간에 010이 반드시 포함되어야 한다. 이 패턴을 찾아서 문제에 접근한다면 보기 1번이 정답이라는 것을 빠른 시간에 해결할 수 있다.

24 재배치 가능한 형태의 기계어로 된 오브젝트 코드나 라이브러리 등을 입력받아 이를 묶어 실행 가능한 로드 모듈로 만드는 번역기는? 2019년 국가직

① 링커(linker)　　　　　　　② 어셈블러(assembler)
③ 컴파일러(compiler)　　　　④ 프리프로세서(preprocessor)

해설

• 원시코드 → 컴파일러 → 목적코드 → 링커 → 로드모듈 → 로더 → 실행결과
• 링커(Linker, 연계편집기): 재배치 형태의 기계어로 된 여러 개의 프로그램을 묶어서 로드모듈이라는 어느 정도 실행 가능한 하나의 기계어로 번역해 주는 번역기이다.
• 어셈블러(assembler): 어셈블리어로 작성된 원시코드를 번역해 주는 번역기이다.
• 컴파일러(compiler): 컴파일 언어로 작성된 원시프로그램을 준기계어로 번역한 후 목적프로그램을 출력하는 번역기이다.
• 프리프로세서(preprocessor, 사전처리기): 특정 고급언어로 작성된 프로그램을 다른 고급언어로 번역해서 출력하는 번역기이다. C언어의 전 처리 과정이 이에 속한다.

정답 22. ② 23. ① 24. ①

25 BNF(Backus-Naur Form)로 표현된 다음 문법에 의해 생성될 수 없는 id는? 2013년 국가직

> \<id> ::= \<letter> | \<id>\<letter> | \<id>\<digit>
> \<letter> ::= 'a' | 'b' | 'c'
> \<digit> ::= '1' | '2' | '3'

① a   ② a1b   ③ abc321   ④ 3a2b1c

해설
〈id〉 ::= 〈letter〉 | 〈id〉〈letter〉 | 〈id〉〈digit〉이므로 생성되는 id는 첫 글자가 반드시 〈letter〉여야 한다.

26 다음 문법으로 생성되지 않는 문장은?

> S -> 1\<A> | 0\<B>
> A -> 0\<A> | 1\<B>
> B -> 0\<B> | 1

① 01   ② 1011   ③ 111   ④ 0101

해설
4번 보기에서와 같이 0으로 시작한다는 것은 S에서 0〈B〉가 적용된 것이며, 0101은 생성될 수 없다.
생성된다면 {01, 001, 0001...}와 같이 생성된다.
S -> 0〈B〉
  -> 00〈B〉
  -> 001

27 다음 문법에서 생성될 수 없는 것은?

> S->AaBaC
> A->aA | a
> B->Bb | b
> C->c

① aabac   ② aaabac   ③ aaabbac   ④ aaabbc

해설
위 문제의 문법 생성 규칙을 보면 생성된 문자열은 bac로 끝나야 한다.
S ->AaBaC
  ->aAaBaC
  ->aaaBaC
  ->aaaBbaC
  ->aaaBbaC
  ->aaabbac

28 비결정적 유한 오토마타(non-deterministic finite automata)에 대한 설명으로 옳지 않은 것은?

2015년 국가직

① 한 상태에서 전이 시 다음 상태를 선택할 수 있다.
② 입력 심볼을 읽지 않고도 상태 전이를 할 수 있다.
③ 어떤 비결정적 유한 오토마타라도 같은 언어를 인식하는 결정적 유한 오토마타(deterministic finite automata)로 변환이 가능하다.
④ 모든 문맥 자유 언어(context-free language)를 인식한다.

해설

이 문제는 유한 오토마타에 대한 문제라기보다는 프로그래밍 언어의 컴파일러 부분에서 Chomsky 문법의 계급 구조에 해당되는 문제이다. 현재는 프로그래밍 언어이 전산직 과목에서 제외되어서 어렵게 느껴지는 문제지만, 프로그래밍 언어 과목에서는 가끔 출제되었던 문제이다.

⊘ **문법의 계급 구조(Chomsky Hierarchy)**

1. TYPE 0 문법(Unrestricted Grammar)
   ㉠ 모든 생성 규칙에 어떠한 제한도 두지 않는 것이다.
   ㉡ 튜링기계(Turing Machine)로 인식된다.
2. TYPE 1 문법(Context Sensitive Grammar)
   ㉠ 모든 생성규칙 $\alpha \rightarrow \beta$에서 문자열 β의 길이가 α보다 길거나 같은 경우이다.
   ㉡ 문맥의존(Context sensitive) 문법으로 생성되는 언어를 문맥의존(Context Sensitive) 언어라 하고, Linear bounded automata에 의해 인식된다.
3. TYPE 2 문법(Context Free Grammar)
   ㉠ 모든 생성규칙이 $A \rightarrow \alpha$의 형식을 따른다(A는 하나의 넌터미널 기호이고, α는 터미널 집합 Vt와 넌터미널 집합 Vn의 합집합인 V에 속하는 스트링이다).
   ㉡ 문맥자유(Context free) 문법으로 생성되는 언어를 문맥자유(Context free) 언어라 하고, Pushdown automata에 의해 인식된다.
4. TYPE 3 문법(Regular Grammar)
   ㉠ A, B ∈ Vn이고, t ∈ Vt일 때, 생성규칙은 다음 2가지의 형태를 갖는다.
   • 우선형(Right linear) 문법 : A → tB 또는 A → t
   • 좌선형(Left linear) 문법 : A → Bt 또는 A → t
   [여기서 A, B는 Nonterminal 기호(t는 Terminal 문자열)를 의미한다]
   ㉡ 정규문법(Regular Grammar)으로 생성되는 언어를 정규언어(Regular language)라 하고, 유한 오토마타(Finite automata)에 의해 인식된다.
   ㉢ 어휘분석 단계의 토큰은 유한 오토마타에 의해 인식될 수 있다. 즉, 컴파일러의 첫 번째 단계인 어휘 분석기는 유한 오토마타를 이용하여 구현할 수 있다.

---

29 다음은 1부터 100까지 더하는 BASIC 프로그램이다. (   ) 안에 들어갈 명령문으로 적당한 것은?

2008년 국가직

```
10 I = 0
20 SUM = 0
30 I = I + 1
40 (  )
50 IF (I < 100) THEN GOTO 30
60 PRINT I, SUM
70 END
```

① SUM = SUM+ I
② SUM = SUM
③ SUM = SUM+ 1
④ SUM = SUM+ 100

해설
변수 I가 100까지 1씩 증가하며, 변수 SUM은 I 값을 누적해서 더하여 1부터 100까지의 합을 구한다.

30 다음 중 L-value를 갖지 못하는 것은?

① 변수 V
② 수식 B+102.5
③ Pointer P
④ 배열 A(n)

해설
L-value는 주소, 참조 등을 나타내므로 수식을 가질 수 없다.

⊘ 배정문에서 L-value와 R-value

구분	L-value(주소, 참조)	R-value(변수, 상수, 수식..)
상수	불가	가능(상수값 그 자체)
연산자가 있는 수식	불가	가능(수식의 결과값)
단순 변수 V	자신이 기억된 위치	가능(기억장소 V에 수록된 값)
포인터 변수 P	P 자신이 기억된 위치	P가 가리키는 기억장소의 위치
배열 A(i)	배열 A에서 i번째 위치	배열 A에서 i번째 위치에 수록된 값

31 C 프로그램에서 int 형 변수 a와 b의 값이 모두 5일 때, 다음 연산 중 결과 값이 같은 것끼리 묶은 것은? 2011년 국가직

ㄱ. a && b	ㄴ. a & b
ㄷ. a == b	ㄹ. a − b

① ㄱ, ㄴ　　　　　　　② ㄱ, ㄷ
③ ㄴ, ㄷ　　　　　　　④ ㄴ, ㄹ

해설
ㄱ. a && b = 1(true) : 일반적으로 0이 아닌 값 true
ㄴ. a & b = 5 : 비트연산
ㄷ. a == b = 1(true)
ㄹ. a − b = 0

32 다음은 어느 학생이 C 언어로 작성한 학점 계산 프로그램이다. 출력 결과는? 2021년 국가직

```
#include <stdio.h>
int main()
{
  int score = 85;
  char grade;
  if (score >= 90) grade='A';
  if (score >= 80) grade='B';
  if (score >= 70) grade='C';
  if (score < 70)  grade='F';
  printf("학점 : %c\n", grade);
  return 0;
}
```

① 학점 : A　　　　　　② 학점 : B
③ 학점 : C　　　　　　④ 학점 : F

해설
문제의 코드에서 if (score >= 80) grade='B';의 조건이 만족하여 변수 grade의 'B'가 되지만,
아래에 있는 if (score >= 70) grade='C';도 조건이 만족하므로 변수 grade는 'C'가 저장되어 출력된다.

정답　29. ①　30. ②　31. ②　32. ③

33 다음 C프로그램의 실행 결과로 옳은 것은? 2016년 계리직

```c
#include <stdio.h>
int main() {
    int a=120, b=45;
    while ( a != b ) {
        if ( a > b) a = a - b;
        else b = b - a;
    }
    printf("%d", a);
}
```

① 5   ② 15
③ 20   ④ 25

해설
• 정수형 변수 a와 b에 각각 120과 45를 삽입한다.
• while문 반복(변수 a의 값과 b의 값이 같아지면 반복 종료)
  첫 번째 수행: if문의 조건(변수 a의 값이 b의 값보다 크면 참)이 참이므로 a = a − b가 수행되어 a는 75, b는 45가
                     된다.
  두 번째 수행: if문의 조건이 참이므로 a = a − b가 수행되어 a는 30, b는 45가 된다.
  세 번째 수행: if문의 조건이 거짓이므로 b = b − a가 수행되어 a는 30, b는 15가 된다.
  네 번째 수행: if문의 조건이 참이므로 a = a − b가 수행되어 a는 15, b는 15가 된다.
• while문 반복 종료 이후에 변수 a의 값 15를 출력한다.

34 다음 C 프로그램의 실행 결과로 옳은 것은? 2021년 계리직

```
#include <stdio.h>

void main(void) {
        int a = 1, b = 2, c = 3;
        {
          int b = 4, c = 5;
          a = b;
          {
            int c;
            c = b;
          }
          printf("%d %d %d\n", a, b, c);
        }
}
```

① 1 2 3   ② 1 4 5

③ 4 2 3   ④ 4 4 5

해설

```
void main(void) {
        int a = 1, b = 2, c = 3;          // 변수 선언과 초기화
        {
          int b = 4, c = 5;               // 변수 선언과 최기화
          a = b;                          // 범위 안의 변수 a가 없으므로 바깥쪽 범위의 변수 a에 4를 삽입한다.
          {
            int c;                        // 변수 선언
            c = b;                        // 변수 c에 4를 삽입한다.
          }                               // 범위 안의 변수 c 소멸
          printf("%d %d %d₩n", a, b, c);  // 4 4 5 출력
        }
}
```

PART
07

정답   33. ②   34. ④

35 다음 C 프로그램의 실행 결과는? 2009년 국가직

```
#include<stdio.h>
int a=1, b=2, c=3;
int f(void);

int main(void) {
        printf ("%3d \n", f());
        printf ("%3d%3d%3d \n", a, b, c);
        return 0;
}
int f(void) {
        int b, c;
        a=b=c=4;
        return (a+b+c);
}
```

① 6
　　1 2 3

② 12
　　1 2 3

③ 12
　　4 4 4

④ 12
　　4 2 3

해설

```
int a=1, b=2, c=3;                       // 전역변수 선언
int f(void);                             // 함수 원형
int main(void) {
        printf ("%3d \n", f());          // f()를 호출하였다가 리턴되는 값을 출력
        printf ("%3d%3d%3d \n", a, b, c); // 전역변수 출력 (4, 2, 3)
        return 0;
}
int f(void) {
        int b, c;                        // 지역변수 선언
        a=b=c=4;                         // 지역변수 b, c에 4가 저장되며, 지역변수 a는 존재하지 않으므로
                                            전역변수 a에 4가 저장된다.
        return (a+b+c);                  // 12 리턴
}
```

36 다음 C 프로그램의 실행 결과로 옳은 것은? 2022년 지방직

```
#include <stdio.h>

int star = 10;

void printStar() {
    printf("%d \n", star);
}

int main()
{
    int star = 5;

    printStar();
    printf("%d \n", star);
    return 0;
}
```

① 5
   5

② 5
   10

③ 10
   5

④ 10
   10

해설
printStar() 함수에서는 지역변수가 선언되어 있지 않으므로 전역변수 star = 10이 출력되고, main() 함수에는 지역변수가 선언되어 있으므로 지역변수 star = 5가 출력된다.

정답 35. ④ 36. ③

37 다음 재귀 함수를 동일한 기능의 반복 함수로 바꿀 때, ㉠과 ㉡에 들어갈 내용을 바르게 연결한 것은? 2020년 지방직

```
int func (int n) {                    // 재귀 함수
    if (n == 0)
            return 1;
    else
            return n * func (n − 1);
}
int iter_func (int n) {               // 반복 함수
    int f = 1;
    while (_____㉠_____)
    _____㉡_____
    return f;
}
```

	㉠	㉡
①	n < 0	f = f * n--;
②	n < 0	f = f * n++;
③	n > 0	f = f * n--;
④	n > 0	f = f * n++;

━━━ 해설 ━━━

• 코드에서 재귀함수에 대한 부분에서 if (n == 0)이 종료조건이 되고, 조건이 만족하지 않을 때 수행되는 return n * func (n − 1);을 보면 n값에서 1을 감소하고 되부름을 하고 있으므로 factorial 알고리즘에 해당된다.

• 반복함수에서는 n > 0이 참일 때 f = f * n--; 문장을 반복하여 처리한다면 factorial 알고리즘을 수행할 수 있다.

38 다음 C 프로그램의 출력 결과는? 2024년 지방직

```
#include <stdio.h>

int repeat(int a, int b) {
    if (b == 0)
        return a;
    else if (b % 2 == 0)
        return repeat(a + a, b / 2);
    else
        return repeat(a + a, b / 2) + a;
}

int main() {
    printf("%d", repeat(3, 6));
    return 0;
}
```

① 12   ② 24
③ 30   ④ 42

해설
repeat(3, 6)
repeat(6, 3)
repeat(12, 1) + 6
repeat(24, 0) + 12
    24

39 다음 C 프로그램의 실행 결과는? 2023년 국가직

```
#include <stdio.h>
int funa(int);
void main() {
    printf("%d, %d", funa(5), funa(6));
    return 0;
}

int funa(int n) {
    if(n > 1)
            return (n + (funa(n-2)));
    else
            return (n % 2);
}
```

① 5, 6
② 9, 12
③ 15, 21
④ 120, 720

해설

문제의 소스코드는 재귀호출(순환함수)을 사용하고 있다.

　　funa(5)
　　→ 5 + funa(3)
　　→ 3 + funa(1)
　　→ 1
　　funa(6)
　　→ 6 + funa(4)
　　→ 4 + funa(2)
　　→ 2 + funa(0)
　　→ 0

40 다음 C 프로그램의 출력 결과는? 2024년 국가직

```c
#include <stdio.h>

int recursive(int n) {
    int sum;
    if (n > 2) {
        sum = recursive(n-1) + recursive(n-2);
        printf("%d ", sum);
    }
    else
        sum = n;
    return sum;
}
int main(void) {
    int result;
    result = recursive(5);
    printf("%d", result);
    return 0;
}
```

① 1 2 3 5 7   ② 1 3 5 7 9

③ 3 3 5 9 9   ④ 3 5 3 8 8

【해설】
• 문제의 소스코드는 recursive() 함수에 의해 재귀호출이 수행된다.
• main() 함수에서 recursive(5);에 의해 recursive() 함수가 호출되며,
  n > 2일 때, sum = recursive(n-1) + recursive(n-2);가 수행된다.

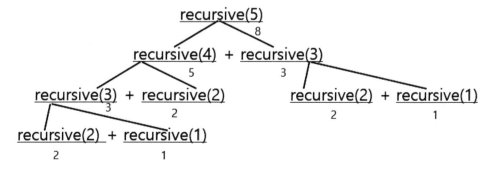

【정답】 **39.** ② **40.** ④

41 다음 C 프로그램 실행 결과로 출력되는 sum 값으로 옳은 것은? 2013년 국가직

```
#include <stdio.h>
int foo(void) {
    int var1 = 1;
    static int var2 = 1;
    return (var1++) + (var2++);
}
void main() {
    int i=0, sum=0;
    while(i < 3) {
        sum = sum + foo();
        i++;
    }
    printf("sum=%d\n", sum);
}
```

① 8   ② 9

③ 10   ④ 11

해설

변수 var1은 지역변수로 선언되었으므로 foo() 함수를 호출 시에 생성되고 반환 시에 소멸된다. 하지만 변수 var2는 정적
변수이므로 정적 영역에 저장되어 함수 호출, 반환과 관계없이 프로그램 종료 시까지 존재한다.

42 다음 C 프로그램의 실행 결과는? 2023년 국가직

```
#include <stdio.h>
int C(int v) {
    printf("%d ", v);
    return 1;
}

int main() {
    int a = -2;
    int b = !a;
    printf("%d %d %d %d ", a, b, a&&b, a||b);
    if(b && C(10))
            printf("A ");
    if(b & C(20))
            printf("B ");
    return 0;
}
```

① -2 0 0 1 20
② -2 0 0 1 10 20
③ -2 1 0 1 10 20
④ -2 2 1 1 10 A 20 B

해설

int b = !a;	// 변수 a가 -2이므로 !a의 값은 거짓을 의미하는 0이 된다.
printf("%d %d %d %d ", a, b, a&&b, a||b);	// -2 0 0 1 이 출력된다.
if(b && C(10))	// &&은 단락회로평가(중지연산)이 수행된다. 변수 b의 값이 거짓이므로 전체 조건은 거짓이 된다.
if(b & C(20))	// &은 단락회로평가(중지연산)이 수행되지 않으므로 C() 함수가 수행된다. 하지만 전체조건은 만족되지 않으므로 printf("B ");은 수행되지 않는다.

정답 41. ② 42. ①

43 다음 C 프로그램의 결과로 옳은 것은? 2020년 국가직

```
#include <stdio.h>
int main()
{
    int a, b;
    a = b = 1;
    if (a = 2) b = a + 1;
    else if (a == 1)
        b = b + 1;
    else
        b = 10;
    printf("%d, %d\n", a, b);
}
```

① 2, 3   ② 2, 2

③ 1, 2   ④ 2, 10

해설

연산자에 함정이 있는 문제이다. if (a = 2) b = a + 1;에서 if (a = 2)의 조건은 비교연산자(==)가 아닌 대입연산자(=)
로 구성되어 있으므로 (a = 2) 조건은 참이 되고, 변수 a는 2를 갖는다. 조건이 참이므로 b = a + 1를 수행하면 변수
b는 3의 값을 갖는다.

44 다음 C 프로그램을 실행하면서 사용자가 1, 2, 3, 4를 차례대로 입력했을 때, 출력 결과는?

2022년 지방직

```c
#include <stdio.h>

int main()
{
    int ary[4];
    int sum = 0;
    int i;

    for (i = 0; i < 4; i++) {
        printf("%d번 째 값을 입력하시오: ", i + 1);
        scanf("%d", &ary[i]);
    }

    for (i = 3; i > 0; i--)
        sum += ary[i];

    printf("%d \n", sum);
    return 0;
}
```

① 3   ② 6

③ 9   ④ 10

PART

07

해설

첫 번째 반복문이 수행되면서 scanf에 의해서 1, 2, 3, 4가 입력되어 ary 배열의 0번 방부터 3번 방까지 채워진다. 하지만, 두 번째 반복문은 3부터 1씩 감소하면서 1번방까지를 누적합하므로 4, 3, 2가 더해지고, sum은 9가 된다.

정답   43. ①   44. ③

45 다음 C 프로그램의 실행 결과로 옳은 것은? 2021년 지방직

```c
#include <stdio.h>
int main()
{
    int count, sum = 0;

    for ( count = 1; count <= 10; count++) {
        if ((count % 2) == 0)
            continue;
        else
            sum += count;
    }
    printf("%d\n", sum);
}
```

① 10   ② 25

③ 30   ④ 55

해설

조건 (count % 2) == 0가 만족하지 않을 때만 변수 sum에 count을 누적합하므로 1부터 10까지에서 홀수의 합을 출력한다.

46 다음 C 프로그램의 출력 값은? 2017년 국가직

```c
#include <stdio.h>

void funCount();

int main(void) {
        int num;
        for(num = 0; num<2; num++)
                funCount();
        return 0;
}

void funCount() {
        int num=0;
        static int count;

        printf("num = %d, count = %d\n",
            ++num, count++);
}
```

① num = 1, count = 0
   num = 1, count = 1
② num = 1, count = 0
   num = 1, count = 0
③ num = 0, count = 0
   num = 1, count = 1
④ num = 0, count = 0
   num = 0, count = 1

해설
funCount() 함수는 for문에 의해 2번 호출된다. funCount() 함수에서 num은 지역변수로 설정되어 호출될 때마다 초기화가 진행되며, count는 정적변수로 선언되어 있다.

47 다음 C 프로그램의 실행 결과로 옳은 것은? 2014년 계리직

```
#include <stdio.h>
int sub(int n) {
    if(n==0) return 0;
    if(n==1) return 1;
    return (sub(n-1) + sub(n-2));
}
void main() {
    int a=0;
    a=sub(4);
    printf("%d", a);
}
```

① 0   ② 1   ③ 2   ④ 3

해설

함수가 재귀호출을 사용하고 있으며, 변수가 0이나 1이 될 때 반환한다.
```
sub(4)
→ (sub(3) + sub(2))
→ (sub(2) + sub(1)) + (sub(1) + sub(0))
→ ((sub(1) + sub(0)) + 1) + (1 + 0)
→ ((1 + 0) + 1) + (1 + 0)
→ 3
```

48 다음 C 프로그램의 출력 결과는?

```
#include<stdio.h>
int main(void)
{
 int a=30, c;
 c = (10 < a < 20);
 printf("%d", c);

 return 0;
}
```

① 2   ② 0   ③ 1   ④ 10

c = (10 < a < 20);은 위의 문장에서 a = 30이므로 c = (10 < 30 < 20);가 된다. (10 < 30 < 20)에서 연산자 우선순위에 따라 10 < 30이 먼저 수행되며 10 < 30의 결과가 1이므로 다음으로 수행되는 1 < 20의 수행 결과도 1이 된다.

49 리틀 엔디안(little endian) 방식을 사용하는 시스템에서 다음 C 프로그램의 출력 결과는? (단, int의 크기는 4바이트이다) 2023년 지방직

```
#include <stdio.h>
int main() {
    char i;
    union {
        int int_arr[2];
        char char_arr[8];
    } endian;
    for (i = 0; i < 8; i++)
        endian.char_arr[i] = i + 16;
    printf("%x", endian.int_arr[1]);
    return 0;
}
```

① 10111213
② 13121110
③ 14151617
④ 17161514

- 문제 코드에서 공용체(union)를 사용하였으므로 int int_arr[2];과 char char_arr[8];는 각각의 기억공간이 아닌 공용공간을 사용한다.
- 반복문에 의해 공용체 endian.char_arr[i]에 16부터 값이 삽입된다.

endian.char_arr[7]	00010111
endian.char_arr[6]	00010110
endian.char_arr[5]	00010101
endian.char_arr[4]	00010100
endian.char_arr[3]	00010011
endian.char_arr[2]	00010010
endian.char_arr[1]	00010001
endian.char_arr[0]	00010000

- 저장된 상태에서 endian.int_arr[1]를 출력하는데 int의 크기는 4바이트로 가정하였으므로,
endian.char_arr[4] ~ endian.char_arr[7]까지 리틀 엔디안 방식 16진수 형태(%x)로 출력되어 17161514가 된다.

PART 07

50 다음 C 프로그램의 출력 결과는? 2023년 국가직

```
#include <stdio.h>
void main() {
    int x = 0x15213F10 >> 4;
    char y = (char) x;
    unsigned char z = (unsigned char) x;
    printf("%d, %u", y, z);
}
```

① −15, 15   ② −241, 15
③ −15, 241   ④ −241, 241

해설

int x = 0x15213F10 >> 4;   // 16진수 15213F10를 4비트 우측 시프트 연산을 수행하면 16진수 015213F1
                                   이 된다(16진수 한 자리가 4비트로 표현되므로).

→ 015213F1를 저장할 때 리틀 엔디안 방식으로 저장되므로 F11352010이 된다. 아래의 코드와 같이 문자형으로 형 변환을
  하면 좌측의 8비트를 사용한다.

char y = (char) x;   // 16진수 F1를 2진수로 변환하면 11110001이 되고, 이를 10진수로 표현하면
                                   −15가 된다(부호 있는 2의 보수).

unsigned char z = (unsigned char) x; // 16진수 F1를 2진수로 변환하면 11110001이 되고, 이를 부호 없는 10진수로
                                       표현하면 2410이 된다.

51 다음 C 언어로 작성된 프로그램의 실행 결과에서 세 번째 줄에 출력되는 것은? 2015년 국가직

```c
#include <stdio.h>
int func(int num) {
    if(num == 1)
        return 1;
    else
        return num * func(num - 1);
}
int main() {
    int i;
    for(i = 5; i >= 0; i--) {
        if(i % 2 == 1)
            printf("func(%d) : %d \n", i, func(i));
    }
    return 0;
}
```

① func(3) : 6

② func(2) : 2

③ func(1) : 1

④ func(0) : 0

해설

• 문제의 소스코드는 반복문과 재귀호출이 있어 시간이 많이 걸려 보이는 문제이지만, 예전 프로그래밍 언어론에서 많이 출제된 문제이며 패턴만 안다면 금방 풀 수 있는 문제이다.

• for문은 5부터 하나씩 감소하며 반복하고, if문을 보면 i값이 홀수인 경우에만 printf문이 수행된다. 즉, i값이 5, 3, 1일 때 출력이 되며, 위의 문제에서 세 번째 줄에 출력되는 것을 물어봤으므로 1일 때만 생각하면 된다. i값이 1일 때 func 함수의 num 변수가 1이 되므로 결과적으로 1이 반환되면 출력되는 것은 func(1) : 1이 된다.

정답 50. ③ 51. ③

52 C 언어로 작성된 프로그램의 실행 결과로 옳은 것은? 2019년 계리직

```
#include <stdio.h>
double h(double *f, int d, double x){
    int i;
    double res = 0.0;
    for(i=d-1; i >= 0; i--){
        res = res * x + f[i];
    }
    return res;
}
int main() {
    double f[] = {1, 2, 3, 4};
    printf("%3.1f\n", h(f, 4, 2));
    return 0;
}
```

① 11.0   ② 26.0

③ 49.0   ④ 112.0

해설

• printf("%3.1f\n", h(f, 4, 2));에서 h(f, 4, 2)가 수행 시에 double h(double *f, int d, double x)가 호출된다.
  double *f는 배열 f를 가리키는 포인터변수이고, int d에는 4, double x에는 2가 삽입된다.

• double h(double *f, int d, double x)에서 for문 수행 시 아래와 같이 된다.

i = 3	res = res * x + f[i]; // 0.0 * 2 + 4 → 4.0
i = 2	res = res * x + f[i]; // 4.0 * 2 + 3 → 11.0
i = 1	res = res * x + f[i]; // 11.0 * 2 + 2 → 24.0
i = 0	res = res * x + f[i]; // 24.0 * 2 + 1 → 49.0

53 다음 C 프로그램의 출력 결과로 옳은 것은? 2014년 국가직

```c
#include<stdio.h>
void func(int *a, int b, int *c)
{
        int x;

        x = *a;
        *a = x++;
        x = b;
        b = ++x;
        --(*c);
}
int main()
{
        int a, b, c[1];

        a = 20;
        b = 20;
        c[0] = 20;
        func(&a, b, c);
        printf("a = %d  b = %d  c = %d\n", a, b, *c);
        return 0;
}
```

① a = 20   b = 20   c = 19
② a = 20   b = 21   c = 19
③ a = 21   b = 20   c = 19
④ a = 21   b = 21   c = 20

해설

함수 func(&a, b, c);에서 매개변수 &a와 c는 call by reference로 호출되고, 매개변수 b는 call by value로 호출된다. 매개변수 c는 주소연산자 &가 없지만, 배열명이므로 주소가 형식매개변수로 주소가 전달된다.

정답 52. ③ 53. ①

54 C 언어에서 함수 호출 시 매개변수 전달 방법에는 값에 의한 호출(Call by Value)과 참조에 의한 호출(Call by Reference)이 있다. C 프로그램 코드가 다음과 같을 때 설명으로 옳지 않은 것은?

2022년 국가직

```c
int get_average(int score[], int n) {
    int i, sum;
    for(i = 0; i < n; i++)
        sum += score[i];
    return sum / n;
}
void main(void) {
    int score[3] = { 1, 2, 5 };
    printf("%d\n", get_average(score, 3));
}
```

① 전달할 데이터의 양이 많을 경우에는 참조에 의한 호출이 효율적이다.

② 값에 의한 호출로 전달된 데이터는 호출된 함수에서 값을 변경하더라도 함수 종료 후 해당 함수를 호출한 상위 함수에 반영되지 않는다.

③ 값에 의한 호출은 함수 호출 시 데이터 복사가 발생한다.

④ 위의 프로그램에서 함수 get_average()를 호출하는 데 사용한 매개변수 score는 값에 의한 호출로 처리된다.

해설

• 위의 프로그램에서 함수 get_average()를 호출하는 데 사용한 매개변수 score는 참조에 의한 호출로 처리된다.

• score는 배열명이므로 배열의 시작주소를 가지고 있고, 형식매개변수로 주소를 넘겨주므로 참조에 의한 호출(Call by Reference)이 된다.

55 다음 C 프로그램의 출력 결과는? 2019년 국가직

```
#include <stdio.h>
int main() {
    char msg[50] = "Hello World!! Good Luck!";
    int i = 2, number = 0;
    while (msg[i] != '!') {
        if (msg[i] == 'a' || msg[i] == 'e' || msg[i] == 'i' || msg[i] == 'o' || msg[i] == 'u')
            number++;
        I++;
    }
    printf("%d", number);
    return 0;
}
```

① 2   ② 3

③ 5   ④ 6

해설

• 문자열을 문자형 배열로 저장하여 일정 범위에 있는 모음(a, e, i, o, u)의 개수를 세는 소스코드이다.

• "Hello World!! Good Luck!"에서 범위는 배열 2번째(i의 초기값이 2이므로)부터 배열 11번째[while (msg[i] != '!')로 반복문의 범위를 지정하므로]까지이다. 즉, 전체 문자열 중에 일정범위 "llo World"에 들어있는 모음(a, e, i, o, u)의 개수를 세는 것이며, 일정범위 "llo World" 안에는 'o'만 2개 들어있다.

56 다음 C 프로그램의 출력 값은? 2018년 국가직

```c
#include <stdio.h>
int a = 10;
int b = 20;
int c = 30;
void func(void) {
    static int a = 100;
    int b = 200;
    a++;
    b++;
    c = a;
}
int main(void){
    func();
    func();
    printf("a = %d, b = %d, c = %d\n", a, b, c);
    return 0;
}
```

① a = 10, b = 20, c = 30

② a = 10, b = 20, c = 102

③ a = 101, b = 201, c = 101

④ a = 102, b = 202, c = 102

해설

func(void)에서 선언된 변수는 a, b이고, 변수 a는 내부정적변수이며, 변수 b는 지역변수로 선언되어 있다. 즉, 변수 a라는 이름은 전역변수와 내부정적변수 2개가 정적영역에 할당된다. 내부정적변수는 선언된 함수 내에서만 사용가능하기 때문에 main(void)에서 출력되는 변수 a, b, c는 모두 전역변수에 저장된 내용이 출력된다.

57 다음 C 프로그램의 실행 결과는?

```
#include <stdio.h>
void main() {
    int n, i;
    char p[] = "worldcup";

    n = strlen(p);
    for(i=n-1; i>=0; i--)
        printf("%c",p[i];);
}
```

① worldcup
② worldcu
③ pucdlro
④ pucdlrow

해설

• 문자열을 거꾸로 출력하는 프로그램이다.
• n = strlen(p) → n = 8

0	1	2	3	4	5	6	7	8
w	o	r	l	d	c	u	p	\0

• for문에서 초기값이 7이기 때문에 p부터 출력되며, 하나씩 감소하면서 출력한다.

58 다음 C 프로그램의 실행 결과는? 2012년 국가직 PL

```
#include <stdio.h>
void swap(int a, int *b) {
  int temp;
  temp = a;
  a = *b;
  *b = temp;
}
void main() {
  int value = 3, list[4] = {1, 3, 5, 7};
  int i;
  swap(value, &list[0]);
  swap(list[2], &list[3]);
  swap(value, &list[value]);
  for (i = 0; i < 4; I++)
    printf("%d ", list[i]);
}
```

① 1 3 5 7   ② 3 3 3 3

③ 3 3 5 3   ④ 3 3 5 5

해설

형식매개변수 a는 Call-by value, *b는 Call-by reference로 처리된다.

59 다음 C 프로그램의 실행 결과는? 2010년 국가직

```
#include <stdio.h>
    int f(int *i, int j) {
        *i += 5;
        return(2 * *i + ++j);
    }
int main(void) {
    int x=10, y=20;

    printf("%d ", f(&x, y));
    printf("%d %d\n", x, y);
}
```

① 51 15 21

② 51 10 20

③ 51 15 20

④ 50 15 21

해설

문제의 코드는 매개변수 전달 방법이 call by value인지 call by reference인지에 따라 변화되는 출력결과를 물어본 문제이다. f함수 호출 시에 변수 x는 call by reference 방식으로 호출되기 때문에 f함수의 형식매개변수의 변화가 변수 x에 영향을 주지만, 변수 y는 call by value 방식이라 형식매개변수가 변화되더라도 영향을 주지 않는다.

---

60 다음 C 프로그램에서 밑줄 친 코드의 실행 결과와 동일한 결과를 출력하는 코드로 옳은 것만을 모두 고르면? 2022년 국가직

```
#include <stdio.h>
int main()
{
    int ary[5] = {10, 11, 12, 13, 14};
    int *ap;
    ap = ary;
    printf("%d", ary[1]);
    return 0;
}
```

ㄱ. printf("%d", ary+1);   ㄴ. printf("%d", *ap+1);
ㄷ. printf("%d", *ary+1);   ㄹ. printf("%d", *ap++);

① ㄱ, ㄴ   ② ㄴ, ㄷ
③ ㄷ, ㄹ   ④ ㄴ, ㄷ, ㄹ

해설
• printf("%d", ary[1]);   // 11 출력
 ㄱ. printf("%d", ary+1);   // ary은 배열의 시작주소이므로 주소에 1을 더하여 출력
 ㄴ. printf("%d", *ap+1);   // *ap = ap[0] = 10이므로 10 + 1 = 11 출력
 ㄷ. printf("%d", *ary+1);   // *ary = ary[0] = 10이므로 10 + 1 = 11 출력
 ㄹ. printf("%d", *ap++);   // *ap = ap[0] = 10이 출력되고, ap가 1 증가

61 C 프로그램의 실행 결과로 옳은 것은? 2018년 계리직

```c
#include<stdio.h>
int main( )
{
    int i, sum=0;
    for(i=1; i<=10; I+=2) {
        if(i%2 && i%3) continue;
        sum += i;
    }
    printf("%d n", sum);
    return 0;
}
```

① 6   ② 12
③ 25   ④ 55

해설

for(i=1; i<=10; I+=2)   // 변수 i는 1부터 10까지 2씩 증가(1, 3, 5, 7, 9)

if(i%2 && i%3) continue;   // i%2 && i%3 조건이 &&로 묶여 있으므로 두 개의 조건이 다 만족할 때만 continue가 수행된다. 즉, 변수 i의 값이 3과 9인 경우에만 sum += i;이 수행된다.

정답   60. ②   61. ②

62 아래 C-프로그램의 실행 결과로 적합한 것은? 2007년 국가직

```
void main()
   {
      int a=10;
      int b;
      int *c=&b;
      b = a++;
      b += 10;
      printf("a=%d \n", a);
      printf("b=%d \n", b);
      printf("c=%d \n", *c);
   }
```

① a=10
  b=20
  c=20

② a=10
  b=21
  c=21

③ a=11
  b=20
  c=20

④ a=11
  b=21
  c=21

해설

int *c=&b; // 포인터 변수 c는 변수 b를 가리킨다.
b = a++;   // 변수 b에 변수 a의 값을 넣은 후에 변수 a를 1 증가시킨다.
b += 10;   // 변수 b값에 10을 더하여 변수 b에 넣는다.

63 C 프로그램의 실행 결과로 옳은 것은? 2010년 계리직

```
#define VALUE1    1
#define VALUE2    2
main()
{
    float i;
    int j,k,m;

    i = 100/300;
    j = VALUE1 & VALUE2;
    k = VALUE1 | VALUE2;

    if (j && k || i) m = i + j;
    else m = j + k;
    printf("i = %.1f j = %d k = %d m = %03d\n", i,j,k,m);
}
```

① i = 0.0   j = 0   k = 3   m = 003
② i = 0.3   j = 0   k = 3   m = 000
③ i = 0.0   j = 1   k = 1   m = 001
④ i = 0.3   j = 1   k = 1   m = 001

해설
위의 코드에서 &, |는 비트연산을 수행하며, &&와 ||는 논리연산을 수행한다.

정답 62. ③ 63. ①

64 다음은 리눅스 환경에서 fork() 시스템 호출을 이용하여 자식 프로세스를 생성하는 C 프로그램이다. 출력 결과로 옳은 것은? (단, "pid = fork();" 문장의 수행 결과 자식 프로세스의 생성을 성공하였다고 가정한다) 2020년 지방직

```c
#include<stdio.h>
#include<stdlib.h>
#include<unistd.h>
#include<sys/types.h>
#include<errno.h>
#include<sys/wait.h>

int main(void) {
    int i=0, v=1, n=5;
    pid_t pid;
    pid = fork();

    if( pid < 0 ) {

        for(i=0; i<n; i++) v+=(i+1);
        printf("c = %d ", v);
    } else if( pid == 0 ) {
        for(i=0; i<n; i++) v*=(i+1);
        printf("b = %d ", v);
    } else {
        wait(NULL);
        for(i=0; i<n; i++) v+=1;
        printf("a = %d ", v);
    }
    return 0;
}
```

① b = 120, a = 6   ② c = 16, b = 120
③ b = 120, c = 16   ④ a = 6, c = 16

해설

- PID : Process IDentifier의 약자로, 운영체제에서 프로세스를 식별하기 위해 할당하는 고유한 번호이다.
- fork() 함수 : 현재 실행되고 있는 프로세스를 복사해주는 함수이다.
- 헤더는 unistd.h이고, 원형은 pid_t fork(void)이다.
- fork() 함수를 호출하고 성공하면 PID 값만 다른 똑같은 프로세스가 생성된다. 실행이 실패하면 -1이 반환되고, 성공하면 부모 프로세스에게는 자식 프로세스의 PID를, 자식 프로세스에는 0을 반환한다. 원본 프로세스가 부모 프로세스이고 복사된 프로세스가 자식 프로세스가 된다.

```
if( pid < 0 ) {                    // 에러 발생 시 실행되는 부분
        for(i=0; I<n; i++) v+=(i+1);
        printf("c = %d ", v);
    } else if( pid == 0 ) {        // 자식 프로세스가 실행되는 부분
        for(i=0; I<n; i++) v*=(i+1);
        printf("b = %d ", v);
    } else {                       // 부모 프로세스가 실행되는 부분
        wait(NULL);                // 부모 프로세스는 자식 프로세스가 종료될 때까지 기다린다.
        for(i=0; I<n; i++) v+=1;
        printf("a = %d ", v);
    }
```

- if문 실행 시 else if문이 실행되고, else문이 실행된다.

65 다음 C 프로그램을 실행했을 때 출력되는 값은?

```
main(  ){
    int k;
    for (k=45; k>0;  --k){
        if ((k % 17) == 0) break;
    }
    printf("%d\n", k);
}
```

① 0
② 17
③ 34
④ 51

해설

- for문에서 45부터 하나씩 감소하면서 1까지 루프를 수행하다가 if문에서 17로 나누었을 때 break문에 의해 루프를 탈출한다.
- 즉, 17의 배수를 만나면 루프를 탈출하며, 문제를 쉽게 풀 수 있는 요령은 45에서 1까지 중에 가장 큰 17의 배수(즉, 34)를 만날 때이다.

정답 64. ①   65. ③

66 다음 C 프로그램의 실행 결과로 옳은 것은? 2011년 국가직

```c
#include <stdio.h>
void main()
{
        int nums[5] = {11, 22, 33, 44, 55};
        int *ptr = nums + 1;
        int i;
        for (i = 0; i < 4; i++)
            printf("%d ", *ptr++);
}
```

① 11 12 13 14   ② 11 22 33 44
③ 22 23 24 25   ④ 22 33 44 55

해설
• int *ptr = nums + 1;   // 포인터변수 ptr은 nums[1]을 가리킨다.
• for (i = 0; i < 4; i++) // 변수 i가 0부터 3까지 반복된다.
• printf("%d ", *ptr++);   // 먼저 포인터변수 ptr이 가리키는 값을 출력한 후, ptr이 1 증가한다.

67 다음 C 프로그램의 출력 값은? 2016년 국가직

```c
#include <stdio.h>
int main() {
    int a[] = {1, 2, 4, 8};
    int *p = a;

    p[1] = 3;
    a[1] = 4;
    p[2] = 5;

    printf("%d, %d\n", a[1]+p[1], a[2]+p[2]);

    return 0;
}
```

① 5, 9   ② 6, 9
③ 7, 9   ④ 8, 10

- int *p = a;   // 포인터변수 p가 배열 a를 가리킨다.
- 즉, a[0]과 p[0], a[1]과 p[1] ,,,은 같은 곳을 가리킨다.

68 다음 프로그램의 실행 결과로 옳은 것은? 2020년 국가직

```
#include <stdio.h>
int main(void)
{
    int array[] = {100, 200, 300, 400, 500};
    int *ptr;
    ptr = array;
    printf("%d\n", *(ptr+3) + 100);
}
```

① 200   ② 300

③ 400   ④ 500

해설
출력되는 *(ptr + 3) + 100에서 *(ptr + 3) = ptr[3] = 400이므로 400 + 100 = 500이 출력된다.

PART
07

69 다음 C 프로그램의 실행 결과로 옳은 것은? 2012년 계리직

```
void main()
{
    int a[4]={10, 20, 30};
    int *p = a;
    p++;
    *p++ = 100;
    *++p = 200;
    printf("a[0]=%d a[1]=%d a[2]=%d\n", a[0], a[1], a[2]);
}
```

① a[0]=10 a[1]=20 a[2]=30

② a[0]=10 a[1]=20 a[2]=200

③ a[0]=10 a[1]=100 a[2]=30

④ a[0]=10 a[1]=100 a[2]=200

해설

int *p = a;   // 포인터변수 p를 선언하면서 변수 a를 가리킨다(즉, a[0]을 가리킨다).
p++;   // 포인터변수 p가 1 증가하여 a[1]을 가리킨다.
*p++ = 100;   // 현재 포인터변수 p가 가리키는 a[1]에 100을 넣고, 포인터변수 p가 1 증가하여 a[2]를 가리킨다.
*++p = 200;   // 먼저 포인터변수 p가 증가하여 a[3]을 가리키고, 그 위치(a[3])에 200을 넣는다.

70 다음은 선택 정렬(selection sort)을 구현한 C 프로그램이다. 배열 arr의 값을 오름차순으로 출력하려고 할 때, /* 공란 */ 으로 표시된 곳에 채워져야 할 코드로 가장 적절한 것은? 2024년 군무원

```
#include <stdio.h>
int main() {
  int arr[5] = {10, 5, 8, 3, 7};
  int temp, min;

  for (int i = 0; i < 5; i++) {
    min = i;
    /* 공란 */
    temp = arr[i];
    arr[i] = arr[min];
    arr[min] = temp;
  }
  for (int i = 0; i < 5; i++) {
    printf("%d ", arr[i]);
  }
}
```

① for (int j = 1; j < 5; j++)
    if (arr[j] > arr[min]) min = j;
② for (int j = 1; j < 5; j++)
    if (arr[j] < arr[min]) min = j;
③ for (int j = i; j < 5; j++)
    if (arr[j] > arr[min]) min = j;
④ for (int j = i; j < 5; j++)
    if (arr[j] < arr[min]) min = j;

해설
- 선택 정렬(selection sort) : 배열의 요소 중 최댓값 혹은 최솟값을 탐색하고 배열 가장 끝(이나 처음)의 요소와 교체함으로써 정렬을 수행하는 알고리즘이다.
- 문제에서 배열 arr의 값을 오름차순으로 출력한다고 했으므로 배열의 왼쪽 부분이 작은 값, 오른쪽 부분이 큰 값으로 정렬되어야 한다. 반복문에서 if (arr[j] < arr[min]) min = j;가 모두 수행되고, temp = arr[i]; arr[i] = arr[min]; arr[min] = temp;에 의해 현재 위치와 최솟값의 위치가 교환된다.

정답   69. ③   70. ④

71 C++ 프로그램에서 수식 a=++b*c;와 같은 의미인 것은? 2011년 국가직 PL

① b=b+1;
   a=b*c;

② a=b*c;
   b=b+1;

③ a=b*c;
   a=b+1;

④ a=b+1;
   a=b*c;

해설

a=++b*c;에서 단항연산자 ++가 변수 b의 앞에 위치하므로 먼저 연산을 수행한 후, 그 값을 변수 c와 곱셈을 수행하여 변수 a에 배정한다.

72 다음 C++ 프로그램의 실행 결과는? 2012년 국가직 PL

```cpp
#include <iostream>
using namespace std;

void main()
{
    int i;
    int &j = i;
    i = 2;
    j = 3;
    cout << i + j;
}
```

① 3

② 4

③ 5

④ 6

해설

변수 i의 별칭으로 j가 사용되어 같은 기억공간을 공유하고 있다. 따라서 i + j;는 3 + 3;과 같다.

73 다음은 C++ 프로그램의 일부이다. 실행 결과는? 2011년 국가직 PL

```
#define POWER(x) x*x
...
printf("%d\n", POWER(1+2+3));
```

① 6
② 11
③ 12
④ 36

해설
- 매크로이므로 치환하면 1 + 2 + 3 * 1 + 2 + 3가 되어 3 * 1이 가장 먼저 실행된다.
- 위 코드의 매크로는 괄호를 정확히 표현하지 않아 의도하지 않은 연산이 수행될 수 있다.

74 다음 C++ 프로그램의 실행 결과로 옳은 것은? 2021년 지방직

```
#include <iostream>
using namespace std;

class Student {
public:
    Student():Student(0) {};
    Student(int id):_id(id) {
            if (_id > 0) _cnt++;
    };
    static void print() { cout << _cnt;};
    void printID() { cout << ++_id;};

private:
    int _id;
    static int _cnt;
};

int Student::_cnt = 0;

int main() {
    Student A(2);
    Student B;
    Student C(4);
    Student D(-5);
    Student E;
    Student::print();
    E.printID();
    return 0;
}
```

① 21   ② 22
③ 30   ④ 31

해설
```
int main() {
    Student A(2);      // 객체 생성, _id=2, _cnt=1
    Student B;         // 객체 생성, _id=0
    Student C(4);      // 객체 생성, _id=4, _cnt=2
    Student D(-5);     // 객체 생성, _id=-5
    Student E;         // 객체 생성, _id=0
    Student::print();; // _cnt 출력, 2 출력
    E.printID();       // ++_id 출력, 1 출력
    return 0;
}
```

75 다음 C++ 프로그램은 계승(factorial)을 계산하는 프로그램이다. ㉠과 ㉡에 들어갈 내용으로 옳은 것은? 2012년 국가직 PL

```
#include <iostream>
using namespace std;
double factorial(int n) {

  if (n == 0) ㉠
  else ㉡
}

void main() {
  int r;
  cout << "r=? "; cin >> r;
  cout << r << "!=" << factorial(r) << endl;
}
```

	㉠	㉡
①	return 1;	return (n * factorial(n-1));
②	return 0;	return (n * factorial(n-1));
③	return 1;	return ((n-1) * factorial(n));
④	return 1;	return ((n-1) * factorial(n-1));

해설

계승(factorial)을 계산하는 방법은 1부터 n개의 양의 정수를 모두 곱한 것으로 n! = n×(n − 1)!이다.

정답   74. ①   75. ①

76 다음 C++ 프로그래밍의 실행 결과로 옳은 것은? 2021년 군무원

```
#include <iostream>
using namespace std;

ostream &set(ostream &stream) {
        stream.width(10);
        stream.precision(4);
        stream.fill('*');
        return stream;
}

main() {
        cout << set << 3.14159265;

        return 0;
}
```

① 3.141*****
② *****3.142
③ *****3.141
④ 3.142*****

해 설

.width(10);   // 10칸 지정. 소수점을 포함한 전체 결과의 길이가 10이다.
.precision(4);   // 3.142. 3.141인데 반올림되어 3.142가 된다.
.fill("*");   // 빈칸을 *로 채운다.
adjustfield flag는 기본이 right이므로 3.142가 오른쪽에 출력된다.

77 자바 프로그래밍 언어에 대한 설명으로 옳은 것은? 2021년 지방직

① 클래스에서 상속을 금지하는 키워드는 this이다.
② 인터페이스(interface)는 추상 메소드를 포함할 수 없다.
③ 메소드 오버라이딩(overriding)은 상위 클래스에 정의된 메소드와 하위 클래스에서 재정의되는 메소드의 매개변수 개수와 자료형 등이 서로 다른 것을 의미한다.
④ 메소드 오버로딩(overloading)은 한 클래스 내에 동일한 이름의 메소드가 여러 개 있고 그 메소드들의 매개변수 개수 또는 자료형 등이 서로 다른 것을 의미한다.

[해설]
• this 예약어는 현재 사용 중인 객체 자기 자신을 의미한다. 생성자나 메소드의 매개변수가 멤버변수와 같은 이름을 사용하는 경우에 사용한다.
• 인터페이스(interface)는 실제 정의가 없이 선언만 되어 있는 메소드들의 집합이며, 상수와 추상 메소드로만 구성된다.
• 메소드 재정의(Overriding)는 상위 클래스에서 정의한 메소드와 이름, 매개변수의 자료형 및 개수가 같으나 수행문이 다른 메소드를 하위 클래스에서 정의하는 것이다.

78 Java 언어의 추상클래스(abstract class)에 대한 설명으로 옳은 것은? 2012년 국가직 PL

① 추상클래스는 다중상속(multiple inheritance)을 지원한다.
② 추상클래스는 추상메소드(abstract method)만 갖는다.
③ 추상클래스는 인터페이스(interface)의 수퍼클래스(superclass)가 될 수 있다.
④ 추상클래스는 인터페이스(interface)를 구현(implements)할 수 있다.

[해설]
• 추상클래스 : 클래스 내에 추상메소드가 하나라도 있으면 추상클래스이다.
• 인터페이스에서는 멤버의 구성 및 메소드 구현이 불가능하다. 따라서 CLASS를 상속할 수는 없다.
• 추상클래스는 구현되지 않은 추상메소드를 포함하므로 객체를 생성할 수 없다.

정답 76. ② 77. ④ 78. ④

79 다음 자바 코드를 컴파일할 때, 문법 오류가 발생하는 부분은? 2016년 지방직

```java
class Person {
    private String name;
    public int age;
    public void setAge(int age) {
        this.age = age;
    }
    public String toString() {
        return("name : " + this.name + ", age : " + this.age);
    }
}
public class PersonTest {
    public static void main(String[] args) {
        Person a = new Person();         // ㉠
        a.setAge(27);                     // ㉡
        a.name = "Gildong";               // ㉢
        System.out.println(a);            // ㉣
    }
}
```

① ㉠   ② ㉡

③ ㉢   ④ ㉣

해설

Person 클래스에서 변수 name은 접근지정자 private으로 선언되어 있으므로, 다른 클래스에서 a.name와 같이 접근할 수 없다.

☑ **JAVA 언어의 접근자(Modifiers)**
- default(공백) 또는 package : 패키지 내부에서만 상속과 참조 가능
- public : 패키지 내부 및 외부에서 상속과 참조 가능
- protected : 패키지 내부에서는 상속과 참조 가능, 외부에서는 상속만 가능
- private : 같은 클래스 내에서 상속과 참조 가능

80 JAVA 프로그램의 실행 결과로 옳은 것은? 2018년 계리직

```java
class Test {
    public static void main(String[] args) {
        int a = 101;
        System.out.println((a>>2) << 3);
    }
}
```

① 0   ② 200
③ 404   ④ 600

해 설

int a = 101;   // 정수형으로 변수 a 선언과 초기화
a >> 2   // a / 2^2 = a / 4 = 101 / 4 = 25.25 (정수연산이므로 25 저장)
(a >> 2) << 3   // 25 << 3 = 25 * 2^3 = 25 * 8 = 200

81 다음 Java 프로그램의 출력 결과는? 2023년 지방직

```java
public class Result {
    public static void main(String[] args) {
        int sum = 0;
        for (int i = 1; i <= 10; i++)
            if (i % 2 != 0 && i % 5 != 0)
                sum += i;
        System.out.println(sum);
    }
}
```

① 15   ② 20
③ 25   ④ 55

해 설

문제 코드의 for문은 변수 i가 1에서 10까지 1씩 증가되면서 수행되고, if문에 의해 변수 i의 값이 2의 배수이면
i % 2 !=0가 거짓이 되고, 5의 배수일 때도 i % 5 !=0가 거짓이 되어 sum += i;가 수행되지 않는다. 즉, 1부터 10까지
중에서 1, 3, 7, 9의 수치만 변수 sum에 누적합되어 20이 출력된다.

정답   79. ③   80. ②   81. ②

82 다음 Java 프로그램의 출력 결과는? 2019년 국가직

```java
class ClassP {
    int func1(int a, int b) {
            return (a+b);
    }
    int func2(int a, int b) {
            return (a-b);
    }
    int func3(int a, int b) {
            return (a*b);
    }
}
public class ClassA extends ClassP {
    int func1(int a, int b) {
            return (a%b);
    }
    double func2(double a, double b) {
            return (a*b);
    }
    int func3(int a, int b) {
            return (a/b);
    }
    public static void main(String[] args) {
            ClassP P = new ClassA();
            System.out.print(P.func1(5, 2) + ", "
                + P.func2(5, 2) + ", " + P.func3(5, 2));
    }
}
```

① 1, 3, 2

② 1, 3, 2.5

③ 1, 10.0, 2.5

④ 7, 3, 10

해설

• func1, func3는 오버라이딩이 되고, func2는 오버라이딩이 되지 않는다.
• 오버라이딩이 되기 위해서는 시그니처(반환형, 메소드명, 인자의 개수/형)가 같아야 되는데 func2는 반환형이 int/double로 일치하지 않기 때문에 오버라이딩이 되지 않는다.
• ClassP P = new ClassA();와 같이 객체가 생성되었기 때문에 오버라이딩이 된 메소드는 하위 클래스(ClassA)의 메소드가 수행되지만, 오버라이딩이 되지 않은 메소드는 상위 클래스(ClassP)의 메소드가 수행된다.

83 Java 프로그램의 실행 결과로 옳은 것은? 2019년 계리직

```java
public class B extends A {
  int a = 20;
  public B() {
    System.out.print("다"); }
  public B(int x) {
    System.out.print("라"); }
}
```

```java
public class A {
  int a = 10;
  public A() {
    System.out.print("가"); }
  public A(int x) {
    System.out.print("나"); }
  public static void main(String[] a) {
    B b1 = new B();
    A b2 = new B(1);
    System.out.print(b1.a + b2.a);
  }
}
```

① 다라30
② 다라40
③ 가다가라30
④ 가다가라40

해설
• B b1 = new B();   // 수행 시 생성자메소드는 A()을 수행 후에 B()를 수행하며, 멤버변수 b1.a에는 20이
                              들어간다.
• A b2 = new B(1);   // 수행 시 생성자메소드는 A()을 수행 후에 B(int x)가 수행되며, 멤버변수 b2.a에는
                              10이 들어간다.
• System.out.print(b1.a + b2.a); // b1.a + b2.a의 결과 30이 출력된다.

정답 82. ① 83. ③

84 다음 Java 프로그램의 출력 값은? 2018년 국가직

```java
class Super {
        Super() {
                System.out.print('A');
        }
        Super(char x) {
                System.out.print(x);
        }
}
class Sub extends Super {
        Sub() {
                super();
                System.out.print('B');
        }
        Sub(char x) {
                this();
                System.out.print(x);
        }
}
public class Test {
        public static void main(String[] args) {
                Super s1 = new Super('C');
                Super s2 = new Sub('D');
        }
}
```

① ABCD   ② ACBD

③ CABD   ④ CBAD

해설

• Super s1 = new Super('C');에 의해 생성자 Super(char x)가 수행되어 C가 먼저 출력된다.
• Super s2 = new Sub('D');에 의해 생성자 Sub(char x)가 수행된다. 생성자 Sub(char x)에서 먼저 this();가 수행되고 생성자 Sub()에서 super();가 수행되어 A가 출력되며, System.out.print('B');에 의해 B가 출력된다. 그 후에 System.out.print(x);가 수행되어 D가 출력된다.

85 다음의 Java 프로그램에서 사용되지 않은 기법은? 2010년 계리직

```
class Adder {
    public int add(int a, int b) { return a+b;}
    public double add(double a, double b) { return a+b;}
}
class Computer extends Adder {
    private int x;
    public int calc(int a, int b, int c) { if (a == 1) return add(b, c); else return x;}
    Computer() { x = 0;}
}

public class Adder_Main {
    public static void main(String args[]) {
        Computer c = new Computer();
        System.out.println("100 + 200 = " + c.calc(1, 100, 200));
        System.out.println("5.7 + 9.8 = " + c.add(5.7, 9.8));
    }
}
```

① 캡슐화(Encapsulation)
② 상속(Inheritance)
③ 오버라이딩(Overriding)
④ 오버로딩(Overloading)

해설
클래스 Adder에서 add 메소드가 행위는 같지만 인자가 서로 상이하게 오버로딩되고 있지만, 위의 소스에서 오버라이딩 개념은 사용되고 있지 않다.

86 다음 Java 프로그램에서 사용된 객체지향 언어의 특성이 아닌 것은? 2011년 국가직 7급 PL

```java
class Calc1 {
  protected int a, b;
  public Calc1() {
      a = 1;
      b = 2;
  }
}
class Plus extends Calc1 {
  void answer() {
      System.out.println(a + "+" + b + "=" + (a + b));
  }
  void answer(int a, int b) {
      System.out.println(a + "+" + b + "=" + (a + b));
  }
}
```

① 오버라이딩(overriding)　　　　② 상속(inheritance)
③ 캡슐화(encapsulation)　　　　④ 오버로딩(overloading)

─── 해설 ───
자바코드에서 answer() 메소드가 오버로딩이 되고 있지만, 오버라이딩되고 있는 메소드는 존재하지 않는다.

87 다음 Java 프로그램의 실행 결과는? 2011년 국가직 PL

```java
public class C {
    private int a;
    public void set(int a) {this.a=a;}
    public void add(int d) {a+=d;}
    public void print() {System.out.println(a);}
    public static void main(String args[]) {
        C p = new C();
        C q;
        p.set(10);
        q=p;
        p.add(10);
        q.set(30);
        p.print();
    }
}
```

① 10   ② 20
③ 30   ④ 40

┌─────┐
│ 해설 │
└─────┘
객체 변수 p는 객체 생성이 되어 메모리 할당이 되었고, 객체 변수 q는 변수만 선언된 것이므로 객체 생성(메모리 할당)이
되지 않고 q=p;에 의해 두 객체 변수는 같은 객체(메모리)를 참조한다.

88 다음 Java 프로그램의 실행 결과로 옳은 것은? 2016년 계리직

```
class Division  {
    public static void main(String[] args) {
        int a, b, result;
        a = 3;
        b = 0;
        try  {
            result = a / b;
            System.out.print("A");
        }
        catch (ArithmeticException e) {
            System.out.print("B");
        }
        finally {
            System.out.print("C");
        }
        System.out.print("D");
    }
}
```

① ACD   ② BCD

③ ABCD   ④ BACD

해설

• Java 프로그램의 예외처리이며, 예외처리 루틴은 try~catch~finally문을 사용한다. try 블록 안에는 예외를 발생시킬 수 있는 메소드 및 수행문을 기술한다. catch 블록은 try 블록 내의 메소드 실행 중에 예외가 발생했을 때, 자바가상기계는 즉시 수행을 중단하고, 발생된 예외의 타입과 일치하는 블록 내 실행문을 찾아 실행한다. finally 블록은 선택적으로 사용되며, 만약 존재한다면 예외의 발생과 상관없이 반드시 실행한다.

• try문에서 result = a / b 문장에서 0으로 나누므로 ArithmeticException이 발생되어 catch문의 System.out.print("B");가 수행되며, finally문의 System.out.print("C");가 수행되고, 마지막으로 System.out.print("D");가 수행된 후에 종료된다.

89 JAVA 클래스 D의 main()함수 내에서 컴파일하거나 실행하는 데 에러가 발생하지 않는 명령어는?

2014년 국가직

```
abstract class A {
    public abstract void disp();
}
abstract class B extends A {
}
class C extends B {
    public void disp() { }
}
public class D {
    public static void main(String[] args) {


    }
}
```

① A ap = new A();　　　　　　② A bp = new B();

③ A cp = new C();　　　　　　④ B dp = new B();

해설

클래스 A와 B가 추상클래스이므로 클래스 A와 B에서 객체를 생성할 수 없다. 보기 3번과 같이 추상클래스를 기본형으로 일반클래스로 확장하여 객체를 생성해야 한다.

정답　88. ②　89. ③

90 다음 Java 프로그램에 사용된 객체지향 언어의 특징이 아닌 것은?

```java
public class Animal{
    private int legs = 4;
    String name = "동물";
    public void walk() {
        System.out.println(name + "(이)가 걸었습니다.");
    }
};
public class Lion extends Animal{
    String name = "사자";
    public void walk(){
        System.out.println(name + "가 걸었습니다.");
    }
};
```

① 캡슐화   ② 오버로딩
③ 상속   ④ 오버라이딩

해설
클래스 Lion에서 walk 메소드가 오버라이딩(재정의) 되고 있지만, 오버로딩(중복)의 개념은 사용되고 있지 않다.

91 다음 Java 프로그램의 실행 결과로 가장 옳은 것은? 2021년 군무원

```java
public class Test {
 public static void main(String[] args) {
    String A1 = "23242";
    String A2 = "Hello!!";

    String B1 = A2.concat(A1);
    String B2 = A1.substring(4);
    String B3 = Integer.toString(B1.indexOf("3"));

    System.out.println("B1 : " + B1);
    System.out.println("B2 : " + B2);
    System.out.println("B3 : " + B3);
  }
}
```

① B1 : 23242Hello!!, B2 : 4, B3 : 8
② B1 : 23242Hello!!, B2 : 2, B3 : 7
③ B1 : Hello!!23242, B2 : 2, B3 : 8
④ B1 : Hello!!23242, B2 : 4, B3 : 7

해설

• concat() 함수는 보통 문자열을 연결할 때 사용하는 함수이다. String 클래스에서 제공하는 기본 메소드로 더하려는 값을 new String()으로 새로 만들게 된다. 따라서 A2의 문자값인 "Hello!!"에 A1의 문자값인 "23242"가 추가되어 하나의 합쳐진 텍스트 문자열이 출력되게 된다.
• substring() 함수는 문자열을 자를 때 사용된다. 인자값은 int형으로 substring 하고자 하는 문자열의 앞에서부터 몇 번째 위치인가를 지정하는 값이다. 즉, 입력받은 인자값 index를 해당 위치를 포함하여 이후의 모든 문자를 리턴시키는 함수이므로 A1.substring(4)은 index가 4인 위치의 문자를 포함한 문자열 2를 리턴한다.
• .indexOf() 함수는 문자열 중에서 인자값에 해당되는 문자가 있으면 찾은 문자의 첫 번째 위치값을 리턴하고 찾는 문자가 없으면 "−1"을 반환한다. 따라서 B1.indexOf("3")은 B1("Hello!!23242")에서 3이라는 값을 찾아 그 해당 위치값인 8을 리턴한다.

92 다음 중 파이썬 프로그래밍 언어에 대한 설명으로 옳은 것만을 모두 고르면? 2021년 국가직

> ㄱ. 변수 선언 시 변수명 앞에 데이터형을 지정해야 한다.
> ㄴ. 플랫폼에 독립적인 대화식 언어이다.
> ㄷ. 클래스를 정의하여 객체 인스턴스를 생성할 수 있다.

① ㄴ   ② ㄱ, ㄷ
③ ㄴ, ㄷ   ④ ㄱ, ㄴ, ㄷ

해설

⊘ **파이썬(Python)**
1. 파이썬은 1991년 프로그래머인 귀도 반 로섬(Guido van Rossum)이 발표한 고급 프로그래밍 언어이다.
2. 플랫폼에 독립적이며 인터프리터식, 객체지향적, 동적 타이핑(dynamically typed) 대화형 언어이다.
3. 파이썬의 특징
   • 문법이 쉽고 간단하며, 배우기가 쉽다.
   • 객체 지향적이다.
   • 다양한 패키지가 제공된다.
   • 오픈 소스이며 무료로 제공된다.

정답   90. ②   91. ③   92. ③

93 다음 파이썬 코드는 이진 탐색을 이용하여 자연수 데이터를 탐색하는 함수이다. (가), (나)에 들어갈 내용을 바르게 연결한 것은? (단, ds는 오름차순으로 정렬된 중복 없는 자연수 리스트이고, key는 찾고자 하는 값이다) 2024년 국가직

```
def binary(ds, key):
    low = 0
    high = len(ds) − 1
    while low <= high:
        mid = (low+high) // 2
        if key == ds[mid]:
            return mid
        elif key < ds[mid]:
            (    가    )
        else:
            (    나    )
    return
```

	(가)	(나)
①	high = mid − 1	low = mid − 1
②	high = mid − 1	low = mid + 1
③	high = mid + 1	low = mid − 1
④	high = mid + 1	low = mid + 1

해설
- 이진 탐색: 파일이 정렬되어 있어야 하며, 파일의 중앙의 키 값과 비교하여 탐색 대상이 반으로 감소된다. 찾고자 하는 값과 중앙의 키 값을 비교하여 찾고자 하는 값이 더 작다면 중앙의 키 값 기준 오른쪽 값들은 탐색할 필요가 없게 되며, 이는 반대의 경우도 마찬가지가 된다.
- ds는 오름차순으로 정렬된 중복 없는 자연수 리스트이고, key는 찾고자 하는 값이므로 key == ds[mid]이 만족한다면 그 값이 찾고자 하는 값이 되므로 바로 리턴한다. 하지만, key < ds[mid]이 만족한다면 high = mid − 1가 수행되고, key > ds[mid]이 만족된다면 low = mid + 1가 수행된다.

94 다음 python 프로그램의 실행 결과로 옳은 것은? 2024년 군무원

```
str = "89점"
try :
    score = int(str)
except ValueError :
    print("값 에러")
except TypeError :
    print("타입 에러")
else :
    print(score)
finally :
    print("마칩니다.")
```

① 값 에러
　마칩니다.

② 타입 에러
　마칩니다.

③ 89

④ 89
　마칩니다.

해설
• 초기화 및 try 블록 : 변수 str에 문자열 값 "89점"이 할당된다. try 블록에서 str을 정수로 변환하려고 시도한다(int(str)).
• 예외 처리 : 문자열을 정수로 변환하는 과정에서 문자열에 숫자가 아닌 문자가 포함되어 있기 때문에 ValueError가 발생하여 "값 에러"를 출력한다.
• finally 블록 : 예외 발생 여부와 상관없이 항상 finally 블록이 실행되므로 "마칩니다."를 출력한다.

PART
07

정답　93. ②　94. ①

95 다음 파이썬 코드는 std 변수에 저장된 각각의 Student 객체에 대해 학생 id 및 국어, 영어 성적의 평균을 출력한다. (가)~(다)에 들어갈 내용을 바르게 연결한 것은? 2024년 국가직

```
class Student:
    def __init__(self, id, kor, eng):
        self.id = id
        self.kor = kor
        self.eng = eng

    def sum(self):
        return self.kor + self.eng

    def avg(self):
        return    (가)

std = [
    Student("ok", 90, 100),
    Student("pk", 80, 90),
    Student("rk", 80, 80)
]

for to in    (나)   :
    print(   (다)   )
```

	(가)	(나)	(다)
①	self.sum() / 2	std	to.id, to.avg()
②	self.sum() / 2	Student	Student.id, Student.avg()
③	sum(self) / 2	std	to.id, to.avg(self)
④	sum(self) / 2	Student	Student.id, Student.avg(self)

해설

⊘ 파이썬의 클래스

```
class 클래스명:
    def 메소드명(self):
        명령블록
```

```
class Student:
    def __init__(self, id, kor, eng):          // 초기화(생성자) 메소드 정의
    def sum(self):                             // 합계 메소드 정의
        return self.kor + self.eng

    def avg(self):                             // 평균 메소드 정의
        return self.sum() / 2

std = [                                        // std에 객체 인스턴스 3개 저장
    Student("ok", 90, 100),
    Student("pk", 80, 90),
    Student("rk", 80, 80)
]

for to in std :                                // for문으로 반복변수 to를 이용하여 to.avg()) 문을 반복한다.
    print(to.id, print(to.id, to.avg())
```

96 다음 파이썬 프로그램의 출력 결과는? 2024년 지방직

```
student_list = ['A', 'B', 'C', 'D']
student_score = ['92', '85', '77', '54']
student_grade = []
i = 0
for _ in range(len(student_score)):
    try:
        if student_score[_] >= 90:
            student_grade.append('A+')
            i+=1
        elif student_score[_] >= 80:
            student_grade.append('B+')
            i+=1
        elif student_score[_] >= 70:
            student_grade.append('C+')
            i+=1
        else:
            student_grade.append('D+')
            i+=1
    except: student_grade.append('F')
print("%s, %s" % (student_list[i], student_grade[i]))
```

① A, D+   ② A, F

③ D, D+   ④ D, F

해 설

```
student_list = ['A', 'B', 'C', 'D']
student_score = ['92', '85', '77', '54']
student_grade = []
i = 0
# 리스트와 변수를 초기화
for _ in range(len(student_score)):
# student_score의 길이만큼 반복
# try except 예외처리 사용 : try에서 예외가 발생하면 except 수행
    try:
# 아래 조건이 함정이 있는 부분 : student_score[_]은 반복문에 의해 student_score[0]부터 수행되는데
# student_score[0]에는 '92'가 있으므로 문자열과 수치를 비교하여 예외가 발생된다.
        if student_score[_] >= 90:
            student_grade.append('A+')
            i += 1
        elif student_score[_] >= 80:
            student_grade.append('B+')
            i += 1
        elif student_score[_] >= 70:
            student_grade.append('C+')
            i += 1
        else:
            student_grade.append('D+')
            i += 1
    except : student_grade.append('F')
# student_score[_]은 반복문에 의해 0~3까지 수행되어도 모두 예외가 발생되며 except가 수행되기 때문에
# student_grade 리스트에는 모두 'F'가 저장되게 된다. student_grade = ['F', 'F', 'F', 'F'] i += 1는 한 번도 실행되지 않
# 으므로 반복문을 모두 수행해도 i = 0이 그대로 들어있다.
print("%s, %s" % (student_list[i], student_grade[i]))
# student_list[0], student_grade[0]을 출력하면 A, F가 된다.
```

정답 96. ②

97 HTML(Hyper Text Markup Language), SGML(Standard Generalized Markup Language), XML(eXtensible Markup Language)에 대한 설명으로 옳지 않은 것은? 2012년 국가직 PL

① SGML과 XML은 마크업 언어를 정의할 수 있는 메타언어이다.
② XML은 SGML과 HTML처럼 태그의 종류가 고정되어 있다.
③ XML은 SGML의 강력한 기능과 HTML의 편리한 사용성과 같은 장점들을 취하였다.
④ SGML은 구성과 문법이 복잡해서 문서를 작성하기 힘들다.

> 해설
> XML은 사용자가 필요한 태그를 정의해서 사용한다.

98 웹 애플리케이션을 개발하기 위한 스크립트 언어 중 성격이 다른 것은? 2010년 계리직

① Javascript   ② JSP
③ ASP   ④ PHP

> 해설
> Javascript는 클라이언트 사이드 실행이며 JSP, ASP, PHP는 서버 사이드 실행이다.

99 HTML5의 특징에 대한 설명으로 옳지 않은 것은? 2017년 국가직

① 플러그인의 도움 없이 음악과 동영상 재생이 가능하다.
② 쌍방향 통신을 제공하여 실시간 채팅이나 온라인 게임을 만들 수 있다.
③ 디바이스에 접근할 수 없어서 개인정보 보호 및 보안을 철저히 유지할 수 있다.
④ 스마트폰의 일반 응용프로그램도 HTML5를 사용해 개발할 수 있다.

> 해설
> ⊘ **HTML5의 특징**
> • 웹(클라이언트)에서 서버 측과 직접적인 양방향 통신 가능
> • 다양한(2차원, 3차원) 그래픽 기능을 지원
> • 비디오 및 오디오 기능을 자체적으로 지원
> • 웹 자료에 의미를 부여하여 사용자 의도에 맞는 맞춤형 검색 제공
> • GPS 없이도 단말기의 지리적인 위치 정보를 제공하며, 기존 웹서비스의 보안 취약점 문제와 HTML5에서 추가된 기능들에 대한 보안 취약점(ex : 웹 스토리지)에 문제가 있을 수 있다.

100 웹 개발 기법의 하나인 Ajax(Asynchronous Javascript and XML)에 대한 설명으로 옳지 않은 것은? 2010년 계리직

① 대화식 웹 애플리케이션을 개발하기 위해 사용된다.

② 기술의 묶음이라기보다는 웹 개발을 위한 특정한 기술을 의미한다.

③ 서버 처리를 기다리지 않고 비동기 요청이 가능하다.

④ Prototype, JQuery, Google Web Toolkit은 대표적인 Ajax 프레임워크이다.

해설

✓ Ajax(Asynchronous Javascript and XML)

• 브라우저와 서버 간의 비동기 통신 채널, 자바스크립트, XML의 집합과 같은 기술들이 포함된다.

• 대화식 웹 애플리케이션을 개발하기 위해 사용되며, Ajax 애플리케이션은 실행을 위한 플랫폼으로 사용되는 기술들을 지원하는 웹 브라우저를 이용한다.

정답   97. ②   98. ①   99. ③   100. ②

Part

08

정보보호

손경희 컴퓨터일반
단원별 기출문제집 ✦

01 정보 보안에 대한 설명으로 옳지 않은 것은? 2012년 국가직

① 방화벽의 가장 기본적인 기능은 패킷 필터링(packet filtering)이다.

② 스니핑(sniffing)은 네트워크에서 송수신되는 패킷을 가로채서 권한이 없는 제3자가 그 내용을 보는 것이다.

③ 정보를 송신한 자가 나중에 정보를 보낸 사실을 부인하지 못하도록 하는 기법을 부인 방지(non-repudiation)라고 한다.

④ 디지털 서명(digital signature)은 공용(public) 네트워크를 사설(private) 네트워크처럼 사용할 수 있도록 제공하는 인증 및 암호화 기법이다.

해설
- 보기 4번은 VPN(가상사설망)에 대한 설명이다.
- 디지털 서명(digital signature)은 전자문서나 메시지를 보낸 사람의 신원이 진짜임을 증명하기 위해 디지털 형태로 생성하여 첨부하는 것이다.

02 컴퓨터와 네트워크 보안에 대한 설명으로 옳지 않은 것은? 2011년 국가직

① 인증(authentication)이란 호스트나 서비스가 사용자의 식별자를 검증하는 것을 의미한다.

② 기밀성(confidentiality)이란 인증된 집단만 데이터를 읽는 것이 가능한 것을 의미한다.

③ 무결성(integrity)이란 모든 집단이 데이터를 수정할 수 있도록 허가한다는 것을 의미한다.

④ 가용성(availability)이란 인증된 집단이 컴퓨터 시스템의 자산들을 사용할 수 있다는 것을 의미한다.

해설
무결성(integrity)은 인가받지 않은 사용자가 데이터를 변경하지 않았다는 것을 보장해 주는 것으로, 정보의 정확성과 신뢰성을 지켜주는 성질이다.

03 공개키 암호화 방법을 사용하여 철수가 영희에게 메시지를 보내는 것에 대한 설명으로 옳지 않은 것은? 2017년 국가직

① 영희는 자신의 개인키를 사용하여 암호문을 복호화한다.
② 철수는 자신의 공개키를 사용하여 평문을 암호화한다.
③ 공개키의 위조 방지를 위해 인증기관은 인증서를 발급한다.
④ 공개키는 누구에게나 공개된다.

해설
공개키 암호화 방법을 사용하여 철수(송신자)가 영희(수신자)에게 메시지를 보낼 때는 수신자가 개인키와 공개키를 생성하고, 수신자의 공개키로 평문을 암호화하여 수신자의 개인키로 암호문을 복호화한다.

04 암호화 기술에 대한 설명으로 옳은 것은? 2020년 국가직

① 공개키 암호화는 암호화하거나 복호화하는 데 동일한 키를 사용한다.
② 공개키 암호화는 비공개키 암호화에 비해 암호화 알고리즘이 복잡하여 처리속도가 느리다.
③ 공개키 암호화의 대표적인 알고리즘에는 데이터 암호화 표준(Data Encryption Standard)이 있다.
④ 비밀키 암호화는 암호화와 복호화 과정에서 서로 다른 키를 사용하는 비대칭 암호화(asymmetric encryption)다.

해설
• 공개키 암호 방식 : 암호화용 키와 복호화용 키가 서로 다른 키를 사용하는 방식이며, 공개하는 키(공개키, public키)와 비밀로 두는 키(비밀키, private키)의 키 쌍에 의해 처리한다.
• 대표적인 공개 암호화 시스템은 RSA가 있으며, DES는 비밀키 암호화 방식이다.
• 암호화용 키와 복호화용 키가 동일한 키를 사용하는 방식을 공통키(비밀키, 대칭키) 암호 방식이라 한다.

PART 08

정답 01. ④ 02. ③ 03. ② 04. ②

05 다음 암호화에 관련된 설명 중 가장 적절하지 않은 것은? 2024년 군무원

① 단방향 암호화는 암호화된 결과로부터 원문을 복호화하는 용도로 사용하지 않는다.

② 대칭키 암호화는 키를 가진 경우 원문 복호화가 가능하다.

③ 공개키 암호화는 개인키를 이용한 원문 복호화가 불가능하다.

④ 공개키 암호화 기법은 비밀번호 없는 SSH(Secure Shell) 접속에 응용된다.

해설
- 공개키 암호화에서는 공개키로 암호화된 암호문을 개인키로 복호화할 수 있다.
- 일(단)방향 암호화는 해시 함수를 이용하며, 암호화된 결과로부터 원문을 복호화할 수 없다. 주로 데이터 무결성 확인이나 비밀번호 저장 등의 용도로 사용된다.
- 공개키 방식으로 암호화 및 인증에 사용되며, 메시지를 공개키로 암호화하면 개인키를 가지고 있는 사람만이 메시지를 복호화하여 메시지를 확인할 수 있다. SSH 접속 시 사용자는 공개키를 서버에 등록하고, 서버는 등록된 공개키와 사용자가 입력한 개인키를 비교하여 인증을 수행하며, 사용자는 비밀번호를 입력하지 않고도 SSH 접속을 할 수 있다.

06 암호화 및 복호화를 위하여 개인키와 공개키가 필요한 비대칭키 암호화 기법은? 2024년 국가직

① AES
② DES
③ RSA
④ SEED

해설

대칭키 암호		비대칭키 암호	
스트림 암호	블록 암호	이산 대수	소인수 분해
RC4, LFSR	DES, AES, SEED, ARIA	DH, ElGaaml, DSA, ECC	RSA, Rabin

07 사진이나 동영상 등의 디지털 콘텐츠에 저작권자나 판매자 정보를 삽입하여 원본의 출처 정보를 제공하는 기술은? 2019년 국가직

① 디지털 사이니지
② 디지털 워터마킹
③ 디지털 핑거프린팅
④ 콘텐츠 필터링

해설
- 디지털 워터마킹: 텍스트 · 그래픽 · 비디오 · 오디오 등 멀티미디어 저작물의 불법 복제를 막고 저작권자 보호를 위한 디지털 콘텐츠 저작권 보호기술이다.
- 디지털 사이니지: 디지털 정보 디스플레이(digital information display ; DID)를 이용한 옥외광고로, 관제센터에서 통신망을 통해 광고 내용을 제어할 수 있는 광고판을 말한다.
- 디지털 핑거프린팅: 디지털 콘텐츠를 구매할 때 구매자의 정보를 삽입하여 불법 배포 발견 시 최초의 배포자를 추적할 수 있게 하는 기술이다.
- 콘텐츠 필터링: 콘텐츠 이용 과정에서 저작권 침해 여부 등을 판단하기 위해 데이터를 제어하는 기술로, 키워드(keyword) 필터링, 해시(hash) 필터링, 특징점(feature) 필터링 등이 있다.

08 다음에서 설명하는 해킹 공격 방법은? 2018년 국가직

> 공격자는 사용자의 합법적 도메인을 탈취하거나 도메인 네임 시스템(DNS) 또는 프락시 서버의
> 주소를 변조하여, 사용자가 진짜 사이트로 오인하여 접속하도록 유도한 후 개인정보를 훔친다.

① 스니핑(Sniffing)　　　　　　　　② 파밍(Pharming)
③ 트로이 목마(Trojan Horse)　　　④ 하이재킹(Hijacking)

해설
- 파밍 : 해당 사이트가 공식적으로 운영하고 있던 도메인 자체를 중간에서 탈취하는 수법이며 사용자들은 늘 이용하는 사이트로 알고 의심하지 않고 개인 ID, 패스워드, 계좌정보 등을 노출할 수 있다.
- 스니핑(Sniffing) : 네트워크 통신 내용을 도청하는 행위이다.
- 트로이 목마 : 트로이 목마 프로그램은 유용하거나 자주 사용되는 프로그램 또는 명령 수행 절차 내에 숨겨진 코드를 포함시켜 잠복하고 있다가 사용자가 프로그램을 실행할 경우 원치 않는 기능을 수행한다.

09 다음 중 로봇프로그램과 사람을 구분하는 방법의 하나로 사람이 인식할 수 있는 문자나 그림을 활용하여 자동 회원 가입 및 게시글 포스팅을 방지하는 데 사용하는 방법은? 2014년 국회직

① 해시함수　　　　　　　　　　　② 캡차(CAPCHA)
③ 전자서명　　　　　　　　　　　④ 인증서

해설
CAPCHA(Completely Automated Public Turing test to tell Computers and Humans Apart)는 기계는 인식할 수 없으나 사람은 쉽게 인식할 수 있는 테스트를 통해 사람과 기계를 구별하는 프로그램이다. 어떤 서비스에 가입을 하거나 인증이 필요할 때 알아보기 힘들게 글자들이 쓰여 있고, 이것을 그대로 옮겨 써야 하는데 보통 영어 단어, 또는 무의미한 글자 조합이 약간 변형된 이미지로 나타난다.

PART
08

정답　05. ③　06. ③　07. ②　08. ②　09. ②

10 (가), (나)에서 설명하는 악성 프로그램의 용어를 바르게 짝지은 것은? 2019년 계리직

> (가) 사용자 컴퓨터의 데이터를 암호화시켜 파일을 사용할 수 없도록 한 후 암호화를 풀어주는 대가로 금전을 요구하는 악성 프로그램
> (나) '○○○초대장' 등의 내용을 담은 문자 메시지 내에 링크된 인터넷 주소를 클릭하면 악성 코드가 설치되어 사용자의 정보를 빼가거나 소액결제를 진행하는 악성 프로그램

　　　　　(가)　　　　　　(나)
① 스파이웨어　　트로이목마
② 랜섬웨어　　　파밍(Pharming)
③ 스파이웨어　　피싱(Phishing)
④ 랜섬웨어　　　스미싱(Smishing)

해설

- 랜섬웨어 : 사용자 컴퓨터 시스템에 침투하여 중요 파일에 대한 접근을 차단하고 금품(ransom)을 요구하는 악성 프로그램이다. 몸값을 뜻하는 ransome과 제품을 뜻하는 ware의 합성어이며, 인터넷 사용자의 컴퓨터에 잠입해 내부 문서나 사진 파일 등을 제멋대로 암호화해 열지 못하도록 한 뒤 돈을 보내면 해독용 열쇠 프로그램을 전송해준다며 금품 등을 요구한다.
- 스미싱 : SMS와 피싱(Phishing)의 합성어로 문자메시지를 이용한 새로운 휴대폰 해킹 기법이며, 사회공학적 공격의 일종이다. 휴대폰 사용자에게 웹 사이트 링크를 포함하는 문자메시지를 보내 휴대폰 사용자가 웹 사이트에 접속하면 악성코드를 이용해 휴대폰을 통제하며 개인정보를 빼내갈 수 있다.
- 스파이웨어(Spyware) : 사용자의 적절한 동의가 없이 설치되었거나 컴퓨터에 대한 사용자의 통제 권한을 침해하는 프로그램으로서, 사용자의 정보, 행동 특성 등을 빼내가는 프로그램이다.
- 트로이목마 : 트로이목마 프로그램은 유용하거나 자주 사용되는 프로그램 또는 명령 수행 절차 내에 숨겨진 코드를 포함시켜 잠복하고 있다가 사용자가 프로그램을 실행할 경우 원치 않는 기능을 수행한다.
- 파밍(Pharming) : 파밍 공격은 피싱 공격에서 발전된 공격방법으로 DNS poisoning 기법을 악용한 공격방법이다.
- 피싱(Phishing) : 공공기관이나 금융기관을 사칭하여 개인정보나 금융정보를 빼내거나 이를 활용하여 금전적 손해를 끼치는 사기수법이다.

11 다음에서 설명하는 보안공격방법은? 2017년 국가직

> 공격자는 여러 대의 좀비 컴퓨터를 분산 배치하여 가상의 접속자를 만든 후 처리할 수 없을 정도로 매우 많은 양의 패킷을 동시에 발생시켜 시스템을 공격한다. 공격받은 컴퓨터는 사용자가 정상적으로 접속할 수 없다.

① 키로거(Key Logger)
② DDoS(Distributed Denial of Service)
③ XSS(Cross Site Scripting)
④ 스파이웨어(Spyware)

해설
- 키로거(Key Logger) 공격 : 컴퓨터 사용자의 키보드 움직임을 탐지해 ID나 패스워드, 계좌번호, 카드번호 등과 같은 개인의 중요한 정보를 몰래 탈취하는 공격 기법이다.
- XSS(Cross Site Scripting) : XSS 취약점은 애플리케이션이 신뢰할 수 없는 데이터를 가져와 적절한 검증이나 제한 없이 웹 브라우저로 보낼 때 발생한다. XSS는 공격자가 피해자의 브라우저에 스크립트를 실행하여 사용자 세션 탈취, 웹 사이트 변조, 악의적인 사이트로 이동할 수 있다.
- 스파이웨어(Spyware) : 사용자의 적절한 동의가 없이 설치되었거나 컴퓨터에 대한 사용자의 통제 권한을 침해하는 프로그램으로서 사용자의 정보, 행동 특성 등을 빼내가는 프로그램이다.

12 온라인에서 멀티미디어 콘텐츠의 불법 유통을 방지하기 위해 삽입된 워터마킹 기술의 특성으로 옳지 않은 것은? 2019년 계리직

① 부인 방지성　　　　② 비가시성
③ 강인성　　　　　　④ 권리정보 추출성

해설
워터마크에는 부인 방지성 제공이 안 되며, 부인 방지성이 제공되기 위해서는 전자서명이 필요하다.

⊘ 워터마크(watermark)
1. 저작권 정보를 원본의 내용을 왜곡하지 않는 범위에서 사용자가 인식하지 못하는 방식으로 디지털 콘텐츠에 삽입하는 기술을 말한다.
2. 콘텐츠의 변조 유무 확인, 소유권 주장, 사용 제한 및 불법 복제 방지 등이 가능하다.
3. 워터마크의 특성
- 비기시성 : 사용자가 알 수 없고 콘텐츠의 질 저하가 없다.
- 견고성 : 다양하게 변조해도 워터마크를 읽어 낼 수 있다.
- 효율성 : 워터마크는 하나의 키에만 대응된다.
- 경로 추적 : 원본의 출처를 밝히거나 누구에게 전달된 정보인지 추적이 가능하다.

정답 10. ④　11. ②　12. ①

13 악성코드에 대한 설명으로 옳지 않은 것은? 2013년 국가직

① 파일 감염 바이러스는 대부분 메모리에 상주하며 프로그램 파일을 감염시킨다.
② 웜(worm)은 자신의 명령어를 다른 프로그램 파일의 일부분에 복사하여 컴퓨터를 오동작하게 하는 종속형 컴퓨터 악성코드이다.
③ 트로이 목마는 겉으로 보기에 정상적인 프로그램인 것 같으나 악성코드를 숨겨두어 시스템을 공격한다.
④ 매크로 바이러스는 프로그램에서 어떤 작업을 자동화하기 위해 정의한 내부 프로그래밍 언어를 사용하여 데이터 파일을 감염시킨다.

해설
웜(worm)은 바이러스와 달리 숙주가 필요하지 않고 독립적으로 존재한다.

14 시스템의 보안 취약점을 활용한 공격방법에 대한 설명으로 옳지 않은 것은? 2014년 계리직

① Sniffing 공격은 네트워크상에서 자신이 아닌 다른 상대방의 패킷을 엿보는 공격이다.
② Exploit 공격은 공격자가 패킷을 전송할 때 출발지와 목적지의 IP 주소를 같게 하여 공격대상 시스템에 전송하는 공격이다.
③ SQL Injection 공격은 웹 서비스가 예외적인 문자열을 적절히 필터링하지 못하도록 SQL문을 변경하거나 조작하는 공격이다.
④ XSS(Cross Site Scripting) 공격은 공격자에 의해 작성된 악의적인 스크립트가 게시물을 열람하는 다른 사용자에게 전달되어 실행되는 취약점을 이용한 공격이다.

해설
• Land 공격은 공격자가 패킷을 전송할 때 출발지와 목적지의 IP 주소를 같게 하여 공격대상 시스템에 전송하는 공격이다.
• Exploit 공격은 시스템의 보안 취약점을 이용한 공격방법으로 시스템 보안, 네트워크 보안, 응용 프로그램 취약점 등을 사용하는 공격 행위이다.

15 인터넷 환경에서 다른 사용자들이 송수신하는 네트워크상의 데이터를 도청하여 패스워드나 중요한 정보를 알아내는 형태의 공격은? 2011년 국가직

① 서비스 거부(DoS : denial of service) 공격
② ICMP 스머프(smurf) 공격
③ 스니핑(sniffing)
④ 트로이 목마(Trojan horse)

해설
- DoS 공격은 희생시스템에 과도한 부하를 일으켜 희생시스템의 가용성을 떨어뜨리는 공격이다.
- 스머프 공격은 DoS 공격의 일종으로, IP를 속여 다이렉트 브로드케스트를 수행하여 희생시스템에 과도한 에코 메시지를 받게 하는 공격이다.
- 트로이 목마는 유용한 프로그램인 것처럼 위장하여 사용자의 시스템으로 침투하여 악의적인 기능을 수행하는 프로그램이다.

16 자신을 타인이나 다른 시스템에게 속이는 행위를 의미하며 침입하고자 하는 호스트의 IP 주소를 바꾸어서 해킹하는 기법을 가리키는 것은? 2008년 계리직

① Spoofing   ② Sniffing
③ Phishing   ④ DoS 공격

해설
- 스푸핑(Spoofing) : 속임을 이용한 공격에 해당되며, 네트워크에서 스푸핑 대상은 MAC 주소, IP 주소, 포트 등 네트워크 통신과 관련된 모든 것이 될 수 있다.
- 스니핑(Sniffing) : 네트워크 통신 내용을 도청하는 행위이다. 네트워크상에서 다른 상대방들의 패킷 교환을 엿듣는 것을 의미하며 이때 사용되는 도구를 패킷 분석기 또는 패킷 스니퍼라고 하며, 이는 네트워크의 일부나 디지털 네트워크를 통하는 트래픽의 내용을 저장하거나 가로채는 기능을 하는 SW/HW이다.
- 피싱(Phishing) : 금융기관 등의 웹 사이트에서 보내온 메일로 위장하여 개인의 인증번호나 신용카드번호, 계좌번호 등을 빼내 이를 불법적으로 이용하는 사기수법이다.
- DoS(Denial of Service) 공격 : 공격대상이 수용할 수 있는 능력 이상의 정보를 제공하거나, 사용자 또는 네트워크의 용량을 초과시켜 정상적으로 작동하지 못하게 하는 공격이다.

17 **다음 중 설명이 가장 옳지 않은 것은?** 2021년 군무원

① 컴퓨터 한 대에서 엄청난 양의 데이터를 서버로 보냄으로써 다른 사람이 서버를 이용하지 못하게 하는 해킹 방법을 디도스 공격이라고 한다.

② 엑셀, 워드, 파워포인트 같은 데이터 파일에 포함해서 배포되는 악성 소프트웨어를 매크로 바이러스라고 한다.

③ 컴퓨터 속의 자료를 없애거나 시스템을 정지하려고 만든 파괴적인 소프트웨어를 컴퓨터 바이러스라고 한다.

④ 감염되면 컴퓨터 내 모든 파일에 암호가 걸려 돈을 받은 후에만 암호를 풀어주는 악성 소프트웨어를 랜섬웨어라고 한다.

해설

컴퓨터 한 대에서 엄청난 양의 데이터를 서버로 보냄으로써 다른 사람이 서버를 이용하지 못하게 하는 해킹 방법을 도스 공격이라고 한다.

18 **정보화 사회에서 개인 정보를 불법적인 방법으로 추출하여 개인의 경제적인 피해를 유발하는 사고가 많이 발생하고 있다. 개인 정보를 불법적으로 추출하는 방법으로 옳지 않은 것은?** 2009년 국가직

① 스니핑(sniffing)　　　　　　② 스푸핑(spoofing)

③ 페이징(paging)　　　　　　④ 피싱(phishing)

해설

스니핑은 정보를 도청하는 것이고, 스푸핑은 IP나 DNS 등을 속이는 것을 말한다. 피싱은 개인정보를 낚는 방식이다. 페이징은 정보보호 분야에서 사용되는 기술이 아니라 가상기억장치에서 사용되는 기술이다.

19 침입탐지시스템(Intrusion Detection System)의 동작 단계에 대한 설명으로 옳지 않은 것은?

2024년 계리직

① 데이터 필터링과 축약 단계에서는 효과적인 필터링을 위해 데이터 수집 규칙을 설정하는 작업이 필요하다.

② 데이터 수집 단계에서는 데이터의 소스에 따라서 호스트 기반 IDS와 네트워크 기반 IDS로 나뉘며 상호 보완적으로 사용된다.

③ 보고 및 대응 단계에서는 침입자의 공격에 대응하여 역추적하기도 하고, 침입자가 시스템이나 네트워크를 사용하지 못하도록 하는 능동적인 기능이 추가되기도 한다.

④ 침입탐지 단계에서는 다양한 탐지 방법이 있는데 이상탐지(anomaly detection)는 이미 발견된 공격 패턴을 미리 입력해 두었다가 매칭되는 패턴이 발견되면 공격으로 판단하는 기법이다.

해설

침입탐지 단계에서는 다양한 탐지 방법이 있는데 오용탐지(misuse detection)는 이미 발견된 공격 패턴을 미리 입력해 두었다가 매칭되는 패턴이 발견되면 공격으로 판단하는 기법이다.

✅ IDS(Intrusion Detection System, 침입탐지시스템)

1. 침입탐지시스템은 대상 시스템(네트워크 세그먼트 탐지 영역)에 대한 인가되지 않은 행위와 비정상적인 행동을 탐지하고, 탐지된 불법 행위를 구별하여 실시간으로 침입을 차단하는 기능을 가진 보안시스템이다.

2. 네트워크 기반 IDS(Network-IDS) : 네트워크의 패킷 캡쳐링에 기반하여 네트워크를 지나다니는 패킷을 분석해서 침입을 탐지하는 네트워크 기반 IDS는 네트워크 단위에 하나만 설치하면 된다. 호스트 기반 IDS에 비하여 운영체제의 제약이 없고 네트워크 단에서 독립적인 작동을 하기 때문에 구현과 구축 비용이 저렴하다.

3. 호스트 기반 IDS(Host-IDS) : 시스템 내부에 설치되어 하나의 시스템 내부 사용자들의 활동을 감시하고 해킹 시도를 탐지해내는 시스템이다. 각종 로그파일 시스템 콜 등을 감시한다. Host 기반의 IDS는 시스템 감사를 위해서는 기술적인 어려움이 크고, 비용 또한 비싸다. 그리고 로그분석 수준을 넘어 시스템 콜 레벨 감사까지 지원해야 하기 때문에 여러 운영체제를 위한 제품을 개발하는 것 또한 시간적, 기술적으로 어렵다.

4. 침입모델 기반 분류
   • 이상탐지(anomaly detection) 기법 : 감시되는 정보 시스템의 일반적인 행위들에 대한 프로파일을 생성하고 이로부터 벗어나는 행위를 분석하는 기법이다.
   • 오용탐지(misuse detection) 기법 : 과거의 침입 행위들로부터 얻어진 지식으로부터 이와 유사하거나 동일한 행위를 분석하는 기법이다.

정답   17. ①   18. ③   19. ④

20 현재 운영되고 있는 정보보호 및 개인정보보호 관리체계(Personal Information & Information Security Management System)에 대한 설명으로 옳지 않은 것은? 2024년 계리직

① 한국인터넷진흥원에서 제도운영 및 인증품질 관리, 인증심사원 양성, 금융 분야를 포함하여 인증 심사를 진행하고 있다.

② 보호대책 요구사항은 인적 보안, 외부자 보안, 물리보안, 접근통제, 암호화 적용, 사고예방 및 대응 등의 내용으로 구성되어 있다.

③ ISMS-P 인증 심사를 받는 기관은 기관의 개인정보를 취급하는 모든 서비스에 대해 개인정보를 식별하고 흐름도 또는 흐름표를 작성해야 한다.

④ 정보보호 및 개인정보보호 관리체계는 침해위협에 효과적으로 대응하고 기관의 부담을 최소화하기 위하여 ISMS-P로 통합해 운영하고 있다.

해설

한국인터넷진흥원에서 제도운영 및 인증품질 관리, 인증심사원 양성 및 자격관리, 신규 특수분야 인증심사, ISMS/ISMS-P 인증서 발급을 진행하고, 금융보안원에서 금융분야 인증심사, 금융분야 인증서 발급을 진행하고 있다.

✓ ISMS-P

1. 현재는 ISMS, PIMS, PIPL을 합하여 ISMS-P를 운영 중에 있다.
2. ISMS(정보보호 관리체계 인증)와 ISMS-P(정보보호 및 개인정보보호 관리체계 인증)으로 구분된다.
3. ISMS-P 법적 근거
   • 정보통신망 이용촉진 및 정보보호 등에 관한 법률 제47조
   • 정보통신망 이용촉진 및 정보보호 등에 관한 법률 시행령 제47조~제54조 시행규칙, 제3조
   • 정보통신망 이용촉진 및 정보보호 등에 관한 법률 제47조의3
   • 정보통신망 이용촉진 및 정보보호 등에 관한 법률 시행령 제54조의2
   • 개인정보 보호법 제32조의2
   • 개인정보 보호법 시행령 제34조의2~제34조의7
   • 정보보호 및 개인정보보호 관리체계 인증 등에 관한 고시

4. 인증체계
- 정책기관 : 과학기술정보통신부, 개인정보보호위원회
- 인증기관 : 한국인터넷진흥원, 금융보안원
- 심사기관 : 정보통신진흥협회, 정보통신기술협회, 개인정보보호협회

5. 인증기준

구분		통합인증	분야(인증기준 개수)	
ISMS-P	ISMS	1. 관리체계 수립 및 운영(16)	1.1 관리체계 기반 마련(6) 1.3 관리체계 운영(3)	1.2 위험관리(4) 1.4 관리체계 점검 및 개선(3)
		2. 보호대책 요구사항(64)	2.1 정책, 조직, 자산 관리(3) 2.3 외부자 보안(4) 2.5 인증 및 권한 관리(6) 2.7 암호화 적용(2) 2.9 시스템 및 서비스 운영관리(7) 2.11 사고 예방 및 대응(5)	2.2 인적보안(6) 2.4 물리보안(7) 2.6 접근통제(7) 2.8 정보시스템 도입 및 개발 보안(6) 2.10 시스템 및 서비스 보안관리(9) 2.12 재해복구(2)
-		3. 개인정보 처리단계별 요구사항(22)	3.1 개인정보 수집 시 보호조치(7) 3.3 개인정보 제공 시 보호조치(3) 3.5 정보주체 권리보호(3)	3.2 개인정보 보유 및 이용 시 보호조치(5) 3.4 개인정보 파기 시 보호조치(4)

MEMO

손경희

주요 약력

- 숭실대학교 정보과학대학원 석사(소프트웨어공학과)
- 現 박문각 공무원 전산직·계리직 전임강사
- 前 LG 토탈 시스템 소프트웨어개발팀
  - 한국통신연수원 특강
  - 한성기술고시학원 전임강사
  - 서울고시학원 전임강사
  - 에듀온 공무원 전산직 전임강사
  - 에듀윌 공무원 전산직 전임강사
  - 서울시교육청 승진시험 출제/선제위원
  - 서울시 승진시험 출제/선제위원

주요 저서

- 전산직(컴퓨터일반&정보보호론) 입문서(박문각)
- 손경희 컴퓨터일반 기본서(박문각)
- 손경희 정보보호론 기본서(박문각)
- 손경희 계리직 컴퓨터일반 기본서(박문각)
- 손경희 컴퓨터일반 단원별 기출문제집(박문각)
- 손경희 정보보호론 단원별 기출문제집(박문각)
- 프로그래밍 언어론(박문각)
- 7급 전산직 전공종합 실전모의고사(비전에듀테인먼트)
- 정보처리기사(커넥츠자단기)
- 핵심을 잡는 정보보호론(도서출판 에듀온)
- 컴퓨터일반 실전300제(박문각)
- 계리직 컴퓨터일반 단원별문제집(에듀윌)
- 계리직 전과목 기출 PACK(에듀윌)
- EXIT 정보처리기사 필기(에듀윌)
- EXIT 정보처리기사 실기(에듀윌)

손경희 컴퓨터일반 ❖✦ 단원별 기출문제집

초판 인쇄 | 2024. 11. 15.　**초판 발행** | 2024. 11. 20.　**편저자** | 손경희

발행인 | 박 용　**발행처** | (주)박문각출판　**등록** | 2015년 4월 29일 제2019-000137호

주소 | 06654 서울시 서초구 효령로 283 서경 B/D 4층　**팩스** | (02)584-2927

전화 | 교재 문의 (02)6466-7202

저자와의
협의하에
인지생략

정가 30,000원
ISBN 979-11-7262-313-5